Photoshop Lightroom 3 摄影师专业技法

〔美〕Scott Kelby 著　袁鹏飞 许伟民 译

人 民 邮 电 出 版 社

北 京

图书在版编目（CIP）数据

Photoshop Lightroom 3摄影师专业技法 / (美) 凯尔比著 ; 袁鹏飞, 许伟民译. -- 北京 : 人民邮电出版社, 2011.10
ISBN 978-7-115-26138-0

Ⅰ. ①P… Ⅱ. ①凯… ②袁… ③许… Ⅲ. ①图象处理软件, Photoshop Lightroom Ⅳ. ①TP391.41

中国版本图书馆CIP数据核字(2011)第156157号

版权声明

Photoshop Lightroom 3 摄影师专业技法

◆ 著　[美]Scott Kelby
译　袁鹏飞　许伟民
责任编辑　李　际

◆ 人民邮电出版社出版发行　北京市崇文区夕照寺街 14 号
邮编　100061　电子邮件　315@ptpress.com.cn
网址　http://www.ptpress.com.cn
北京盛通印刷股份有限公司印刷

◆ 开本：880×1230　1/20
印张：22.4
字数：782 千字　2011 年 10 月第 1 版
印数：1– 4 000 册　2011 年 10 月北京第 1 次印刷

著作权合同登记号　图字：01-2010-6570 号

ISBN 978-7-115-26138-0

定价：89.00 元

读者服务热线：(010) 67132705　印装质量热线：(010) 67129223
反盗版热线：(010) 67171154

献　辞

献给我的编辑 Kim Doty，您使本书的编写充满乐趣，
没有您，我无法完成本书。

关于作者

Scott 是“Photoshop User”杂志的编辑、出版人和共同创办者，他是“Layers”杂志（Adobe 产品操作说明杂志）的主编，也是每周 DSLR 拍摄人员视频节目“D-Town TV”的嘉宾，以及每周视频节目“Photoshop User TV”的顶级嘉宾。

Scott 是美国 Photoshop 国家专业协会（National Association of Photoshop Professionals，NAPP）的主席，并担任 Kelby Media Group 公司（一家从事培训、教育和出版的公司）总裁。

Scott 是一位摄影师、设计师和 50 多本获奖图书的作者，这些图书包括《Photoshop 数码照片专业处理技法》、《Photoshop 炫招》、《Photoshop 七大核心技术》、《数码摄影手册》（第一、第二和第三卷）。

在长达 6 年的时间内，Scott 一直保持着全球计算机和技术各类图书第一畅销书作者这一荣誉。他的图书《数码摄影手册（第一卷）》现在也成为数码摄影类超级畅销书。

他的图书已经被翻译为十多种语言，其中包括中文、俄语、西班牙语、韩语、波兰语、法语、德语、意大利语、日语、荷兰语、瑞典语、土耳其语和葡萄牙语等，并获得了本杰明•佛兰克林大奖。

Scott 担任 Adobe Photoshop Seminar Tour 培训主任，以及 PhotoshopWorld Conference & Expo 会议技术主席，并出现在一系列 Adobe Photoshop 培训 DVD 和 KelbyTraining.com 联机课程中，他从 1993 年以来一直从事 Adobe Photoshop 用户培训工作。

要了解关于 Scott 的更多信息，请访问他在 www.scottkelby.com 开办的每日博客 Photoshop Insider。

致 谢

像编写每本书一样，我首先要感谢我漂亮的妻子 Kalebra。如果您知道她是一位多么令人难以置信的人，就会知道我为什么要这样做。

这听起来有点傻，但是，如果我们一起去超市，她让我去其他通道取牛奶，当我带着牛奶返回时，她会看着我从通道走回来，给我一个最温暖、最迷人的微笑。这不是因为我找到了牛奶让她感到高兴，我每次看到她时她都这样，即使我们只分开 1 分钟。这种微笑似乎在说："这是我爱的男人"。

如果结婚 20 年来天天看到这样的微笑，您会觉得自己是世界上最幸运的人，请相信，我就是这么认为的。因此谢谢你，谢谢你的爱，谢谢你的照顾、关爱、理解、忠告、耐心、宽宏大量，谢谢你是这样一位富有同情心且善良的母亲和妻子。我爱你。

其次，我要感谢我的儿子 Jordan，当我在编写我的第一本书时，我妻子怀着他（13 年以前），他伴随着我的写作而成长。这可能就是他能够耐心地等待我写完一两页后再与他的伙伴和我的朋友 Matt、Brad、Corey 及 RC 一起玩《使命召唤》的原因，他是我的"小伙伴"，妈妈的小可爱（小家伙，你是最棒的）。

感谢我的女儿 Kira，她是这样的惹人喜爱，就像她的妈妈一样，我无法找到更好的语言来称赞她，她是我可爱的小宝贝。

特别感谢我的兄长 Jeff 对我生活的积极影响，您是最好的兄长，我以前说过上百万次了，但再说一次也无妨——我爱您。

我要衷心感谢 Kelby Media Group 公司的整个团队，我知道每个人都认为他们的团队是独特的，但这次我就是这样认为的。与他们在一起工作，我感到很自豪，我一直惊讶于他们能够日复一日地完成工作，他们工作中所表现出来的热情和自豪感常常给我留下深刻的印象。

衷心感谢我的编辑 Kim Doty。她工作认真，态度积极，注意细节，使我不断地写出一本本图书。在写这样的图书时，有时真的会感到很孤独，但她使我感到不再孤独——我们是一个团队。在我碰到问题时，她常常用鼓励的话语或者有益的想法使我坚持下去，无论怎样感谢她都不为过。Kim 您是最棒的！

我同样感到幸运的是让才华横溢的 Jessica Maldonado 来设计我的图书，我喜欢 Jessica 的设计方式，以及她向版面和封面设计添加的活灵活现的小元素。她不只是才华横溢，与她一起工作很快乐，她是一个聪明的设计师，在她设计每一个版面之前都提前思考 5 步，我非常非常幸运，有她在我的团队里。

此外，非常感谢技术编辑 Cindy Snyder，她帮助测试本书中的所有技术（确保我没有漏掉一些必要的步骤），她找出了很多遗漏的小问题。

感谢“Big Dave”Damstra 和他的团队，在文字和图形出来之后他进行版面设计，在这么紧的时间内他完成得很出色，设计出这么紧凑、整洁的版面。令人感到震惊!

领导这个创造性团队的正是我的朋友、Creative 总监 Felix Nelson，感谢他无限的智慧和创造性，以及他提出的各种想法使我们的每本书增色不少。

感谢我最好的伙伴 Dave Moser，他总是坚持要我们更上一层楼，使我们做的一切都比以前更好。

感谢我的朋友和业务伙伴 Jean A. Kendra 这些年来的支持和友谊。他对我、对 Kalebra 以及我们的公司来说，都太重要了。

非常非常感谢我的执行助理 Kathy Siler。没有她的帮助，我将没时间写这本书。年复一年，我越来越欣赏她，她像超人一般无所不能使我单调的工作充满了乐趣。

感谢 Peachpit 出版社编辑 Ted Waitt。他辛苦的工作和奉献使编辑出来的书籍与众不同。此外，感谢我的出版商 Nancy Ruenzel 以及她的团队，包括 Sara Jane Todd 和 Scott Cowlin（免得我们忘了 Gary-Paul）。

感谢 Lightroom 产品经理 Tom Hogarty 深夜回复我的电子邮件，感谢 Bryan O’Neil Hughes 的有效帮助。我个人要感谢 Adobe 公司 Kevin Connor 的帮助和支持。

特别感谢我的好友 Matt Kloskowski，在我编写本书这一新版期间的支持，他的意见使本书变得更出色。

感谢 Adobe 公司的以下朋友：John Loiacono、Terry White、Cari Gushiken、Julieanne Kost 和 Russell Preston Brown。以及故去的 Barbara Rice、Rye Livingston、Bryan Lamkin、Addy Roff 和 Karen Gauthier，你们永远不会被忘记。

我要感谢多年来一直教我的那些才华横溢的摄影师们，这些摄影师包括：Moose Peterson、Joe McNally、Bill Fortney、George Lepp、Anne Cahill、Vincent Versace、David Ziser、Jim DiVitale、Helene Glassman 和 Monte Zucker。

感谢我的一些良师益友，他们的智慧和鼓励给我极大的帮助，其中包括 John Graden、Jack Lee、Dave Gales、Judy Farmer 和 Douglas Poole。

阅读本书之前要了解的 4 件事

我真的希望您能掌握本书的绝大部分内容，如果您现在花两分钟时间阅读这 4 点建议，我敢肯定这会对您成功使用 Lightroom 3 和使用本书产生巨大的影响。顺便提一下，下面的图形只是为了效果，我们是摄影师，版面效果总应该好一点。

（1）您可以下载本书中使用的很多照片，这样您在阅读本书时可以使用与我所用相同的照片进行练习，下载地址是 www.kelbytraining.com/books/LR3。这就是我说的您直接跳到第一章会错过的事情之一。那样的话，您会很生气地给我发电子邮件，问我为什么不事先告诉您到哪里下载照片。

SCOTT KELBY

（2）如果您读过我编写的其他书籍，您会知道通常可以“跳到任意地方”，但在使用 Lightroom 时，我的编写顺序很可能与您使用该程序的顺序相同，因此，如果您刚接触 Lightroom，我郑重建议您从第一章开始阅读，然后按顺序通读本书。但是，书是您的，要怎么阅读最终由您决定，我永远也不会知道。此外，一定要阅读每个项目的开始部分，位于页面上端。这些部分提供您实际需要了解的信息，因此不要跳过。

（3）该软件正式的名称是“Adobe Photoshop Lightroom 3”，因为它是 Photoshop 序列产品的一部分，但是，如果我在本书中每处都这样叫它，我叫它“Adobe Photoshop Lightroom 3”，您肯定会掐死我（或者坐在您最近的人），因此，从这里开始，我通常只把它称作“Lightroom”或“Lightroom 3”。

（4）本书最后额外提供两章特殊内容，我从头至尾与您分享我的人像工作流，从拍摄开始，在 Lightroom 内处理图像，一直到最后的输出。然而，在您通读本书之前不要阅读这两章，因为我把它们放在最后是有原因的——您必须阅读本书其余内容后才能理解它们的意义。此外，我第一次提供“Lightroom 七大核心技术”，这把一些操作分解为在“修改照片”模块中编辑图像所需了解的 7 件事。

现在请翻到第一章，让我们开始工作了。

目录

第四章 119

▼ 编辑基础

第五章 169

▼ 局部调整

第六章 187

▼ 校正常见照片问题

第十一章 315

▼ 照片打印

第十二章 373

▼ Web 画廊

第十三章 395

▼ 人像处理工作流

第十四章 415

▼ Lightroom 七大核心技术

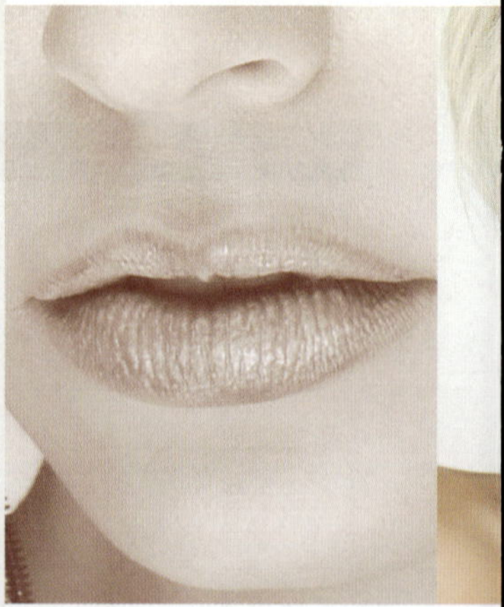

摄影师：Scott Kelby ┆ 曝光时间：1/160s ┆ 焦距：175mm ┆ 光圈：*f*/14

导入照片

我们需要用一整章来讨论导入照片吗？当然，您应该了解其中的内容。本章介绍的是导入照片，但实际内容远不只是这些，一旦您静心地阅读，就会觉得很有意义。

1.1 先选择照片的存储位置

在进入 Lightroom 并开始导入照片之前，需要先决定照片库的存储位置。做出这个决定并不像想象中那样容易，因为不仅要考虑到目前为止所拍摄（并用 Lightroom 来管理）的照片数量，还要考虑到未来几年内可能拍摄的照片数量，无论您决定把它们存储在哪里——是在您计算机上还是某个外接硬盘上，都需要确保有足够的空间来存储数千张照片。下面将介绍具体做法。

图 1-1

对于桌面电脑用户：

Lightroom 认为要将照片存储在电脑的内部硬盘上，因此在默认情况下，它自动地选择 Mac 或 PC 的 Pictures 文件夹存储所有照片。所以，除非您选择了不同的存储路径（在 Lightroom 的导入对话框中进行选择，稍后将学习此对话框），否则它总是选择将照片存储在此文件夹中。只要计算机中具有大量的可用空闲硬盘空间（我是指大量），一切就准备就绪了（注意：如果您想知道“大量”到底是多少，请这样想：如果一周只拍摄一次，每次拍摄的内容不超过单张 4 GB 的卡，一年以后，就将消耗掉 200 GB 多的磁盘空间。所以对硬盘存储空间来说，它是很大的！）。如果计算机上没有足够的空闲硬盘空间，那就需要购买一个外接硬盘来存储所有的照片（不用担心，Lightroom 仍能管理所有图像，只是将它们存储在一个单独的硬盘上而已。在下面几页中将介绍如何对此进行设置）。

图 1-2

对于笔记本电脑用户：

如果您主要使用笔记本电脑来编辑图像，那么我肯定会建议使用外接硬盘来存储照片库，因为大部分笔记本电脑的硬盘空间都很有限。想一想，如果要管理上千张（或者是上万张）图像，笔记本电脑很快就会被充满（请相信我，图像占满硬盘的速度会比您想象的快得多），所以许多使用 Lightroom 的摄影师选择使用外接硬盘现在它们出奇的便宜。

1.2 接下来组织文件夹（这真的很重要）

只要开始时组织好，Lightroom 就可以很好地保持组织性，这意味着要坚持一个简单而又重要的原则：将所有的照片保存在一个主文件夹内，主文件夹中所包含的其他文件夹的数量多少并不重要，只要确保所有的照片都包含在此主文件夹内即可。这是使所有工作顺利进行的关键因素。如果导入的照片来自于遍布电脑上的不同位置，那就是在自找麻烦。下面介绍怎样从一开始时进行设置。

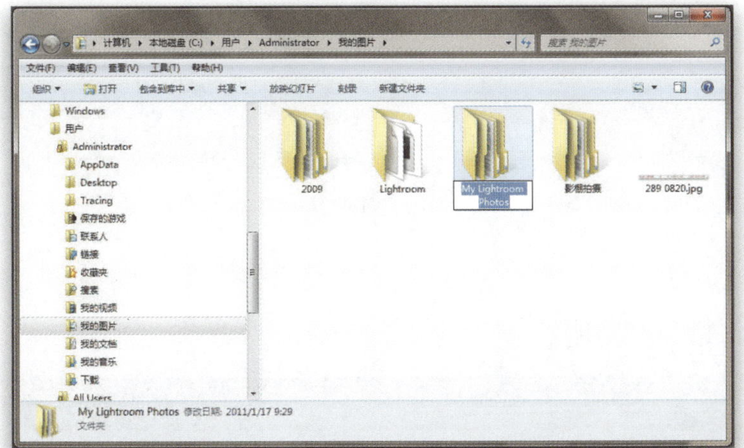

图 1-3

第 1 步：

如上所述，我们的目的是使得所有的照片都位于一个主文件夹下面，对吗？好吧，如果您决定将所有的照片都存储在电脑上，那么其余的工作就非常简单。默认情况下，Lightroom 自动选择 Pictures（或者图片收藏）文件夹作为主照片文件夹，当从存储卡中导入照片时，它将自动选择该文件夹。然而，我现在推荐多做一件事，使以后的工作变得更轻松：进入 Pictures（或者图片收藏）文件夹，创建一个新的空文件夹，并将它命名为“My Lightroom Photos”（您不必非得这样命名，但为了在本书中保持一致性，我是这样命名我的主文件夹的）。这样一来，当您的硬盘空间用完的时候（这一天来得会比您想象中的更快），您通过简单地移动一个文件夹——My Lightroom Photos 文件夹，就可以移动、复制或备份整个照片库。有些事情如果您现在就做，那么将来某一天它不止会为您节省几小时，而是实实在在的好几天的时间，这件事情就是这类事情之一。

第 2 步：

如果您的计算机中已经有一些满是照片的文件夹，那么在开始将它们导入到 Lightroom 之前，您会想先将这些文件夹拖放到您的 My Lightroom Photos 文件夹中。这样一来，在您将它们导入到 Lightroom 之前，所有的照片都会位于这个 My Lightroom Photos 文件夹中。尽管现在有些看不出来，但这样一点点组织工作将再次为今后的工作带来很大的方便。如果您选择将照片存储在外接硬盘中，那么在此要多执行一个步骤，在设置阶段，此步骤做一次就够了（具体操作见下一步）。

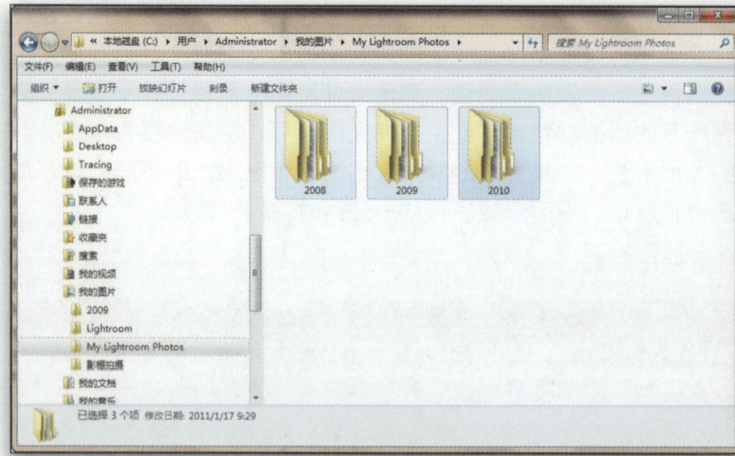

图 1-4

第 3 步：

在外接硬盘中，创建一个新文件夹，并将它命名为 My Lightroom Photos（或任何其他您喜欢的名称），然后将您的计算机上那些想要通过 Lightroom 进行管理的照片拖放到外接硬盘中的 My Lightroom Photos 文件夹中。当然，在将它们拖放到 My Lightroom Photos 文件夹中时，请保留它们位于原来的文件夹中（毕竟，您也不想拖放上千张照片到一个大的空文件夹中）。请在将它们导入到 Lightroom 之前就做好这件事（怎样导入到 Lightroom 将在下一页具体介绍，并一起介绍如何让 Lightroom 使用您所创建的这个新文件夹来存储所有导入的照片）。

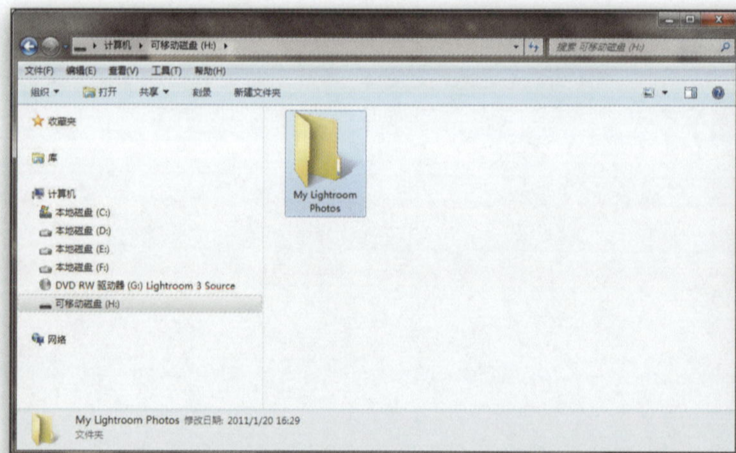

图 1-5

1.3 把照片从相机导入到 Lightroom

导入到 Lightroom 的照片可能来自数码相机（相机的存储卡），也可能已经复制到计算机上（每个人都会在计算机上保存大量的照片，对吗？）。我们将从相机存储卡导入照片开始（下一节介绍导入已经位于计算机上的照片）。

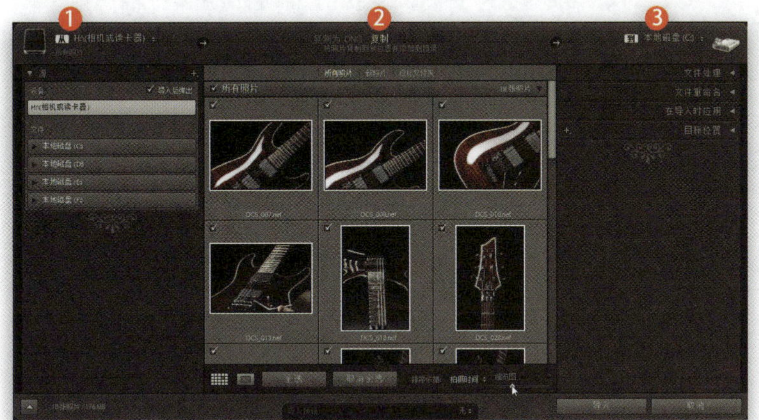

图 1-6

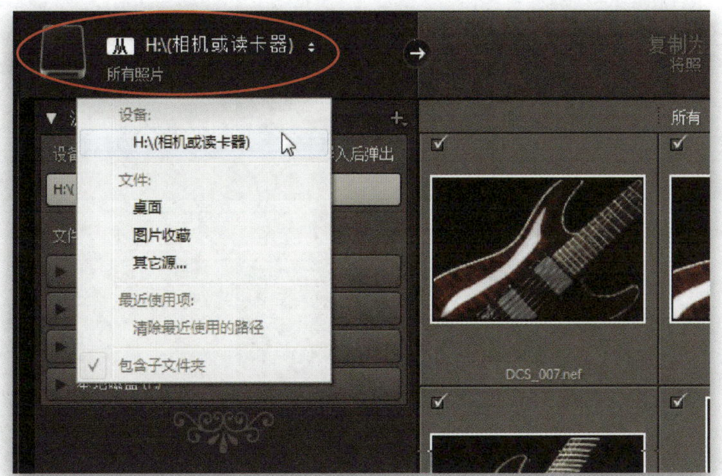

图 1-7

第 1 步：

如果 Lightroom 已经打开，则可以把读卡器连接到计算机，这就会看到在 Lightroom 窗口中弹出导入对话框。导入窗口的顶部非常重要，因为它显示将要执行的操作。从左到右：(1) 它显示照片来自哪里（在这个例子中，来自存储卡）；(2) 将对这些照片执行哪些操作（这个例子中将从存储卡上复制它们）；(3) 要把它们放到哪里（在这个例子中，要把它们复制到计算机上的 Pictures 文件夹）。如果不想立即导入存储卡上的照片，只需单击取消按钮，该窗口就会关闭。关闭之后，再次单击导入按钮（位于图库模块左侧面板上的底部），即可随时打开导入窗口。

第 2 步：

如果相机或者读卡器仍连接到计算机，Lightroom 则会认为我们想要从这些卡上导入照片，会看到它列出在该窗口左上角的“从”列表中（图中圆圈所示）。如果需要从其他卡导入（我们可能将 2 个读卡器连接到计算机），则请单击从按钮，从弹出菜单中选择其他读卡器，或者可以选择从其他地方导入，如桌面或者 Pictures 文件夹，或者最近导入过的其他任何文件夹。

第 3 步：

中间预览区域右下角的下方有一个缩览图大小滑块，它控制缩览图预览的尺寸。如果想看到更大的缩览图，则可以向右拖动该滑块。

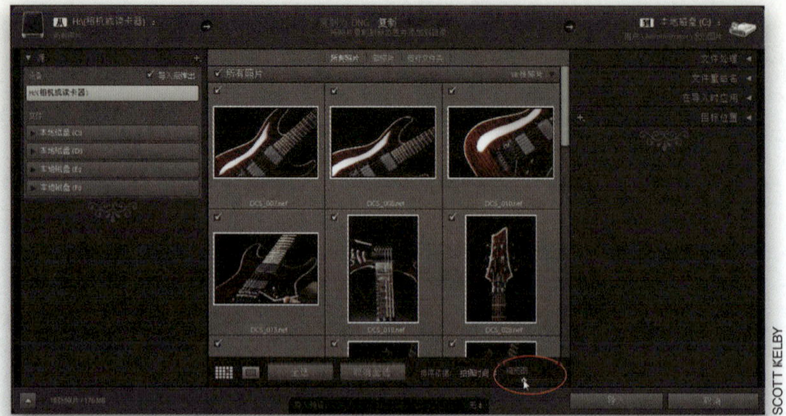

图 1-8

提示：以更大尺寸查看照片

如果想以全屏大尺寸查看将要导入的照片，只要在其上双击或者按字母 E 即可。再次双击或者按字母 G 可缩回。

第 4 步：

查看即将导入的照片缩览图预览的一大优点是可以选择实际导入哪些照片（毕竟，如果在步行时意外拍摄到地面照片，这样的照片没有任何理由需要导入，而我几乎每次外出拍摄时都会遇到这种情况）。默认时，所有照片旁边都有一个选取标记（意味着它们全部被标记为导入）。如果看到不想导入的一幅或多幅照片，只要关闭该复选框即可。

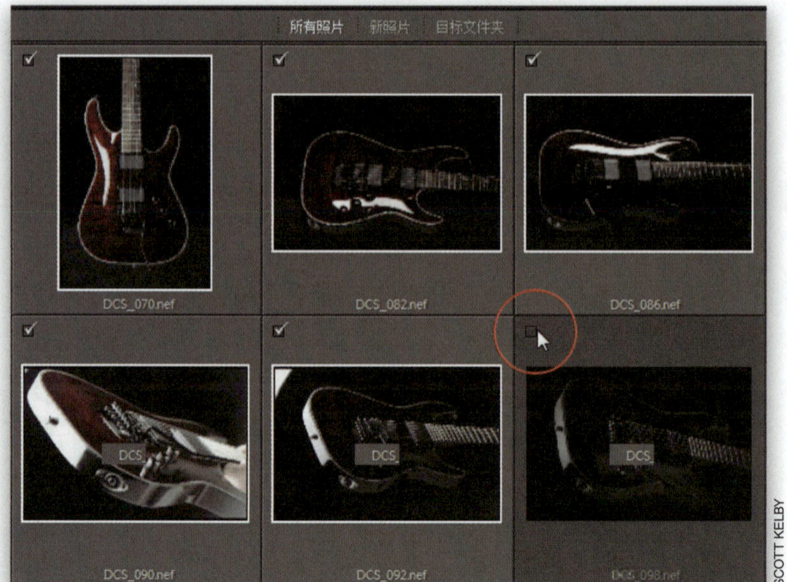

图 1-9

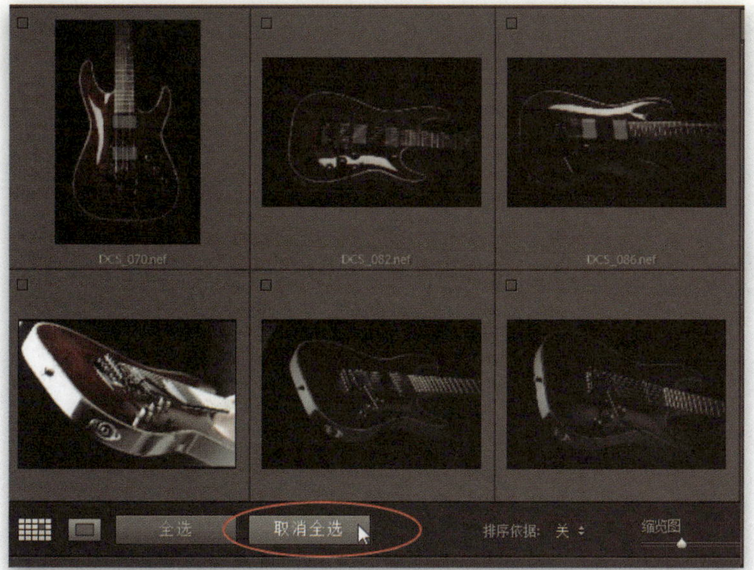

图 1-10

图 1-11

第 5 步：

现在，如果存储卡上有 300 多幅照片，而只想导入其中的少数照片该怎么办？只需单击预览区域左下角的取消全选按钮（取消选取所有照片），再 Command- 单击（PC：Ctrl- 单击）我们要导入的照片。之后打开所有这些被选择照片的复选框，所有被选择的照片成为选取状态，它们将被导入。此外，如果从排序依据下拉列表（预览区域下方）内选择选中状态，所有被选取的图像将显示在预览区域的顶部。

提示：选择多幅照片

如果想要选取的照片是连续的，则可以单击第一幅照片，按住 Shift 键并保持，向下滚动到最后一幅照片，单击它，就可以选择二者之间的所有照片。

第 6 步：

在导入窗口顶部中央位置，可以选择是“原样”复制文件（复制），还是复制为 DNG，在导入时将它们转换为 Adobe 公司的 DNG 格式。幸运的是，选择哪一种都可以，所以如果此时我们不确定该怎样做，只要选择默认设置复制即可，此设置将图像从卡中复制到计算机（或外接硬盘），并将它们导入到 Lightroom。两种选择都不会将原始图像从卡中移除（移动选项变为灰色），它只会复制它们，因此即使在导入期间发生了严重错误（嗨，这只是碰巧），我们在存储卡上仍然拥有原始图像。

第 7 步：

在复制为 DNG 和复制按钮下方有三个视图选项。默认时，它显示卡上的所有照片，但是，如果用这种卡拍摄，之后下载这些照片，再把卡插入到相机拍摄，再次下载时，则可以单击新照片，现在它只显示出卡上还没有导入的照片，隐藏其他照片。还有一个目标文件夹视图，它隐藏与导入到文件夹内的现有照片名称相同的所有照片。后面这两个按钮只是为了避免混乱，使我们在移动文件位置时更容易观察所执行的操作，因此如果不需要它们的话，则完全可以不用它们。

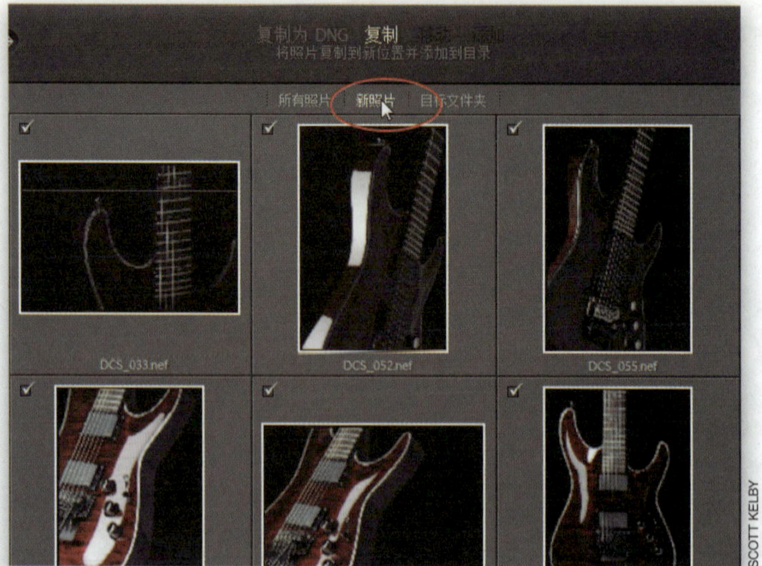

图 1-12

第 8 步：

接下来我们要告诉 Lightroom 把导入的照片存储到哪里。观察该窗口的右上角，即可看到“到”部分，它显示照片将在计算机上的存储位置（在我这个例子中，左图中把照片存储在我硬盘上的“我的图片”文件夹内）。如果单击“到”并保持，从弹出菜单（见右图）中可以选择默认图片收藏文件夹，或者可以选择其他位置，也可以选择最近存储图像使用过的文件夹。无论选择哪个，只要观察其下方的目标位置面板，它显示计算机上该文件夹的路径，这样就可以看到照片将来的保存位置。因此，我们现在了解三点：(1) 照片来自存储卡；(2) 将从卡上复制而不是移动照片；(3) 照片将保存到我们在“到”部分选择的文件夹。

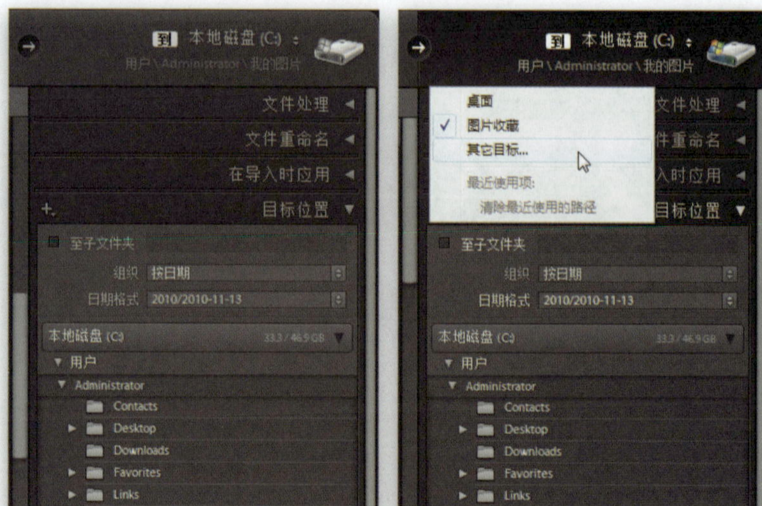

图 1-13

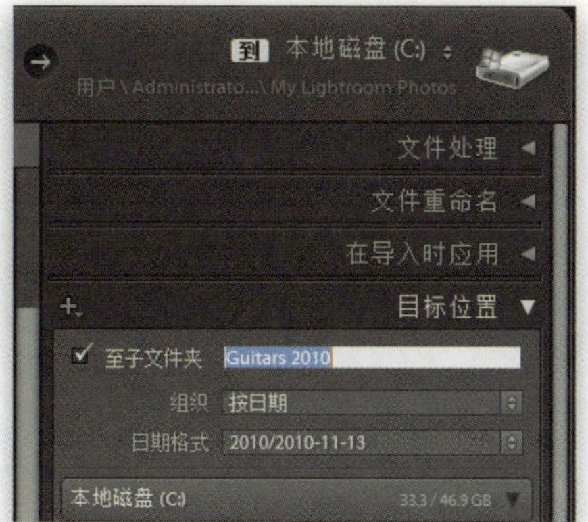

图 1-14

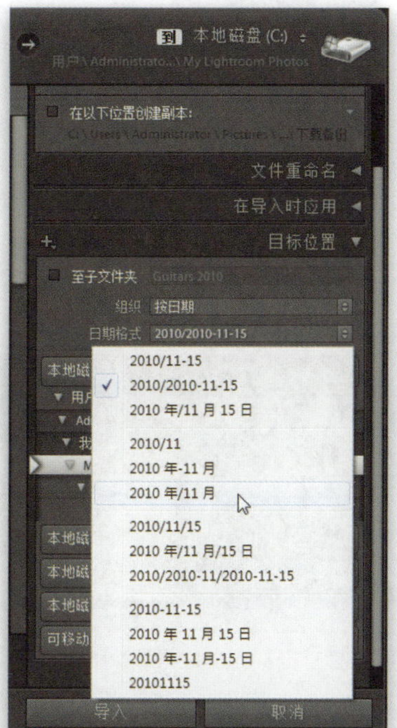

图 1-15

第 9 步：

现在，如果选择图片收藏作为照片存储位置——别担心，这样不会把所有图像都散落在这个地方。相反，它可以把图像放置到按日期组织的文件夹内，或者可以选择创建文件夹，把它命名为您喜欢的名称（我就是这样做）。请转到该窗口右侧的目标位置面板，打开至子文件夹复选框，之后在其右边显示出的文本字段内输入您想用的该文件夹的名称。在我这个例子中，我要把照片导入到我们前面创建的 My Lightroom Photos 文件夹下的“Guitars 2010”文件夹内。在我看来，用拍摄对象命名文件夹便于我记录图像，但有些人喜欢按年或者按月排序所有图像，这样也很酷（我们将在下一步中介绍该选项）。

第 10 步：

如果想让 Lightroom 按日期组织照片文件夹，首先一定要关闭至子文件夹复选框，之后单击日期格式下拉列表，从中选择您最喜欢的日期格式（它们全部以年份开始，因为这是主子文件夹。斜杠（/）后的内容是 2010 文件夹内子文件夹的实际名称）。因此，如果我选择图中所示的日期格式，则我的照片将存储在 My Lightroom Photos 文件夹内，其中我找到一个 2010 文件夹，该文件夹下还有另一个“11 月”文件夹。所以，真正从这个下拉列表内所选择的是位于 2010 新文件夹内的文件夹名称。顺便提一下，如果选择不带斜杠的日期选项，则不会创建包含其他文件夹的 2010 文件夹。相反，它只创建一个与该名称完全相同的文件夹（当然，它自动使用今天的日期）。

第 11 步：

我们现在知道文件来自哪里，将保存到哪里，接下来在文件处理面板（位于导入窗口的右上角）内选择文件导入过程中的几个重要选项。渲染预览下拉列表内的选项决定我们在放大 Lightroom 内的照片时较大预览（比缩览图尺寸大）的显示速度，其中有 4 个选项。

图 1-16

（1）最小

最小选项不关心图像的渲染预览，它只是把它们尽可能快地放到 Lightroom 中，如果双击照片，放大到按屏幕大小缩放视图，这时它立即构建预览，这就是为什么这种较大尺寸、较高品质预览显示在屏幕上之前我们必须等待一会儿的原因（在屏幕上会显示“载入”消息）。如果放大到更大尺寸，达到 100% 视图（也称作 1:1 视图），则必须等待更长时间（这时会再次显示“载入”消息）。这是因为在我们放大之前它没有创建较高品质的预览。

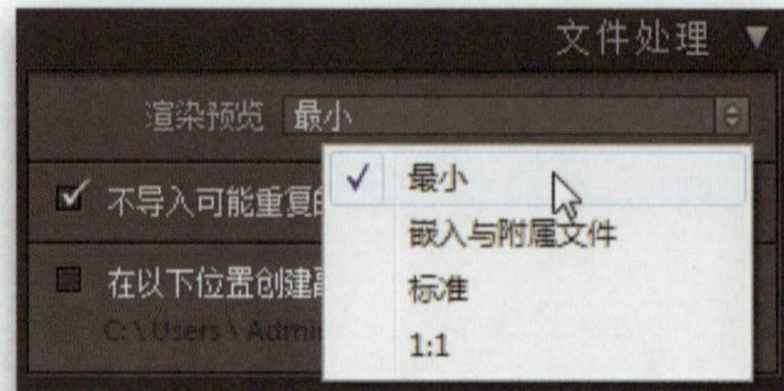

图 1-17

（2）嵌入与附属文件

这种方法读取导入时也嵌入在文件中的低分辨率 JPEG 缩览图（与在相机后背 LCD 屏幕上看到的相同），一旦装载之后，再载入较高分辨率的缩览图，它们看起来更像较高品质的放大视图的效果（但预览仍然很小）。

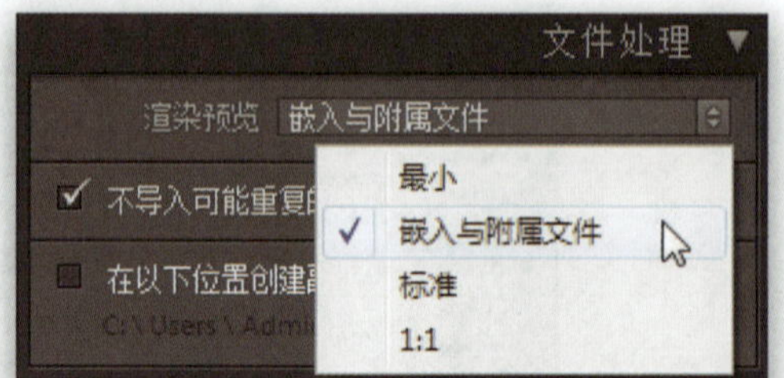

图 1-18

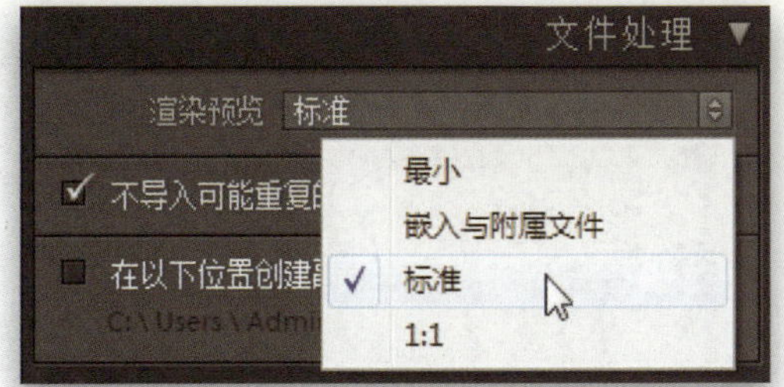

图 1-19

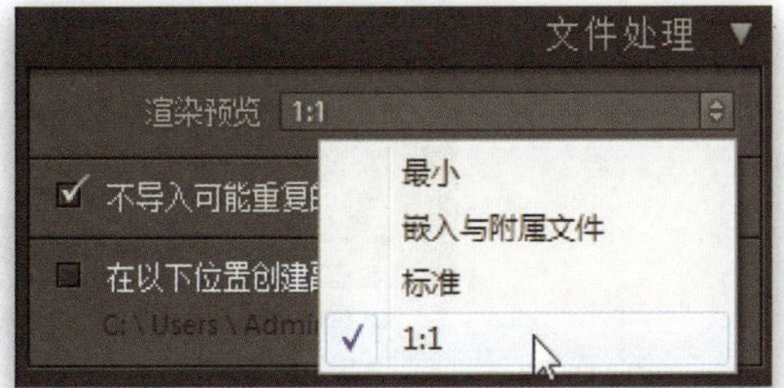

图 1-20

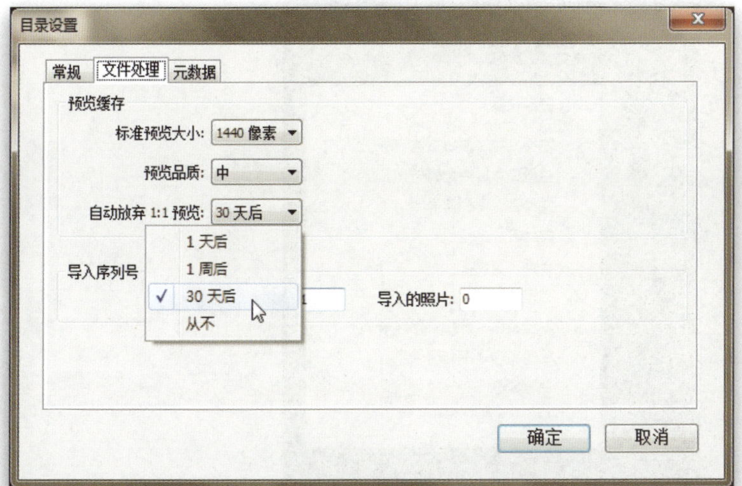

图 1-21

（3）标准

标准预览花费很长时间，因为它在导入低分辨率 JPEG 预览之后立即渲染较高分辨率预览，因此我们不必等待它渲染适合窗口大小的预览（如果在网格视图内双击一个预览，它会放大到适合窗口大小，而不必等待渲染）。然而，如果进一步放大到 1:1 视图或者更高，也将会得到同样的渲染消息，我们必须等待几秒钟。

（4）1:1

1:1 预览显示低分辨率缩览图，然后它开始渲染最高品质预览，这样您就可以随心所欲地放大而不用进行等待。然而，它有两个缺点：（1）速度太慢。基本上，您需要单击导入按钮，然后去喝杯咖啡（可能是两杯），但您可以放大任意照片，而绝不会看到正在渲染这一消息。（2）这些高品质的大预览存储在 Lightroom 数据库中，因此数据库文件会变得非常巨大，使得在一段时间后（长达 30 天）后，Lightroom 会自动删除这些 1:1 的预览。因此，如果连续 30 天没有查看某组特定的照片，很可能不再需要高分辨率预览，可以删除它们。要在 Lightroom 中对此进行设置，请在 Lightroom 菜单（PC：编辑菜单）下选择目录设置，然后单击文件处理选项卡，并选择何时删除它们（如图 1-22 所示）。

注意：我使用哪个选项？最小。在放大图像时，我不介意等待几秒钟。除此之外，它只绘制我双击的那些缩览图的预览，我只双击那些我认为好的图像。然而，如果您按时间收费，则请选择 1:1 预览，它会增加收费时间（开个玩笑）。

第 12 步：

我们应该打开位于渲染预览下拉列表下方的复选框，这样可以避免意外导入重复的照片（具有相同名称的文件），但我觉得最重要的是位于该复选框下方的那个复选框：在以下位置创建副本，它在单独的硬盘上为所导入的照片创建备份副本。这样一来，在计算机（或外接硬盘）上拥有一套工作照片，可以用它们来进行试验、更改和编辑，同时在独立硬盘上还拥有一套未被改变过的原始照片（数码负片）备份。拥有一套以上的照片副本非常重要。事实上，只有在拥有照片的两套副本之后（一个在我的计算机（或外接硬盘）上，另一个在我的备份硬盘上），我才会擦掉我相机存储卡上的照片。打开该复选框之后，在其下方单击，选择备份副本的存储位置（或者单击其右边朝下的箭头，选择最近使用过的位置）。

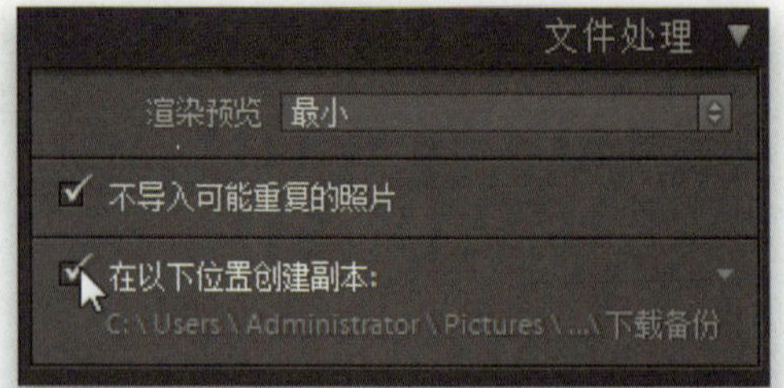

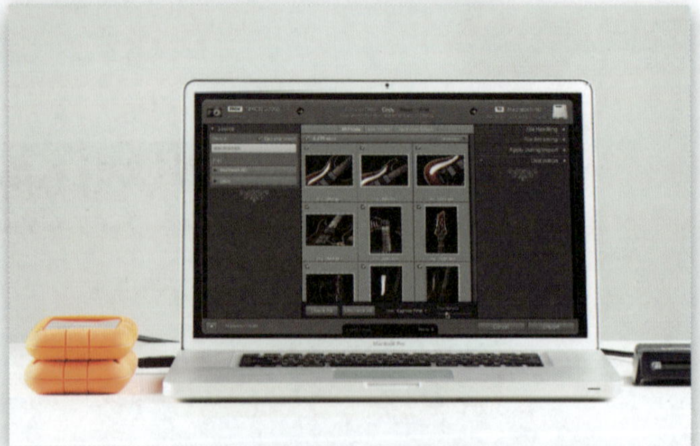

图 1-22

第 13 步：

下一个面板是文件重命名面板，如果需要在导入时自动重命名照片则要使用该面板。我总是重命名，给文件一个更有意义的名字（在这个例子中，使用 Red Guitar 这样的名字总比 _DSC0399.NEF 更有意义，尤其是在搜索它们时）。如果打开重命名文件复选框，会打开一个有多个不同选项的下拉列表。我喜欢文件名后跟数字序号（如 Red Guitar 001、Red Guitar 002 等），因此我选择自定名称 - 序列编号。观察下这个列表就可以看出它将怎样重命名文件，因此选择您最喜欢的方法，或者选择该下拉列表底部的编辑，创建自己的命名方法。

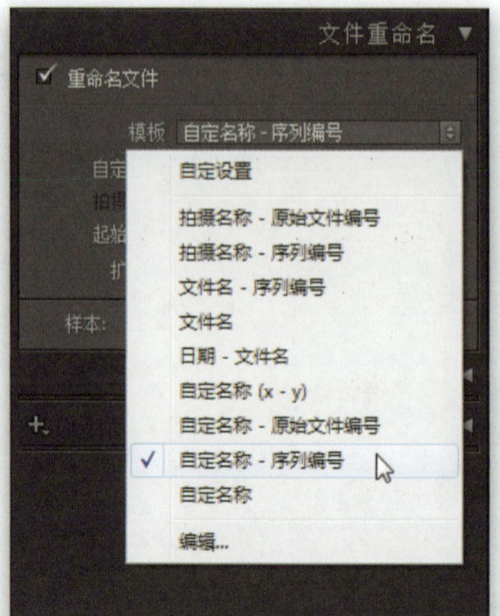

图 1-23

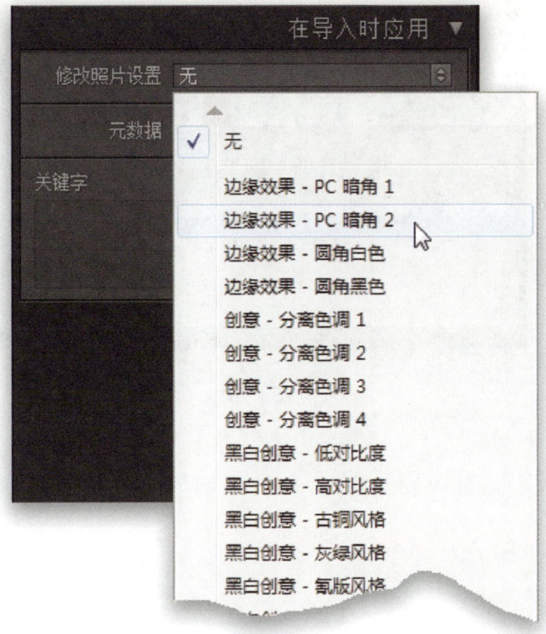

图 1-24

第 14 步：

接下来的面板是在导入时应用面板，使用它可以在导入时把三种内容应用到图像。我们自上而下介绍。修改照片设置下拉列表使我们能够在导入照片时自动向它们应用特效或校正。例如，我们可以让出现在 Lightroom 内的所有照片都已经转化为黑白，或者把它们调整为更红、更蓝或者其他任何颜色。单击修改照片设置下拉列表可以看到 Lightroom 的内置预设列表，如果选择其中之一，这种预设的效果就会在图像导入时应用到图像（第 4 章将介绍怎样创建自定修改照片预设，因此现在仍保持修改照片设置预设为无，但至少您知道了它的作用）。

图 1-25

第 15 步：

接下来的下拉列表是元数据，在此可以把您自己的个人版权信息、联系信息、使用权限、说明以及其他大量的信息嵌入到导入的每幅照片内。要做到这一点，首先要把所有信息输入到模板内（叫做元数据模板），然后在保存模板后，它就会显示在元数据下拉列表中。模板不局限于一个——可以因不同的原因拥有不同的模板（如用一个模板保存版权信息，用另一个模板保存所有联系信息等）。1.11 节将逐步展示如何创建元数据模板，所以现在可以跳到那里，创建第一个元数据模板，之后再回到这里，从该下拉列表内选择版权模板。去吧！我会在这儿等您。真的，它一点都不麻烦（请注意：在导入时，我用像这样的元数据模板在每幅照片（至少是我实际拍摄的照片）内嵌入我的版权信息）。

第 16 步：

在导入时应用面板底部的字段内可以输入关键字，关键字就是搜索术语名称（以后搜索时可以使用导入时输入的关键字）。Lightroom 在导入照片时把这些关键字直接嵌入到照片中，所以以后可以通过利用这些关键字中的任意一个进行搜索和查找。到了查找这个阶段，您会想使用非常通用的关键字——应用到每幅被导入照片上的单词。例如，对这些吉他照片，我在关键字字段内单击一次，输入像吉他、产品照片、红色、黑色背景和 Schecter（吉他制造商）之类的通用关键字。在每两个搜索单词或短语之间用一个逗号分隔，只要确保所选择的单词足够通用，能够覆盖所有照片即可（换句话说，不要使用摇把这类文字，因为不是在每幅照片都能看到摇把）。

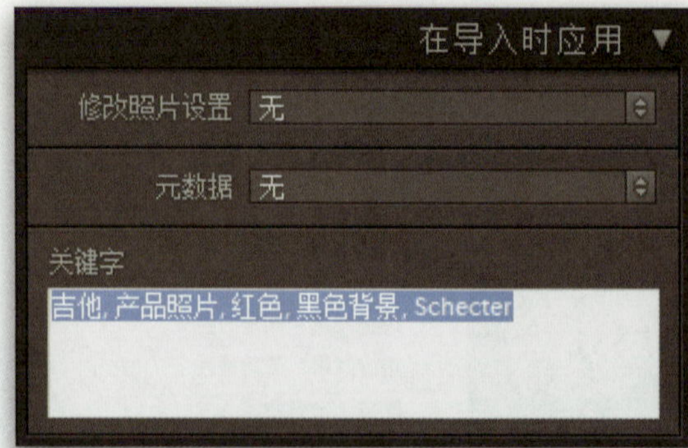

图 1-26

第 17 步：

我在前面提到过这一点，但位于导出窗口右下角的是目标位置面板，它只是再次准确显示照片从存储卡上导入后的存储位置。该面板左上角有一个 +（加号）按钮，单击它将打开一个弹出菜单，从中可以选择新建文件夹，这实际上在计算机上我们选择的位置处创建一个新文件夹（可以单击任一个文件夹跳转到那里）。请试试该弹出菜单内的仅受影响的文件夹命令，以简化所选文件夹的路径视图（图中所示的是我使用的路径视图，因为我总是把照片存储在 My Lightroom Photos 文件夹内。我不喜欢看到所有其他文件夹，因此会隐藏它们。

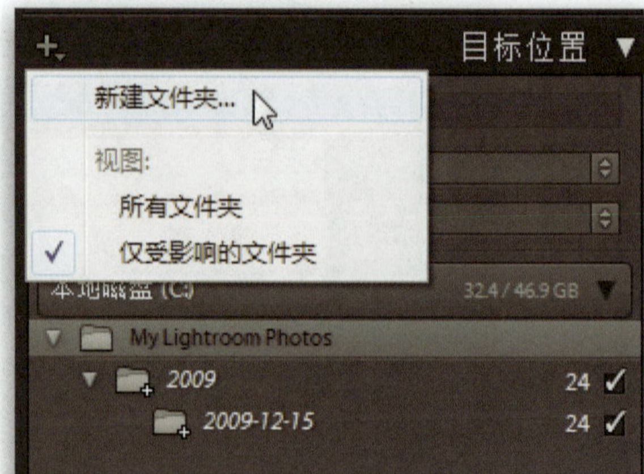

图 1-27

图 1-28

第 18 步：

现在设置好了——选择了图像的源和目标位置，以及在 Lightroom 内显示较大预览时的速度。我们向图像添加了自己的自定名称，嵌入了版权信息，添加了一些搜索关键字，还保存了预设，这样不必每次都要执行所有这些操作。剩下要做的是单击导入窗口右下角的导入按钮，将图像导入到 Lightroom。如果觉得该操作太复杂，别着急，前面创建过预设，还记得吗？（在 Lightroom 内可以创建大量的预设，使我们的工作变得更快捷、更有效。稍后会看到这一点。）

1.4 导入计算机中的现有照片

与导入存储卡上的照片相比，导入计算机上的现有照片要容易得多，因为很多选择已经完成（毕竟它们已经在计算机上，因此不必担心它们的存储位置，它们的名字问题等）。此外，因为计算机硬盘远比最快的存储卡快，所以把它们中的图像导入到 Lightroom 很快。

第 1 步：

如果图像已经位于计算机，只需转到 Lightroom 的文件菜单，选择导入照片，或者按 Command-Shift-I（PC: Ctrl-Shift-I）打开导入窗口。从左侧的源列表内找到计算机上具有需要导入照片的文件夹。单击该文件夹时，会看到该文件夹内图像的缩览图（如果看到的窗口太小，则请单击左下角的箭头，把它扩展到如图 1-29 中所示的样子）。要改变缩览图的大小，请拖动预览区域右下角的缩览图滑块。默认时，将导入该文件夹内的所有照片，但如果不想全部导入，则请关闭这些照片左上角的复选框。

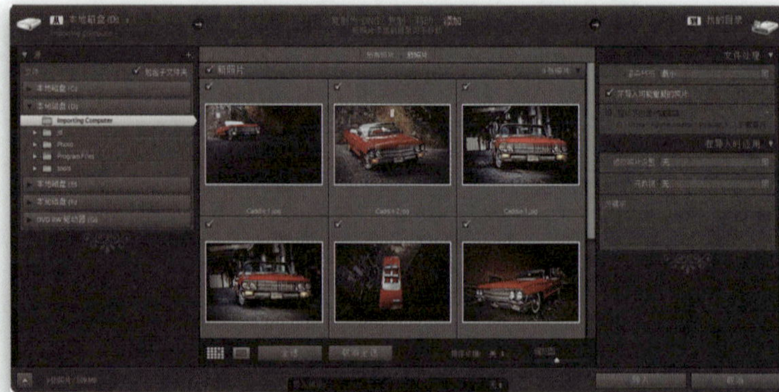

SCOTT KELBY

图 1-29

第 2 步：

Lightroom 假设我们想把照片保留在计算机上的当前位置，只是把它们导入到 Lightroom，因此，默认时顶部的添加选项被选中（如图 1-30 中红色圆圈所示），因为只是把这些照片添加到 Lightroom。现在请回顾一下本章开始部分，我讲过把所有图像全部保存到一个主文件夹内有多重要。如果由于某种原因使这些照片位于计算机上的其他位置，则请单击移动按钮，之后在该窗口右侧的目标位置面板内选择 My Lightroom Photos 文件夹。

图 1-30

第 3 步：

因为照片已经位于计算机上，所以在导入窗口其余部分需要做的操作很少（事实上，从相机存储卡导入时所要做的其他大多数设置已经被隐藏）。然而，我们应该转到右侧的文件处理面板，确定图像导入到 Lightroom 后我们放大它们时的显示速度。这用渲染预览下拉列表来实现。前面已经介绍过这 4 个渲染预览选项的作用，以及怎样选择合适的选项。此外，我建议保留打开不导入可能重复的照片复选框，以免导入同一图像的两个副本。

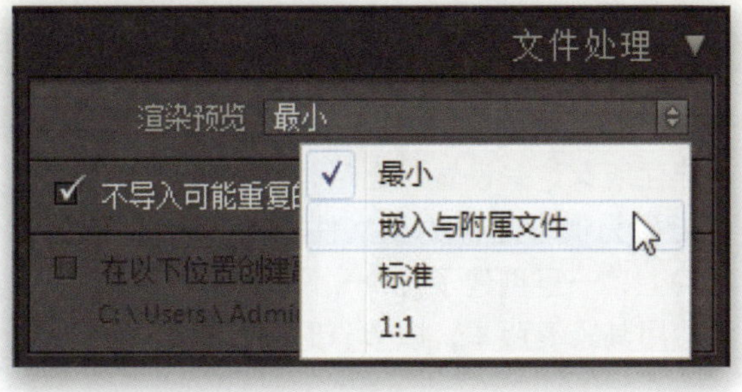

图 1-31

第 4 步：

还有一套选项需要介绍：在导入时应用面板设置（也位于该窗口的右侧）。请参阅前面的介绍，做出自己的选择，这样就准备好了——可以单击导入按钮，把这些照片导入到 Lightroom 了。

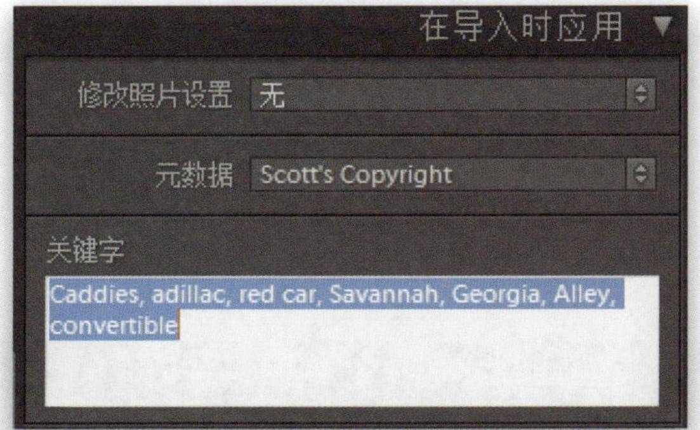

图 1-32

1.5 使用导入预设（和紧凑视图）节省导入时间

如果发现自己在导入图像时使用相同的设置，很可能想知道"为什么我导入图像时每次都要输入这些相同的信息？"幸运的是，不需要这样做。您可以只输入一次，之后把这些设置转换为导入预设，它记住所有这些设置。之后，我们可以选择预设，添加几个关键字，可能再为保存图像的子文件夹选择不同的名称，这样就设置好了。事实上，一旦创建了几个预设，就可以完全跳过全尺寸的导入窗口，而使用其紧凑版本，以节省时间。

第 1 步：

我们将像通常那样先配置导入设置。对于这个例子，我们假设要从存储卡（存储卡已连接到计算机）导入图像，把它们复制到 Pictures 文件夹下的子文件夹内，之后在外置硬盘上为这些图像创建一份备份副本（顺便提一下，这是很常用的导入设置）。我们要在导入图像时添加一些版权信息，我们将选择最小渲染预览，这样会快速显示缩览图。请现在按这样进行设置（或者按照您自己的实际工作流进行设置）。

图 1-33

第 2 步：

现在转到导入窗口的底部中央位置，从中看到一条细黑条，在其最左端显示文字"导入预设"，在其上单击并保持，从弹出菜单中选择将当前设置存储为新预设（如图 1-34 所示）。我们可能还需要在计算机上为导入图像保存另一个预设。这是难点所在，现在我们对此进行设置。

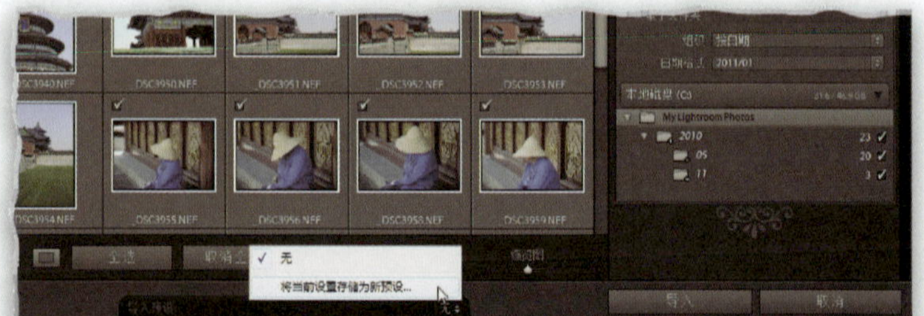

图 1-34

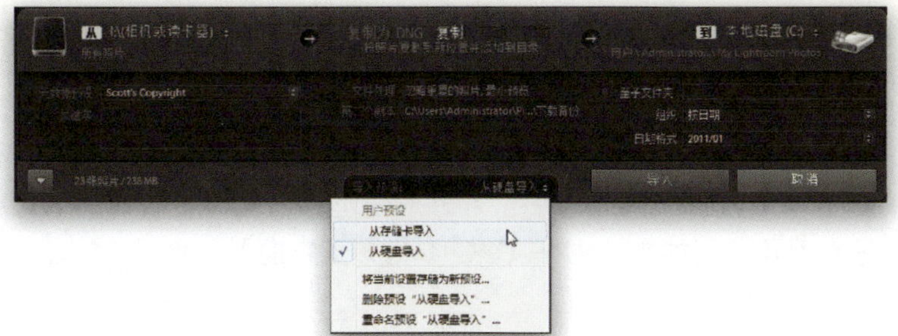

图 1-35

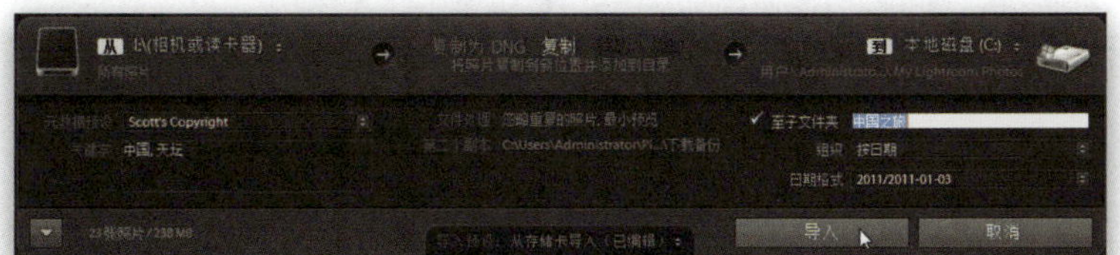

图 1-36

第 3 步：

单击导入窗口左下角显示更少选项按钮（朝上的箭头），切换回紧凑视图（如图 1-34 所示）。这个较小窗口的优点是：不需要看到这些面板、网格和所有其他内容，因为我们已经把导入照片所需的大多数信息存储为预设。因此，从现在开始，导入窗口将像这样显示（处于紧凑视图），我们所要做的只是从底部的下拉列表内选择预设（如图 1-35 所示，我这里选择我的从存储卡导入预设），之后再输入导入新的一套照片时需要修改的少数几项信息（见下一步）。

注意：随时单击左下角的显示更多选项按钮（朝下的箭头），即可返回到全尺寸导出窗口。

第 4 步：

沿着最小导入窗口的顶部可以看到与前面中全尺寸导入窗口中相同的操作步骤：图像来自哪里、对它们执行什么操作，以及把它们导入到哪里，这些步骤由箭头从左向右引导完成。这里的图像是 (1) 来自读卡器，(2) 之后复制它们，(3) 这些副本存储在硬盘上的文件夹内。在中间部分，可以添加只属于这些图像的关键字（这就是在保存我的导入预设时保留该字段为空的原因。不然的话，我在这里会看到以前导入时的关键字）。之后，它显示文件处理和备份图像另一个副本首选项。在右侧可以对这些图像将要保存到的子文件夹命名。那么，这怎样节省时间？现在我们只需要输入几个关键字，为子文件夹命名，并单击导入按钮。就这样简单快捷！

1.6 从 DSLR 导入视频

当今，很难找到不具备高清视频拍摄功能的 DSLR，幸运的是，Lightroom 3 是第一个可以导入视频的 Lightroom 版本。除了添加元数据，在收藏夹中对它们进行排序，添加评级、标签、选取标记等之外，我们实际上不能做任何视频编辑（因此无法裁剪剪辑的长度，或者把剪辑组合到一起，等等），但现在这些视频至少在我们的工作流中不再是不可见的文件（可以很容易地预览它们）。

第 1 步：

在导入窗口内，我们知道哪些文件是视频文件，因为它们缩览图的左下角有一个小摄像机图标（如图 1-37 中红色圆圈所示）。单击导入按钮时，这些视频剪辑将导入到 Lightroom，并与静态图像一起显示出来（当然，如果不想看到这些导入的视频，可以关闭它们缩览图单元左上角的复选框）。

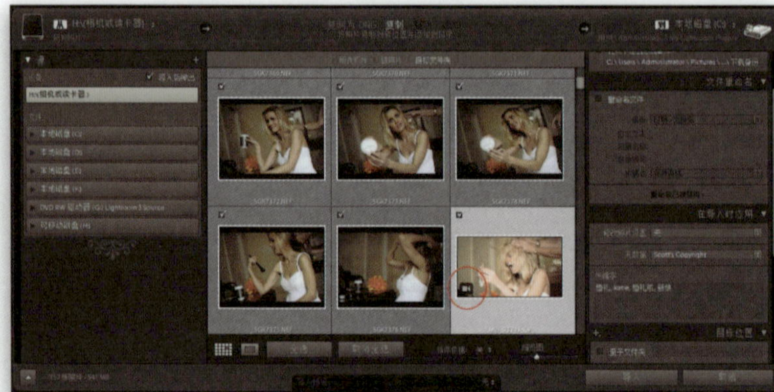

图 1-37

第 2 步：

视频剪辑导入到 Lightroom 之后，在网格视图内仍能看到摄像机图标，但在其右边可能看到剪辑的长度。选择视频后按计算机上的空格键可以看到第一帧较大的视图。

图 1-38

图 1-39

第 3 步：

如果需要预览视频，只需在小摄像机图标上单击一次，它就会启动默认的视频播放器播放视频剪辑。此外，还可以从 Lightroom 导出视频剪辑（一定要打开导出对话框文件设置部分的包含视频文件复选框，但它只导出原来未编辑的剪辑，因为在 Lightroom 3 内不能做任何编辑）。

提示：DSLR 视频编辑软件

Adobe 最新的 Premiere Pro 版本内置了 DSLR 视频编辑功能，因此，如果您对这方面感兴趣，则可以从 www.adobe.com 下载其 30 天免费试用版本。

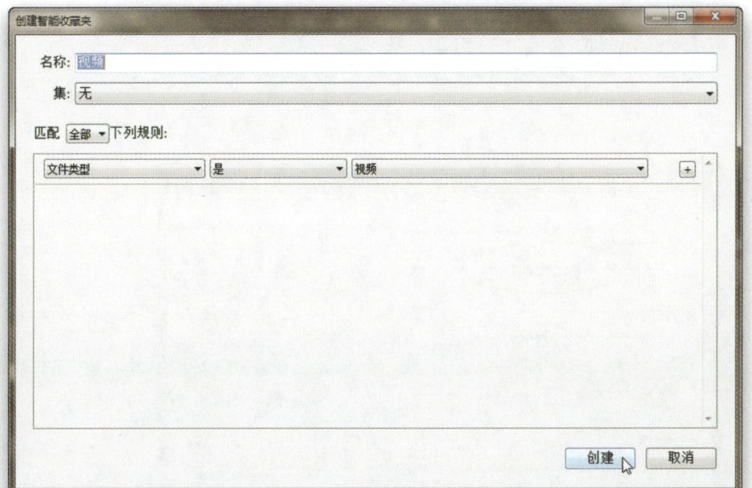

图 1-40

第 4 步：

如果想把所有视频剪辑集中组织到一个位置，则请创建智能收藏夹。在收藏夹面板内，单击该面板标题右侧的 +（加号）按钮，从弹出菜单中选择创建智能收藏夹。该对话框打开后，从左侧的第一个下拉列表中选择文件类型，从第二个下拉列表中选择是，从第三个下拉列表中选择视频。命名该智能收藏夹，再单击创建按钮，它就会搜集所有视频剪辑，并把它们放在智能收藏夹内，但最重要的是，这个收藏夹实时更新——随时导入视频后，也会把它添加到视频剪辑的新智能收藏夹内。

1.7 联机拍摄（直接从相机到 Lightroom）

我最喜欢的 Lightroom 3 功能之一是其内置的联机拍摄功能（直接从相机拍摄到 Lightroom），而不需要使用第三方软件，而在此之前必须使用第三方软件。联机拍摄的优点是：（1）现在，在计算机屏幕上看到的图像比在相机后背微小的 LCD 上看到的图像更大，因此可以更好地拍摄图像；（2）不必在拍摄后导入图像，它们已经位于 Lightroom 内。

警告：一旦试过这种方法，您就不会再想用其他任何方式拍摄。

第 1 步：

第一步是使用相机所带的 USB 电缆把相机连接到计算机（别担心，电缆可能还与相机手册、其他电缆等一起放在数码相机的包装盒内，请到盒内找一找）。现在请连接好相机。在影室内和在现场，我使用如图 1-41 所示的联机设置（这是我从世界著名摄影师 Joe McNally 那里学来的）。横杆是 Manfrotto 131DDB 三角架横杆配件，其上连接着 Gitzo G-065 监视器平台。

图 1-41

第 2 步：

现在转到 Lightroom 的文件菜单，从联机拍摄子菜单中选择开始联机拍摄。这将打开如图 1-42 所示的对话框，在导入窗口中输入像前面那样的信息（在顶部的工作阶段字段内输入名称，选择是否要自定图像名称，以及这些图像在硬盘上的存储位置，是否添加元数据和关键字等）。然而，这里有一项不同的功能——按拍摄分类照片复选框（图中红色圆圈所示）——这在联机拍摄时是一项非常有用的功能（稍后就会看到）。

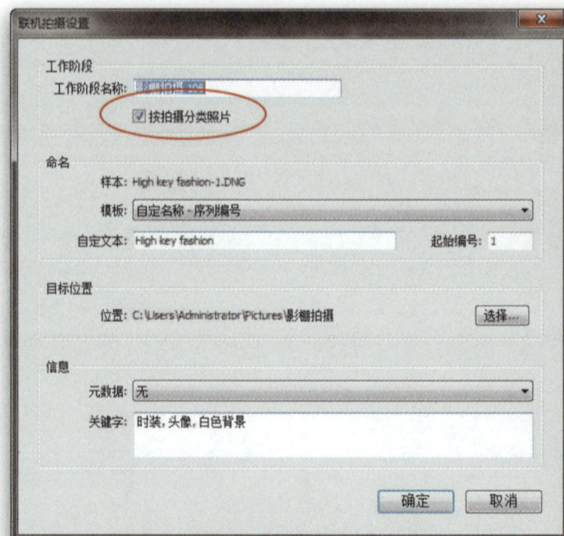

图 1-42

图 1-43

第 3 步：

按拍摄分类照片功能使我们能够在联机拍摄时组织照片。例如，假若要拍摄时装表演，模特变换服装，我们单击拍摄名称就能够把每组不同的服装照片放置到不同的文件夹内（稍后将看到这一点更有意义）。请打开按拍摄分类照片复选框试一试。选择之后，会打开名称对话框（如图 1-43 所示），从中可以为这一阶段的第一次拍摄输入一个描述性的名字。

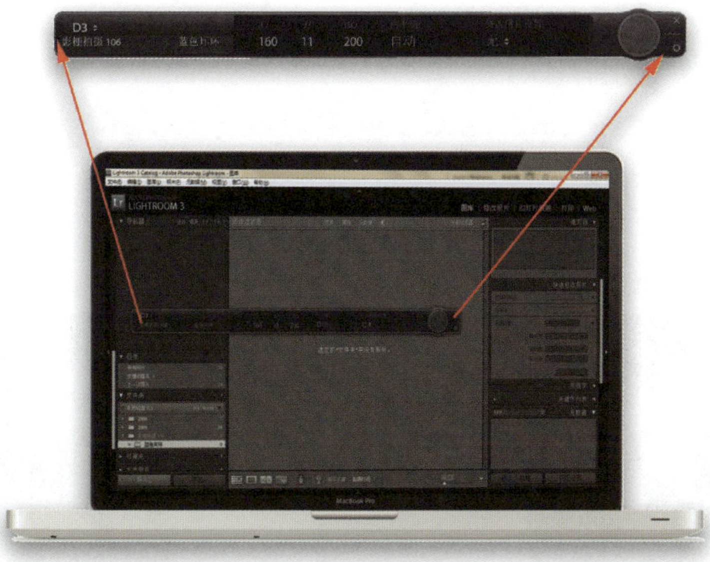

图 1-44

第 4 步：

单击确定之后，会打开联机拍摄窗口，如果 Lightroom 找到相机，就会在左侧显示出相机型号名称（如果连接了多台相机，则可以单击相机名称，从下拉列表内选择使用哪台相机）。如果 Lightroom 没有找到相机，它则显示“未检测到相机”，在这种情况下，要检查 USB 电缆是否正确连接，以及 Lightroom 支持的相机制造商和型号。从相机型号的右侧可以看到相机的当前设置，其中包括光圈、快门速度和 ISO。从该显示的右边可以选择应用修改照片设置预设（关于这方面内容，请参阅第 4 章，但现在只需保留其设置为无不变）。

提示：隐藏联机拍摄条

按 Command-T (PC: Ctrl-T) 可以显示 / 隐藏联机拍摄窗口。

第 5 步：

联机拍摄窗口右侧的圆形按钮实际上是快门按钮，单击它，就像我们按相机上的快门一样会拍摄一幅照片。拍摄照片后，稍等片刻，图像就显示在 Lightroom 内。图像在 Lightroom 内的显示不会像在相机后背上显示那么快，这是因为它实际上把图像的整个文件通过 USB 电缆（或者无线传输，如果相机连接了无线传输装置的话）从相机传输到计算机，因此会花费一两秒钟。此外，如果以 JPEG 模式拍摄，文件大小会更小，因此在 Lightroom 内显示该图像的速度远比 RAW 图像快。如图 1-45 所示的是一组联机拍摄的图像，但问题是：如果像这样在图库模块的网格视图内观看它们，它们不比在相机后背的 LCD 上大多少。

注意：佳能和尼康对联机拍摄的响应方式不同。例如，用佳能相机拍摄，联机拍摄时如果相机中有存储卡，则会把图像写入到硬盘和存储卡，但尼康相机只把图像写入到硬盘。

第 6 步：

当然，联机拍摄的一大优点是能够以很大的尺寸查看图像（以较大尺寸查看时可以更容易检查光照、聚焦和总体效果，如果客户在影室内，他们会喜欢联机拍摄，因为这样他们不必从您的肩膀上斜视微小的相机屏幕，就能够看到图像效果）。因此，请双击任一幅图像，跳转到放大视图（如图 1-46 所示），当图像显示在 Lightroom 内后从中可以得到更大的视图（注意：如果确实想在网格视图下拍摄，则只要使缩览图变大一点，之后再转到工具栏，单击排序依据左边的 A–wZ 按钮，这样，最后拍摄的照片会始终显示在网格的顶部）。

图 1-45

图 1-46

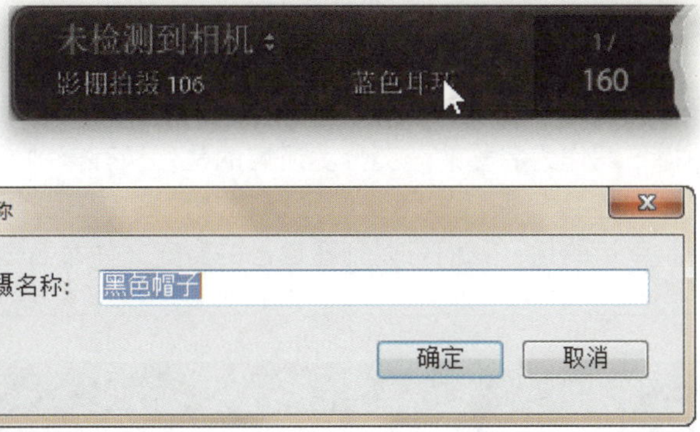

图 1-47

第 7 步：

我们现在来使用按拍摄分类照片这一功能。假若这次拍摄中模特戴着蓝色耳环，而在下一套拍摄中她戴着帽子。只要在联机拍摄窗口内的文字“蓝色耳环”上单击（或者按 Command-Shift-T [PC: Ctrl-Shift-T]），就会打开拍摄名称对话框。请给这套照片起一个新名称（我将它命名为“黑色帽子”），之后再回去拍摄。这些图像现在显示在它们自己独立的文件夹内，但全部位于我的主文件夹“影棚拍摄 106”内。

图 1-48

第 8 步：

联机拍摄时（我在影棚时总这样拍摄，在现场也常这样做），我不用观察图库模块的放大视图，而是切换到修改照片模块，这样，如果需要快速调整任何图像，我已经处在这里了。此外，在联机拍摄时，我的目标是在屏幕上以尽可能大的尺寸显示图像，因此，我按 Shift-Tab 键隐藏 Lightroom 的面板，这会放大图像大小，使其几乎占据整个屏幕。最后，我按字母 L 两次，进入关闭背景光模式，这样所看到的只是全屏尺寸的图像位于黑色背景的中央，没有任何其他杂乱内容（如图 1-48 所示）。如果需要进行调整，再按 L 两次，之后按 Shift-Tab 即可显示出面板。

1.8 创建自定文件命名模板

有数千幅照片时，要把它们组织得井井有条是关键所在，因为数码相机反复生成一套又一套相同名称的照片，重要的是我们要在导入期间把照片重命名为惟一的名称。一种流行的方法是在重命名时把拍摄日期作为名称的一部分。遗憾的是，只有一种 Lightroom 导入命名预设包含日期，它使我们可以在文件名中还包含相机的原始文件名。幸运的是，我们可以创建自己的自定文件命名模板。

第 1 步：

首先单击图库模块窗口左下方的导入按钮（或使用键盘快捷键 Command-Shift-I（PC：Ctrl-Shift-I））。当导入窗口打开后，单击顶部中央的复制为 DNG 或者复制，文件重命名面板会显示在右侧。在该面板内，打开重命名文件复选框，之后单击模板下拉列表，选择编辑，打开文件名模板编辑器（如图 1-50 所示）。

SCOTT KELBY

图 1-49

第 2 步：

在该对话框的顶部，有一个下拉列表，从中可以选择任一种内置的命名预设作为起点。例如，如果选择自定名称－序列编号，则其下方的字段将显示出组成该预设的两个蓝色记号（Adobe 这样称呼它们，在 PC 上，该信息显示在括号内）：第一个记号代表文本，第二个代表自动编号。要删除这两个记号，请单击它，之后按键盘上的 Delete（PC：Backspace）键。如果想要从零开始（就像我做的这样），请删除这两个记号，从下方的下拉列表内选择想要的选项，然后单击插入按钮将它们添加到该字段。

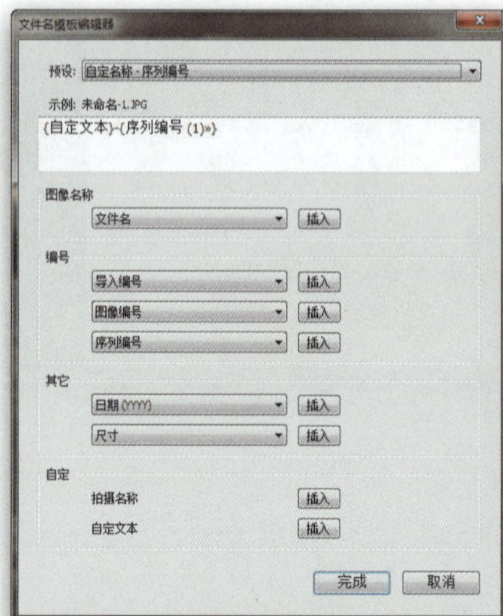

图 1-50

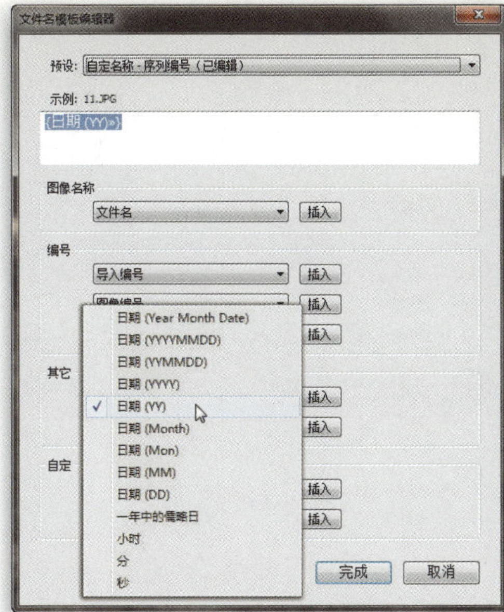

图 1-51

第 3 步：

下面我将向您演示怎样配置摄影师流行使用的文件命名方案，但这只是一个例子，您以后可以创建适合自己影棚需要的自定模板。我们先从添加年份开始（这有助于按名称排序时文件名相同的排列到一起）。为了避免文件名过长，我建议只使用年的后两位数字。因此，请转到该对话框的其它部分，单击第一个下拉列表，选择日期（YY），如图 1-51 所示（Y 让我们知道这是年份，YY 说明它将只显示两位）。日期（YY）记号会显示在命名字段内，如果观察该字段的左上方，就会看到我们所创建的命名模板例子。这时，新的文件名是 11.jpg，如图 1-51 所示。

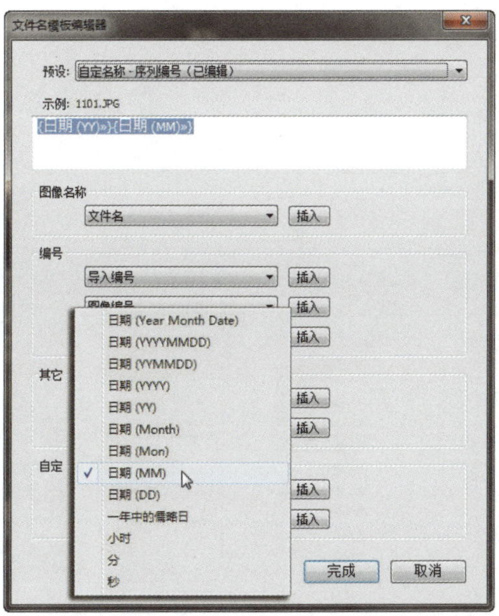

图 1-52

第 4 步：

我们在两位年之后添加两位月份，这是照片拍摄的月份，我们从同样的下拉列表内选择，但这次选择的是日期（MM）（如图 1-52 所示。这两部分日期自动从拍摄时数码相机在照片内嵌入的元数据中提取）。顺便提一下，如果选择日期（Month），它将显示完整的月份名称，因此文件名可能像这样：11 一月，这不是我们想要的 1101。

第 5 步：

在进一步设置之前，应该知道文件命名有一个规则，这就是在字之间不能有空格。然而，如果所有字母都紧凑排列到一起，这又不便于阅读。因此，在日期之后，我们将添加分隔符——下划线。要添加下划线，只要在日期（MM）记号之后单击，之后按 Shift 键和连字符键（如图 1-53 所示）。现在，我们所做的将与其他命名习惯有所不同：在日期之后，我包含描述每幅照片的自定名称。一些人喜欢在这里包含相机所赋予的原始文件名（我个人喜欢在这里包含有意义的名称，这样不必打开照片就了解其内容）。因此，要实现这一操作，请转到该对话框的自定部分，单击自定文本右边的插入按钮（如图 1-53 所示），在下划线之后添加自定文本记号（这让我们以后可以输入一个字的文字描述），之后添加另一个下划线（它看起来像 _{ 自定文本 }_ 这样。但在上方的命名例子中，在添加自定文本之前，它显示为“未命名”）。

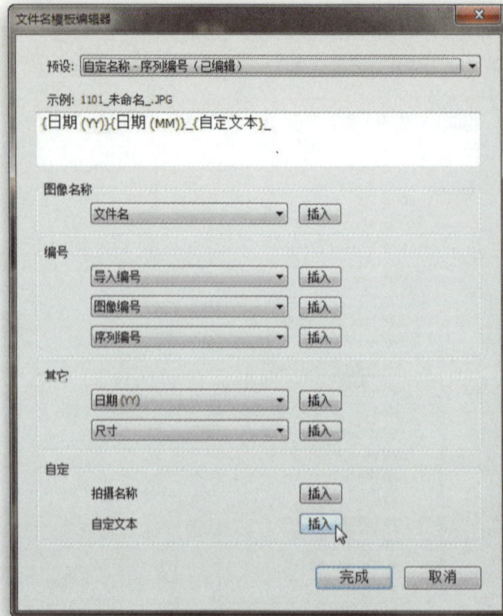

图 1-53

第 6 步：

现在我们将让 Lightroom 自动为这些照片按顺序编号。为此，请转到编号部分，从下方的第三个下拉列表内选择编号顺序。我这里选择序列编号（001）记号，它将向文件名尾部添加三位自动编号（在上方的命名字段内可以看到其例子）。

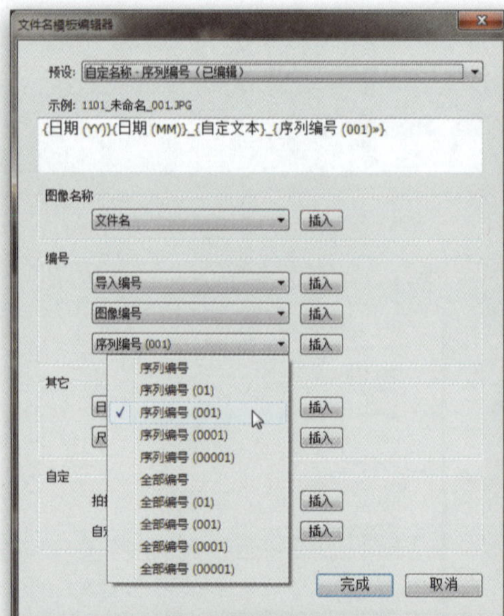

图 1-54

图 1-55

第 7 步：

文件命名例子符合我们要求后，请转到预设下拉列表，选择将当前设置存储为新预设。我们可以在弹出的对话框内命名预设，请输入一个描述性的名称（这样我们在下次想应用它时知道其执行的操作。我选择的名称是“年，月，输入名称，自动编号”），再单击创建，然后单击文件名模板编辑器对话框中的完成按钮。现在，当转到导入照片对话框时，单击重命名文件模板下拉列表，您会看到自定模板作为一种预设选项显示在其中。

图 1-56

第 8 步：

现在，在我们从模板下拉列表选择这个新命名模板之后，请单击其下方的自定文本字段（我们前面添加的自定文本记号现在该发挥作用了），输入描述性的名称部分（在这个例子中，我输入“ IndyTest Shots”，字母之间不能留空格）。这个自定文本将显示在两个下划线之间，产生直观的分隔，以免名称中的所有字符都连着显示到一起（瞧，现在一切都有意义）。输入之后，如果观察下文件重命名面板底部的样本，就可以预览到照片重命名样式。选择该对话框底部在导入时应用和目标面板内的所有设置之后，就可以单击导入按钮。

1.9 为导入照片选择首选项

我把导入首选项放到导入这一章快结束的时候来介绍，这是因为我认为您现在已经导入了一些照片，对导入过程有了充分的了解，知道自己希望有什么不同之处。这正是首选项所要扮演的角色（Lightroom 有一些首选项控制，它为我们的操作提供了大量的控制）。

第 1 步：

导入照片首选项位于两个不同的位置。首先，为了打开首选项对话框，请转到 Mac 上的 Lightroom 菜单或 PC 上的编辑菜单，选择首选项（如图 1-57 所示）。

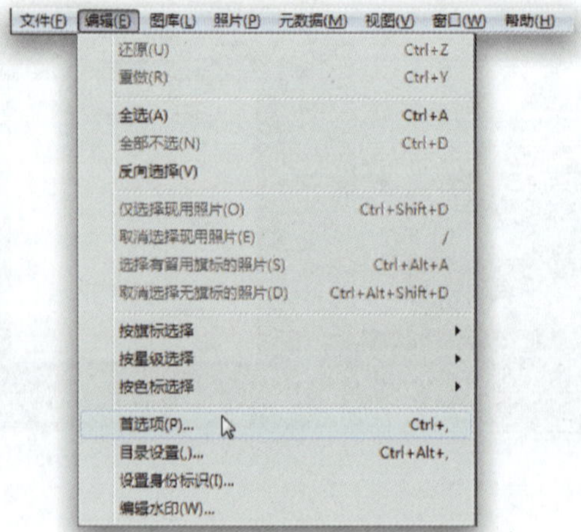

图 1-57

第 2 步：

首选项对话框弹出后，首先单击顶部的常规选项卡。在中间的导入选项下方，第一个首选项让我们告诉 Lightroom，在相机存储卡连接到计算机时它的响应方式。默认时，它打开导入窗口。然而，如果您想让它不要在每次插入相机或读卡器时自动打开该窗口，只要关闭这个复选框即可。

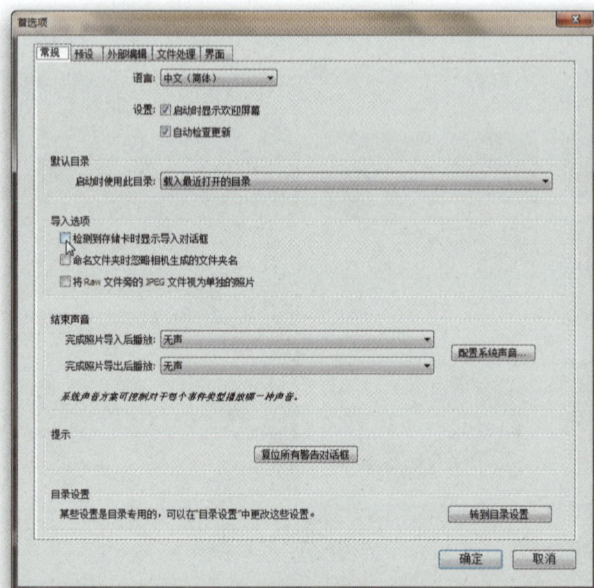

图 1-58

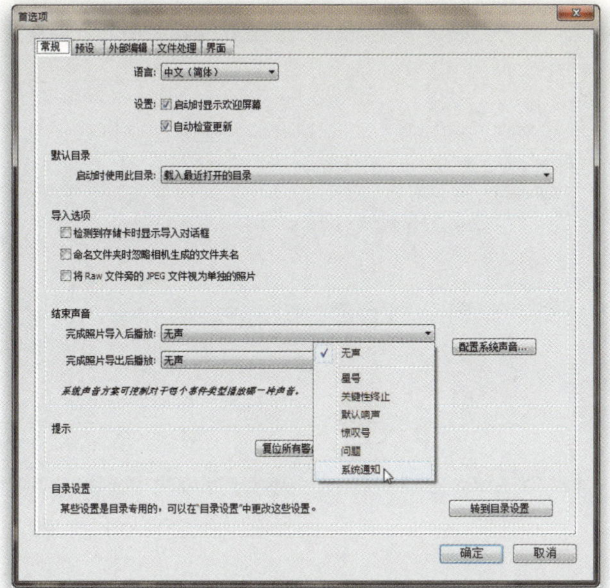

图 1-59

第 3 步：

这里我还想提到另外两个导入首选项设置，它们也位于常规选项卡内。在结束声音部分，不仅可以选择当照片导入完成时 Lightroom 是否要播放声音，还可以选择哪种声音（从计算机上已有的警告声音列表中选择）。

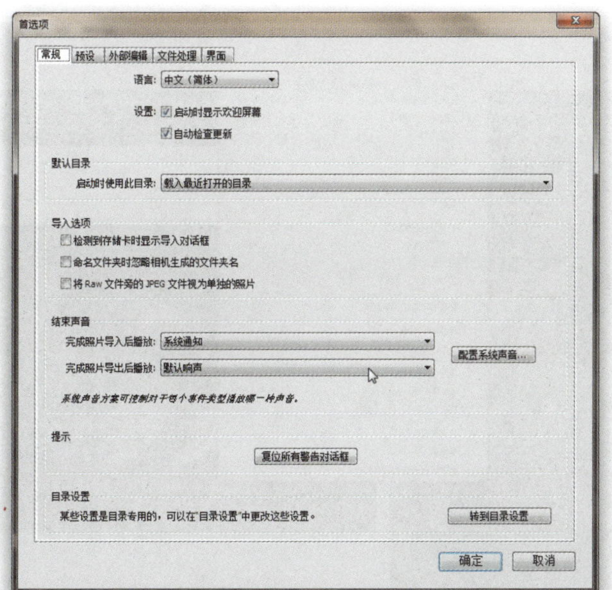

图 1-60

第 4 步：

在此处，紧挨着“完成照片导入后播放”声音列表的下方还有另一个下拉列表，用来选择完成照片导出后播放的声音。我知道这个首选项不重要，但是既然我们正好到了这里，我想……管它呢。在本书的后面我将讨论其他一些首选项，但是因为本章是关于导入方面的，所以我想在此最好还是只处理它好了。

第 5 步：

现在，单击常规选项卡底部的转到目录设置按钮（同样也可以在 Lightroom（PC：编辑）菜单下找到它）。在转到目录设置对话框中，单击元数据选项卡。在此可以决定是否要读取添加到照片中的元数据（版权、关键字等），并将它写入到一个完全独立的文件中，这样每幅照片将有两个文件——一个包含照片本身，另一个独立的文件（称为 XMP 附属文件）包含照片的元数据。要完成这一操作，请打开把更改自动写入 XMP 复选框，但我们为什么要这样做呢？通常，Lightroom 把添加的所有元数据记录在其数据库文件内——在照片离开 Lightroom 之前（向 Photoshop 导出副本，或把文件导出为 JPEG、TIFF 或 PSD 文件——所有这些格式都支持将元数据嵌入到照片本身中），Lightroom 实际上不会嵌入信息。然而，一些软件不能读取嵌入的元数据，因此它们需要一个单独的 XMP 附属文件。

第 6 步：

尽管我向您演示了把更改自动写入 XMP 复选框，但实际上我并不建议您打开它，因为写入所有这些 XMP 附属文件要花费时间，这会减慢 Lightroom 的速度。如果要将文件发送给朋友或客户，并且想把元数据写入到一个 XMP 附属文件，则请首先转到图库模板，并单击图像以选择它，然后按 Command-S（PC:Ctrl-S），这是将元数据存储到文件命令的快捷键（该命令位于元数据菜单下）。这会将所有现有的元数据写入到一个单独的 XMP 文件中（这样就需要把照片和 XMP 附属文件一起发送）。

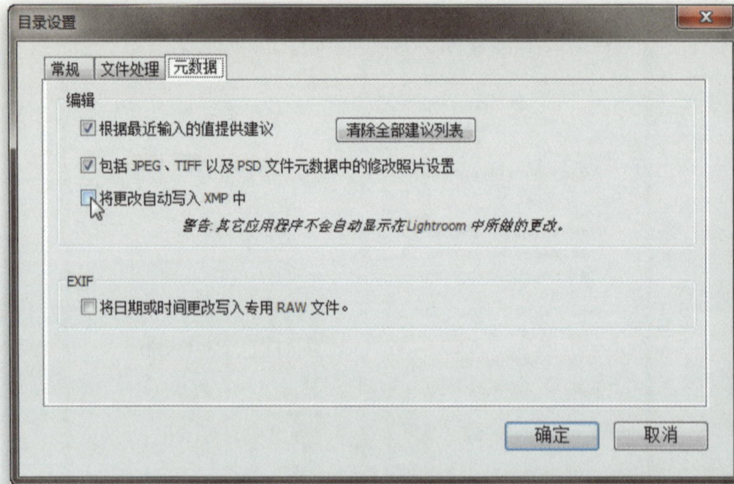

图 1-61

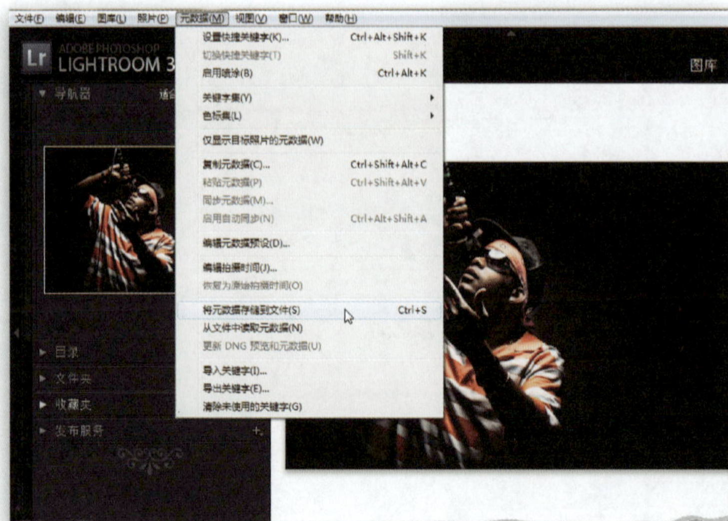

图 1-62

我曾提及有一个选项可在导入时将照片转换成 DNG（Digital Negative，数码负片）格式。因为今天每个相机制造商都拥有它自己专用的 RAW 文件格式，Adobe 公司担心有一天某个或多个制造商可能会为某种新东西抛弃旧有的格式，所以 Adobe 公司创造了 DNG 格式。DNG 不是私有的——Adobe 让它成为一种开放格式，因此任何人都可以写入该规范。尽管确保负片在将来能够打开是 DNG 格式的主要目标，但 DNG 同样也还带来了其他一些优点。

1.10　Adobe DNG 文件格式的优点

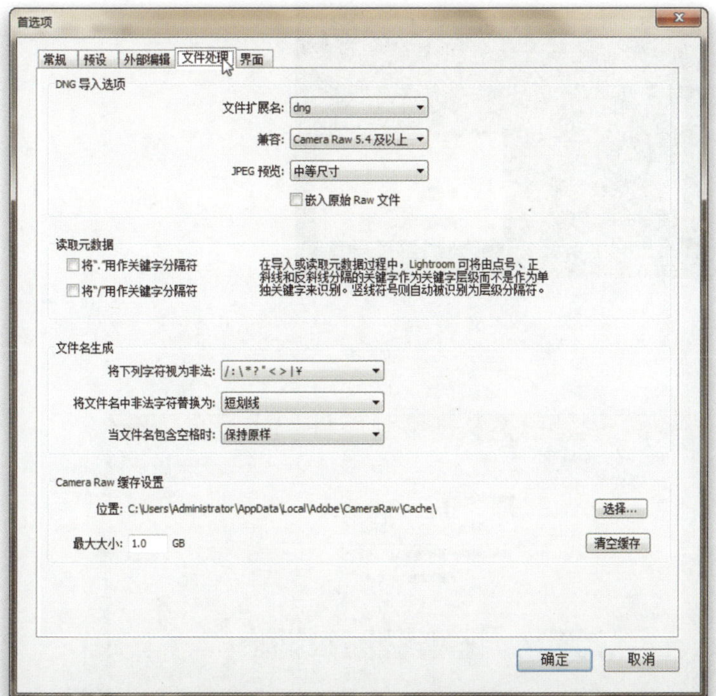

图 1-63

图 1-64

设置 DNG 首选项：

按 Command-,（逗号；PC：Ctrl-,），打开 Lightroom 的首选项对话框，接着单击文件处理选项卡（如图 1-63 所示）。在顶部的 DNG 导入选项部分，可以看到我在 DNG 转换时使用的一些设置。尽管可以嵌入原来专用的 RAW 文件，但我却不这样做（它增加了文件大小，大大丧失了下面的优点 #1）。顺便提一下，在导入照片窗口顶部中央可以选择复制为 DNG（如图 1-64 所示）。

优点 #1：DNG 文件更小

RAW 文件通常具有相当大的文件尺寸，因此它们对硬盘空间的消耗非常快，但是当把文件转换成 DNG 后，通常可以减小大约 20%。

优点 #2：DNG 文件不需要单独的附属文件

编辑 RAW 文件时，元数据实际上保存在一个称为 XMP 附属文件的单独文件中。如果想向某人提供 RAW 文件，并想让它包含元数据和您在 Lightroom 中所应用的更改，就必须向他提供两个文件：（1）RAW 文件本身和（2）XMP 附属文件，它保存了元数据和编辑信息。但在使用 DNG 文件时，如果按 Command-S (PC：Ctrl-S)，该信息就立即嵌入到 DNG 文件自身内。因此，在向他人传递 DNG 文件之前，只需记住使用该快捷键，使它先把元数据写入到文件内。

1.11 创建自定元数据（版权）模板

在本章的开始，我曾提及构建我们自己的自定元数据模板，这样我们就可以在照片导入到 Lightroom 的时候，轻松且自动地将自己的版权和联系信息嵌入到照片中。这里介绍怎样做到这一点。请记住我们可以创建多个模板，这样，如果我们创建了一个带有完整联系信息（包括您的电话号码）的模板，那么我们可能还会想创建一个只带有基本信息的模板，或者是创建一个只用于导出图像以发送给图库代理机构的模板，等等。

第 1 步：

可以在导入窗口内创建元数据模板，因此请按 Command-Shift-I（PC: Ctrl-Shift-I），打开导入窗口。导入窗口打开后转到导入时应用面板，从元数据下拉列表内选择新建。

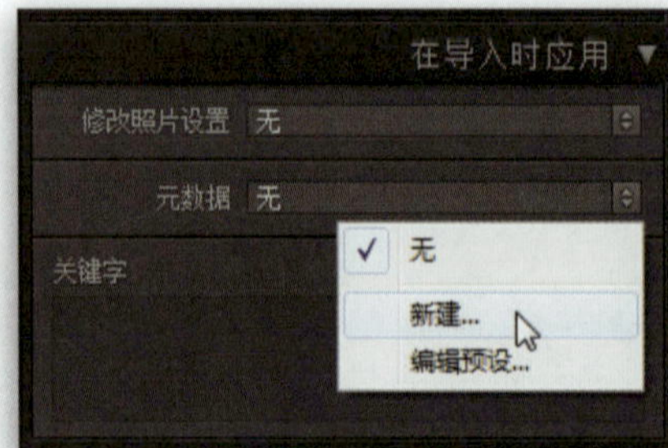

图 1-65

第 2 步：

这将会打开一个空白的新建元数据预设对话框。首先单击该对话框底部的全部不选按钮（这样在 Lightroom 内查看该元数据时就不会有空白字段，只显示出有数据的字段）。

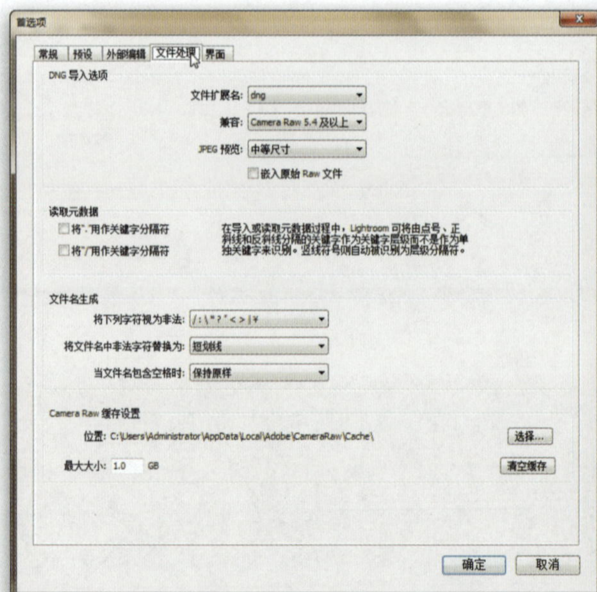

图 1-66

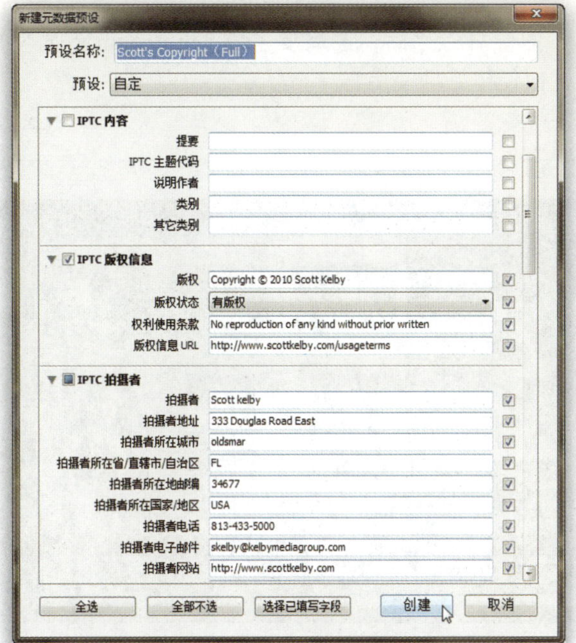

图 1-67

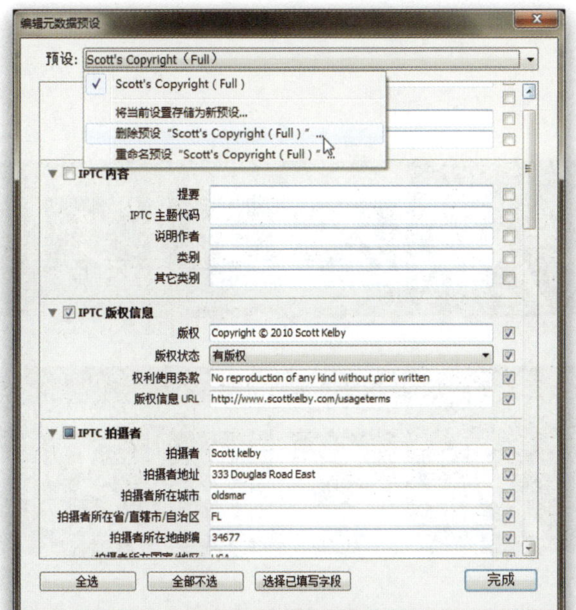

图 1-68

第 3 步：

在 IPTC 版权信息部分，输入版权信息（如图 1-67 所示）。接下来，转到 IPTC 拍摄者部分，输入联系信息（如果有人访问您的网站，下载了一些图像，您可能希望他们能够与您联系，安排照片使用许可事宜）。现在，您可能觉得前一步中添加的版权信息 URL（Web 地址）中包含了足够的联系信息，如果是这样的话，则可以跳过填写 IPTC 拍摄者信息这一步（毕竟，整个元数据预设是为了帮助潜在客户意识到您的作品具有版权限制，告诉他们如何与您联系）。全部输入需要嵌入到照片内的所有元数据信息之后，请转到该对话框的顶部，命名预设（我选择“Scott's Copyright（Full）”），之后单击创建按钮。

第 4 步：

创建一个元数据模板十分简单，删除它也不会困难。回到导入时应用面板，从元数据下拉列表内选择编辑预设，这将打开编辑元数据预设对话框（它看起来像新建元数据预设一样）。从顶部的预设下拉列表内选择想要删除的预设。当所有元数据显示在该对话框内之后，再次回到预设下拉列表，这次选择删除预设[预设名称]。这时弹出一个警告对话框，询问是否确认删除该预设。单击删除，它就永远消失了。

1.12 使用 Lightroom 要了解的四件事

图像导入之后，还需要了解 Lightroom 界面使用方面的一些提示，以便更好地使用它。

第 1 步：

Lightroom 有 5 个模块，每个完成不同的操作。当导入的照片显示在 Lightroom 内之后，它们总是显示在图库模块的中央，我们在该模块内实现排序、搜索、添加关键字等。修改照片模块让我们实现照片编辑（如改变曝光、白平衡，调整颜色等），其他三个模块的作用显而易见。单击顶部任务栏中的模块名称，即可从一个模块切换到另一个模块，或者也可以使用快捷键 Command-Option-1 选择图库，Command-Option-2 选择修改照片，等等（在 PC 上，这些快捷键应该是 Ctrl-Alt-1、Ctrl-Alt-2 等）。

图 1-69

第 2 步：

Lightroom 界面内总共有 4 个区域：顶部的任务栏、左侧和右侧的面板区域，以及底部的胶片显示窗格（照片总是显示在中央预览区域内）。单击面板边缘中央的灰色小三角形可以隐藏任一个面板（使显示照片的预览区域变得更大）。例如，单击界面顶部中央的小灰色三角形，可以看到任务栏隐藏起来。再次单击，它又显示出来。

图 1-70

图 1-71

第 3 步：

Lightroom 用户对其面板使用方面抱怨最多的是其自动隐藏和显示功能（该功能默认时是打开的）。其真实的想法听起来很好：如果隐藏了面板，在做调整时就需要它再次显示出来，把光标移动到面板原来所在位置后，面板就弹出来。调整完成后，光标移离该位置，面板自动卷出视野。这听起来很棒，对吗？问题是：当光标移动到屏幕最左端、最右端、顶部或底部时，面板随时都会弹出来。我被它们折腾疯了，我这里演示怎样关闭它。右击任一个面板的灰色三角形，从弹出菜单中选择手动，这样就可以关闭该功能。该操作是基于每个面板的，因此您必须对四个面板中的每一个执行该操作。

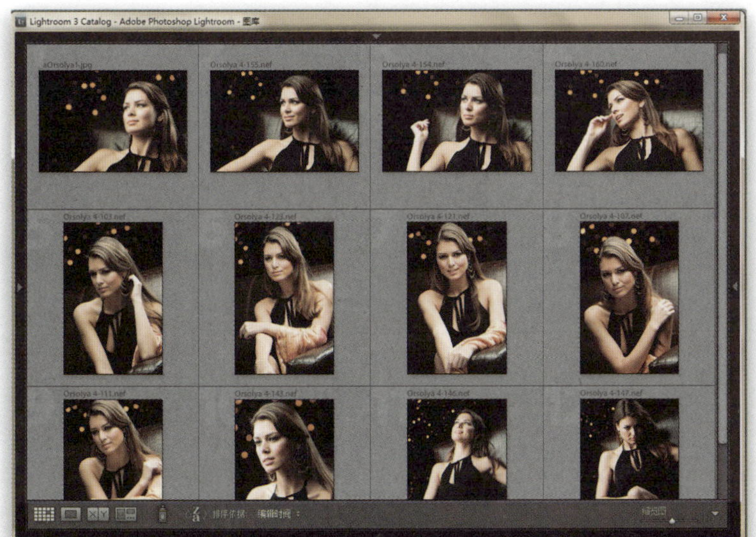

图 1-72

第 4 步：

我使用手动模式，因此可以在我需要的时候打开和关闭面板。也可以使用键盘快捷键：F5 关闭 / 打开顶部任务栏，F6 隐藏胶片显示窗格，F7 隐藏左侧面板区域，F8 隐藏右侧面板区域（在较新的 Mac 键盘或笔记本电脑上，可能必须按 Fn 键实现这些操作）。按 Tab 键可以隐藏两侧面板区域，但我可能最常用的一个快捷键是 Shift-Tab，因为它隐藏一切——所有面板区域——只留下照片可见。此外，这里介绍下两侧面板的主要用途：左侧面板区域主要用于应用预设和模板，显示照片预览、预设或正在使用的模板。其他一切（所有调整）位于右侧。下一节将介绍怎样查看图像。

1.13 查看导入的照片

在我们开始排序和挑选照片（将在下一章介绍）之前，先花一分钟时间学习在 Lightroom 怎样查看导入的照片，这一内容很重要。现在学习这些查看选项有助于我们正确判断照片的好坏。

第 1 步：

导入的照片显示在 Lightroom 中时，它们在中央预览区域内显示为小缩览图。使用工具栏（显示在中央预览区域正下方的深灰色水平栏）内的缩览图滑块可以改变这些缩览图的大小。把它向右拖动，缩览图变大；向左拖动，缩览图变小（该滑块如图 1-73 中红色圆圈所示）。

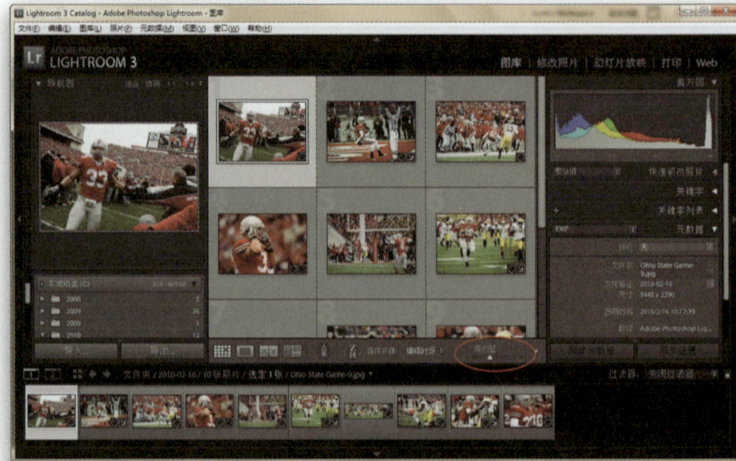

SCOTT KELBY

图 1-73

第 2 步：

要以更大尺寸查看任一个缩览图，只需在其上双击，或者按键盘上的字幕 E，或者按空格键。这种较大的尺寸被称作放大视图（好像我们通过放大镜观看照片一样），默认时，照片按照预览区域的大小进行放大，使我们可以看到整幅照片。这被称作适合窗口视图，但是，如果喜欢进一步放大，则可以转到左上角的导航器面板，单击不同的尺寸，如填满，现在再双击时，它就会把照片放大到填满整个预览区域为止。选择 1:1 后再双击缩览图时，则会把照片放大到 100% 实际尺寸视图，但我必须要告诉您的是，不适合把照片从微小的缩览图放大到巨大的尺寸。

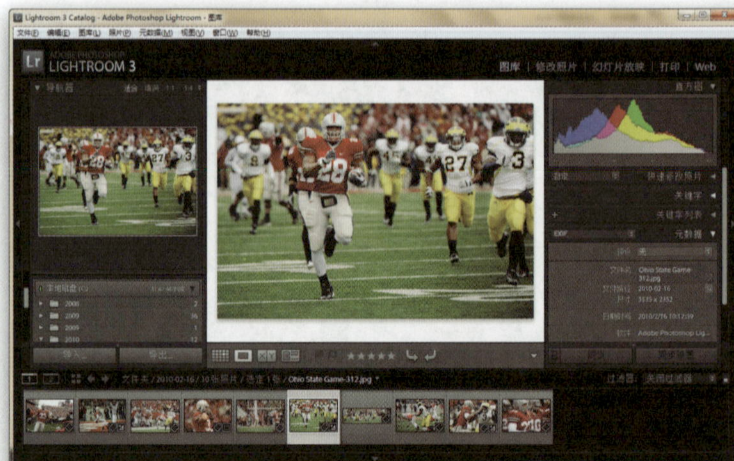

SCOTT KELBY

图 1-74

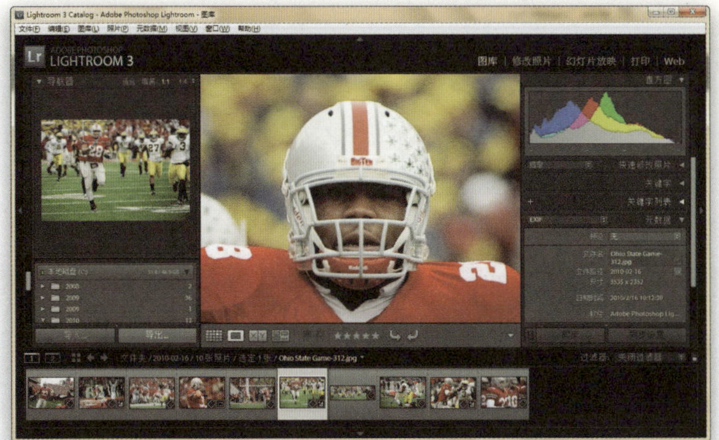

图 1-75

默认单元格视图表内称作扩展单元格，它显示的信息最多

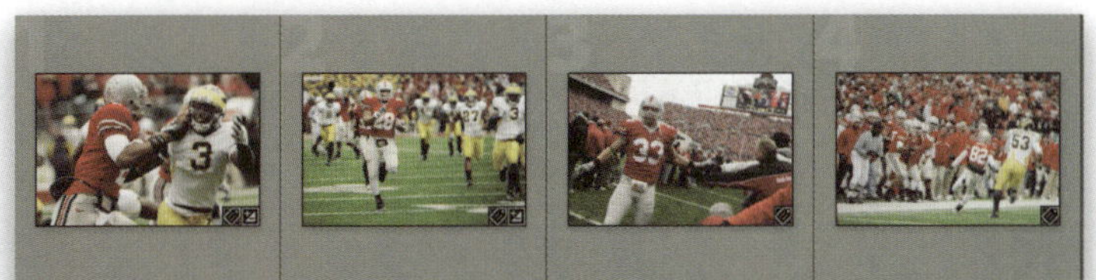

紧凑视图缩小单元格大小和信息数量，但对每个单元格进行编号

如果再次按 J，会隐藏所有信息，只显示照片

图 1-76

第 3 步：

我保持导航器面板设置适当，这样在我双击时可以在中央预览区域看到整幅照片，但是，如果您想仔细观察锐度，则会发现在放大视图下，光标已经变为放大镜。如果在照片上再次单击，单击区域会变为 1:1 视图。要缩小回来，再次单击即可。要回到缩览图视图（称作网格视图），只需按键盘上的字母 G。这是最重要的键盘快捷键之一，一定要记住（到目前为止，真正需要了解的快捷键是：Shift-Tab 隐藏所有面板，G 回到网格视图）。这是一个非常方便的快捷键，因为当处在任何其他模块时，按 G 就会回到图库模块和缩览图网格视图。

第 4 步：

缩览图周围的区域称作单元格，每个单元格显示照片的相关信息，如文件名、文件格式、大小等，第三章将介绍怎样自定义这些信息的显示，以及它们的显示方式。但这里介绍另一个需要了解的快捷键：字母 J。每按一次这个快捷键，它就会在三种不同的单元格视图之间依次切换，每种视图显示不同的信息组，扩展单元格显示大量的信息，紧凑单元格只显示少量的信息，最后一种视图完全隐藏所有杂乱的信息（适合于向客户展示缩览图）。此外，按 T 可以隐藏（或显示）中央预览区域下方的深灰色工具栏。如果按 T 并保持，它只在按下 T 键期间隐藏工具栏。

1.14 使用背景光变暗、关闭背景光和其他视图模式

我最喜欢 Lightroom 的地方之一是它可以把照片显示为焦点，这就是我喜欢用 Shift-Tab 快捷键隐藏所有面板的原因。但是，如果想更进一步，在隐藏这些面板之后，可以使照片周围的所有内容变暗，或者完全“关闭灯光”，这样照片之外的一切都变为黑色。下面介绍其实现方法。

第 1 步：

按键盘上的字母 L，进入背景光变暗模式，在这种模式下，中央预览区域内照片之外的所有内容全变暗（有点像调暗了灯光）。在这种模式下，在缩览图的周围会显示出细细的白色边框，这样它们显得很突出。这种变暗模式最酷的一点可能是面板区域、任务栏和胶片显示窗格都仍有效——我们仍可以调整、修改照片等，就像“灯光”全开着一样。

图 1-77

第 2 步：

下一个视图模式是关闭背景光（再次按 L 进入关闭背景光模式），这种模式使照片成为展示之星，因为其他所有内容都完全变为黑色，因此屏幕上除了照片之外没有显示其他任何内容（要回到常规打开背景光模式，再次按 L 即可）。要让图像在屏幕上以尽可能大的尺寸显示，在进入关闭背景光模式之前，按 Shift-Tab 隐藏两侧、顶部和底部的所有面板，这样就可以看到如图 1-78 所示的大图像视图。不按 Shift-Tab 时，看到的图像尺寸将像第一步中那样小，在它周围有大量的黑色空间。

图 1-78

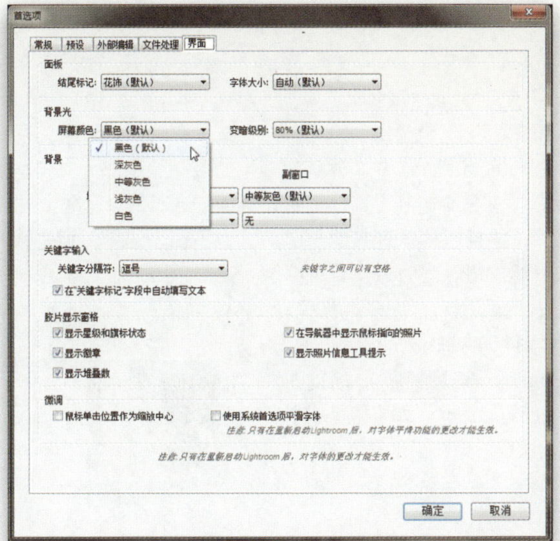

图 1-79

图 1-80

提示：控制关闭背景光模式

对 Lightroom 关闭背景光模式的控制方式可能超出我们的想象：请转到 Lightroom 的首选项（Mac 上的 Lightroom 菜单，或者 PC 上的编辑菜单），单击界面选项卡，就可以看到一些下拉列表，它们控制关闭背景光模式下的变暗级别和屏幕颜色。

第 3 步：

如果想在 Lightroom 窗口内观察照片网格，而不看到其他杂乱对象，则请按键盘上的 F 键两次。第一次按 F 键使 Lightroom 窗口填满屏幕，隐藏该窗口的标题栏（位于 Lightroom 界面内任务栏的正上方）。第二次按 F 实际上隐藏屏幕窗口顶部的菜单栏，因此，如果将此与 Shift-Tab 组合，将隐藏面板、任务栏和胶片显示窗格，按 T 隐藏工具栏，这样在从上到下灰色背景上只看到照片。我知道您可能在想："我不知道顶部的这两个细条是否真的分散注意力"。因此，请试试隐藏它们一次，看看是什么效果。幸运的是，有一种简单的快捷方式可以跳转到这一"超整洁、无杂乱视图"，这就是：按 Command-Shift-F(PC: Ctrl-Shift-F)，之后按 T。要回到常规视图，请使用相同的快捷键。图 1-80 的上图是灰色版面，而下图中，我按 L 键两次，进入背景光变暗模式。

Lightroom 快速提示

▼ 直接拖放到 Lightroom 3

如果要导入到 Lightroom 的照片位于桌面上或者文件夹内，则可以把照片（或者充满照片的文件夹）拖放到 Lightroom 图标上，它就会启动 Lightroom（如果它还没有运行的话），自动打开 Lightroom 的导入窗口。

▼ Lightroom 不允许导入副本

导入一些照片时，如果其中一部分（或全部）已经位于 Lightroom 的目录中（也就是说，这些是副本），并且打开不导入可能重复的照片复选框，已经位于 Lightroom 中的所有图像在导入窗口内将变为灰色。如果所有图像均为副本，导入按钮也将变为灰色，因此不能导入它们。

▼ 使用单独的目录使 Lightroom 运行速度更快

虽然我把笔记本电脑上的所有照片保存在单个目录中，但我有一个朋友，他是全职婚礼摄影师，他使用不同的 Lightroom 目录策略，当我首次听说时，我对此大为惊讶，但这样真的很有意义（事实上，这可能恰好是您所需要的）。他为每个婚礼创建一个单独的 Lightroom 目录（从文件菜单中选择新建目录）。在每个婚礼上，他都要拍摄上千张照片，并且还经常有其他一两个摄影师和他一起拍摄。因为每个目录中只有一千张左右的照片（对许多人来说，目录中有 30000 到 40000 图像是很常见的，这会使 Lightroom 运行速度变慢），所以他的方法会让 Lightroom 加速。如果您是一个高产的摄影师，值得考虑一下这种方法。

▼ 导入窗口不能自动打开时

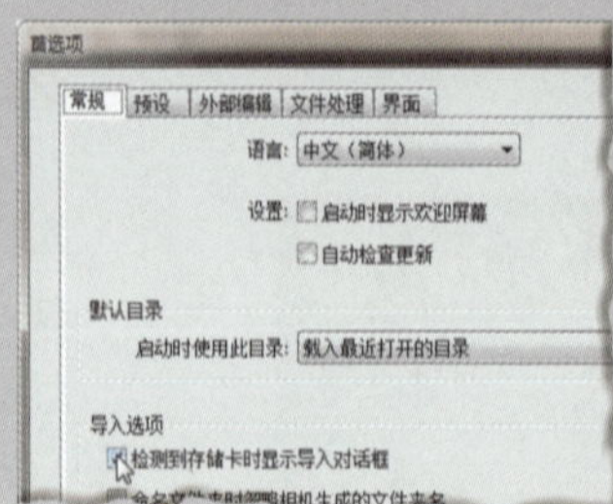

将存储卡读卡器连接到计算机时，Lightroom 的导入窗口应该自动打开。如果因为某些原因它没有打开，则请按 Command-,（逗号；PC：Ctrl-,），打开 Lightroom 的首选项对话框，然后单击最上方的常规选项卡，确保打开当检测到存储卡时显示导入对话框复选框。

▼ 为什么可能要等以后再重命名文件

阅读本章时，您可能在把文件导入到 Lightroom 时重命名了文件（我认为您一定会给文件一个描述性的名称），但是，因为 Lightroom 会对文件自动编号，所以您可能想等到对照片排序（删除所有虚焦的照片，或没有闪光的照片，等等）以后再重命名。如果删除了部分文件，那么编号将会不连续（这时将会有缺少的号码）。虽然我一点也不在乎这个，但是我知道有些人会在意这个，因此这无疑是一件要考虑的事情。

▼ 找回上一次导入的图像

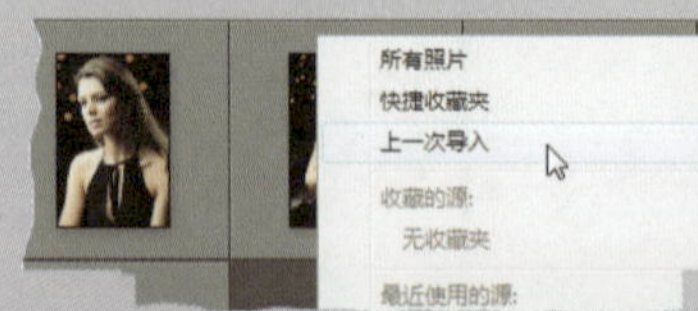

Lightroom 记录最后导入的那组图像，单击目录面板（位于图库模板的左侧面板区域）中的上一次导入，立即可以找到那些图像。然而，我认为更快速（更方便）的方法是转到下方的胶片显示窗格，在左边可以看到当前收藏夹的名称，单击它并保持，从弹出的下拉列表中选择上一次导入。

▼ 使用 32 位 Lightroom

Lightroom 3 是 64 位版本，如果您使用 Mac 计算机，它默认时运行在 64 位模式。如果您想让它运行在 32 位模式，则请转到 Application 文件夹，单击 Lightroom 3 图标，按下 Command-I，打开 Get Info（获取信息）窗口，然后打开 Open in 32 Bit Mode（用 32 位模式打开）复选框。就这么简单。在 Windows Vista 和 Windows 7 的 64 位系统中，默认情况下，只安装 64 位版本的 Lightroom。

▼ 按日期组织多次拍摄照片

如果您像我一样，在同一张存储卡上可能有多次拍摄的照片（例如，我常常在

Lightroom 快速提示

一次拍摄后，过几天再用相机内的同一张存储卡进行拍摄）。如果是这种情况，使用导入窗口内目标位置面板中的按日期组织功能则有一个优点，那就是存储卡上每次拍摄的照片会按日期显示。文件夹略有不同，这取决于所选择的日期格式，但是，每天拍摄的照片都有一个文件夹。只有那些旁边有选取标记的照片才会被导入到 Lightroom，因此，如果只想导入某一天的照片，则可以关闭不想导入的那些照片边上的选取框。

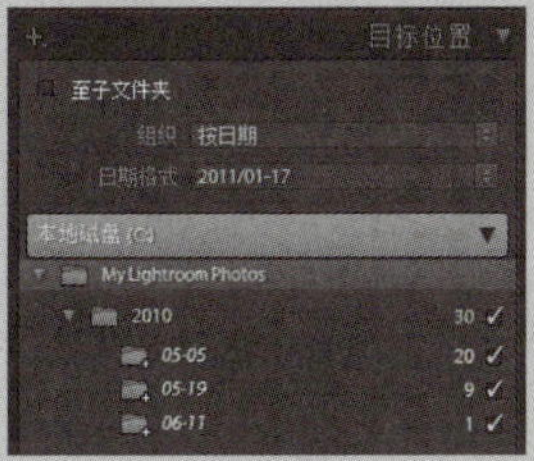

▼ 一次拍摄多张卡

如果对同一个主体拍摄二三张存储卡，则要在文件重命名面板的模板下拉列表中选择自定名称 - 序列编号，这将添加一个起始编号字段，在该字段内输入每张卡所导入照片的起始编号（而不是像自定名称模板那样总从 1 开始编号）。例如，如果从第一张卡上导入 236 幅照片，第二张卡的起始编号应该是 237，这样拍摄的同一个主体的这些照片编号保持连续。该卡导入之后（假若该卡上有 244 幅照片），第三张上的照片则应该从 481 开始编号（顺便提一下，我没有计算，而是查看导入的最后一张照片的编号，之后加一，把它输入到起始编号字段内）。

▼ 硬盘空间成问题吗？请在导入中转换为 DNG

如果您是在笔记本电脑上工作，在导入 RAW 文件时，请单击导入窗口顶部中央的复制为 DNG，这样可以节省 15% ~ 20% 的硬盘空间（在大多数情况下）。

▼ 备份到外置硬盘

要正确使用在以下位置创建副本功能，应该把这些副本保存到独立的外置硬盘上。不能把照片备份到同一计算机的不同文件夹下（或者当前存储照片的外置硬盘上），因为如果计算机硬盘（或现在的外置存储硬盘）崩溃，则会导致工作副本和备份副本损失。这就是我们一定要把备份存储到完全独立的外置硬盘上的原因。

▼ 使用两个外置硬盘

如果已经把原始照片存储在外置硬盘上，这意味着您现在要有两个外置硬盘——一个存储工作中使用的照片，另一个存储备份照片。很多摄影师购买两个可堆叠的外置小硬盘（一个可以堆叠在另一个上方的小硬盘），之后用火线（在 PC 上被称作 IEEE 1394）连接一个硬盘，另一个用 USB 2 电缆连接（我从没有说过这很便宜，但这样想一想：如果有一天损失了所有照片，花多少钱也找不回它们了，对吗？相反，请现在少花点钱买个备份硬盘——请相信我，这样您夜里睡觉更踏实）。

▼ 改变网格视图缩览图大小

在图库模块的网格视图下不必显示出中央预览区域底部的工具栏，只要用键盘上的 +（加号）和 –（减号）即可改变尺寸。更酷的是，这种方法在导入窗口内也可以使用。

▼ 节省导入到现有文件夹的时间

如果打算把照片导入到已经创建的文件夹内，只要转到图库模块的文件夹面板，在该文件夹上右击，从弹出菜单中选择导入到此文件夹。这将打开导入窗口，该文件夹已经被选择为导入照片的目标位置。

▼ 把照片转换为 DNG

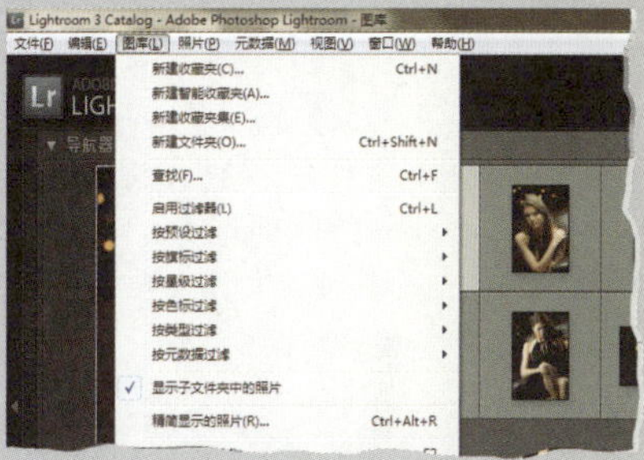

如果没有选择导入窗口顶部中央的复制为 DNG，而想以这种格式存储导入的照片，则随时可以采用以下方法把已经导入的照片转换为 DNG 格式：单击照片，转到 Lightroom 的图库菜单，选择将照片转换为 DNG 格式（虽然从技术上来说可以把 JPEG 和 TIFF 转换为 DNG 格式，但把它们转换为 DNG 没有任何好处，因此我只把 RAW 照片转换为 DNG）。这些 DNG 格式图像将替换在 Lightroom 内看到的 RAW 文件，那些 RAW 文件仍保留在计算机上相同的文件夹内（但 Lightroom 提供一个选项，可以在转换时删除原来的 RAW 文件。我选择该选项，因为 DNG 内可以包含 RAW 照片）。

Lightroom 快速提示

▼ 在文件夹内组织图像

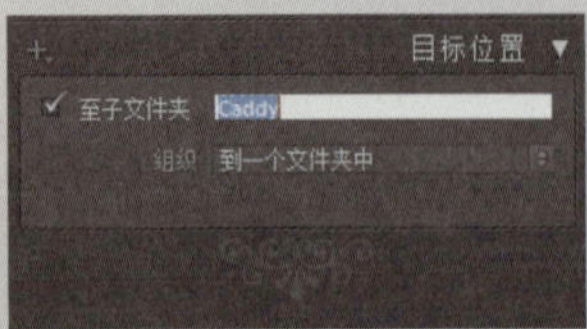

在导入时，可以在目标位置面板内选择图像的组织方式。如果没有打开至子文件夹复选框，而从组织下拉列表内选择到一个文件夹中，Lightroom 会把这些照片放入到 Pictures 或 My Lightroom Photos 文件夹（在导入窗口右上角到部分内所选择的那个文件夹），不会把它们组织到它们自己单独的文件夹内。因此，如果选择了到一个文件夹中选项，我建议打开至子文件夹复选框，之后命名该文件夹。这样，就会把照片导入到 Pictures 或 My Lightroom Photos 文件夹内它们自己单独的文件夹中。否则，这些文件夹很快会变得非常混乱。

▼ Lightroom 3 可以更好地处理备份

Lightroom 以前版本中，在把图像复制到备份硬盘时，它不包含我们所添加的任何自定文件名、元数据或关键字，而只是为存储卡中的照片创建完全相同的副本。现在，它重命名这些副本，包含元数据，并且还保持文件结构。

▼ 选择关键字

我选择关键字的方法是：我问自己："数月后查找这些相同的照片时，我在查找字段内最可能输入什么内容？"之后我使用这些字做关键字。其效果比您想象得更好。

▼ 现在可以导入和编辑 PSD 等更多格式

在 Lightroom 以前版本中，我们只能导入和编辑 RAW 图像、TIFF 和 JPEG，但在 Lightroom 3 内，现在可以导入 PSD 图像（Photoshop 本地文件格式），以及处于 CMYK 模式或灰度模式的图像。

▼ 弹出存储卡

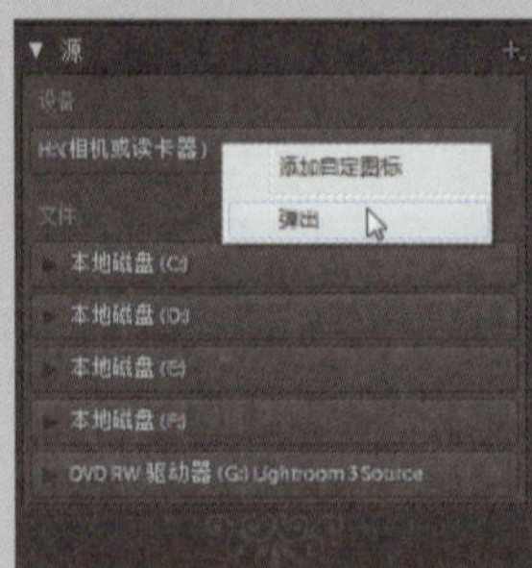

如果觉得不再需要导入任何内容，而想弹出相机存储卡，则请直接在导入窗口源面板内的该存储卡上右击，之后从弹出菜单中选择弹出。如果出现新卡，则请单击该窗口左上角的从按钮，从弹出菜单中选择它。

▼ 查看有多少图像，以及它们占用多大空间

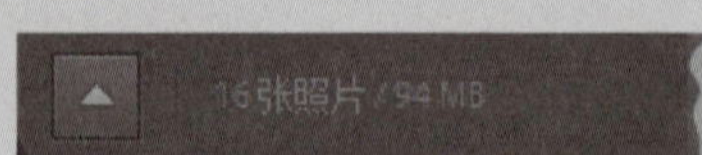

观察下导入窗口的左下角就可以看到选取导入的图像总数，以及它们将在硬盘上占用多大空间。

▼ 选择预览渲染

我举办过 Lightroom 预览计时赛，把存储卡上 14 幅 RAW 图像导入到笔记本电脑。导入和渲染它们的预览所占用的时间如下所述。

嵌入和附属文件：19 秒。

最小：21 秒。

标准：1 分 15 秒。

1:1：2 分 14 秒。

可以看到 1:1 预览占用的时间是嵌入和附属文件的 7 倍。对于 14 幅图像来说这似乎还不算糟糕，但对于 140 或 340 幅照片来说会怎么样？因此，了解这一信息后，可以确定适合自己的工作流。对于需要放大每幅照片以检查对焦和细节的摄影师来说，在处理图像之前等待 1:1 预览渲染可能是值得的。如果您像我一样需要快速浏览照片，而只放大那些最可能保留下来的照片（可能是一次导入中的 15 或 20 幅图像），那么选择嵌入和附属文件更有意义。如果大多时候在全屏视图下观察图像（但不常放大），则可以选择标准选项；如果只想要缩览图更接近地表达照片将来高品质渲染时的效果，则请选择最小。

Lightroom 快速提示

▼ 隐藏不需要的文件夹

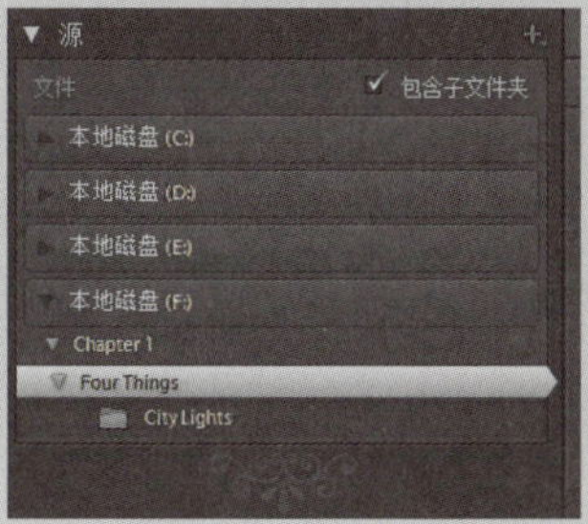

如果导入的照片已经位于计算机上，源面板内的文件夹列表可能会变得很长、很杂乱，现在可以隐藏所有这些多余的文件夹。一旦找到需要导入的文件夹，只要在其上双击，其他所有文件夹就会隐藏起来，只留下这个文件夹可见。请试一试，您就会一直使用它。

▼ 尼康相机无法联机拍摄

如果您的尼康相机在 Lightroom 中不支持联机拍摄（像目前的 D90、D5000、D300,D300s、D700、D3、D3X 和 D3s），这只是设置问题，问题在于相机的 USB 设置没有配置为联机拍摄。请进入相机的配置菜单，单击 USB，把该设置修改为 MTP/PTP。

▼ 只查看视频剪辑

首先从胶片显示窗格左上侧的路径下拉列表中选择所有照片。之后，在图库模块内，转到该窗口顶部的图库过滤器（如果看不到它，则请按 ;[分号] 键），单击属性。在右端类型的右侧，单击视频按钮（左数第三个看起来像胶片的图标），现在它只显示出 Lightroom 内的视频剪辑（如果要创建只包含视频剪辑的收藏夹，这样很方便）。

▼ 前进与否

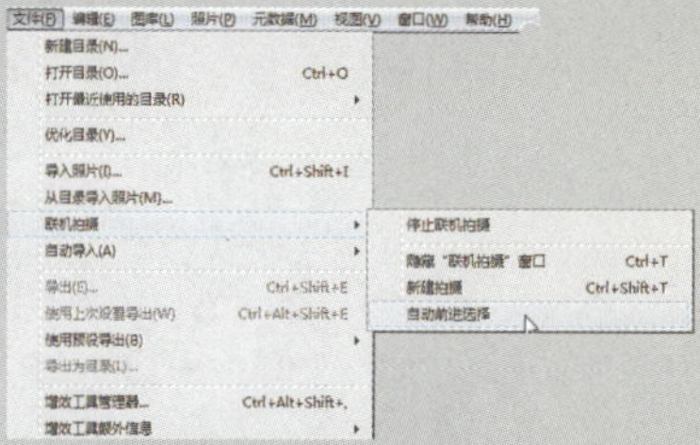

联机拍摄时，新图像一进来，我就可以在屏幕上看到全尺寸图像。但是，如果您喜欢控制哪幅图像显示在屏幕上，以及显示多长时间（请记住，如果在屏幕上看到您喜欢的图像，它只能在下一幅图像进来之前在屏幕上显示），转到文件菜单，关闭联机拍摄子菜单下的自动前进选择。现在，我们可以使用键盘上的左 / 右箭头键移动遍历图像，而在屏幕上看到的不会总是刚拍摄的图像。

摄影师：Scott Kelby　曝光时间：1/8000s　焦距：70mm　光圈：*f*/2.8

组织照片

使用 Adobe Photoshop Lightroom 时遇到的第一个模块通常是图库模块，它用于排序和组织照片。现在的问题是：虽然这里应该执行的是组织照片，但很少人能够坚持实际执行它：实际检查每幅图像，用关键字和自定元数据标记每幅图像。我很佩服那些细心的人，但我不属于这种人。这是因为我一旦导入照片，就会立即查看它们，区分出优劣，之后开始在修改照片、幻灯片放映、打印和 Web 模块中忙于处理这些好的照片。这些模块是常用到的模块，是我们的乐趣所在，因此我常使用这些模块（这有点像拉斯维加斯的 Rain 夜总会，只是没有名人、闪光灯、音乐和酒精饮料）。您知道谁能把图库模块的使用发挥到极至？有可能成为连环杀手的人和分子生物学家。我不知道为什么。总之，我这里只是发表自己的意见而已，因为，坦率地讲，我不记得我拍摄的所有照片。我猜想这是因为我不关心差的照片。我只关心好照片，因此我不想浪费时间去标记那些以后可能再不会用到的照片。

2.1 我为什么不用文件夹（非常重要）

导入照片时，必须选择在硬盘上的哪个文件夹下存储它们。我只有在这个时候才考虑文件夹问题，因为我认为它们是存储负片的地方，就像传统胶片负片一样，我要把它们存储到安全地方位置，我不想再触摸它们。我在 Lightroom 内思考同样的问题。我实际上不使用文件夹面板（而使用一些更安全的位置——收藏夹，下一节将介绍它）。因此，我只在这里简要介绍下文件夹，用一个例子说明怎样使用它们。

第 1 步：

退出 Lightroom 后查看下计算机上 Pictures 文件夹中的内容，就会看到包含实际照片文件的所有子文件夹。当然，可以在文件夹间移动照片（如图 2-1 所示）、添加照片或者删除照片等，对吗？是的，但执行这些操作实际上不必离开 Lightroom——这些操作可以在 Lightroom 的文件夹面板内完成。我们可以像在计算机上那样看到所有这些同样的文件夹，移动或删除实际文件。

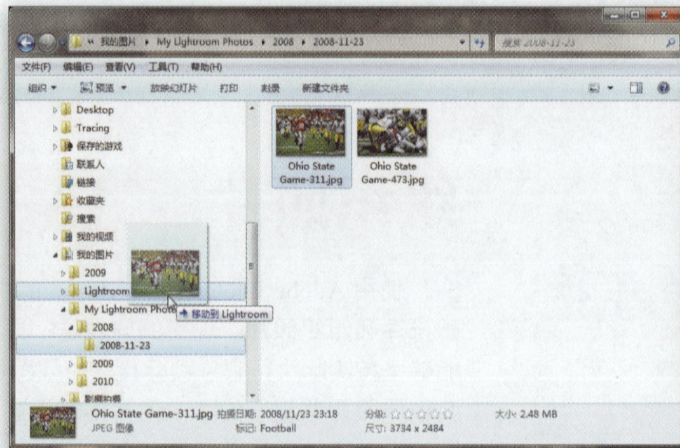

图 2-1

第 2 步：

请转到图库模块，文件夹面板位于左侧面板区域。从这里所看到的是导入到 Lightroom 内所有照片的文件夹（顺便提一下，它们实际上不位于 Lightroom 自身内——Lightroom 只是管理这些照片——而仍位于从存储卡把它们导入到的文件夹内）。

图 2-2

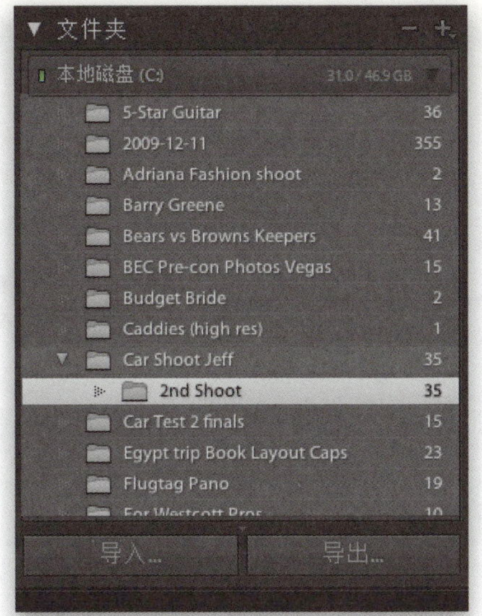

图 2-3

第 3 步：

每个文件夹名称左边有个小三角形，如果该三角形是纯灰色，意味着该文件夹内有子文件夹，在该三角形上单击即可看到它们。如果它不是纯灰色，则意味着该文件夹下没有子文件夹。

图 2-4

第 4 步：

单击文件夹时，显示出已经导入到 Lightroom 的该文件夹内的照片。如果单击缩览图，并把它拖放到另一个文件夹（像我这里所做的那样），这会把计算机上的该照片从一个文件夹物理地移动到另一个文件夹，就像在 Lightroom 外移动计算机上的照片一样。因为这里实际移动真正的文件，所以会在 Lightroom 内弹出移动文件警告对话框。该警告有点恐怖，尤其是“此移动操作及之前所做的任何修改都将无法还原”部分。这意思是说，如果您改变主意，按 Command-Z (PC: Ctrl-Z) 无法立即撤销移动操作。然而，您可以单击照片移动到的文件夹（这个例子中的 Misc photos 文件夹）找到刚移动的照片，把它拖回到原来的文件夹（这里，也就是 Tuscany finals 文件夹），因此，该警告有点言过其实。

第 5 步：

如果文件夹面板内的文件夹上有问号，这是 Lightroom 在告诉我们它无法找到这个文件夹（可能是把它们移动到了计算机上的其他某个位置，或者把它们存储到外置硬盘上，而该硬盘现在没有连接到计算机上）。因此，如果是外置硬盘问题，只要重新连接外置硬盘，就会找到该文件夹。如果是“移动到其他某个地方”问题，则请在变为灰色的该文件夹上右击，从弹出菜单中选择查找丢失的文件夹。这将打开标准的打开对话框，在该对话框内指出让 Lightroom 到哪里查找移动的文件夹。单击被移动的文件夹后，它重新连接其中的所有照片。

图 2-5

第 6 步：

文件夹面板内还有一项特殊的功能我经常用到，这就是在我导入后向计算机上的文件夹添加图像时。例如，假若我导入一些到意大利旅游的照片，之后，我哥哥向我发送了一些他拍摄的照片。如果我把他的照片拖放到计算机上我的 Tuscany finals 文件夹内，Lightroom 不会自动吸纳它们。事实上，在我转到文件夹面板，右击 Tuscany finals 文件夹，选择同步文件夹之前，Lightroom 会忽略它们。

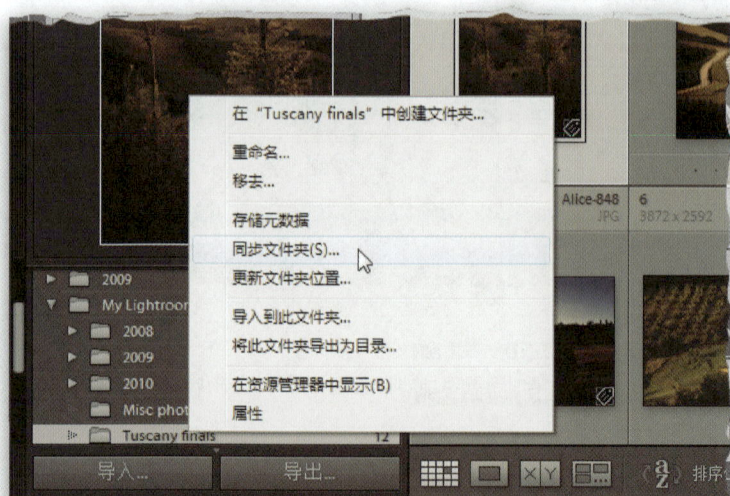

图 2-6

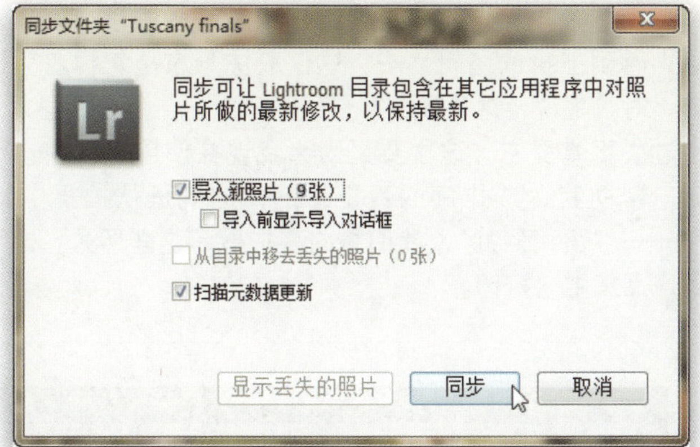

图 2-7

第 7 步：

选择同步文件夹将为该文件夹打开同步文件夹对话框。我已经把我哥哥发送给我的 9 幅新照片拖放到 Tuscany finals 文件夹，所以可以看到它准备导入这 9 幅新照片。有一个复选框可以让 Lightroom 在导入这些照片之前打开标准导入窗口（这样可以添加版权信息和元数据之类的内容），或者也可以单击同步按钮，只把这些照片导入到 Lightroom，在它们导入后再添加版权信息和元数据之类的信息（如果您愿意。因为我哥哥拍摄了这些照片，所以我不想向它们添加我的版权信息）。这就是我使用文件夹的主要目的。除此之外，我一直关闭该面板，只使用收藏夹面板（下一节将介绍它）。

图 2-8

提示：其他文件夹选项

右击文件夹，弹出菜单打开后，可以选择执行其他操作，如重命名文件夹、创建子文件夹等。还有一个移去选项，但在 Lightroom 内选择移去只是“把该照片文件夹从 Lightroom 移去”。然而，该文件夹（及其内的照片）仍然位于计算机上的 Pictures 文件夹内。

2.2 用收藏夹排序照片

给照片排序可能是编辑过程中最有趣的事情之一，也可能是最让人感到挫折的编辑之一：这仅取决于您是怎样着手进行这项工作的。对我来说，这是我最享受的部分之一，但是我必须承认我现在要比过去更享受它，这主要是因为我现在使用一种快速而高效的工作流，帮助我达成排序的真正目的，这就是从拍摄中找出最好的照片——“留用照片”，我们将向客户展示这些照片，或者把它们添加到作品集中、打印。

第 1 步：

虽然我们的目的是从拍摄中找出最好的照片，但是我们也同样想找出最差的照片（这些照片不是主体完全虚焦，就是意外地按动了快门，或者是闪光灯没有闪光，等等），因为让这些永远也不会用到的照片占据硬盘空间毫无意义，对吗? Lightroom 提供了三种方法来给照片评级，最常用的一种是 1 到 5 星评级系统。要用星级来标记一幅照片，只需在其上单击并输入键盘上的数字即可。因此，要把照片标记为 3 星，请按下数字 3，在照片的下面将出现三颗星（如图 2-9 所示）。要改变一个星级，键入一个新的数字即可。要完全移除它，请按 0。其想法是在标记 5 星级照片以后，就可以打开过滤器只显示 5 星级照片了。同样也可以使用过滤器只查看 4 星、3 星等照片。除了星级之外，还可以用颜色标签，因此可以用红色标签标记最差的照片，用黄色标签标记稍好些的照片，等等。或者，可以组合使用星级和颜色标签，如用绿色标签标记最好的 5 星级照片。

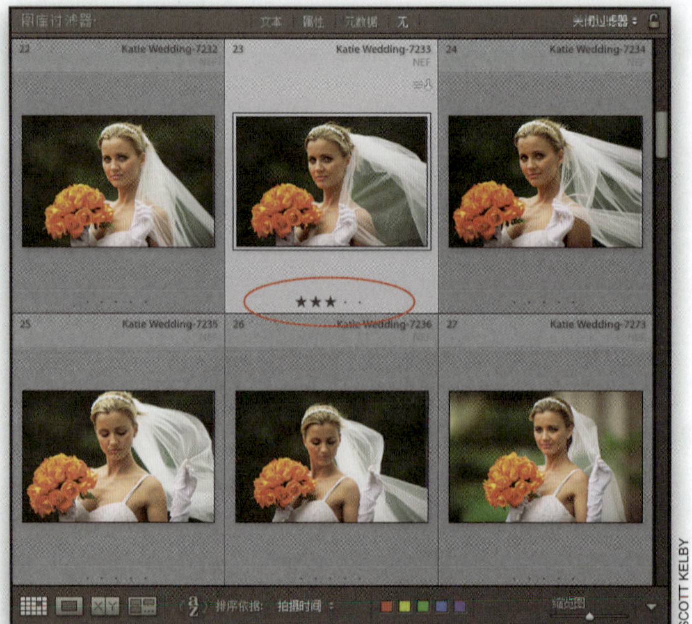

图 2-9

图 2-10

图 2-11

图 2-12

第 2 步：

虽然我已经提到了星级分级和标签，但我想劝您不要使用它们。原因如下：这些方法太慢了。请想一想，5 星级照片是最好的照片，对吗？只有它们才会展示给其他人看。因此虽然 4 星级照片还不错，但是还不够好。3 星级马马虎虎（没有人会看到它们）。2 星级照片是差照片——虽然差但没差到要删除的地步，1 星级照片虚焦、模糊不清，这些是打算要删掉的照片。这样一来，您打算怎样处理您的 2 星和 3 星级的照片？什么也不做。4 星级照片怎么办呢？什么也不做。5 星级照片将留用，1 星级照片要删除，其余的基本上不会做处理，对吗？因此，我们真正关心的是最好的和最坏的照片，其余照片将被我们忽略掉。

第 3 步：

因此，我希望您尝试一下旗标。将最好的照片标记为留用，非常差（要被删除）的照片标记为排除。将照片标记好以后，Lightroom 将删除排除照片，只留下最好的照片和那些我们不关心的照片，而不用浪费时间来确定我们不关心的照片是 3 星级还是 2 星级。我数不清有多少次看到人们坐在那儿大声地叫道，“这幅照片划分为 2 星级还是 3 星级？”谁在乎呢？它又不是 5 星级；继续前进吧！要将一幅照片标记为留用，只需按下字母 P 即可。要标记照片为排除，请按字母 X。屏幕上将显示出一小条消息，告诉我们为照片指派了哪一种旗标，并且在照片的单元格中将出现一个小旗标图标。白色标记表明它被标记为留用。黑色标记则表明它被标记为排除。

第 4 步：

因此，我的操作过程如下：照片导入到 Lightroom 中以后，就会显示在图库模块的网格视图中，我双击第一张照片以跳转到放大视图，这样可以看得更清楚。我观察照片，如果认为它是拍摄的较好的照片之一，则按字母 P 把它标记为留用。如果照片太差，我想要删除它，那么就按字母 X。如果照片只是一般，那就什么也不做。然后按键盘上的右箭头键移动到下一幅照片。如果我标记错了一幅照片（例如，我不小心将一幅照片错标记为排除），那么只需按字母 U 来取消标记。整个过程就这么简单，很快就能浏览数百幅照片，并标记出留用的照片和排除的照片。但在完成这一基本处理之后，仍然还有一些事情要做。

第 5 步：

当标记好留用和排除照片的旗标之后，就可以摆脱那些排除照片，将它们从硬盘中删除。请转到照片菜单，从中选择删除排除的照片。这将只显示出已标记为排除的照片，并弹出一个对话框询问是想要从计算机（磁盘）中删除它们，还是只从 Lightroom 中移去它们。我通常选择从磁盘删除，因为如果这些照片差到让我将它们标记为排除，为什么我还要保留它们呢？用它们能做什么呢？因此，如果您有同样的感觉，则请单击从磁盘删除按钮，它将返回到网格视图，显示出其余照片（注意：因为我们只是把照片导入到 Lightroom，它们还没位于收藏夹内，因此会显示从磁盘删除图像这个选项。一旦照片位于收藏夹内，这样做只是从收藏夹删除照片，而不是从硬盘删除）。

图 2-13

图 2-14

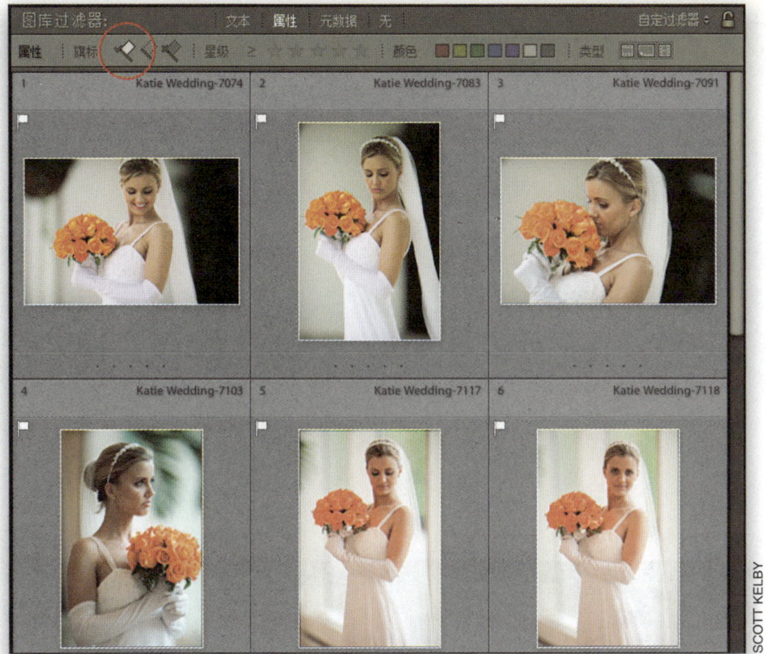

图 2-15

图 2-16

第 6 步：

现在要想只查看留用的照片，请单击中央预览区域顶部图库过滤器栏内的属性（如果未看到它，则请按键盘上的反斜杠（\）键），这将在下面弹出属性栏。单击白色留用旗标（如图 2-15 中红色圆圈所示），现在就只有留用照片是可见的了。

提示：使用其他图库过滤器

从胶片显示窗格右上方还可以选择只查看有留用旗标的照片、排除旗标的照片或者没有旗标的照片。这里也有一个图库过滤器，但它只有旗标、星级和色标这些属性。

第 7 步：

接下来我要将这些留用照片放置到收藏夹中。收藏夹是我们所使用的一种重要的组织工具，它不仅仅用于排序阶段，而且贯穿于整个 Lightroom 的工作流中。可以把收藏夹看成是拍摄出的最喜爱照片所组成的相册，当把留用照片放入到它们自己的收藏夹中以后，任何时候只需单击一次就可以进入到这次拍摄的留用照片中。要把留用照片放入到收藏夹，请先按 Command-A（PC：Ctrl-A）选择所有当前可见的照片（留用照片），之后转到收藏夹面板（位于左侧面板区域），单击该面板名称右侧的 +（加号）按钮。这将弹出一个下拉列表，从这个列表中选择创建收藏夹（如图 2-16 所示）。

第 8 步：

这将打开创建收藏夹对话框，在其中为这个收藏夹输入一个名称，在名称的下面可以将它指派给一个收藏夹集（我们还没有讨论过收藏夹集，也没有创建任何收藏夹集，甚至没有介绍过它们的存在。因此，目前请保留集下拉列表为无，但是别担心，很快会介绍它了）。在收藏夹选项部分，要让此收藏夹包含上一步骤中所选择的（留用）照片，因为先做出了选择，所以这个复选框已经打开了。现在，保留新建虚拟副本复选框为关闭状态，然后单击创建按钮。

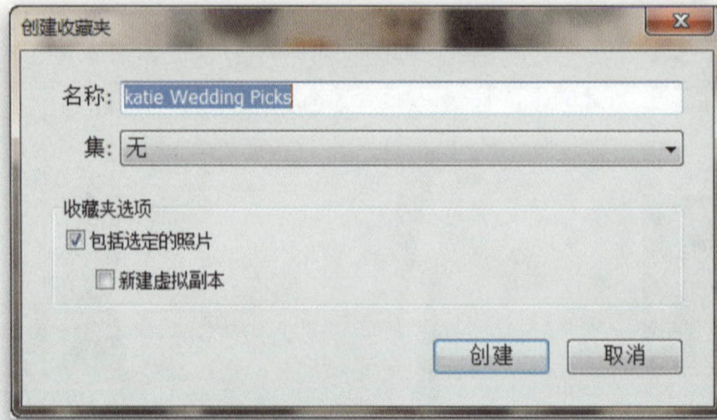

图 2-17

第 9 步：

现在所得到的收藏夹中只包含这次拍摄的保留照片，任何时候只要想看这些保留照片，只需转到收藏夹面板，单击名为 katie Wedding Picks 的收藏夹即可（如图所示）。您可能想知道收藏夹会不会影响计算机上的实际照片，这些只是为了方便起见而建立的"工作收藏夹"，因此我们可以从收藏夹中删除照片，它不会影响到实际照片（它们仍位于计算机上的文件夹中，除了在创建这个收藏夹之前，我们在前面所删除的排除照片之外）。

注意：如果您是 Apple iPod 或 iPhone 用户，那应该熟悉 Apple 的 iTunes 软件，以及怎样为自己喜欢的歌曲创建播放列表。当从播放列表中移去一首歌曲时，它并不会把该歌曲从硬盘（或 iTunes Music Library）中删除，只是把它从那个播放列表中删除，对吗？可以把 Lightroom 中的收藏夹看成是同样的一种事物，但是它们是照片而不是歌曲。

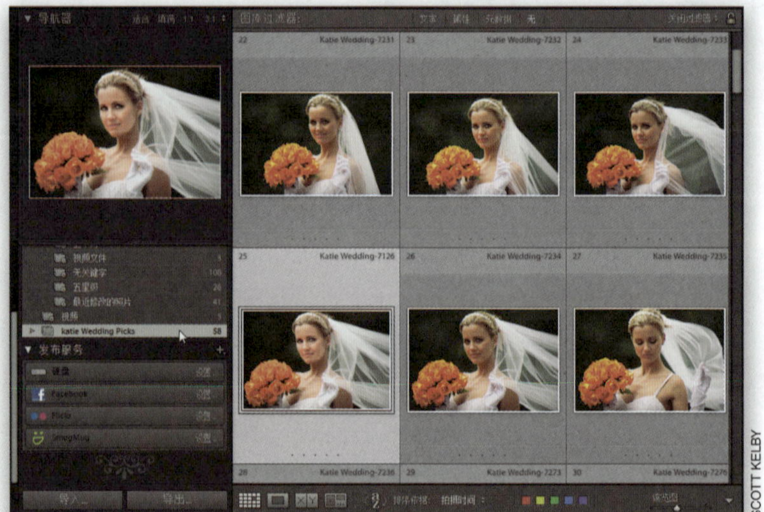

图 2-18

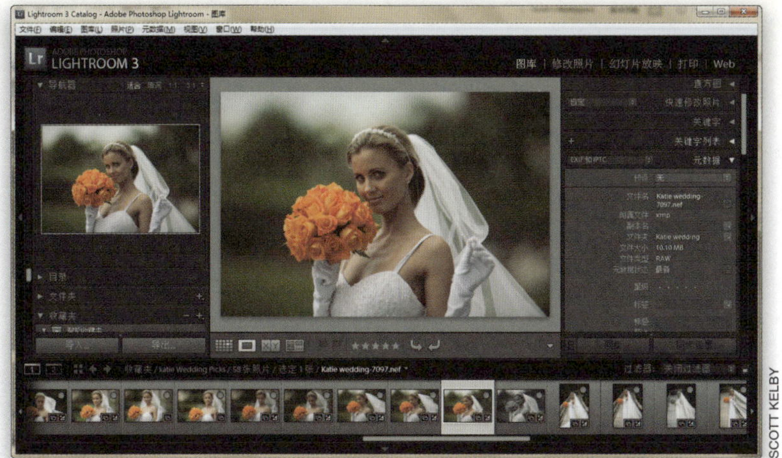

图 2-19

图 2-20

第 10 步：

现在，从这一刻起，我们将只用收藏夹中的照片进行工作。我之前拍摄的 498 幅新娘照片中，只有 58 幅照片被标志为好照片，这就是我的 Picks 收藏夹中最终的照片数量。但是还有一些问题：要把所有这 58 幅保留照片全部打印出来吗？所有 58 幅照片要全部放置到作品集中，还是打算把它们全都通过电子邮件发送给新娘？也许不这样做，对吗？因此，在我们的保留照片收藏夹内，有一些照片非常突出——优中之优，想把它们实际发送给客户、打印或添加到作品集中。因此，我们需要进一步做排序处理，从这组保留照片中选出最好的照片——我们的“选择”。

第 11 步：

在这一阶段，有三种方法缩小查看的照片范围。我们已经知道第一种方法：双击照片跳转到放大视图，用键盘上的箭头键在照片间移动，当看到这批中最好的照片时，按字母 P，把其旗标设置为留用（创建该收藏夹时，Lightroom 删除旧的留用旗标）。第二种有用视图被称作筛选视图，在有大量非常相似的照片时（比如大量同一姿势照片），我使用这种视图从中找出最佳照片。要进入这种视图，请先选择相似的照片（单击一幅照片，然后按住 Command（PC：Ctrl）键并保持，再单击其他照片，如图 2-20 所示）。

第 12 步：

现在按字母 N 跳转到筛选视图（我不知道哪个更糟，是这种视图被命名为筛选，还是使用字母 N 作为它的快捷键。别逼我说这个了）。它把所有选中的照片并排放置在屏幕上，因此可以很轻松地比较它们（如图 2-21 所示）。同样的，每当进入这种视图时，我都会立即按 Shift-Tab 隐藏所有面板，这会在屏幕上以尽可能大的尺寸显示照片。

图 2-21

提示：请试试关闭背景光模式

筛选视图适合使用关闭背景光，这种模式使照片之外的所有内容全变为黑色。只需按键盘上的字母 L 键两次即可进入关闭背景光模式，这时您就理解我的意思。要退出关闭背景光模式，返回到正常视图时，请再次按 L。

第 13 步：

现在我的照片已显示在筛选视图中，我开始进行移去处理：先查找这批照片中最差的照片并将它第一个丢弃，然后是下一幅最差的，再下一幅，直到只留下这个姿势照片中最好的两到三幅照片为止。要移去照片，只需将光标移动到想要移去的照片（这批照片中最差的那幅）上，单击照片右下角的小 ×（如图 2-22 所示），此照片就会从视图中隐藏掉。它只是隐藏照片，帮助我们做移去处理。这里，我移去一幅照片，其他照片会自动重新调整大小以充满空出来的空间。当继续移去图像时，剩余图像会扩展以占据空余空间，它们变得越来越大。

图 2-22

提示：改变筛选顺序

位于筛选视图中时，只要将图像拖放到我们想要的顺序，就可以改变它们在屏幕上的显示顺序。

图 2-23

图 2-24

第 14 步：

一旦挑选出这个姿势中想要保留的那些照片，请按 G 回到缩览图网格视图，这是它会自动只选中留在屏幕上的这些照片（请查看我最终在屏幕上留下的三幅照片，只有它们被选中）。现在，按字母 P 把这些照片标记为留用照片，然后按 Command-D (PC: Ctrl-D) 取消选择这些照片，之后继续选择另一组类似的照片，按 N 转到筛选视图，开始对这组照片做排除处理。我们可以根据需要多次执行该操作，直到从每组类似照片中获得最佳照片，并将它们标记为留用照片为止。

注意：请记住，在第一次为具有留用旗标的照片创建收藏夹时，Lightroom 将自动删除留用旗标。这就是这里能够再次使用它们的原因。

第 15 步：

现在已经遍历并标记出留用照片收藏夹中的最佳照片，让我们将这些"优中选优"的照片放入到它们自己单独的收藏夹中（稍后就会看到这样做更有意义）。单击中央预览区域顶部图库过滤器栏中的属性，当属性栏弹出时，单击白色留用旗标，以便只显示 Picks 收藏夹中的留用照片。

第 16 步：

现在按 Command-A（PC：Ctrl-A）选择屏幕上显示的所有留用照片，然后按 Command-N（PC：Ctrl-N），这是创建收藏夹的键盘快捷键。这将打开创建收藏夹对话框。这里要提示的是：在命名这个收藏夹时，请先留用照片收藏夹的名称，然后再添加文字"Selects"（因此在这个例子中，我将新收藏夹命名为 Katie Wedding Selects）。收藏夹按照字母顺序列出，因此如果用相同的名称作开头，这两个收藏夹最终会排列在一起，这样会使下一步操作更为轻松（此外，如果需要，以后可以随时改变名称）。

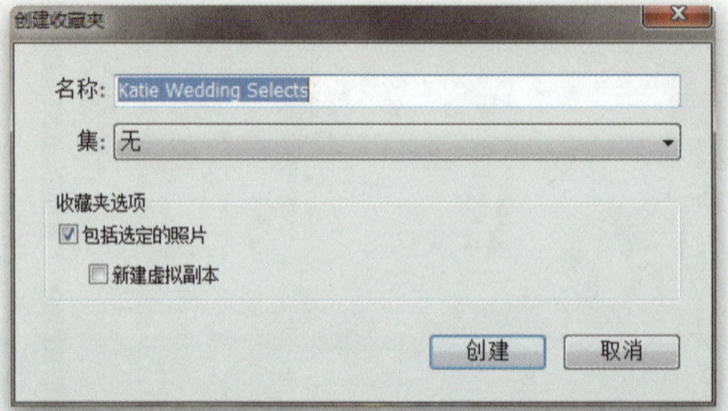

图 2-25

第 17 步：

让我们扼要总结一下，现在有两个收藏夹：一个包含这次拍摄的保留照片（Picks），Selects 收藏夹则只包含这次拍摄中的最佳图像。观察收藏夹面板就会发现保留照片收藏夹的正下方就是 Selects 收藏夹。

注意：关于缩小照片范围，还有一种方法需要介绍，但在此之后将介绍怎样使用收藏夹集，收藏夹集方便管理从同一次拍摄所产生的多个收藏夹，就像我们这里所创建的 Picks 收藏夹和 Selects 收藏夹。

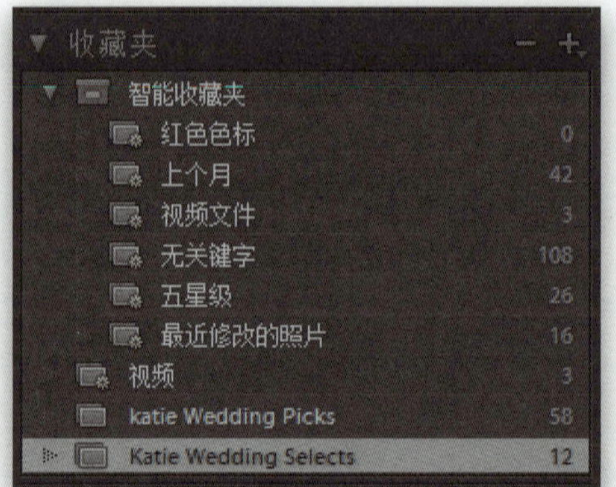

图 2-26

图 2-27

第 18 步：

当需要从一次拍摄中找出单幅最佳照片时（例如，如果想从一次婚礼拍摄中找出单幅照片张贴在影室的博客上，则需要找出一幅完美的照片），我们可以使用第三种视图查看图像，帮助我们达到这一目的。这种视图就是比较视图——其设计就是让我们遍历照片，找出单幅最佳照片。其实现方法是：首先选择 Selects 收藏夹内的前两幅照片（单击第一幅照片，之后 Command- 单击（PC：Ctrl- 单击）第二幅图像，这样两幅图像都被选中）。按字母 C 进入比较视图，它把两幅照片并排显示，再按 Shift-Tab 隐藏面板，使照片显示变得尽可能大。此外，如果喜欢，现在可以进入关闭背景光模式（按字母 L 两次）。

图 2-28

第 19 步：

下面介绍其实现方法，这是一场只有一幅照片能赢的战争：左边的是当前的冠军（称作选择），右边的是其竞争者（称作候选）。我们要做的只是观察这两幅照片，然后决定右边的照片是否比左边的更好（也就是说，右边的照片是否“击败了当前的冠军”）。如果没有，那么请按键盘上的右箭头键，收藏夹中的下一幅照片（新的竞争者）显示在右边，来挑战左边的当前冠军（如图 2-28 所示，新照片已经显示在右边）。

第 20 步：

按右箭头键打开新的候选时，如果右边的新照片确实看起来比左边的选择照片更好，那么请单击选择按钮（包含单个箭头的 X|Y 按钮，它位于中央预览区域下方工具栏的右边，如图 2-29 中的红色圆圈所示）。这使得候选图像变为选择图像（它移动到左边），战争再次开始。简要总结一下该过程：选中两幅照片，按 C 进入比较视图，然后问自己一个问题，“右边的照片比左边的更好吗？”如果不是更好，则按键盘上的右箭头键。如果更好，则单击选择按钮，并继续此过程。在遍历 Selects 收藏夹中的所有照片后，无论是哪一幅照片（作为选择照片）保持在左边，它就是这次拍摄中的最佳图像。完成以后，单击工具栏右边的完成按钮。

图 2-29

第 21 步：

虽然在比较视图中我总是使用键盘上的箭头键“进行战斗”，但同样也可以使用工具栏内的选择上一张照片和选择下一张照片按钮。位于选择按钮左边的是互换按钮，它只是互换两幅照片（使候选照片变成选择照片，反之亦然），但是我还没有找到一个好的理由来使用互换按钮，只好坚持使用选择按钮。那么，这三种视图模式在什么时候选用呢？我的做法是：（1）在挑选留用照片时，主要使用放大视图；（2）只有在比较大量类似姿势或场景的照片时才使用筛选视图；（3）当试图找出单幅“最佳”图像时，才使用比较视图。

图 2-30 如果不想使用键盘上的左、右箭头键，则可以使用工具栏中的选择上一张照片和选择下一张照片按钮来转到下一张候选照片或回到上一张候选照片

图 2-31 互换按钮交换候选和选择图像。坦白地说，我没有发现这个按钮有多少用处

图 2-32 除了按 C 进入到比较视图以外，也可以单击比较视图按钮。该按钮右边的按钮用来进入筛选视图

图 2-33 当用比较视图完成操作以后，既可以单击完成按钮转到放大视图，也可以单击比较视图按钮返回到常用的网格视图

图 2-34

第 22 步：

关于比较视图，要介绍的最后一点是：一旦确定了哪幅照片是这次拍摄中惟一的最佳照片（它应该遍历过 Selects 收藏夹内的所有图像后位于左边的图像）以后，我不会只为这一幅照片创建一个全新的 Selects 收藏夹。相反，我会按键盘上的数字 6，把左边的这幅照片标记为获胜者。这会为这幅照片分配红色标签。

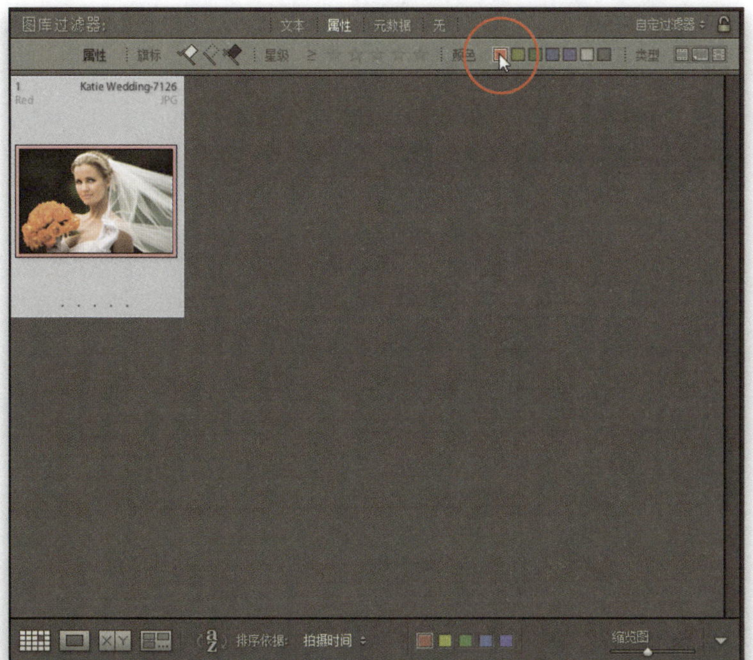

图 2-35

第 23 步：

现在每当想从这次拍摄中找出单幅最佳照片时，我就会转到图库模块的网格视图，在图库过滤器栏中单击属性，然后在它下面的属性栏中，单击红色标签（如图 2-35 中红色圆圈所示），这样将显示这幅惟一的最佳照片。这一节介绍了组织处理的关键部分——创建收藏夹——以及用收藏夹保存每次拍摄中的“留用”照片和最佳照片。接下来，我们将介绍怎样组织有多个收藏夹的相关拍摄（如婚礼或度假）。

2.3 用收藏夹集组织多次拍摄的照片

如果您在纽约住了一周并每天外出拍摄，那么当把拍摄的所有照片导入到 Lightroom 以后，可能会有一些收藏夹，它们的名称像 Time Square、Central Park、5th Avenue、The Village 等之类。因为 Lightroom 自动按字母顺序排列收藏夹，所有这些相关的拍摄（它们都是在同一次纽约之行中拍摄的）将会分散到收藏夹列表中的各个位置。这恰好就是收藏夹集派得上用场的地方，因为可以将所有那些拍摄放到一个收藏夹集中——New York。

第 1 步：

要创建收藏夹集（它就好像文件夹一样把相关的收藏夹组织到一起），请单击收藏夹面板（在左侧面板区域内）标题右边的小 +（加号）按钮，选择创建收藏夹集。这将打开创建收藏夹集对话框，在此可以命名收藏夹集。在这个例中，我们打算用它来组织婚礼中所有不同拍摄产生的照片，因此将它命名为“Patterson Wedding”，对于集，选择无，然后单击创建按钮。

图 2-36

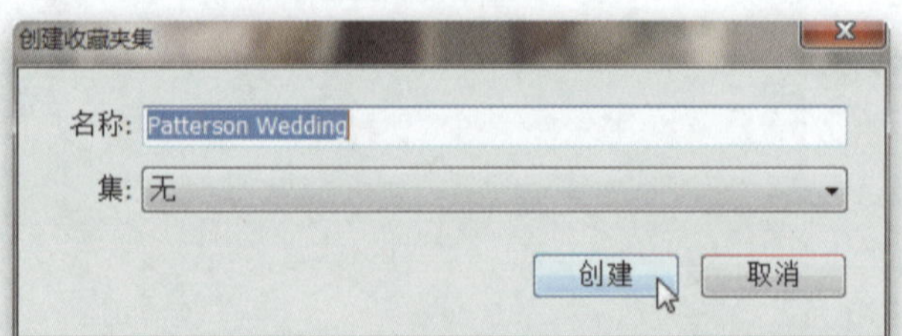

图 2-37

第 2 步：

现在这个空收藏夹集显示在收藏夹面板中。要为这个婚礼拍摄创建新的收藏夹时，在选择创建收藏夹之前，只需先在 Patterson Wedding 集上单击一次，然后从小 +（加号）按钮的下拉列表中选择创建收藏夹。这将打开创建收藏夹对话框，并且已经选取了 Patterson Wedding 收藏夹集（在集下拉列表中）作为该收藏夹的保存位置。如果您忘记这样做的话，这也没什么大问题，随时都可以从集下拉列表中选择 Patterson Wedding。

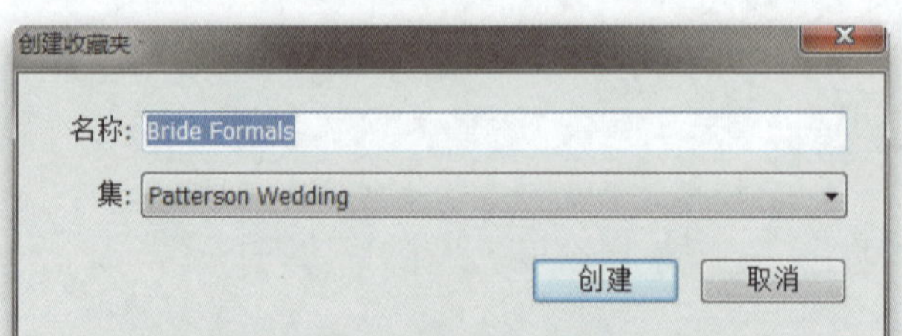

图 2-38

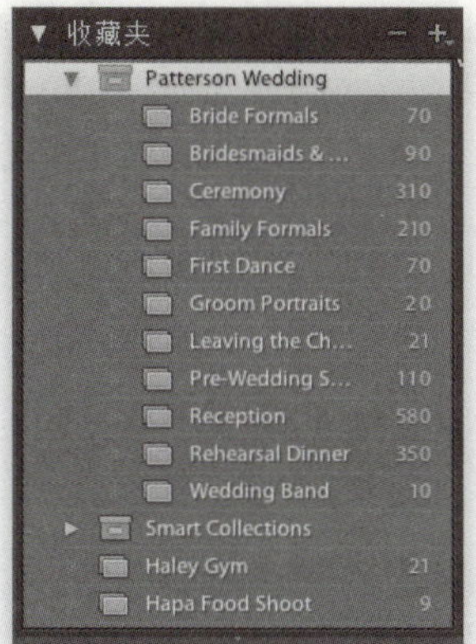

图 2-39　这是展开了的收藏夹集，因此可以看到保存在其中的所有收藏夹

图 2-40　同样的收藏夹集这里被折叠起来，可以看到这使收藏夹列表缩短了许多

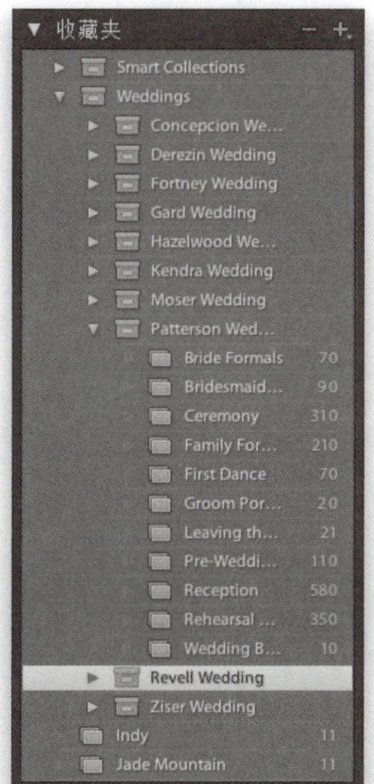

图 2-41　这里所有的婚礼照片被包含在 Weddings 主收藏夹集内。如果想要查看某个婚礼之内的各个收藏夹，那么请在它的名称之前的三角形上单击，以显示出其内容

第 3 步：

观察收藏夹面板就会看到添加到 Patterson Wedding 收藏夹集中的收藏夹直接显示在它的下面（它们实际上是和它分组到一起）。对于像婚礼这类的拍摄，最终可能要为婚礼的不同部分创建大量独立的收藏夹，像这样把所有照片组织在一个标题下很有意义。在此我们同样首先新建了一个收藏夹集，但不是一定要这样做——可以在任何想要的时候新建收藏夹集，然后只需将现有收藏夹拖放到收藏夹面板中的那个收藏夹集上即可。

第 4 步：

如果想要更进一步，那么还可以在一个收藏夹集内部新建另一个收藏夹集（这就是为什么在第 1 步中创建第一个收藏夹集时，集下拉列表出现在那个对话框中的原因——这样就可以将新建的收藏夹集放入到现有收藏夹集中）。为什么我们会要这样做呢？例如，这样能够把所有婚礼照片都放到一起。因此，这时可以建一个名为 Weddings 的收藏夹集（如图 2-41 所示），然后在此收藏夹集的内部，对于各个婚礼应该有其各自的收藏夹集。这样的话，每当想要查看或搜索所有婚礼的全部照片时，则可以单击 Weddings 收藏夹集。

2.4 使用智能收藏夹自动组织

若想创建一个收藏夹把过去三年拍摄到的新娘 5 星级照片放到一起。我们可以搜索所有收藏夹，或者用智能收藏夹找出它们，并自动把它们放到一个收藏夹内。只需选择条件，Lightroom 会执行这项搜集工作，数秒钟之后，它就可以完成。最重要的是，智能收藏夹实时更新，因此，如果创建一个只有红色标签图像的智能收藏夹，任何时候将照片标记为红色标签时，它就会自动被添加到该智能收藏夹。我们可以创建任意多个智能收藏夹。

第 1 步：

要理解智能收藏夹强大的功能，只要创建一个，就可以完全了解它。让我们创建一个收藏夹，它包含所有最佳风景照片。在收藏夹面板内，单击该面板标题右边的 +（加号）按钮，从弹出菜单中选择创建智能收藏夹，这将打开创建智能收藏夹对话框。在顶部的名称字段内命名该智能收藏夹，从匹配下拉列表内选择任一。现在，默认条件是根据星级评级来创建一个收藏夹，但为了保持与刚才的要求一致，我们先创建一个只包含 Selects（选择）图像（每次拍摄中优中选优出的照片）的收藏夹。因此，从第一个下拉列表内选择收藏夹，从第二个下拉列表内选择包含，在文本字段内输入"Selects"。现在将它设置为在 Selects 收藏夹内搜集所有照片。

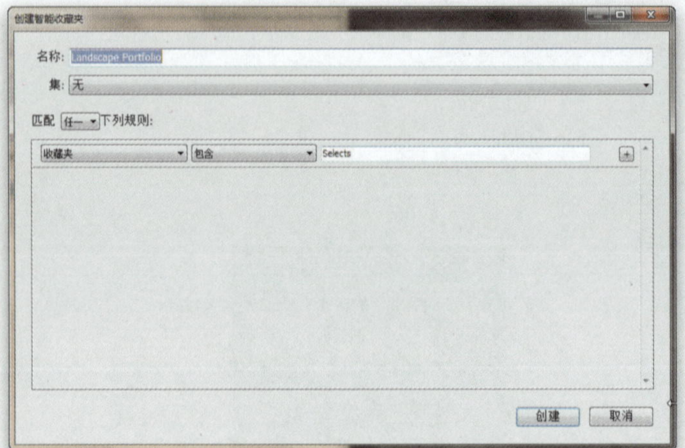

图 2-42

第 2 步：

现在让我们添加另一个条件，以便在把一幅 Selects 照片标记为红色标签时，不是只把它放置到收藏夹内。请单击文本字段右边的小 +（加号）按钮，会出现另一条件行。从第一个下拉列表中选择标签颜色，从第二个下拉列表内选择是，从第三个中选择红色。如果现在单击创建按钮，它会创建一个智能收藏夹，其中包含任一 Select 收藏夹内所有照片，以及所有标签为红色的照片。

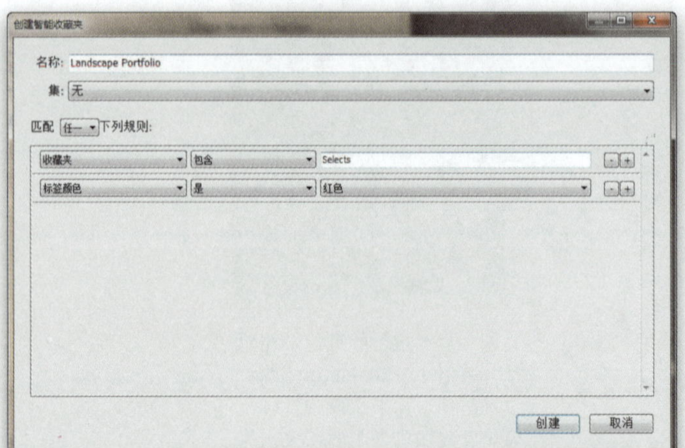

图 2-43

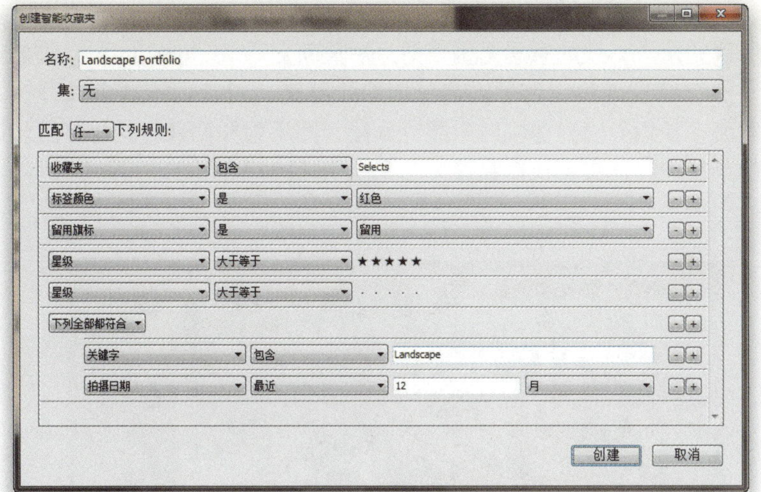

图 2-44

SCOTT KELBY

图 2-45

第 3 步：

如果使用了留用旗标（并且没有为这些图像创建收藏夹，因为一旦创建，留用旗标就会被删除）或者 1 到 5 星级评级方案，则还可以为它们其他条件行，以选取所有留用照片或者 5 星级分级照片。现在，为了真正缩小照片范围，请按住 Option (PC: Alt) 键并保持，+ 按钮将变为 #（井号）按钮。单击最后一个条件行右侧的 # 按钮，以得到其他条件选择。从第一个下拉列表内选择下列全部都符合。之后，从其下方的下拉列表内选择关键字，其右边的下拉列表内选择包含，在文本字段内输入“Landscape”（风景）。最后，如果只想包括最近的作品，请再创建一个条件行，从第一个下拉列表内选择拍摄日期，从第二个下拉列表内选择最近，在文本字段内输入“12”，之后从最后一个下拉列表内选择月。

第 4 步：

现在可以单击创建按钮了，它将汇编所有这些条件，最重要的是它会不断更新。任一 Selects 收藏夹中具有 Landscape 关键字、标签颜色是红色、评级为 5 星级或者旗标为留用标记的新照片都会被自动添加到该收藏夹，超过 12 个月的旧图像会自动被移去。此外，假若从符合该条件的照片上移去红色标签，它会自动从该智能收藏夹中移去，我们不必做任何操作，因为它不再与所有添加相匹配。随时在收藏夹内的现有智能收藏夹上双击，就可以编辑条件。这将打开编辑智能收藏夹对话框，其中列出当前所有条件，在该对话框内可以添加其他条件（单击 + 按钮）、删除条件（单击 –（减号）按钮），或者修改下拉列表内的条件。

2.5 何时使用快捷收藏夹

创建收藏夹是一种把照片组织到独立相册更永久的方法（这里所说的永久，我的意思是指当数月后重新启动 Lightroom 时，收藏夹仍然存在，当然，也可以选择删除收藏夹，使它们不再永久存在）。然而，我们有时只想临时对照片分组，而不想长期保存这些分组。这就是快捷收藏夹（快速收藏夹）派上用场的地方了。

第 1 步：

有许多理由可能会让您想要使用临时收藏夹，但我使用快捷收藏夹大多数是在需要快速组成一组幻灯片时候，特别是在需要使用来自许多不同收藏夹中的图像时尤其如此。例如，假设我接到一个潜在客户的电话，他们想看看我拍摄的足球赛照片。我找出最近拍摄的足球比赛照片，单击其 Selects 收藏夹，然后双击图像在放大视图中查看它们。当看到一幅想放到幻灯片中的照片时，我按字母 B 将它添加到快捷收藏夹（屏幕上会显示出一条消息，告诉我们它已被添加到快捷收藏夹）。

图 2-46

第 2 步：

现在，我转到另一场足球赛收藏夹，并进行同样的操作——每当看到想要放到幻灯片放映中的图像，就按字母 B 添加它，因此我很快就可以扫过收藏夹中的 10 ~ 15 幅最佳照片，并同时标记出那些我想放到幻灯片放映中的照片（在网格视图中，当把光标移动到缩览图上时，每个缩览图的右上角会显示出一个小圆圈，单击它——单击时它变为灰色——也可以把照片添加到快捷收藏夹。要隐藏该灰点，请按 Command-J（PC：Ctrl-J），单击顶部的网格视图选项卡，之后关闭快捷收藏夹标记复选框）。

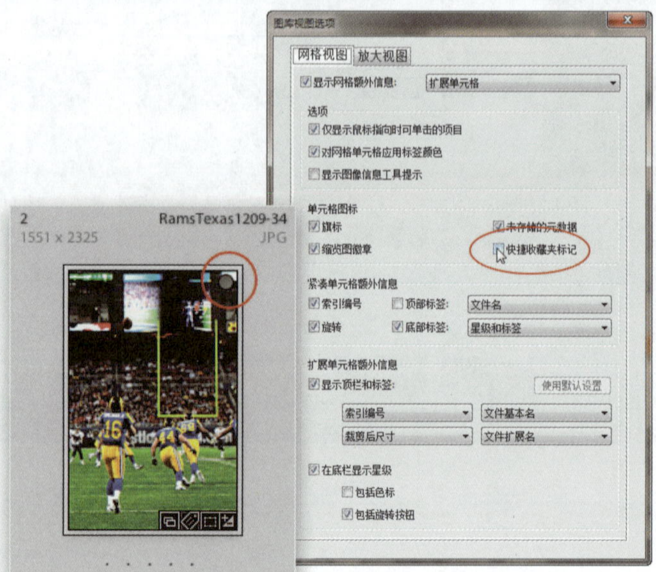

图 2-47

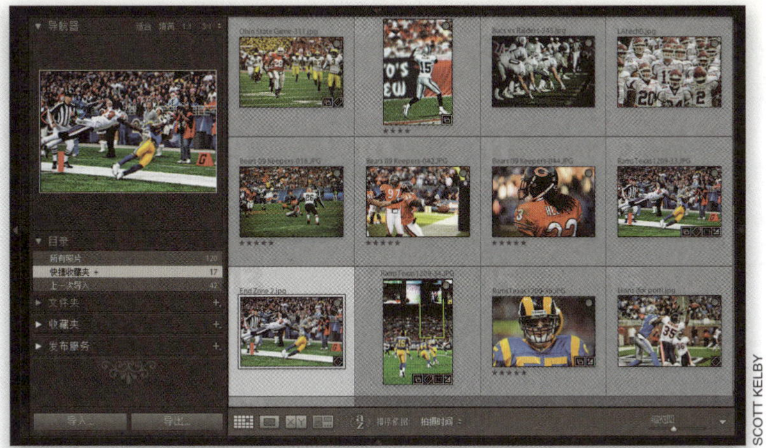

图 2-48

第 3 步：

要查看放入到快捷收藏夹内照片，请转向目录面板（它位于左侧面板区域内），单击快捷收藏夹（如图 2-48 所示）。现在只有这些照片可见。要把照片从快捷收藏夹中删除，只要单击照片，再按键盘上的 Delete（PC：Backspace）键即可（它不删除原始照片，只是把它从这个临时快捷收藏夹中移去）。

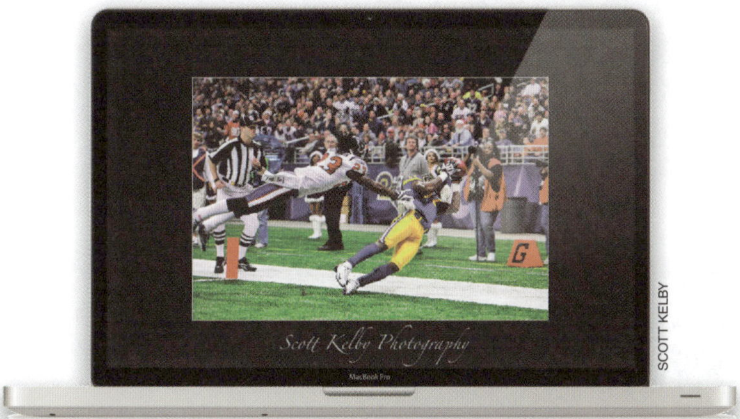

图 2-49

第 4 步：

现在来自于所有不同收藏夹的照片已被放入到快捷收藏夹中，这时可以按 Command-Return（PC：Ctrl-Enter）启动 Lightroom 的即兴幻灯片放映功能，它使用 Lightroom 幻灯片放映模块中的当前设置，全屏幻灯片放映快捷收藏夹中的照片。因此，如果在幻灯片放映模块中所创建的最后一个幻灯片放映拥有背景音乐和很棒的幻灯模板，那么在按下这两个按键的时候就会得到它们。要停止幻灯片放映，只需按 Esc 键即可。

提示：保存快捷收藏夹

如果想要把快捷收藏夹保存为常规收藏夹，只要转到目录面板，在快捷收藏夹上 Control- 单击（PC：右击），从弹出菜单中选择存储快捷收藏夹，这将弹出一个对话框，在此可以给新收藏夹命名。

2.6　针对高级搜索添加具体关键字

大多时候在 Lightroom 查找图像会很简单。想要查看在纽约度假的照片吗？只需单击纽约收藏夹即可。如果要查看纽约旅行中的所有照片，则需按关键字 New York（纽约）进行搜索（还记得第一次导入照片时添加的这些基本关键字吗？）。但是，如果只想要帝国大厦的夜景照片该怎么办？如果您对此感到不知所措，那么这一节就是为您而写的。

第 1 步：

在介绍这一内容之前，我想要说的是大多数人不需要添加关键字。但是，对于商业摄影师或者图库照片代理者，给所有的图像添加关键字则是您必须要做的工作。幸运的是，在 Lightroom 内实现该操作非常容易。添加关键字有多种方法，选用哪种方法有其各自的理由。我们从右侧面板区域中的关键字面板开始。单击照片后，会在关键字面板顶部附近列出已经指定给该照片的关键字。顺便提一下，我们实际上不应该使用“指定”一词，而应该说用关键字“标记”照片，如“用关键字 Indy 标记它”。

图 2-50

第 2 步：

对于第一步中选择的照片，我在导入时用三个关键字标记它：Indy、Racing 和 Track。为了便于在照片上添加其他关键字，在该关键字字段下方有一个文本框，框中写到，“单击此处添加关键字”。因此只需在此框中单击，并输入想要添加的关键字即可（如果需要添加多个关键字，请用逗号分隔它们），之后按键盘上的 Return（PC：Enter）键。在这个例子中，我添加的关键字是“Close up”、“red”、“#18”和“Sonny's Real Pit BBQ”（该车的主赞助商）。非常简单。

图 2-51

图 2-52

第 3 步：

如果打算一次为一组照片添加相同的关键字，那么理想的方法是使用关键字面板。例如，假若早上训练时总共拍摄了 71 幅照片，我们要首先选择这 71 幅照片（单击第一幅照片，按住 Shift 键并保持，向下滚动到最后一幅照片，并在其上单击，这样就会选择二者之间的所有照片），之后在关键字面板内，在关键字标记文本字段内添加关键字。例如，我在这里输入“Morning Practice”，它就会把“Morning Practice”添加到选中的所有 71 幅照片。因此，当需要用同样的关键字标记一次拍摄出的大量照片时，关键字面板是我的首选。

图 2-53

第 4 步：

假若我们只想向某些照片添加一些关键字，如某个驾驶员的照片，如果这些照片是相互靠近的三四幅照片，则可以使用我刚才介绍的关键字面板。但是，如果这些照片是一次拍摄中的 20 或 30 幅照片，则请试试喷涂工具（在网格视图内，它位于下方的工具栏内，看起来像一个喷漆罐），它让我们在浏览图像时“喷涂”关键字。首先，单击喷涂工具，之后，确保喷涂右侧显示的是关键字，再在其右侧的字段内输入“Danica Patrick”或与这些照片相关的其他关键字。

图 2-54

第 5 步：

浏览这些照片，随时看到 Danica Patrick 的照片，只要在其上单击一次，就会把这些关键字“喷涂”到照片上（可以添加任意多关键字，只需在它们之间添加逗号）。单击喷涂工具时，标记过的照片周围会用白色边框突出显示，并用深色矩形框显示刚指定的关键字。如果想标记在一行中看到的多幅照片，只需按住鼠标按钮并保持，在它们之间喷涂，就可以全部标记它们。用过喷涂工具之后，在工具栏内它原来的位置单击即可。在一次拍摄大量照片时，我会使用喷涂工具，而只需用某个关键字标记一些个别照片。

提示：创建关键字集

如果常常使用相同的关键字，则可以把它们保存为关键字集，以便以后单击一次就可以应用它们。要创建关键字集，需要在关键字标记文本字段内输入关键字，之后单击该面板底部的关键字集下拉列表，选择将当前设置存储为新预设，它们就会像内置关键字集（如婚礼摄影、人像摄影等）一样被添加到该列表内。

第 6 步：

下一个面板是关键字列表，它列出我们已经创建或嵌入在所导入照片中的所有关键字每个关键字右边的数量说明用该关键字标记了多少幅照片。如果把鼠标悬停在该列表中的关键字上，最右端会显示出白色小箭头。在其上单击将只显示出具有该关键字的照片（在这里所示的例子中，我单击了 Danica Patrick 的箭头，它只显示出整个目录库中用该关键字标记过的三幅照片）。这就是为什么指定关键字功能强大的地方所在。

图 2-55

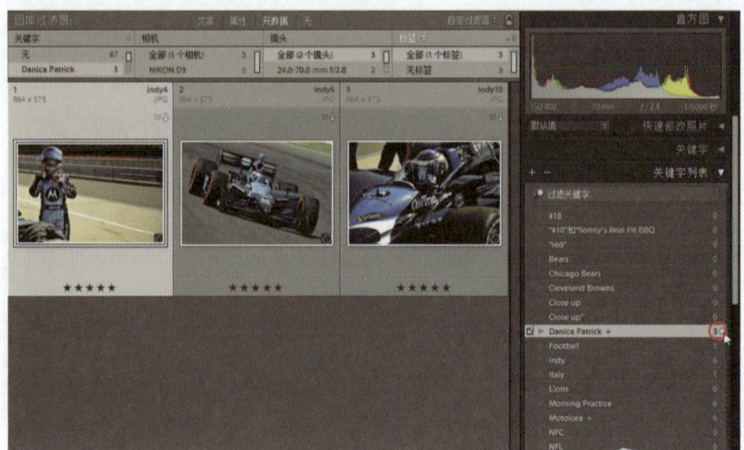

图 2-56

图 2-57

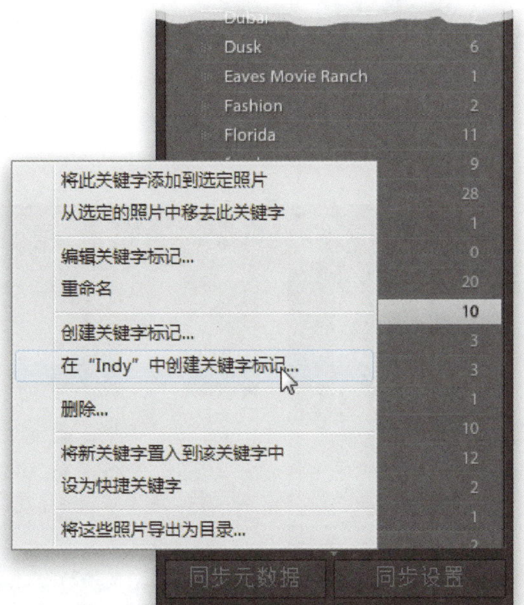

图 2-58

第 7 步：

这样，不久关键字列表就会变得非常长。因此，要保持该列表组织有序，可以创建具有子关键字的关键字（像 Indy 作为主关键字，Racing、Open Wheel、Motorsports 等位于其内）。除了可以缩短关键字列表之外，它还可以更好地排序。例如，如果单击关键字列表面板内的 Indy（顶级关键字），则会显示出目录后总用 Racing 或 Motorsports 等标记过的每个文件。但是，如果单击 Racing，则只会显示出用 Racing 标记的照片。这可以节省大量的时间，下一步将介绍怎样配置这一点。

提示：拖放和删除关键字

可以把关键字列表面板内的关键字拖放到照片上以标记它们，反之亦然，也可以把照片拖放到关键字上。要删除照片内的关键字，在关键字面板内，只要把它们从关键字标记字段内删除即可。要删除所有关键字（从所有照片和关键字列表面板自身内删除），找到下方的关键字列表面板，单击关键字，之后单击该面板标题左侧的 –（减号）按钮。

第 8 步：

要使一个关键字成为顶级关键字，只要把其他关键字直接拖到其上方即可。如果还没有添加想要它成为子关键字的关键字，则可以这样做：右击想要它成为顶级关键字的关键字，之后从弹出菜单中选择在……中创建关键字标记，在打开的对话框内创建新的子关键字。单击创建按钮，这个新的关键字就会显示在主关键字下方。要隐藏子关键字，请单击主关键字左侧的三角形。

2.7 重命名 Lightroom 中的照片

在第一章中，我们已经学习了怎样在从相机存储卡上导入照片时重命名它们，但是，如果导入计算机上的现有照片，它们将保留现有名称（因为只是把它们添加到 Lightroom）。因此，如果它们仍然是数码相机指定的名称，如“_DSC0035.jpg”，下面介绍的重命名方法就很有意义。

第 1 步：

请单击想要重命名的照片收藏夹，按 Command-A（PC：Ctrl-A）选择该收藏夹内的所有照片。转到图库菜单，选择重命名照片，或者按键盘上的 F2 键，打开重命名照片对话框。该对话框提供与导入窗口相同的文件命名预设，请选择您想要使用的文件名预设。在这个例子中，我选择自定名称 – 序列编号预设，之后它自动从 1 开始编号。

图 2-59

第 2 步：

单击确定，所有照片立即得到重新命名。整个过程只花几秒钟时间，但它对照片搜索操作所产生的影响却是巨大的，不仅是在 Lightroom 内搜索，在 Lightroom 之外，在文件夹、电子邮件等之中搜索更是这样，此外，当把照片发送给客户审核时，这样也更方便它们查找照片。

图 2-60

2.8 添加版权信息、标题和其他元数据

数码相机自动在照片内嵌入各种信息，这些信息包括拍摄所用相机的制造商和型号、使用的镜头类型，以及是否触发闪光灯等。Lightroom 基于这些嵌入的信息（被称作 EXIF 数据）搜索照片。除此之外，我们可以把自己的信息嵌入到文件中，如版权信息或照片标题，以便上传给通信社。

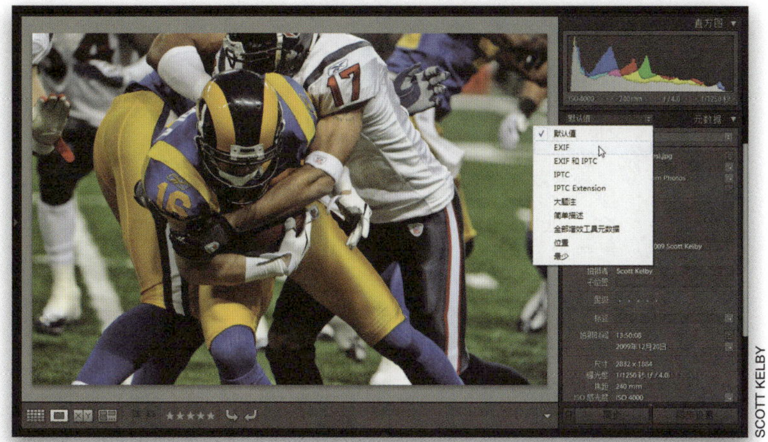

图 2-61

第 1 步：

要查看照片中嵌入的信息（称作元数据），请转到图库模块右侧面板区域内的元数据面板。默认情况下，它显示嵌入在照片内的各种信息，因此可以看到嵌入的相机信息（称作 EXIF 数据，如拍摄照片所使用的相机制造商和型号，以及镜头种类等），以及照片尺寸、在 Lightroom 内添加的所有评级和标签等。要查看相机嵌入在照片内的所有信息，请从该面板标题左侧的下拉列表内选择 EXIF，如果需要查看所有元数据字段（包括添加标题和版权信息的字段），则请选择 EXIF 和 IPTC。

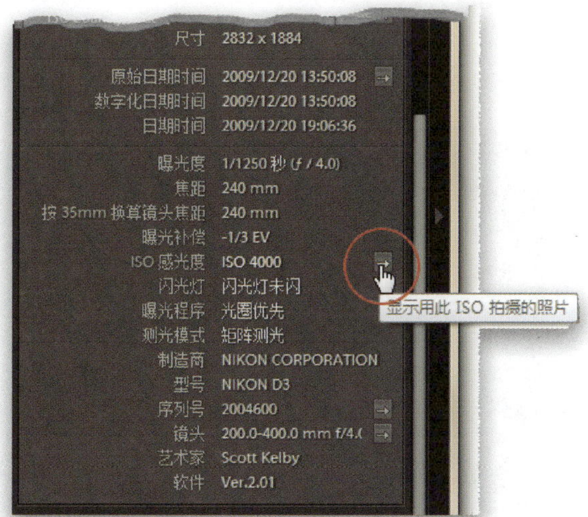

图 2-62

提示：获取更多信息或搜索

在网格视图内，如果元数据字段右边出现箭头，这是到更多信息或者立即搜索的链接。例如，向下滚动 EXIF 元数据（相机嵌入的信息），把光标悬停在 ISO 感光度右侧的箭头上方几秒钟，就会显示出一条消息，说明该箭头的作用（在这个例子中，单击该箭头将显示出目录内以 4000 ISO 拍摄的所有照片）。

第 2 步：

虽然我们不能修改相机嵌入的 EXIF 数据，但可以在一些字段内添加自己的信息。例如，如果需要添加标题（可能需要把照片上传到通信社），只需转到标题字段，在该字段内单击，再开始输入。输入结束后，按 Return (PC: Enter) 键。也可以在元数据面板内添加星级评级或者标签（但我通常不在这里添加）。

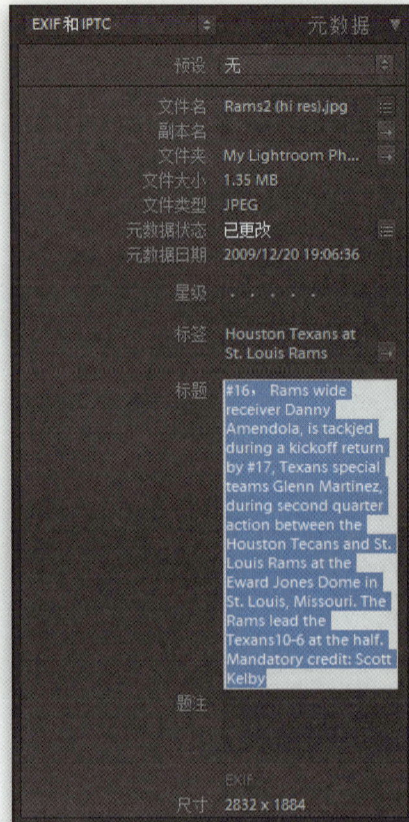

图 2-63

第 3 步：

如果已经创建了 Copyright 元数据预设（见第一章），而在导入这些照片时没有应用它，现在则可以在元数据面板顶部的预设下拉列表中应用它。如果还没有创建版权模板，则可以手工添加版权信息。滚动到元数据面板底部的版权部分，输入版权信息（一定要从版权状态下拉列表内选择有版权）。顺便提一下，一次可以为多张照片输入版权信息。首先，Command-单击 (PC: Ctrl- 单击)，以选择需要添加该版权信息的所有照片，之后，在元数据面板内添加信息时，就会立即添加给被选择的每幅照片。

注意：这里所添加的元数据存储在 Lightroom 的数据库内，在 Lightroom 内把照片导出为 JPEG、PSD 或 TIFF 时，该元数据（以及所有颜色校正和图像编辑）才被嵌入到文件中。然而，在处理 RAW 照片时则不同（下一步中将看到这一点）。

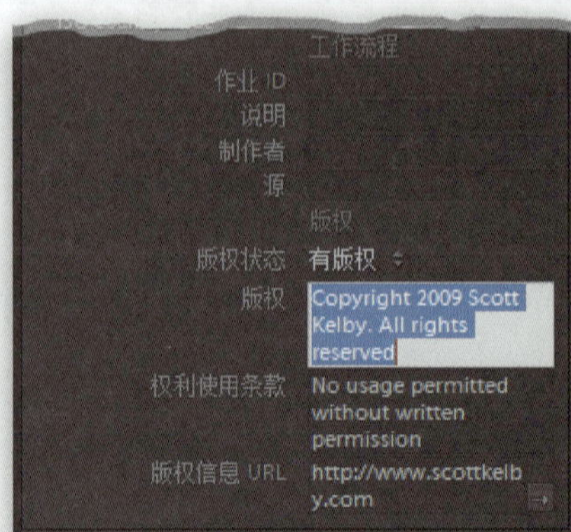

图 2-64

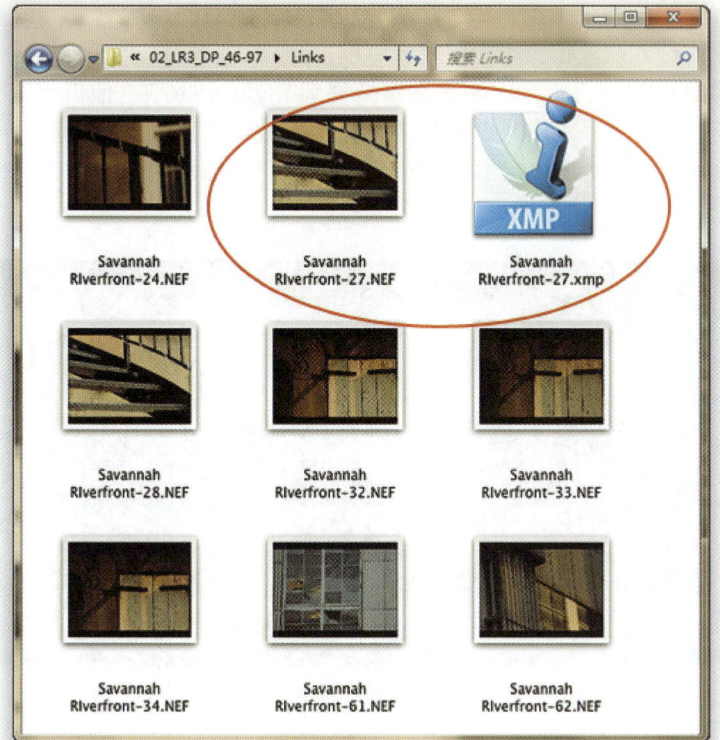

图 2-65

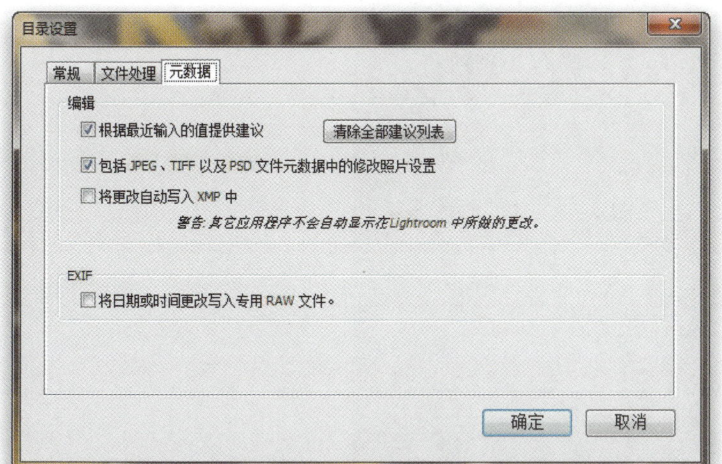

图 2-66

第 4 步：

如果打算把原始 RAW 文件传给他人（客户或者同事），或者想在能够处理 RAW 图像的其他应用程序中使用原始 RAW 文件，在 Lightroom 内添加的元数据（包括版权信息、关键字，甚至对照片所做的颜色校正编辑）则看不到，因为不允许在 RAW 照片内直接嵌入信息。要解决这个问题，所有这些信息要被写入一个单独的文件内，这个文件被称作 XMP 附属文件。这些 XMP 附属文件不是自动创建的，要在向他人发送 RAW 文件之前按 Command-S (PC: Ctrl-S) 创建。在按该键之后，观察下计算机上的该照片文件夹就会发现 RAW 文件，以及它旁边具有相同名称的 XMP 附属文件，但该文件的扩展名是 .xmp（这两个文件如图 2-65 中的红色圆圈所示）。这两个文件要保持在一起，因此，如果要移动它，或者把 RAW 发送给同事或客户，则一定要同时发送者两个文件。

第 5 步：

现在，如果在导入时把 RAW 文件转换为 DNG 文件，那么在按 Command-S 时，它会把信息嵌入到单个 DNG 文件内（DNG 的一大优点），因此不会产生单独的 XMP 文件。实际上有一个 Lightroom 目录首选项（从 Lightroon 的编辑菜单中选择目录设置，之后单击元数据选项卡，如图 2-66 所示），它自动把对 RAW 文件所做的所有修改写入到 XMP 附属文件，但其缺点是速度问题，每次修改 RAW 文件时，Lightroom 就必须把修改写入 XMP，这会降低速度，因此我总是关闭将更改自动写入 XMP 中复选框。

2.9 如果相机支持GPS，会让朋友大吃一惊

这一功能很酷，如果您的相机具有内置 GPS 功能（它自动在照片内嵌入照片拍摄地的经度和纬度），或者您购买了数码相机可以使用的 GPS 单元，那么请把朋友聚集到 Lightroom 前，他们一定会惊讶得目瞪口呆，因为它不仅能够显示 GPS 信息，而且只要单击一次，就可以打开地图，定位到拍摄地点。这简直是太酷了。

第 1 步：

把用具有内置（或附加）GPS 功能数码相机拍摄的照片导入到 Lightroom（如 Ricoh 这样的相机公司生产带 GPS 功能的数码相机，很多 Nikon 的数码单反相机（如 D300s、D700 和 D3s 等）都具有 GPS 兼容的连接端口，它们可以使用像 Sony GPS CS1KASP 单元插件）。

图 2-67

第 2 步：

在图库模块内，转到右侧面板区域的元数据面板。在接近 EXIF 部分的底部位置，如果照片记录了 GPS 信息，就可以看到标签为 GPS 的元数据字段，它记录了准确的拍摄坐标（如图 2-68 中红色圆圈所示）。

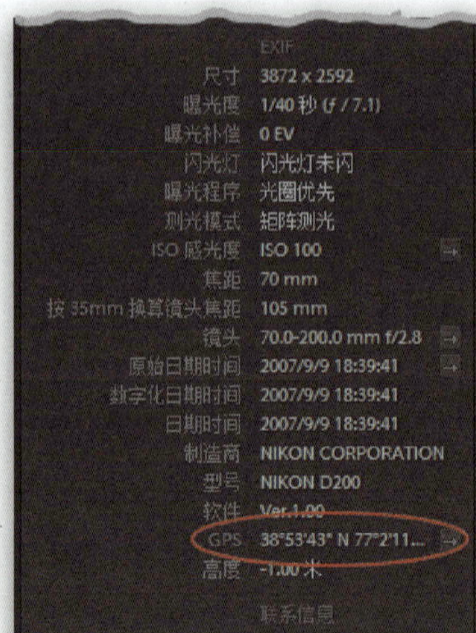

图 2-68

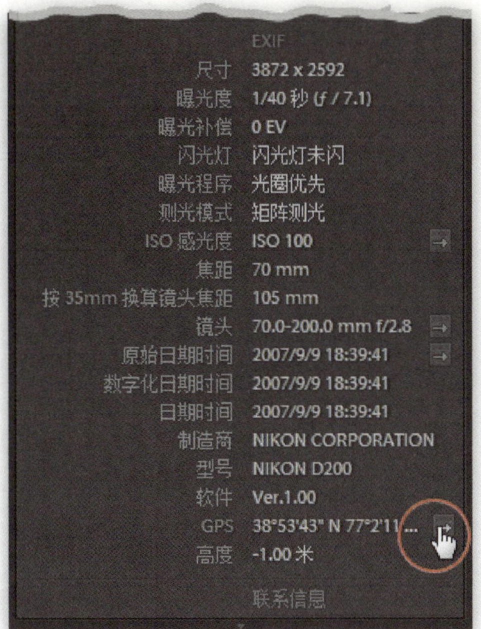

图 2-69

第 3 步：

只是看到该 GPS 信息就会令人感到非常吃惊，但更令人吃惊的是当我在课堂上演示这一功能的时候。请单击 GPS 字段右侧的小箭头（如图 2-69 中的红色圆圈所示）。

图 2-70

第 4 步：

单击该箭头后，如果您连接到 Internet，Lightroom 将自动启动默认的 Web 浏览器，连接到 Google 地图，它会显示彩色卫星摄影图像，在地图上准确定位出拍摄位置（如图 2-70 所示）。说真的，这是不是很酷？

2.10　快速查找照片

为了更容易查找照片，我们在导入照片时把它们命名为更有意义的名字，并应用了一些关键字，现在终于可以得到回报了：我们可以在很短的时间内找出我们所需的照片。这是我们从一开始就确定的目标——从开始就配置好，这样对于整个照片收藏夹，我们就拥有一个快速、有组织、合理的目录，有了它我们的工作更加轻松自如。

第 1 步：

在开始搜索之前，首先需要告诉 Lightroom 我们想要在哪里搜索。如果只想在某个收藏夹内搜索，请转到收藏夹面板，单击该收藏夹。如果想要搜索整个照片目录，则从胶片显示窗格左上方可以看到目前所观察照片的路径。在该路径上单击并保持，从弹出菜单中选择所有照片（这里的其他选项是搜索快捷收藏夹、上一次导入或者最近使用过的文件夹或收藏夹）。

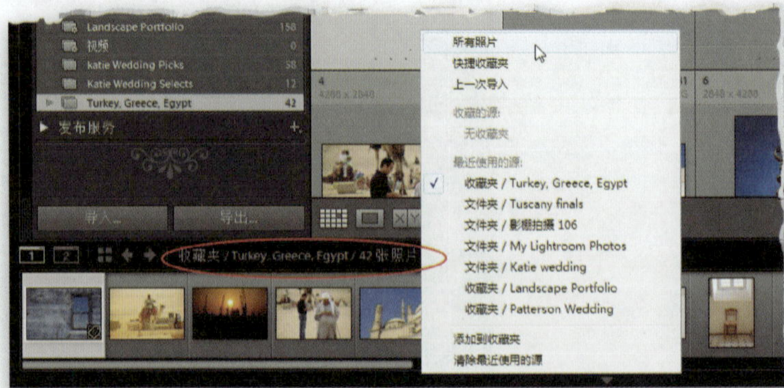

图 2-71

第 2 步：

现在已经选择搜索位置，启动搜索最简单的方法是使用熟悉的键盘快捷键：Command-F(PC: Ctrl-F)。这将打开图库网格视图顶部的图库过滤器。如果需要按文本搜索，请在搜索字段内输入要搜索的文字，默认时它将搜索所有能够搜索的字段——文件名、所有关键字、标题、内嵌的 EXIF 数据。如果找到匹配的照片，就会显示出它们（我这里搜索文字“window”）。使用搜索字段左侧的两个下拉列表可以缩小搜索范围。例如，要把搜索范围限制为标题或关键字，请从第一个下拉列表内选择它们。

图 2-72

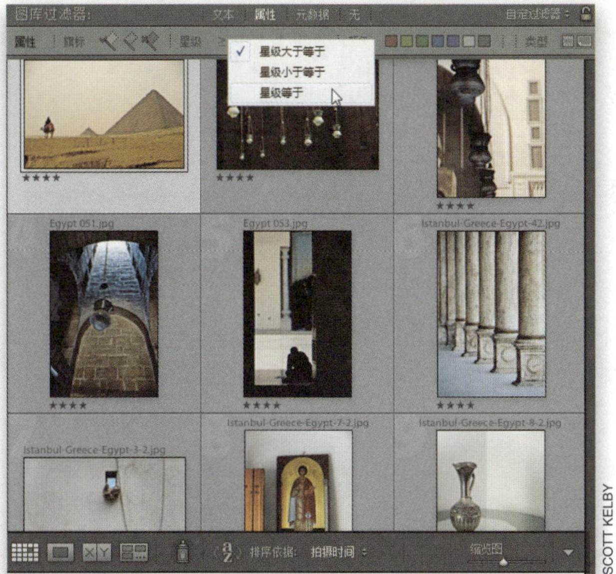

图 2-73

第 3 步：

另一种搜索方法是按属性搜索，因此请单击图库过滤器中的属性，显示出这些选项。我们在本章前面使用过属性选项缩小所显示的照片范围（单击白色留用旗标），所以您可能已经熟悉它们，但我这里要提到几点：至于星级，如果单击四星，它会过滤照片，只显示出评级为四星及其以上星级的照片（因此将看到 4 星和 5 星图像）。如果想只查看 4 星评级图像，则请单击星级右侧的≥（大于等于）符号并保持，从弹出的下拉列表中选择星级等于，如图 2-73 所示。

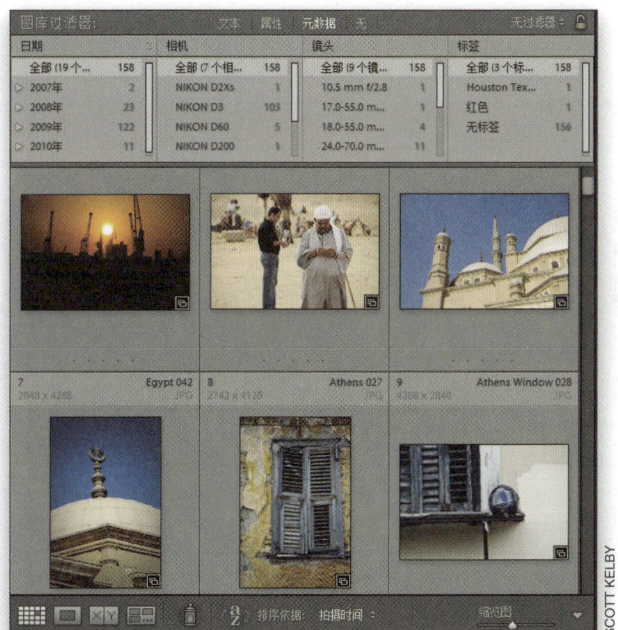

图 2-74

第 4 步：

除了按文本和属性搜索之外，还可以按照照片中嵌入的元数据进行查找（因此可以基于所用镜头类型、设置的 ISO、所用光圈或者其他设置搜索照片）。单击图库过滤器内的元数据，就会显示出一系列内容，从中可以按日期、相机制造商和型号、镜头或者标签进行搜索。然而，我必须要告诉您的是：如果查找照片的惟一希望是想记住拍摄照片时使用了哪些镜头，那么为照片命名或设置关键字就没有发挥它们真正的作用。

第 5 步：

重申一遍，使用元数据选项有四种默认的搜索方法：

日期：

如果记得所查找的照片是哪一年拍摄的，则在日期栏内，单击这一年，就会看到这些照片显示出来。如果想进一步缩小查找范围，则请单击年份左边朝右的箭头，可以看到每个月以及每天。

相机：

如果不记得照片拍摄年份，但知道拍摄时所使用的机身，则请转到相机栏，直接在该相机上单击（相机右边的数字说明用该相机拍摄了多少幅照片）。单击相机，就会显示出这些照片。

镜头：

如果照片是用广角拍摄的，则请直接转到镜头栏，单击照片拍摄所用镜头，就会显示出这些图像。这有助于搜索用特殊镜头拍摄的照片，如鱼眼镜头——在该镜头上单击，很可能就能够找到所要的照片。顺便提一下，不必先从日期栏开始，之后相机栏，再到镜头栏，可以以任意顺序单击您喜欢的任意一栏，因为所有这些栏都是“实时”变化的。

标签：

最后一栏与属性搜索选项中的相同，似乎有点多余，但它在这里实际上是有用的，如果查找用鱼眼镜头拍摄的 47 幅照片，知道最好的照片用标签标记过，这将进一步缩小查找范围。

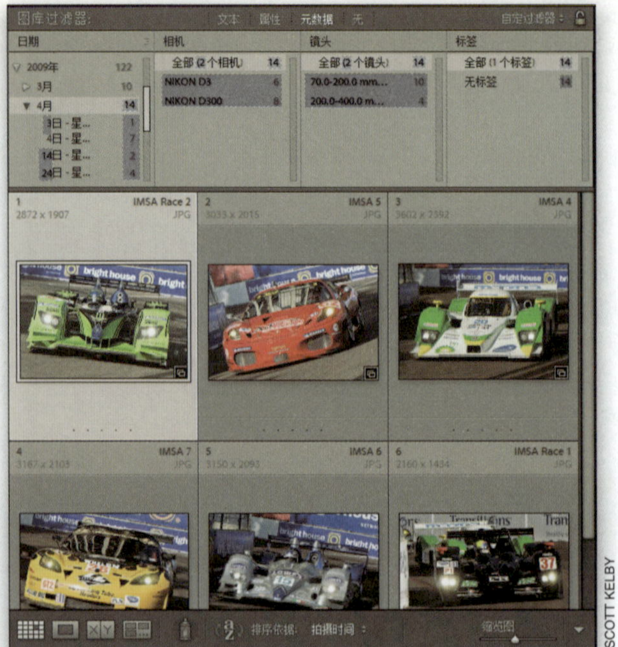

图 2-75

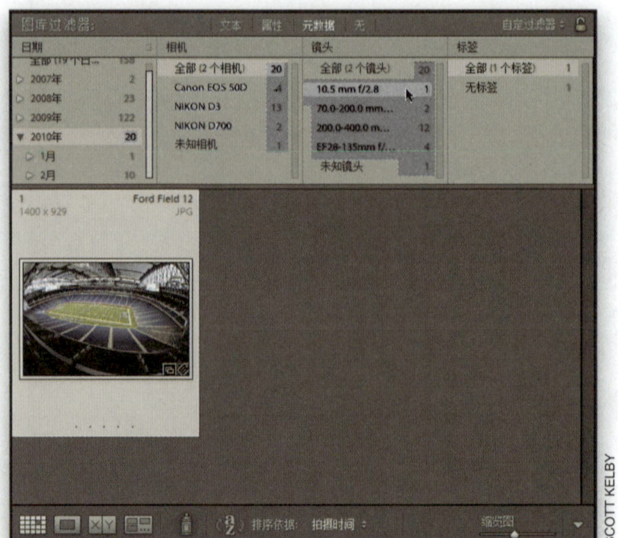

图 2-76

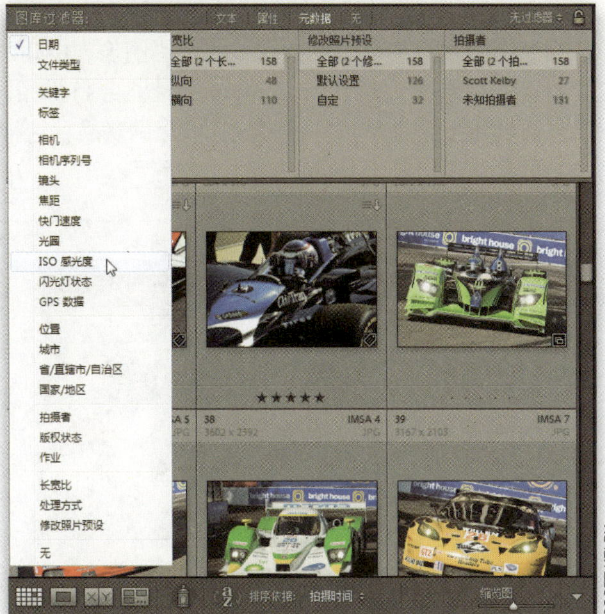

图 2-77

第 6 步：

假若我们确实不需要按日期搜索，而在低光照下拍摄了大量的照片，那么按 ISO 搜索可能很有用。幸运的是，每栏都可以自定义，因此，在栏标题上单击，从弹出菜单中选择新的选项，它就可以搜索我们想要的元数据类型（我在图 2-77 中为第一栏选择 ISO 感光度）。现在，所有的 ISO 都列出在第一栏内，因此我知道单击 800、1600 或更高的感光度，以查找低光照照片。另一种有用的选择是把栏设置为拍摄者（或版权信息），这样只要单击一次，就可以在目录中快速查找其他人拍摄的照片。

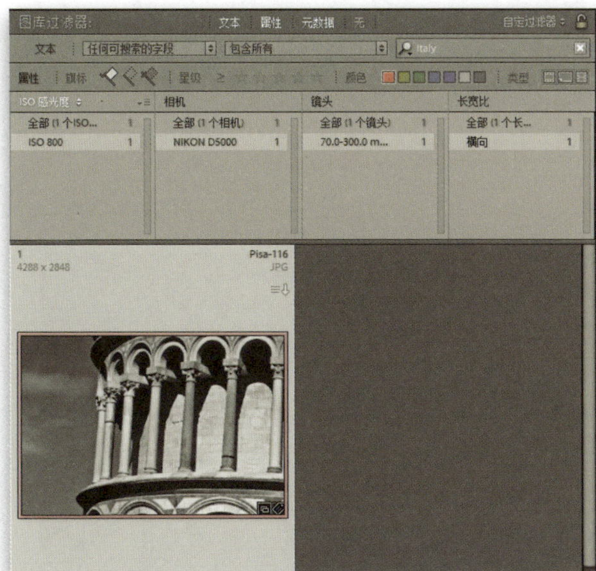

图 2-78

第 7 步：

还需要进一步限制搜索条件吗？如果 Command- 单击 (PC: Ctrl- 单击图库过滤器内三个搜索选项中的多个选项，它们则是累加的（请 Command- 单击文本，之后单击属性，再单击元数据，它们将依次列出）。现在可以搜索具有指定关键字（这个例子中用“Italy”）、标记为留用、带有红色标签、用 Nikon D5000 和 70–300mm 镜头以 ISO 800 拍摄的横向照片（搜索结果如图所示）。更酷的是，还可以把这些条件存储为预设，虽然可能不会使用这种元数据搜索，但必须承认的是，其强大的功能确实令人感到惊讶。

2.11 创建和使用多个目录

Lightroom 的设计可以管理由数万幅图像组成的图库，我了解到一些摄影师的目录中有 50000 ~ 60000 幅图像，Lightroom 可以处理它。然而，目录很大时，Lightroom 的性能会打折扣，但幸运的是，我们可以创建多个目录，并随时在它们之间切换，这样能够保证目录大小的可管理性，并让 Lightroom 全速运行。

第 1 步：

迄今为止，我们一直使用的照片目录是 Lightroom 第一次启动时创建的。然而，如果您想为所有的旅游照片、家庭照片或运动照片创建单独的目录，那么请转到 Lightroom 的文件菜单下，选择新建目录（如图所示），这将打开创建包含新目录的文件夹对话框。为该目录起一个简单的名字（如“Sports Catalog”），并为它选择一个存储位置（为了简单起见，我把所有目录全部存储在 Lightroom 文件夹内，这样我始终知道它们的位置）。

图 2-79

第 2 步：

单击创建按钮以后，Lightroom 关闭数据库，然后 Lightroom 自己退出并自动重新启动，以载入这个全新的空目录，该目录下没有任何照片（如图 2-80 所示）。因此，请单击导入按钮（靠近左下角），导入一些运动照片，让此目录利用起来。

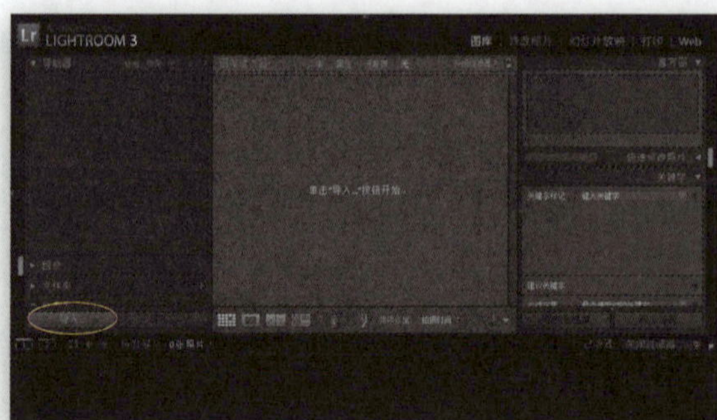

图 2-80

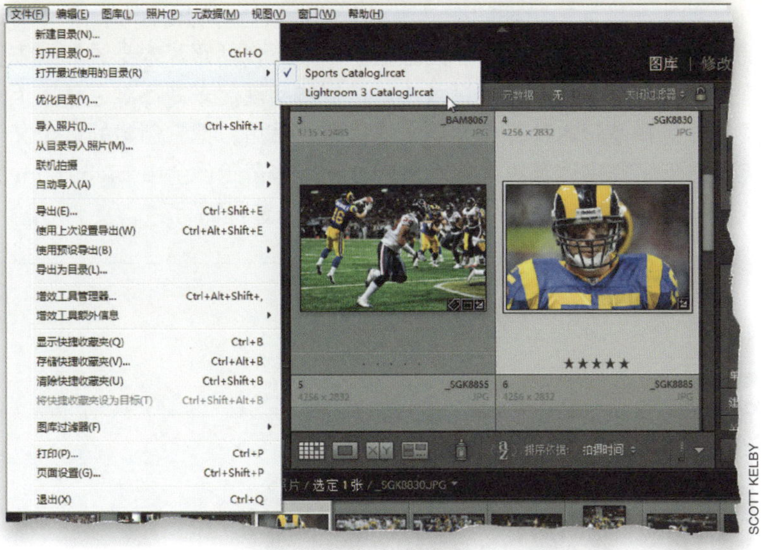

图 2-81

第 3 步：

对于构建图像目录，您知道以后该怎样做了（就像平时一样导入更多的照片、添加关键字、创建收藏夹等）。当处理过这个新的 Sports catalog 目录后，如果想要返回到原来的主目录，只需转到文件菜单，从打开最近使用的目录子菜单中选择 Lightroom 3 Catalog（原来的主目录，如图所示）。Lightroom 将保存运动照片目录，然后再次退出，并用主目录重新启动。我知道它必须退出并重新启动有点不可思议，但是幸好它相当快速。

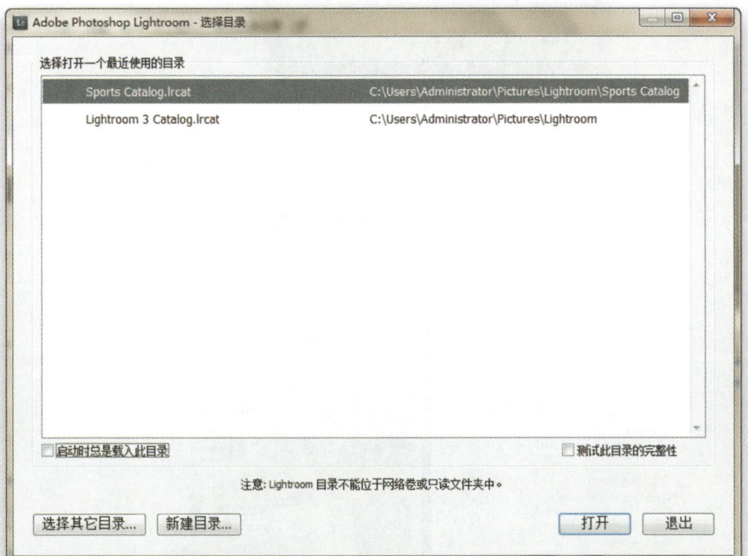

图 2-82

第 4 步：

我们在启动 Lightroom 时实际上可以选择想要使用哪个目录。只要在启动 Lightroom 时按下 Option（PC: Alt）键并保持，在启动它时就会打开选择目录对话框（如图所示），从中可以选择想要打开哪个目录。注意：如果想要打开已经创建的 Lightroom 目录，但是它又没有显示在选择打开最近使用的目录中时（可能在创建它时没有将它保存到 Lightroom 文件夹中，或者最近没有打开过它），则可以单击该对话框左下角的选择其它目录按钮，用标准 Open（PC: 浏览）对话框指定目录位置。此外，我知道可能不必介绍这一点，但如果想要创建一个崭新的空目录，则请单击新建目录按钮。

提示：总是启动同一个目录

如果想在启动 Lightroom 时始终使用某个目录，则请单击选择目录对话框中的目录，然后打开启动时总是载入此目录复选框（它显示在目录列表下方）。

2.12 从笔记本到桌面：同步两台计算机上的目录

如果在现场拍摄期间在笔记本电脑上运行 Lightroom，那么可能要将全部的编辑、关键字和元数据，当然还包括照片本身添加到工作室计算机上的 Lightroom 目录中。该操作实现起来并不难：基本上来说，先选择笔记本计算机要导出的目录，然后，把它创建的这个文件夹传送到工作室计算机上并导入它，所有辛苦工作全由 Lightroom 完成，我们只需要对 Lightroom 怎样处理做出选择即可。

图 2-83

第 1 步：

使用上面所描述的方案，我们将从笔记本电脑上开始。第一步决定是导出文件夹（这次拍摄的所有导入照片）还是收藏夹（只是这次拍摄的留用照片）。在此例中，我们将使用文件夹，因此转到文件夹面板，单击想要与工作室中的主目录合并的文件夹（如果选择了收藏夹，其惟一的差别是转到收藏夹面板，并单击这次拍摄的收藏夹。对这两种方法来说，添加的所有元数据和在 Lightroom 中所做的所有编辑都将被传送到另一台机器上）。

第 2 步：

现在转到 Lightroom 的文件菜单，选择导出为目录。

图 2-84

图 2-85

第 3 步：

选择导出为目录时，它会打开导出为目录对话框（如图 2-85 所示），在其文件名字段内为要导出目录输入名称，但该对话框底部还有一些很重要的选项需要选择。默认时，它认为需要包括在 Lightroom 导入照片时它所创建的预览，我总是保留这个选项为打开状态（在把它们导入到工作室的电脑时，我不想等它们重新渲染一遍）。如果打开仅导出选定的照片复选框，那么它将只导出我们在选择导出为目录之前选定的文件夹中的照片。但是，也许最重要的选项是中间的复选框：导出负片文件。当这个选项关闭时，它只导出预览和元数据，而不会真正导出照片本身，因此如果确实想要导出真正的照片（我总是如此），那么请打开中间的这个复选框。

图 2-86

第 4 步：

单击保存按钮时，它导出目录（这通常不会花很长的时间，但是，如果收藏夹或文件夹中的照片越多，它花的时间当然就越长），完成导出以后，在计算机上就可以看到导出的文件夹（如图 2-86 所示）。我通常将这个文件夹保存到桌面上，因为下一步就将它复制到外接硬盘上，这样可以将这个充满图像的文件夹移送到工作室的电脑上。因此，现在请把这个文件夹复制到外接硬盘上。

第 5 步：

到达工作室后，将硬盘连接到工作室的计算机上，把那个文件夹复制到存储所有照片的位置（它应该是我们在第 1 章中创建的那个 My Lightroom Photos 文件夹）。现在，在工作室的计算机上，转到 Lightroom 的文件菜单，并选择从目录中导入照片，这会打开图中所示的对话框。导航到刚复制到工作室计算机上的那个文件夹，然后在在文件夹内，单击文件扩展名为 LRCAT 的文件（如图 2-87 所示），单击选择按钮。顺便说一下，从图 2-87 中可以看出 Lightroom 在此文件夹内创建了三个项目：（1）包含预览的文件；（2）目录文件本身；（3）包含实际照片的文件夹。

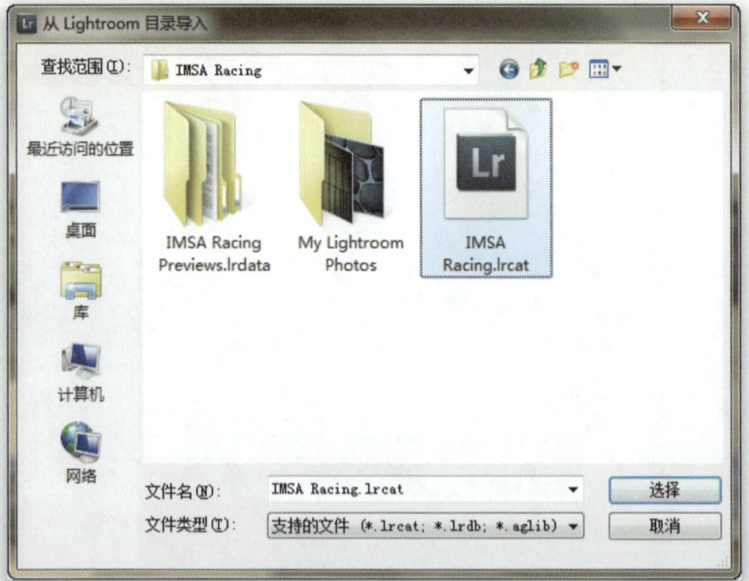

图 2-87

第 6 步：

单击选择按钮时，它会打开从目录导入对话框（如图 2-88 所示）。在右边预览区域中，那些旁边的复选框被打开的照片均将被导入（我总是保留所有这些复选框为打开状态）。位于左边新照片部分的是一个文件处理下拉列表。因为我们已经把照片复制到工作室电脑上合适的文件夹中，所以我就使用默认设置：将新照片添加到目录而不移动，但是，如果想把它们从硬盘直接复制到计算机上的文件夹中，则应该选择复制选项。这里还有第三个选项，但是我不明白为什么这时会选择不导入照片。只要单击导入，这些照片将作为一个文件夹出现，它们包含了在笔记本电脑上所应用的所有编辑、关键字等。

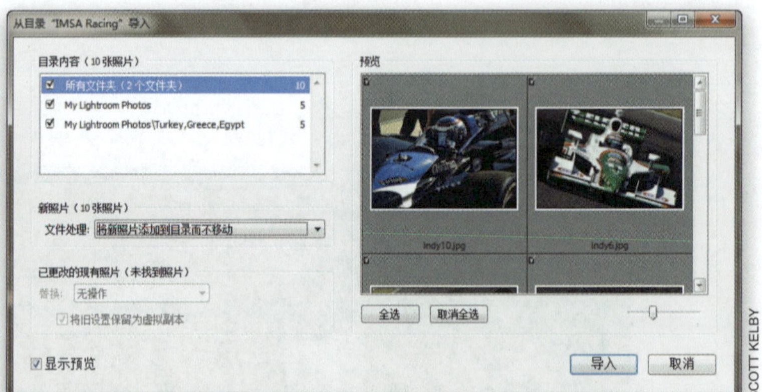

图 2-88

2.13 备份目录（非常重要）

在 Lightroom 中向照片添加的所有更改、编辑、关键字等内容均存储在 Lightroom 的目录文件中，因此，正如我们所想象的，这是一个至关重要的文件。这同样是我们需要定期备份这个目录的原因，因为如果由于这样那样的原因导致目录数据库崩溃，那就全完了（当然，如果备份了目录，那就安全无恙）。好的一点是 Lightroom 会为我们备份这个目录数据库，但我们必须告诉它去备份。

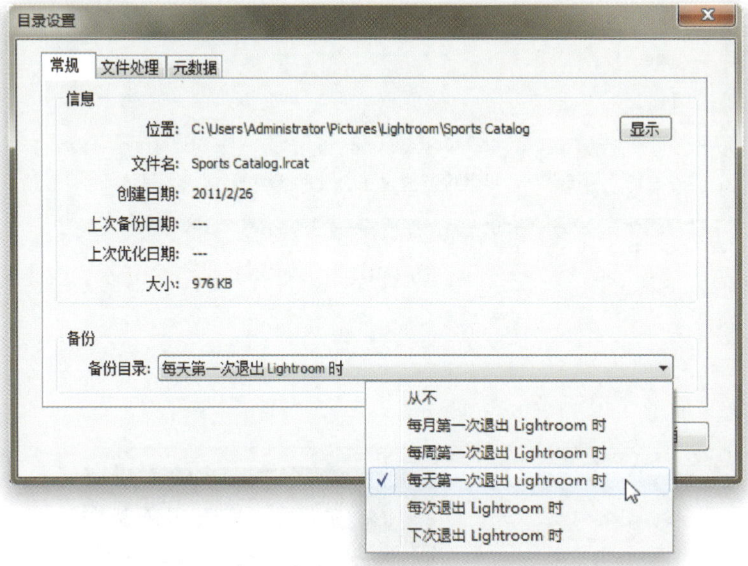

图 2-89

第 1 步：

首先请转到 Lightroom 菜单（PC 上的编辑菜单），选择目录设置。当目录设置对话框弹出后，单击顶部的常规选项卡（图 2-89 中突出显示部分），备份部分位于这个对话框的底部，备份目录下拉列表列出的选项使 Lightroom 自动备份当前目录。在此选择备份的频率，但我建议选择每天第一次退出 Lightroom 时。这样，在每次使用过 Lightroom 时它都进行备份，因此即使由于某种原因导致目录数据库崩溃，也最多损失一天所做的编辑。

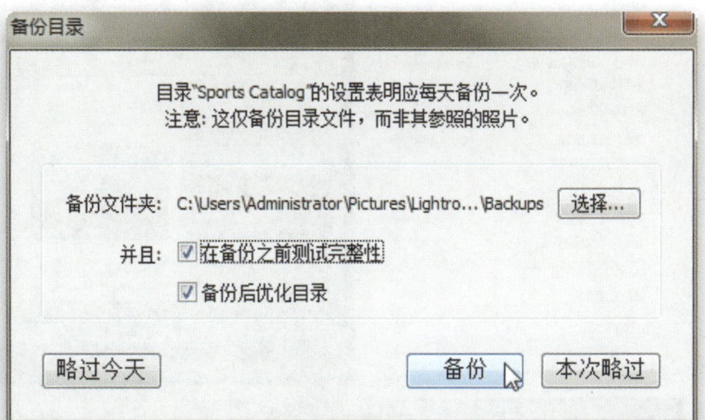

图 2-90

第 2 步：

下次退出 Lightroom 时，会弹出一个对话框，提醒我们备份目录数据库。单击备份按钮，它就开始进行备份，备份所花的时间不长，因此不要单击略过今天或本次略过。默认时，这些目录备份存储在 Backup 文件夹内单独的子文件夹中，Backup 文件夹位于 Lightroom 文件夹内。为了安全起见，以防止计算机崩溃，应该把备份存储到外置硬盘上，因此请单击选择按钮，导航到外置硬盘，之后单击 Choose (PC: 确定)。

第 3 步：

现在已经备份了目录，当目录损坏或计算机崩溃时，会发生什么呢？我们怎样恢复目录？首先，启动 Lightroom，然后转到文件菜单，选择打开目录。在打开目录对话框中，定位到 Backups 文件夹（第 2 步中所选择的存储位置），将看到该文件夹内按日期和时间顺序列出的所有备份。针对想要的日期，单击该文件夹，然后在其内部单击 LRCAT 文件（这就是备份文件），单击打开按钮，就可以重新开张了。

图 2-91

提示：系统变慢时优化目录

Lightroom 内累积大量的图像（我指的是数万幅照片）之后，会导致它运行速度变慢。如果发现出现这种情况，则请转到文件菜单，选择优化目录。这将优化当前打开目录的性能，虽然优化过程可能要花几分钟，但性能的提高很快就能把这点时间弥补回来。即使 Lightroom 内没有数万幅图像，过几个月优化一次目录也能够保持去运行速度达到最佳状态。也可以在备份目录时打开备份后优化目录复选框进行优化。

图 2-92

2.14 重新链接丢失的照片

多次使用 Lightroom 后，有时会在缩览图的右边出现小问号图标，这意味着 Lightroom 无法找到原来的照片。这时我们仍能看到照片缩览图，甚至可以在放大视图内放大它，但不能做任何重要编辑（如颜色校正、修改白平衡等），因为 Ligthroom 执行这些操作需要原来的照片文件，因此我们需要了解怎样把照片重新链接到原来的照片。

图 2-93

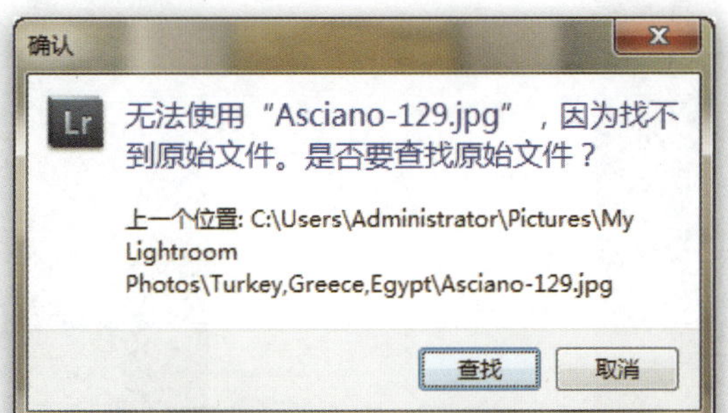

图 2-94

第 1 步：

在图 2-93 中所示的缩览图内，可以看到一幅缩览图有小问号图标，这告诉我们它失去了与原来照片的链接。出现这种情况的主要原因可能有两种。（1）原来照片存储在外置硬盘上，而该硬盘现在没有连接到计算机，所以 Lightroom 找不到它。因此只要重新连接硬盘，Lightroom 看到该硬盘连接之后，就可以立即重新链接照片，一切就恢复正常了。但是，如果没有把照片存储到外接硬盘上，那么这就是另外一个问题：（2）移动或删除了原来照片，现在必须查找它。

第 2 步：

要找出最后一次所查看照片的位置，请单击小问号图标，弹出对话框告诉我们它不能找到原始文件（这个您已经知道了），但更重要的是，在警告的下面它显示出照片以前的位置（因此可以立即了解它是否真的位于移动硬盘、闪存盘上等等）。因此，如果移动了文件（或整个文件夹），则必须把照片的移动位置告诉 Lightroom（这将在下一步中介绍）。

第 3 步：

单击查找按钮，当查找对话框弹出后，导航到那幅照片现在所处的位置。找到它以后，单击该照片，再单击选择按钮，它就会重链接这幅照片。如果移动了整个文件夹，则一定要打开查找临近的丢失照片复选框，这样一来，当找到一幅丢失的照片之后，它将立即自动重新链接那个文件夹中所有丢失的照片。

图 2-95

提示：保持所有照片正常链接

如果要确保所有照片都链接到实际文件（这样再不会看到问号图标），则请转到图库模块，在图库菜单下，选择查找丢失的照片。这将在网格视图内打开断开链接的所有照片，这时就可以使用我们刚学到的方法重新链接它们。

图 2-96

2.15 灾难处理

Lightroom 目录出现大问题的可能性很小（我使用这么多年 Lightroom，只出现过一次问题），但是一旦发生，Lightroom 自身可以修复（这很方便）。然而，硬盘崩溃，或者计算机崩溃或被盗（只有计算机上一个副本）的可能性更大。下面介绍怎样事先预防这两种潜在的灾难，以及一旦出现时的处理方法。

第 1 步：

启动 Lightroom 时如果出现像如图 2-97 所示的警告对话框，则请单击 Repair Catalog 按钮让 Lightroom 进行自身修理，它很可能把目录修理好。然而，一旦 Lightroom 无法修复该目录，则会看到如图 2-98 所示的对话框，说明目录崩溃问题严重，它无法修复。如果出现这种情况，则要依赖该目录的备份副本进行处理了（本章前面介绍过备份操作）。

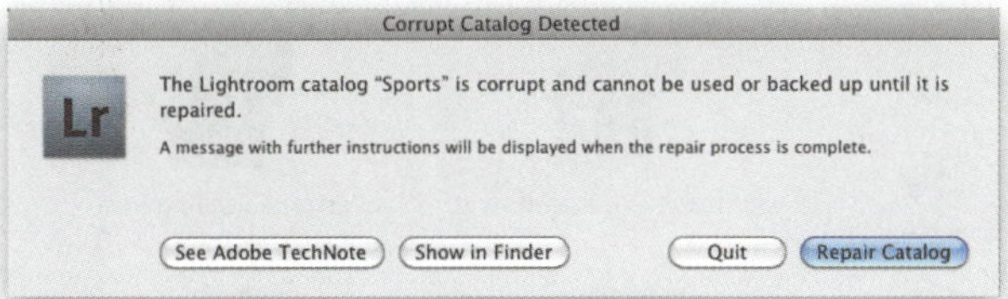

图 2-97

图 2-98

第 2 步：

现在，只要备份过目录，就可以恢复这个备份目录，让它再次运行起来（需要了解的是：如果备份是三周前所执行的，则从那时开始在 Lightroom 内所做的一切都丢失了。这就是为什么要频繁备份目录的原因，我们应该每天备份）。幸运的是，从备份目录恢复很简单。首先，转到备份硬盘（请记住，备份目录应该保存在单独的硬盘上。这样，如果计算机崩溃，备份不会随之崩溃），查找到保存 Lightroom 目录备份所在的文件夹（它们按日期保存在文件夹内，因此请双击最近日期的文件夹），在其中就可以看到备份目录。

图 2-99

第 3 步：

接下来，查找计算机上崩溃的 Lightroom 3 目录（在我计算机上，它位于 Pictures 文件夹下的 Lightroom 文件夹内），删除该文件（把它拖放到 Mac 上的 Trash 内，或者 PC 上的回收站内）。现在把备份目录文件拖放到计算机上崩溃文件过去（删除它之前）所在文件夹内。

提示：查找目录

如果忘了所选择的 Lightroom 目录存储位置也别担心，Lightroom 可以告诉我们。请转到 Lightroom (PC: 编辑) 菜单，选择目录设置。单击常规选项卡，它在位置下方显示出目录的路径。

第 4 步：

最后一步很简单，即从文件菜单中选择打开目录，在 Lightroom 3 中打开这个新的目录。现在，转到目录备份副本的存放位置（位于您的计算机上），查找备份文件，单击它，之后单击确定，一切就恢复正常了（重申一遍，以上操作假设最近备份过目录。如果最近没有做过备份，目录则恢复到最后一次备份时的状况）。顺便提一下，它甚至能够记得照片的存储位置（但是，如果由于某种奇怪的原因记不得了，则请回到上一个项目重新链接它们）。

提示：一旦计算机崩溃……

如果不是目录而是计算机崩溃（或者硬盘损坏、笔记本电脑被盗等），处理方法则基本相同——只是不必先查找和删除旧的目录，因为它已经不存在了。因此请先把目录的备份副本拖放到新的 Lightroom 空文件夹内（在新计算机或新硬盘上第一次启动 Lightroom 时创建的文件夹）。

图 2-100

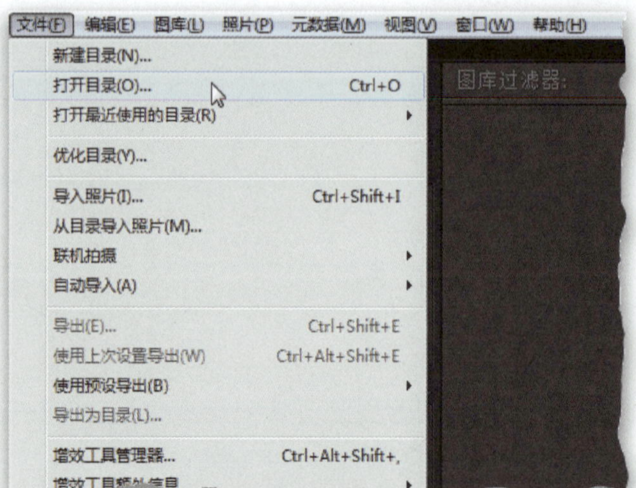

图 2-101

Lightroom 快速提示

▼ 删除收藏夹

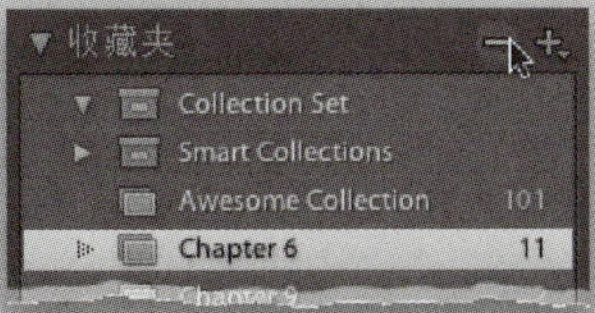

如果想删除收藏夹，只需在收藏夹面板中单击它，然后单击该面板标题右边的 –（减号）按钮即可。这样只删除收藏夹，不会删除真正的照片本身。

▼ 向现有收藏夹添加照片

只要从网格（或胶片显示窗格）中将照片拖放到收藏夹上，就可以将照片添加到现有收藏夹。

▼ 重命名收藏夹

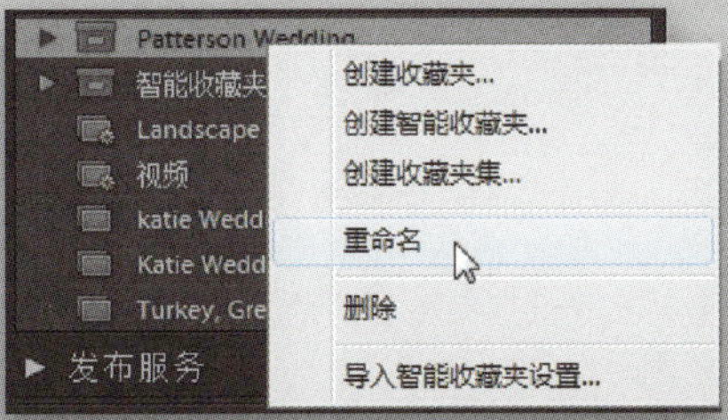

要重命名收藏夹，请 Control- 单击（PC: 右击）收藏夹，从弹出菜单中选择重命名。

▼ 怎样分享 Smart 收藏夹设置

如果 Control- 单击（PC: 右击）智能收藏夹，从弹出的菜单中选择导出智能收藏夹设置，以保存该智能收藏夹条件，这样就可以与朋友共享它了。在把它发送给朋友之后，他们可以从同一弹出菜单中使用导入智能收藏夹设置命令来导入它。

▼ 分享关键字

如果想要使用不同计算机上 Lightroom 副本内的关键字，或者与朋友和同事分享这些关键字，则请转到元数据菜单，选择导出关键字，创建出具有所有关键字的文本文件。要把它们导入到另一个用户的 Lightroom 副本中，则请从元数据菜单中选择导入关键字命令，之后找到前面导出的关键字文件。除此之外，还可以把文本文件中的关键字直接复制和粘贴到关键字面板。

▼ 向被选中的照片快速应用关键字

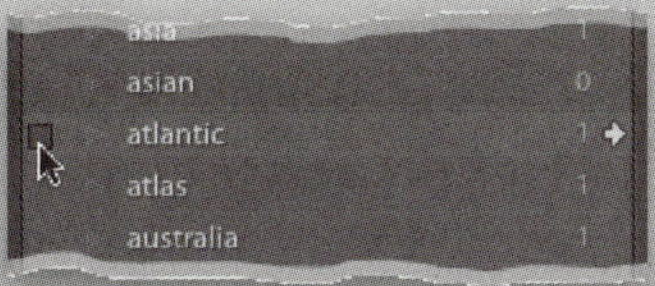

当把鼠标悬停在关键字列表面板中的某个关键字上时，将出现一个复选框，用它可以把该关键字指定给选中的照片。

▼ 快速创建子关键字

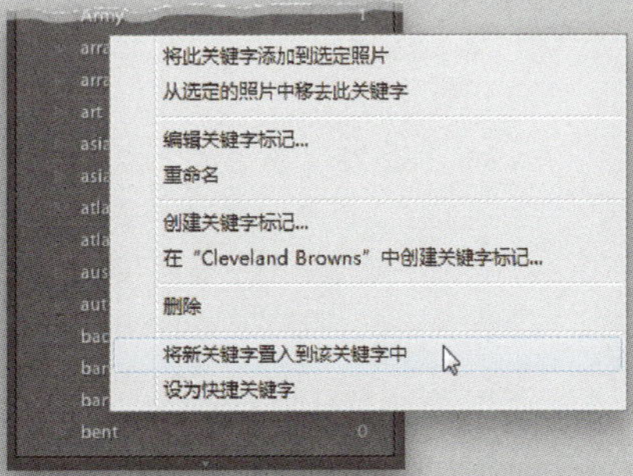

如果在关键字列表面板中的关键字上 Control- 单击（PC: 右击），从弹出菜单中选中将新关键字置入到该关键字中，那么在关闭它之前（从该弹出菜单中再次选择它），创建的所有关键字都将作为该关键字的子关键字。

▼ 自动隐藏顶部的任务栏

如同我曾提到的，我做的第一件事就是关闭自动隐藏功能（这样面板就不会再随时弹进 / 弹出），而改用在需要时手动显示 / 隐藏它们。但是，您可能仅为了顶部的任务栏，考虑打开自动隐藏功能。它是用得最少的一个面板，但大家似乎喜欢通过单击来从一个模块跳到另一个模块，而不是使用键盘快捷键。当自动隐藏打开后，它保持在收拢状态看不到，只有单击中间的灰色三角形它才显露出来。之后可以单击想要跳转到的模块，只要从顶端的任务栏中移开，它就会收拢。请试一次吧，我相信您会喜欢它。

▼ 删除未使用的关键字

关键字列表面板中变灰的关键字没有用在 Lightroom 中的任何照片上，因此可以删除这些孤立的关键字（这使关键字列表更加整洁、短小）。要删除它们，请转到元数据菜单，选择清除未使用的关键字。

▼ 使面板变得更大

如果想要面板变得更宽（或更细长），只需将光标移动到中央预览区域的边缘上，光标将会变成一个双头光标。现在单击并向外拖动，面板就会变宽（或者向内拖动使它们变得更细长）。这个方法也能用在底部的胶片显示窗格上。

Lightroom 快速提示

▼ 打开 / 关闭过滤器

只要按 Command-L（PC: Ctrl- L），就可以打开 / 关闭过滤器（图库过滤器栏内的旗标、分级、元数据等）。

▼ 工具栏内的更多选项

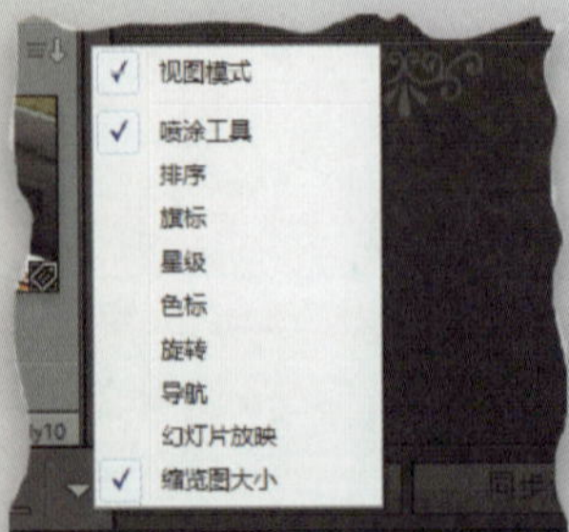

默认时，Lightroom 在中央预览区域下面的工具栏上显示许多不同的工具和选项，但单击工具栏最右边的小三角形，可以选择想要的那些工具和选项（包括一些我们可能从没意识到有用的项目）。弹出菜单显示出一个工具栏项列表，那些旁边打勾的项目将是可见的，因此要添加一个项目，只需选择它即可。

▼ 放大 / 缩小

在放大视图下，我们可以使用与 Photoshop 相同的键盘快捷键来放大或缩小图像。按下 Command-+（PC: Ctrl-+）放大，按下 Command- –（PC: Ctrl- –）缩小。

▼ 找出指定照片所在的收藏夹

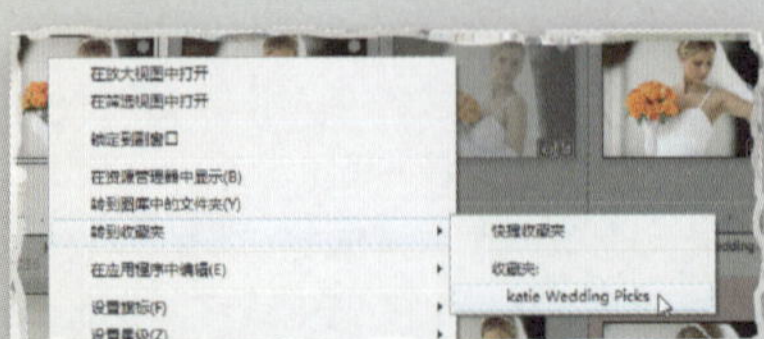

如果滚动查看 Lightroom 整个目录（已经单击目录面板中的所有照片），看到一幅照片并想要知道它存在于哪个收藏夹中，那么只需 Control- 单击（PC: 右击）照片，然后从弹出菜单中选择转到收藏夹。如果它没有位于任何收藏夹中，它会在子菜单中这样告诉您。

▼ "标记和移动" 决窍

如果想提高标记留用照片过程的速度，请试试以下操作：不要只采用按 P 来标记一幅照片，然后使用箭头键移动到下一幅照片这种做法，而请按 Shift-P。这将把照片标记为留用照片，但是它接着会自动移动到下一幅照片。

▼ 在胶片显示窗格中过滤出留用照片

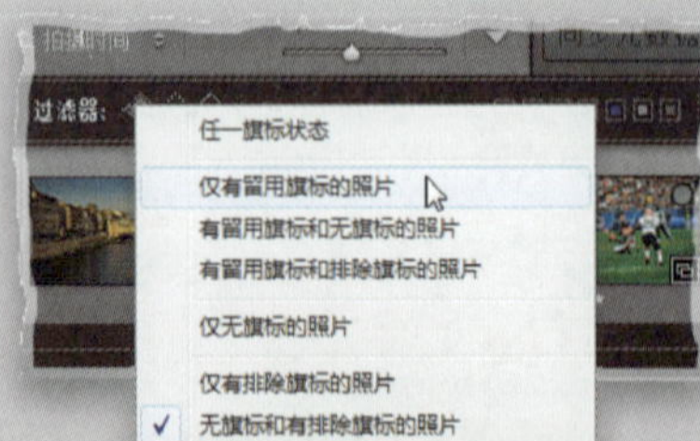

在 Lightroom 原先版本中，其顶部没有图库过滤器栏，而是要通过单击胶片显示窗格右边的小旗标来显示留用和排除照片。如果您怀念那种方式，Adobe 在这里保留了那些过滤器。因此，可以自由选择是从顶部（它通过旗标、星级和颜色提供比过滤更多的功能）还是在胶片显示窗格中过滤照片。无论如何，这里有一个技巧中的技巧：直接在胶片显示窗格的旗标上 Control- 单击（PC: 右击），从弹出的菜单中选择，这种做法要好于在旗标上直接单击，因为它们来回切换，这可能会对您实际查看的内容造成混乱。

▼ 硬盘上还剩下多少空间来容纳更多的照片

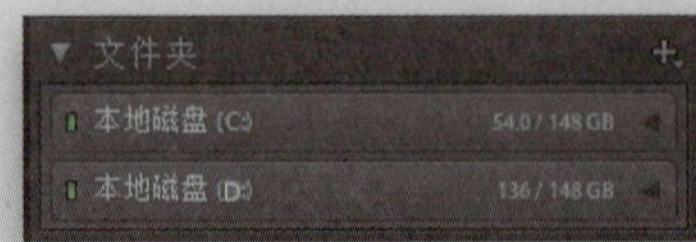

如果用一个或多个外接硬盘来存储 Lightroom 照片，那么在没有离开 Lightroom 的情况下，可以快速精确地查出那些磁盘剩下的存储空间容量。只要转到文件夹面板（在左边面板区域中），在卷浏览器中可以看到 Lightroom 管理照片所在的每个磁盘的容量（包括内置硬盘），除了各自的名称以外，它还显示还有多少可用空间，后面跟着它的总空间大小。如果将鼠标悬停在一个卷上，将会弹出一条消息，说明在那个被 Lightroom 管理的磁盘上所存储的照片的精确数量。

▼ 收藏夹集所在位置

当创建收藏夹集时，默认情况下它们按字母顺序显示在收藏夹面板的顶部。接着，在收藏夹集后面显示智能收藏夹，之后显示收藏夹。

▼ 一次向多幅照片添加元数据

如果手工为照片输入一些 IPTC 元数据，并且想把同样的元数据应用到其他照片上，则不必再次输入它们，而可以复制该元数据，再把它们粘贴到其他照片上。在具有我们想要元数据的照片上单击，之后 Command- 单击 (PC: Ctrl- 单击) 想要添加该元数据的其他照片，以选择它们。现在单击同步元数据按钮（位于右侧面板区域的底部），这将打开同步元数据对话框。

Lightroom 快速提示

单击同步按钮，即可用该元数据更新其他这些照片。

▼ 切换到喷涂工具

按 Command-Option-K（PC: Ctrl-Alt-K）可以切换到喷涂工具。喷涂完成以后，可以用下面两种方法把它放回原位：在工具栏中它原来所在灰色圆圈上单击，或者再次按下相同的键盘快捷键。

▼ 从筛选视图中移除照片

在筛选视图中查看照片时，如果要移除一幅选中的照片，那么这里有一个鲜为人知的快捷方法：只要按键盘上的 /（正斜线）键即可。

▼ 锁定过滤器

在 Lightroom 以前版本中，当打开图库过滤器栏内的过滤器时（如打开该过滤器，以便只显示出 5 星评级的照片），该过滤器只为我们当前所在的收藏夹或文件夹打开这个过滤器，当改变收藏夹或文件夹后，它不再过滤。现在，如果想在切换收藏夹后仍然只看到 5 星图像，只需在图库过滤器右端的锁图标（位于网格视图的顶部；如果不想显示出图库过滤器，按反斜杠键即可）上单击。

▼ 备份预设

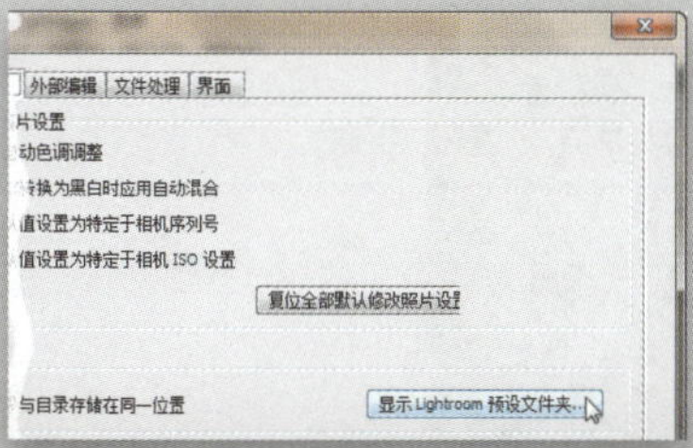

创建自己的预设（从导入预设到修改照片或者打印模块预设）后，有时也需要备份。如果硬盘崩溃，或者笔记本电脑丢失，则必须从零开始重新创建它们（如果您还记得所有设置的话）。要找出所有这些预设在计算机上所处文件夹位置，请转到 Lightroom 首选项（在 Mac 上，它位于 Lightroom 菜单下，在 PC 上，它位于编辑菜单下），单击预设选项卡，之后单击位于该对话框中部的显示 Lightroom 预设文件夹按钮。现在，把这一整个文件夹拖放到独立的硬盘（或者 DVD）上进行备份。这样，如果出现恐怖状况，只需把备份文件夹的内容拖放到新的预设文件夹即可。

▼ 自动前进功能的优点

向照片添加留用旗标或星级评级时，可以让 Lightroom 自动前进到下一幅图像，其设置方法是：转到照片菜单，选择自动前进。

▼ 在收藏夹集中创建收藏夹

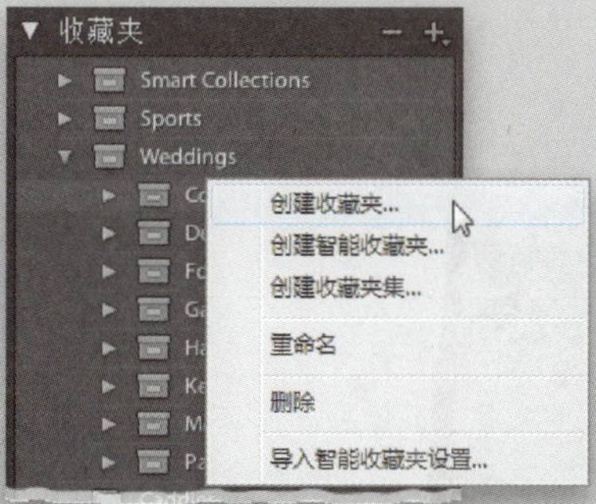

在现有收藏夹集中创建收藏夹最快捷的方法是右击该集（位于收藏夹面板内），选择创建收藏夹。这将在创建收藏夹对话框内集下拉列表内自动选择该收藏夹集，因此我们所要做的只是命名新收藏夹，并单击创建按钮。

▼ 使用建议关键字

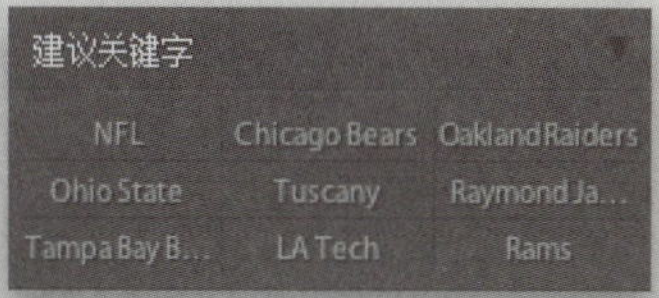

在照片上单击时，Lightroom 看到我们标记该照片所使用的关键字，之后它立即查看是否用该关键字标记过其他照片。如果标记过，它就把应用到那些照片的其他关键字列出为建议关键字（在关键字面板的中部），它认为我们很可能要在当前这幅照片上应用这些相同的关键字。要添加这些建议关键字，只需在它们上面单击（它甚至会自动添加逗号）。

▼ 创建搜索预设

图库过滤器最右端的下拉列表内具有一些过滤预设。如果觉得自己常常使用某种搜索，则可以把自己定义的搜索预设也保存在这里：从该下拉列表内选择将当前设置存储为新预设。

摄影师：Scott Kelby ┆ 曝光时间：1/1000s ┆ 焦距：250mm ┆ 光圈：f/4

自定设置

本章介绍 Lightroom 的自定设置，包括选择您在其他视图或面板内所看到的内容，以及修改背景颜色、命名颜色标签等内容。

3.1 选择放大视图内所看到的内容

在放大视图（照片的放大视图）下，除了放大显示照片之外，还能够以文本叠加方式显示关于照片的一些信息，显示的信息量由您决定，它们显示在预览区域的左上角。我们会在放大视图内花费大量的时间，因此，让我们来配置适合于我们的定制放大视图。

第 1 步：

在图库模块的网格视图内，单击缩览图，然后按键盘上的 E 进入放大视图（在图 3-1 中所示的例子中，我隐藏了除右侧面板区域外的所有区域，因此照片能以更大的尺寸显示在放大视图内）。

SCOTT KELBY

图 3-1

第 2 步：

按 Command-J (PC: Ctrl-J) 打开图库视图选项对话框，之后单击放大视图选项卡。在该对话框的顶部，选取显示叠加信息复选框。右边的下拉列表让您选择两种不同的叠加信息：信息 1 在预览区域左上角叠加照片的文件名（以大号字显示。如图 3-2 所示）。在文件名下方，以较小的字号显示照片的拍摄日期和时间，及其裁剪后尺寸。信息 2 也显示文件名，但在其下方，显示曝光度、ISO 和镜头设置。

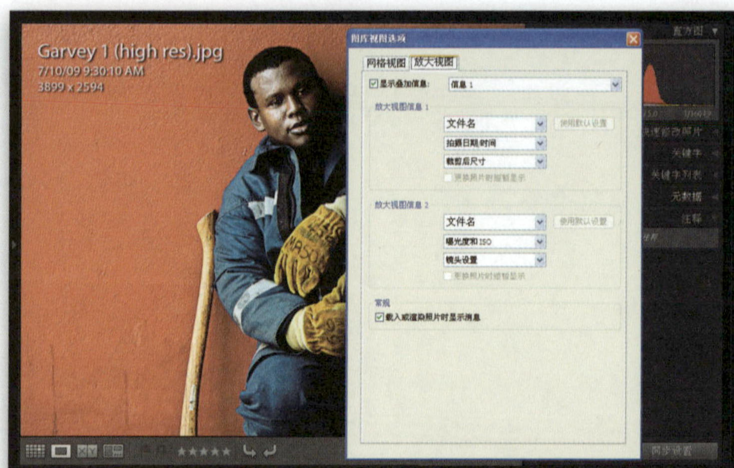

图 3-2

图 3-3

第 3 步：

幸运的是，使用该对话框内的下拉列表可以选择这两种信息叠加显示哪些信息。例如，如果不想以大号字显示文件名，这里对放大视图信息 2，则可以从下拉列表内选择像通用照片设置之类的选项（如图 3-3 所示）。选择该选项后，将不会以大号字显示文件名，而显示与直方图下方相同的信息（就像右侧面板区域顶部面板内的快门速度、光圈、ISO 和镜头设置等），即使在图库模块内也这样。从这些下拉列表中可以独立选择定制两种信息叠加（请记住，每个部分顶部的下拉列表项将以大号字显示）。

图 3-4

第 4 步：

需要重新开始设置时，只要单击右边的使用默认设置按钮，就会显示出默认的放大视图信息设置。我个人觉得文本显示在照片上大多数时间非常分散注意力。这里的关键部分是“大多数时间”。其他时间则很方便。因此，如果您也认为这很方便，我建议：(1) 关闭显示叠加信息复选框，打开放大视图信息下拉列表下方的更换照片时短暂显示复选框，这将暂时叠加信息——当第一次打开照片时，它显示 4 秒左右，之后隐藏；或者您可以像我这样做，(2) 保留该选项关闭状态，当您想看到叠加信息时，按字母 I 在信息 1、信息 2 和显示叠加信息关闭之间切换。在该对话框的底部，还有一个复选框，它可以关闭显示在屏幕上的简短提示，如“正在载入”或者“指定关键字”等。

3.2 选择网格视图内所看到的内容

网格视图内缩览图周围的小单元格可以是很有用信息，也可能分散注意力（这取决于您对照片周围文字和符号的态度），但幸运的是，我们不仅可以完全自定信息的显示量，而且在某些情况下还可以准确定制显示哪些类型的信息（当然，在第一章中学习过按键盘上的字母 J 可以切换单元格信息显示的开 / 关状态）。至少现在所显示的信息是我们所关心的内容。

第 1 步：

请按 G 跳转到图库模块的网格视图，之后按 Command-J(PC: Ctrl-J) 打开图库视图选项对话框（如图 3-5 所示），单击顶部的网格视图选项卡（如图中突出显示部分所示）。该对话框顶部下拉列表中的选项可以选择在扩展单元格视图或紧凑单元格视图下显示哪些内容。二者的区别是在扩展单元格视图下可以看到更多信息。

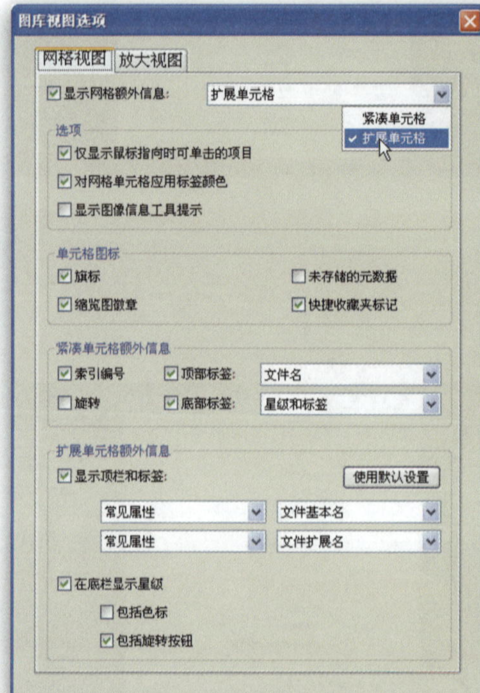

图 3-5

第 2 步：

我们先从顶部的选项部分开始。我们可以向单元格添加留用标记以及左 / 右旋转箭头，如果打开仅显示鼠标指向时可单击的项目复选框，这意味着它们将一直隐藏，直到把鼠标移动到单元格上方时才显示出来，这样就能够单击它们。如果不选取该复选框，将会一直看到它们。只有在向照片应用了颜色标签后才会显示出对网格单元格应用标签颜色复选框。如果您应用了颜色标签，打开该复选框将把照片缩览图周围的灰色区域着色为与标签相同的颜色。

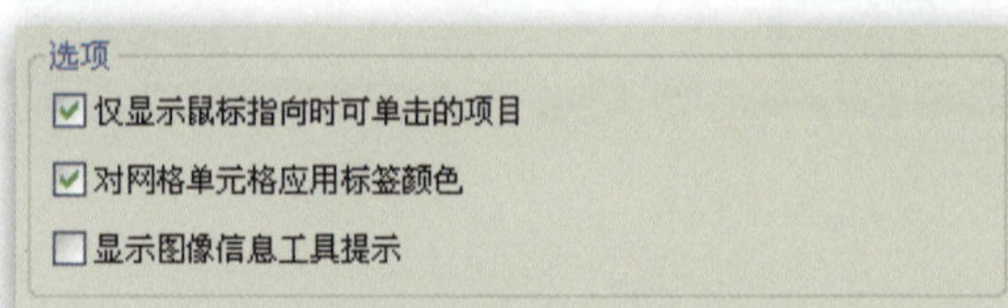

图 3-6

图 3-7 缩览图徽标显示（从左到右）已经应用了关键字、照片被裁剪过、添加到收藏夹、并且被编辑过

图 3-8 右上角的灰色圆圈实际上是一个按钮，单击它可以把这幅照片添加到快捷收藏夹

图 3-9 单击旗标图标，将其标记为留用

图 3-10 单击未存储的元数据图标保存修改

图 3-11

第 3 步：

下一部分的单元格图标有两个选项实际上控制照片缩览图图像上显示的内容，还有两个选项控制在单元格内显示的内容。缩览图徽标显示在缩览图自身的右下角，它提示：（a）照片是否添加了关键字，（b）照片是否被裁剪过，（c）照片是否被添加到收藏夹，或者（d）照片是否在 Lightroom 内编辑过（色彩校正、锐化等）。这些小徽标实际上是可单击的快捷方式。例如，如果想添加关键字，则可以单击关键字徽标（这个图标看起来像个标签），它打开关键字面板，并突出显示关键字字段，因此可以输入新的关键字。缩览图上的另一个选项是快捷收藏夹标记，当把鼠标移动到单元格上时，它在照片的右上角添加一个灰色圆形按钮。单击这个圆点将把照片添加到快捷收藏夹（或者从中删除）。

第 4 步：

另两个选项不会在缩览图上添加任何内容——它们在单元格自身区域上添加图标。当打开旗标复选框时，将向单元格的左上侧添加留用标记（如图 3-9 所示），之后可以单击该标记把照片标记为留用。这部分中的最后一个复选框是未存储的元数据，它在单元格的右上角添加小图标（如图 3-10 所示），但只有当照片的元数据在 Lightroom 内被修改之后（从照片上次保存时间开始），并且这些修改还没有保存到文件自身中时才会显示这个图标（如果导入的照片，如 JPEG，已经应用了关键字、分级等，之后您在 Lightroom 内添加关键字或者修改分级时，有时也会显示这个图标）。如果看到这个图标，则可以单击它，这将打开一个对话框，询问是否要把修改保存到文件（如图 3-11 所示）。

第 5 步：

我们将跳到该对话框底部的扩展单元格额外信息部分，从中选择在扩展单元格视图内每个单元格顶部的区域显示哪些信息。默认情况下，将显示四种不同的信息（如图 3-12 所示）：它将在左上角显示索引号（单元格的编号。因此，如果导入了 63 幅照片，第一幅照片的索引号是 1，之后依次是 2、3、4 等，一直到 63），然后，在其下方将显示照片的像素尺寸（如果照片被裁剪过，它将显示裁剪后的最终尺寸）。在右上角显示文件名，在其下方，显示文件类型（JPEG、RAW、TIFF 等）。要修改这些信息标签，只需在要修改的标签下拉列表上单击，这会显示出一个长长的信息列表，从中可以选择（如图 3-13 所示）。顺便提一下，如果不必显示全部四种信息标签，只要从不想看到的这四种中的任一个下拉列表内选择无即可。

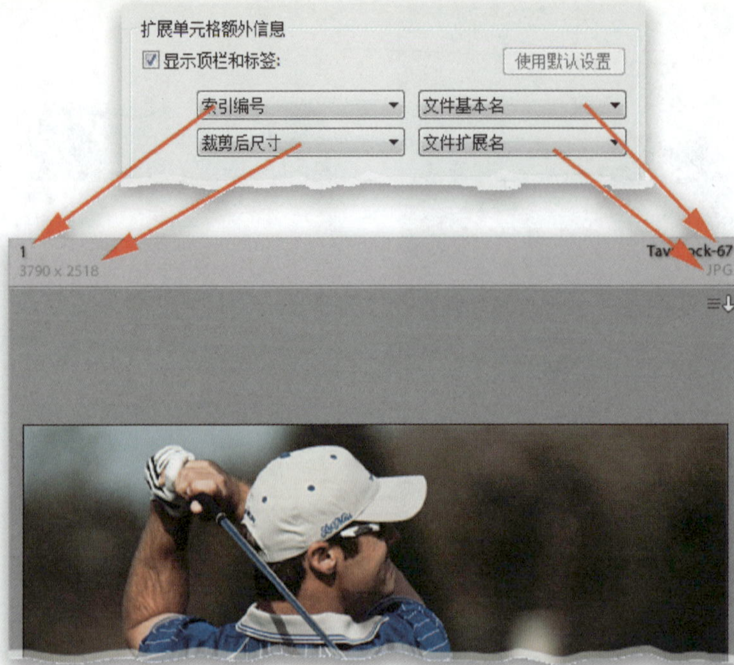

图 3-12

第 6 步：

虽然可以使用图库视图选项对话框内的这些下拉列表选择显示哪种类型的信息，但请注意这一点：实际上在单元格自身内可以完成同样的操作。只要单击单元格自身内任一个现有的信息标签，就会显示出与该对话框内完全相同的下拉列表。只要从该列表中选择想要的标签（我这里选择 ISO 感光度，如图 3-13 所示），从这之后，它就会显示在这个位置上（如右侧的图所示，从中可以看到该照片是以 ISO 200 拍摄的）。

图 3-13

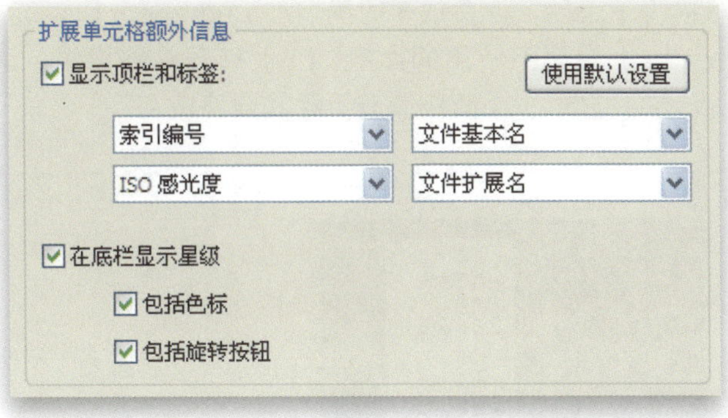

图 3-14

第 7 步：

扩展单元格额外信息部分底部的复选框默认时是打开的。这个选项在单元格底部添加一个区域，这个区域称作底栏星级区域，它显示照片的星级，如果在底部栏显示星级下方的两个复选框全保持选取状态，它还会显示颜色标签和旋转按钮（它们是可以单击的）。

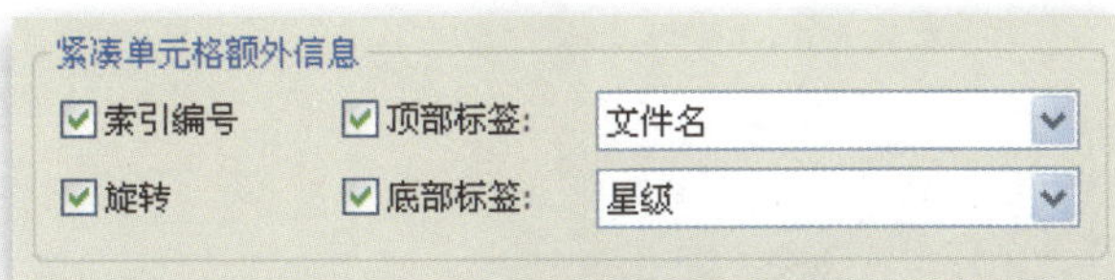

图 3-15

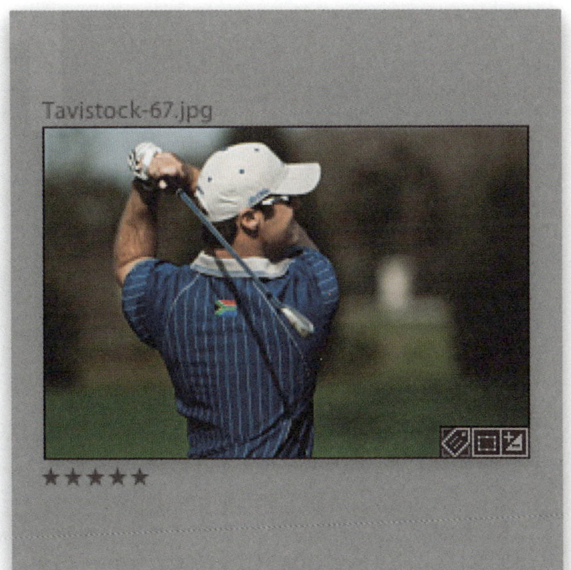

图 3-16

第 8 步：

我们跳过的中间部分是紧凑单元格额外信息部分。我跳过这些选项的原因是：它们的作用和扩展单元格额外信息极其相似，但使用紧凑单元格额外信息时只有两个字段可以自定（而不像扩展单元格额外信息中那样有四个）：文件名（显示在缩览图的左上角）和评级（显示在缩览图的左下角）。要改变那里显示的信息，请单击相应标签下拉列表进行选择。左边的其他两个复选框显示/隐藏索引号（在这个例子中，它是显示在单元格左上侧的那个巨大的灰色数字）和单元格底部的旋转箭头（把光标移动到单元格上方时就会看到它）。最后一点要介绍的是：关闭该对话框顶部的显示网格额外信息复选框，我们可以永久关闭所有这些额外信息的显示。

3.3 使面板操作变得更简单、更快捷

Lightroom 具有大量的面板，要查找所需的面板，需要在这些面板内上下滚动，浪费很多时间。在 Lightroom 研讨班上我做出如下建议：(a) 隐藏不使用的面板，(b) 打开单独模式，这样在单击面板时，它只显示一个面板，而折叠其余面板。

第 1 步：

首先转到任一侧面板，之后 Control-单击 (PC: 右击) 面板标题，打开的弹出菜单中将列出这一侧的所有面板。每个旁边有选取标记的面板是可见的，因此，如果想在视图中隐藏面板，只要从该列表中选择它，它就会取消选择。例如，修改照片模块的右侧面板区域如图 3-17 所示，我隐藏了相机校准面板。接下来，如在本节介绍中所提到的，我建议激活单独模式（从同一个弹出菜单中选择它，如图所示）。

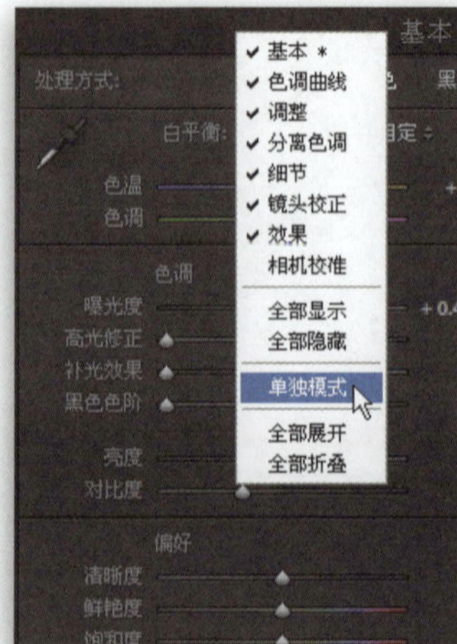

图 3-17

第 2 步：

请观察图中所示的两套侧面板。图 3-18 所示的一套面板是修改照片模块中面板的通常显示效果。我想在分离色调面板内进行调整，但由于所有其他面板在它周围打开了（这样分散注意力），所以必须向下滚动才能找到我想要的面板。然而，请观察图 3-19，这是激活单独模式后同一套面板的显示效果：所有其他面板都折叠起来，因此我可以将注意力集中到分离色调面板。要在不同的面板内进行处理，只要在其名称上单击，分离色调面板自己就会自动折叠起来。

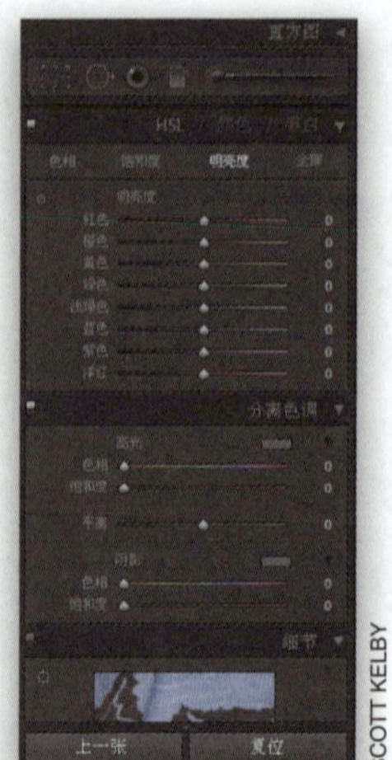

图 3-18 修改照片模块的右侧面板区域，单独模式被关闭

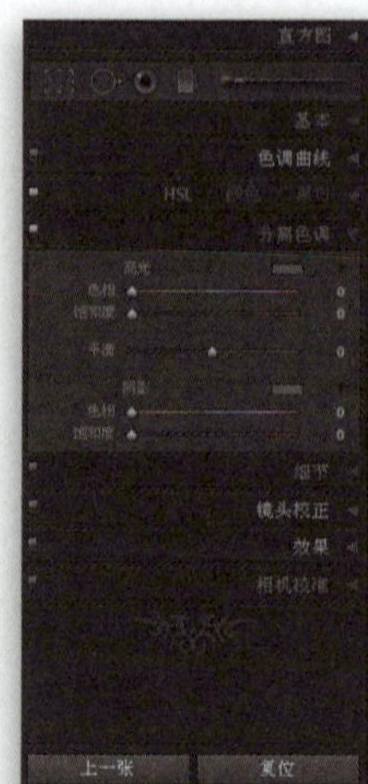

图 3-19 修改照片模块的右侧面板区域，单独模式被打开

Lightroom 支持使用双显示器，因此可以在一个显示器上处理照片，在另一个显示器上观察该照片的全屏版本。但 Adobe 的双显示器功能远不只这些，一旦配置完成后，它还有一些很酷的功能，下面介绍怎样配置它。

3.4 在 Lightroom 中使用双显示器

SCOTT KELBY

图 3-20

第 1 步：

双显示器控件位于胶片显示窗格的左上角（如图 3-20 中红色圆圈所示），从中可以看到两个按钮：一个标记为“1”，代表主窗口，一个标记为“2”，代表副窗口。如果您没有连接副显示器，单击副窗口按钮会将本该在副显示器内显示的内容显示在一个独立的浮动窗口内（如图 3-20 所示）。

SCOTT KELBY

图 3-21　　图 3-22

第 2 步：

如果计算机连接了另一个显示器，则当单击副窗口按钮时，独立的浮动窗口会以全屏模式（当设置为放大视图方式时）显示在副显示器内（如图 3-21 和 3-22 所示）。这是默认设置，该设置便于我们在一台显示器上看到 Lightroom 的界面和控件，在副显示器上看到较大的放大视图。

第 3 步：

使用副窗口弹出菜单（只要单击副窗口按钮并保持，就会打开它）可以完全控制副显示器的显示内容，如图所示。例如，可以让筛选视图显示在副显示器上，然后放大，并在主显示器上用放大视图观察这些筛选图像中的一幅，如图 3-24 和图 3-25 所示。顺便提一下，副显示器上筛选视图、比较视图、网格视图和放大视图的快捷键是在这些视图模式快捷键上加 Shift 键（因此，Shift-N 使副显示器进入筛选视图，依此类推）。

图 3-23

SCOTT KELBY

图 3-24 图 3-25

提示：交换屏幕

需要交换显示（在副显示器上显示的主屏幕、面板等，在主显示器上显示放大视图屏幕）时，如果主显示器处于全屏模式，请按 F 键退出全屏模式，这样能够看到主显示器顶部的标题栏。现在只要向右拖动该标题栏，把它从主显示器拖到副显示器上，两者就会自动交换位置。

图 3-26 图 3-27

第 4 步：

除了放大视图能以较大的尺寸观察之外，还有一些更酷的副窗口选项。例如，单击副窗口按钮，从副窗口下拉列表内选择放大 - 互动，然后把光标悬停在主显示器网格视图（或者胶片显示窗格）内的缩览图上，请观察副显示器对鼠标移过照片的即时放大视图（如图所示，可以看到在主显示器上选择了第一幅照片，而在副显示器上看到的是光标当前悬停的（第五幅）照片。

图 3-28

SCOTT KELBY

图 3-29

第 5 步：

另一个副窗口放大视图选项是放大 - 锁定，从副窗口下拉列表内选择该选项后，它将锁定副显示器上放大视图内当前显示的任何图像，因此可以在主显示器内观察并编辑其他图像（当想返回之前的编辑状态，只需关闭放大 - 锁定选项）。

图 3-30

SCOTT KELBY

图 3-31

第 6 步：

副显示器上图像区域顶部和底部将显示导航栏。如果想隐藏它们，请单击屏幕顶部和底部的灰色小箭头隐藏它们，使屏幕上只显示图像。

图 3-32

图 3-33　这是副显示器的默认视图，它显示出顶部和底部的导航栏

图 3-34

图 3-35　副显示器的导航栏隐藏之后，为视图腾出更大的空间

提示：显示副显示器预览

副窗口下拉菜单中还有一项称作显示副显示器预览的功能，它会在主显示器上显示一个小的副显示器浮动窗口，显示我们在副显示器上所看到的内容。这非常适合于演示，这时副显示器实际上是一台投影仪，作品被投影到身后或远处的屏幕上（这样我们可以面对观众），在副屏幕上向客户展示作品，而该屏幕又朝向远离我们的位置（这样，他们不会看到所有控件、面板，以及其他可能分散他们注意力的东西）。

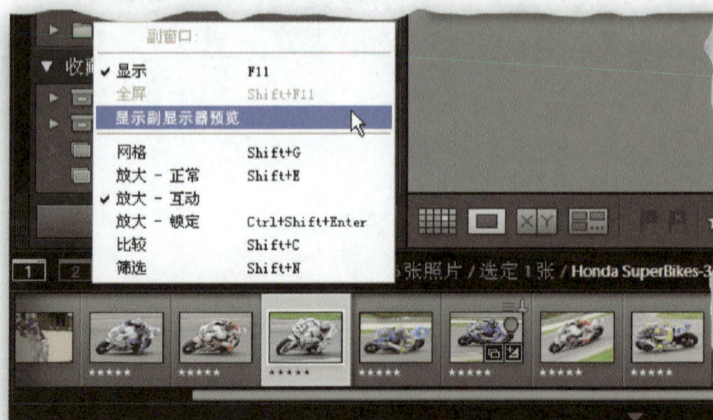

图 3-36

3.5 选择胶片显示窗格的显示内容

就像在网格和放大视图内可以选择显示哪些照片信息一样，我们也可以在胶片显示窗格内选择显示哪些信息。因为胶片显示窗格高度很小，所以我认为控制这里所显示的内容显得更重要，否则它看起来会很混乱。尽管我将演示怎样打开 / 关闭每个信息行，但我建议将胶片显示窗格内的所有信息保持关闭状态，以免“信息过载”，使本已拥挤的界面显得混乱。

图 3-37

图 3-38

第 1 步：

右击胶片显示窗格内的任一个缩览图将弹出一个菜单（如图 3-37 所示）。位于弹出菜单底部的是胶片显示窗格的视图选项。其中有四个选项：显示星级和旗标状态选项会向胶片显示窗格的单元格添加小的旗标和评级。如果选择显示徽章选项，将添加与我们在网格视图中所看到徽章（显示是否应用了关键字，照片是否被裁剪，或者图像是否在 Lightroom 内调整过等）相同的缩微版徽章。显示堆栈数选项将添加堆栈图标，其显示堆栈内图像的数量。最后一个选项是显示图像信息工具提示，它将在我们把光标悬停在胶片显示窗格的图像上方时显示信息——弹出一个小窗口，显示文件名、拍摄日期和时间，以及文件大小（以像素为单位）。

第 2 步：

当这些选项全部关闭（上图）和全部打开（下图）时胶片显示窗格的显示效果如图 3-38 所示，从中可以看到留用标记、星级和缩览图徽章（以及元数据未保存警告），我把光标悬停在一个缩览图上，因此可以看到弹出显示照片信息的小窗口。是想要整洁还是杂乱，由您自己决定。

3.6 添加影室名称或徽标，创建自定效果

我第一次看到 Lightroom 时，其中震撼我的功能之一是能够用影室名称或者徽标替换 Adobe Photoshop Lightroom 徽标（显示在 Lightroom 的左上角）。我必须要说的是，在向客户演示时，它确实为程序增加了很好的自定显示效果（就像 Adobe 专为您设计了 Lightroom 一样），除此之外，还能够创建身份识别，这项功能比为 Lightroom 添加自定显示效果更强大（但我们将从自定显示效果开始介绍）。

第 1 步：

首先，为了能够有一个参考画面，这里给出 Lightroom 界面左上角的放大视图，以便能够清晰地看到我们在第 2 步中将要开始替换的徽标。现在可以用文字替换 Lightroom 的徽标（甚至可以使文字与右上方任务栏中的模块名相匹配），也可以用徽标图形替换该徽标（我们将分别介绍二者的实现方法）。

图 3-39

第 2 步：

请转到 Lightroom 菜单（PC 上的编辑菜单），选择设置身份标识，打开身份标识编辑器（如图所示）。默认情况下，注册软件时采用的名称将突出显示在对话框中部的黑色文本字段内，它使用的字体您可能从未实际采用过。要用您的名字替换上面看到的 Adobe Photoshop Lightroom 3 徽标，请打开该对话框左上角的启用身份识别复选框。如果不想用名字作为身份识别，则请输入您喜欢的任何内容（公司、影室等的名称等），然后在该文字仍然突出显示时，从下拉列表（位于该文本字段的正下方）中选择字体、字体样式（粗体、斜体、粗斜体等）以及字体尺寸。

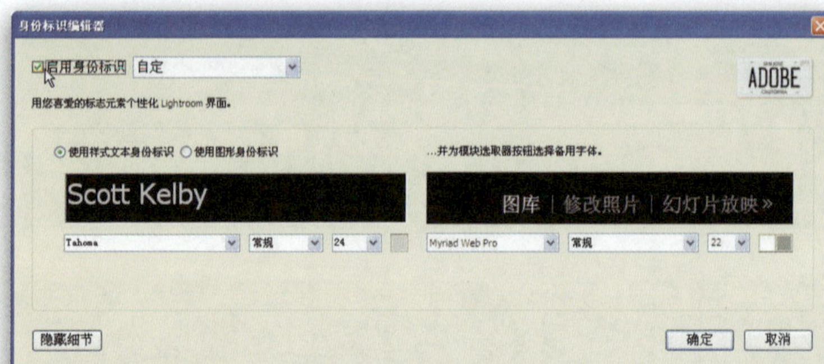

图 3-40

图 3-41

第 3 步：

如果您只想改变部分文字（例如，如果您想修改一个字的字体、字体大小或颜色等），只要在修改之前突出显示您要修改的这个字。要改变颜色，请在字体大小下拉列表右侧的小正方形色板（如图 3-41 中圆圈所示）上单击，打开颜色面板（图中所示的是 Macintosh 的颜色面板；Windows 的颜色面板稍有不同，但也不难调整）。为被选择的文本选择颜色后，请关闭颜色面板。

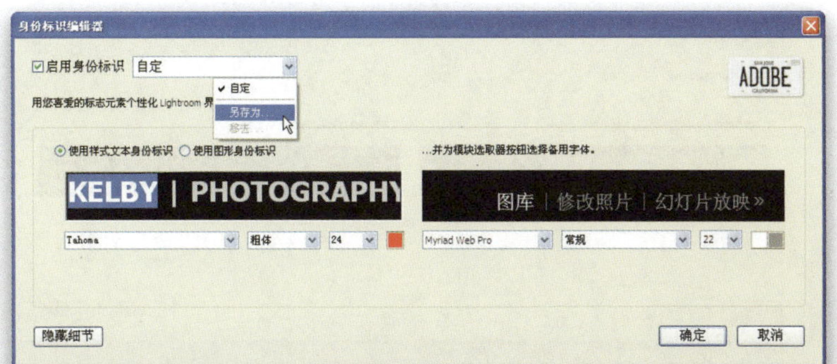

图 3-42

第 4 步：

如果对自定身份识别的显示效果感到满意，则应该保存它，因为创建身份识别不只是替换当前的 Adobe Photoshop Lightroom 3 徽标——通过在幻灯片放映、Web 画廊或者最后打印模块的身份识别下拉列表中选择，可以向这三个模块添加新定制的身份识别文本（或徽标）（瞧，刚才还以为它是任务栏呢，这是项不错的功能）。要保存自定身份识别，请从启用身份识别下拉列表中选择另存为（如图 3-42 所示）。为我们的身份识别赋予一个描述性的名称，单击存储，就可以保存它。从现在开始，它就会显示在身份识别下拉列表内，只需一次单击，就可以从中选择同样的自定文字、字体和颜色。

第 5 步：

单击确定按钮后，新的身份识别文字就会替换原来显示在左上角的 Adobe Photoshop Lightroom 3 徽标（如图 3-43 所示）。

图 3-43

第 6 步：

如果想使用图形（类似公司徽标），则请再次转到身份标识编辑器，但这一次请单击使用图形身份标识单选按钮（如图 3-44 所示），而不选择使用样式文本身份标识。接下来，单击查找文件按钮（位于左下角隐藏 / 显示细节按钮上方），查找徽标文件。可以将徽标放在黑色背景上，使其与 Lightroom 背景协调一致，也可以在 Photoshop 中制作透明背景，并以 PNG 格式保存文件（以保持透明度）。现在单击选择按钮，使该图形成为身份标识。

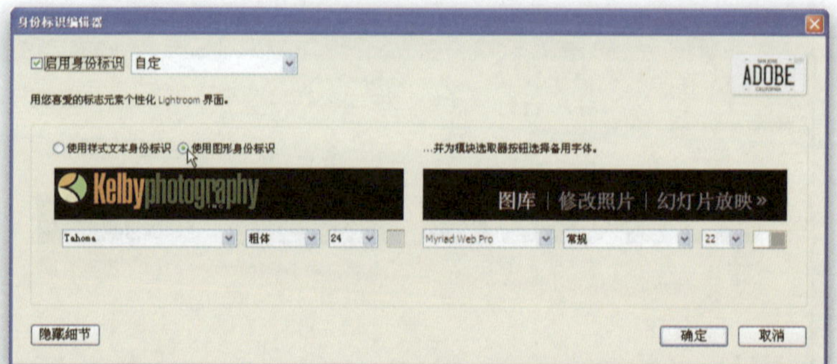

图 3-44

注意：为了避免图形的顶部或底部被裁切，一定要将图形高度限制在 57 像素以内。

图 3-45

第 7 步：

单击确定按钮后，Adobe Photoshop Lightroom 3 徽标（或者自定文字——就是最后显示在上面的那个）被新的徽标图形文件所代替（如图 3-45 所示）。如果您喜欢 Lightroom 内这个新的图形徽标文件，别忘了从该对话框顶部的启用身份识别下拉列表中选择另存为，保存这个自定身份标识。

图 3-46

第 8 步：

如果将来又喜欢原来的 Lightroom 徽标，只要回到身份标识编辑器，关闭启用身份识别复选框即可（如图 3-46 所示）。请记住：本书稍后介绍后面三个模块时，会进一步处理其中一个新的身份识别。

Lightroom 快速提示

▼ 放大视图空格键技巧

如果想让当前所选照片放大显示在放大视图内，只要按空格键即可。通过这种方式放大之后，再次按空格键，它就缩回导航器面板标题栏内所选择的缩放级别（放大倍率）（默认情况下，放大到 1:1，但是，如果单击不同的放大倍率，则会在第一次所处视图和所单击放大倍率之间来回切换）。放大之后，通过单击并拖动，就可以来回移动图像。

▼ 隐藏渲染消息

如果在导入窗口的渲染预览下拉列表中选择最小或嵌入与附属文件，则只有在观察较大视图时 Lightroom 才渲染较高分辨率预览，渲染较高分辨率预览时，会显示消息“正在载入”。我们会看到很多这样的消息，如果不喜欢看到它们，可以用以下方式关闭它们：按 Command-J (PC: Ctrl-J)，在弹出的图库视图选项对话框内，单击放大视图选项卡（位于顶部），然后在该部分关闭载入或渲染照片时显示消息复选框。

▼ 一次打开所有面板

如果想展开某一侧内的所有面板，只需右击任一面板标题，然后从弹出菜单中选择全部展开。

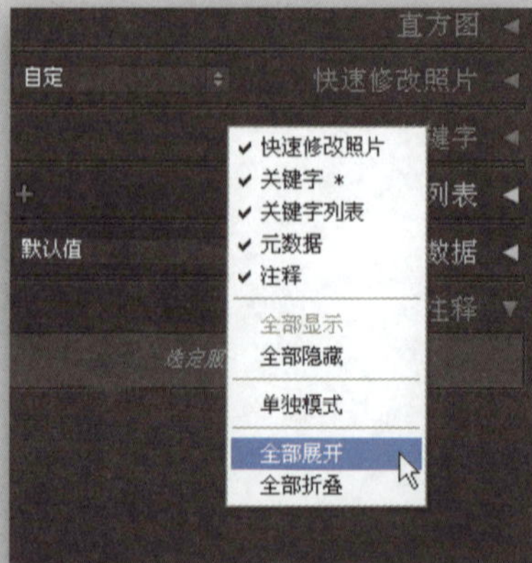

▼ 调整为 100% 视图

随时想以 100% 全尺寸视图快速查看图像时，只需按键盘上的字母 Z 即可。

▼ 修改 Lightroom 缩放位置

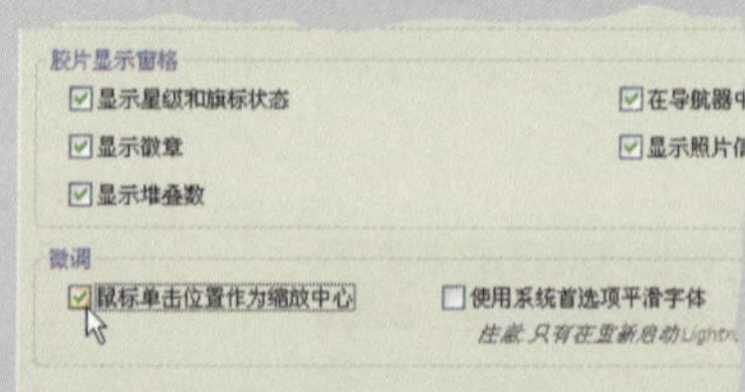

在照片单击进行放大时，Lightroom 放大照片，但是，如果想让单击区域显示在屏幕中央，则请按 Command-,（逗号；PC: Ctrl-,），打开 Lightroom 的首选项对话框，然后单击界面选项卡，在其底部，请打开鼠标单击位置作为缩放中心复选框。

▼ 命名色标

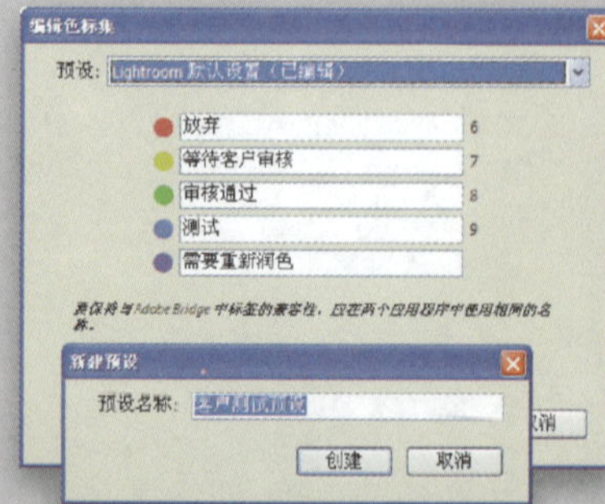

可以更改 Lightroom 色标功能的默认名称，它们的标准名称为红色、蓝色、绿色等（例如，我们可能想把绿色标签命名为“审核通过”，黄色标签命名为“待客户审核”，等等）。要命名色标，请转到元数据菜单，在色标集下选择编辑，打开编辑色标集对话框。现在，只需键入新的名称（覆盖旧名称）。前 4 个色标右边的数字是应用相应色标的键盘快捷键（紫色没有的快捷键）。输入完成后，从对话框顶部预设下拉列表中选择将当前设置存储为新预设，并对预设进行命名。现在，当应用色标后，将在屏幕上看到“审核通过”或“审核中”，或者您选择的任意名称（此外，照片菜单下的设置色标子菜单将更新，它显示的是我们设置的新名称）。

▼ 怎样链接面板，使它们能同时关闭

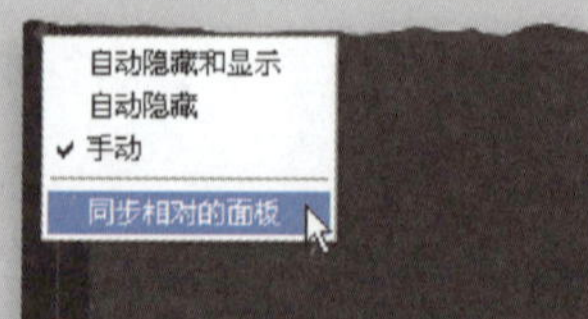

如果把侧面板设置为手动（通过单击

Lightroom 快速提示

小灰色三角形来显示和隐藏它们），则可以把它们配置为我们在关闭一侧的面板时，另一侧也随之关闭（或者在关闭上方的面板时，下方的也关闭）。要实现这一点，请右击其中的一个小灰色三角形，从弹出菜单中选择同步相对的面板。

▼ 可以改变最后一个面板下方的装饰

您知道位于左侧和右侧面板区域最后一个面板底部的是一个小装饰图形（它告诉我们这是、最后一个面板）吗？是的，它被称作结束标记，幸运的是，我们可以把它修改为其他内置图形（更酷的图形），也可以添加自己的图形。要使用不同的结束标记，请右击当前结束标记，然后从弹出菜单的面板结束标记子菜单中选择其他结束标记（我喜欢刺绞、原子和阴阳）。您也可以创建自己的自定结束标记（一定要采用透明背景，并以 PNG 格式保存），然后从面板结束标记子菜单下选择转到面板结束标记文件夹。我们把图形放置在这个文件夹内，并从中选择它们。

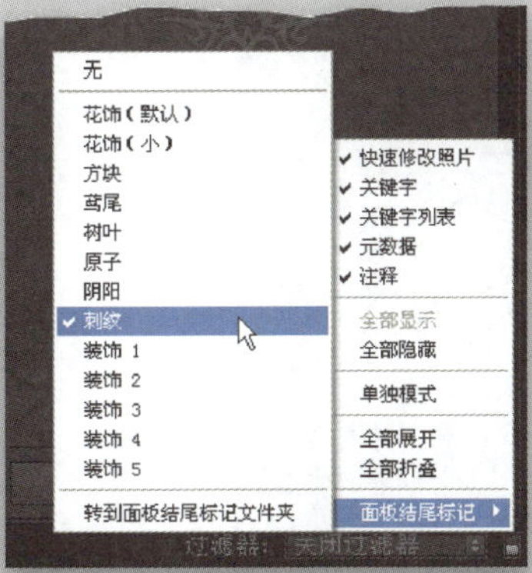

▼ 查看常见属性

如果想查看照片是否添加了旗标或星级评级，Adobe 在 Lightroom 3 的视图弹出菜单（只需右击缩览图单元格顶部即可弹出）中新增了一项常见属性功能，如果选取该项作为视图条件之一，则将在图像单元格的顶部显示这些信息。

▼ 改变 Lightroom 的背景颜色

可以改变照片后面的中灰色背景，只需右击这些灰色区域中的任一点，并从弹出菜单中选择不同的背景色和/或条纹纹理即可。

▼ 删除旧的备份，以节省空间

我通常每天备份一次 Lightroom 库（通常是在我每天关闭 Lightroom 时备份；关于这方面的更多信息，请参阅第 2 章）。问题是：不久就会产生大量的备份副本，数月之后，过时的旧副本就会占满硬盘空间（我实际上只需要一、两个备份副本。毕竟我不会选择三个月以前的备份）。因此，要时常转到 Lightroom 文件夹，删除那些过时的备份。

▼ 身份标识文字格式化技巧

在身份标识编辑器窗口内格式化文本非常困难，当需要多行文字时尤其如此（当然，采用多行文字的身份标识本身也是一项技巧）。但是，有一种更好的方法：在其他能够更好控制版面的软件内创建文本，然后选择文本，并把它们复制到内存中，再回到身份标识编辑器，并将已经格式化的文本粘贴到其中，它会保持字体和版面属性。

▼ 新的收藏夹徽标

在 Lightroom 3 中，Adobe 添加了一个新的缩览图徽标（它看起来像两个重叠的矩形），如果在缩览图的右下角看到它，则表明该图像位于某个收藏夹内。单击它将显示出该照片所在的收藏夹列表，单击任一个即可直接跳转到该收藏夹。

摄影师：Scott Kelby ┊ 曝光时间：1/800s ┊ 焦距：200mm ┊ 光圈：f/5.6

编辑基础

到目前为止，我们做的所有操作——每次单击按钮，拖动滑块等——都是为这个时刻做准备。这个时刻我们要离开相对安全和舒适的图库模块，冒险进入一个充满野性的领域，这就是修改照片模块，一个令人生畏的地方，其中的按钮、复选框和滑块比太空飞船还要复杂。这个模块内的控件过于技术化和复杂。

4.1 从 Lightroom 以前版本升级者请先阅读本节

直到 Lightroom 3 以前，Lightroom（以及 Adobe Camera Raw）一直使用 2003 年开发的处理技术。在 Lightroom 3 中，Adobe 对图像的处理技术进行彻底更新，这些变动本身很大。但是，如果在 Lightroom 3 中处理以前版本中编辑过的图像，在编辑前，则需要了解一些重要的事项，以便选择是否利用这些修改。

第 1 步：

新导入的图像（这些图像未曾在旧版本 Lightroom 编辑过，它们来自照相机的存储卡）采用了新的处理技术，因此会从中受益（无论是采用 RAW、TIFF 或 JPEG 格式拍摄，还是导入的 PSD 或 DNG 图像）。这时不需要作出任何选择，它们都将自动利用最新的处理技术。但是，如果处理的是曾在旧版本 Lightroom 编辑过的图像，情况就不同了，但在图库模块的放大视图中查看图像时，问题并不明显。

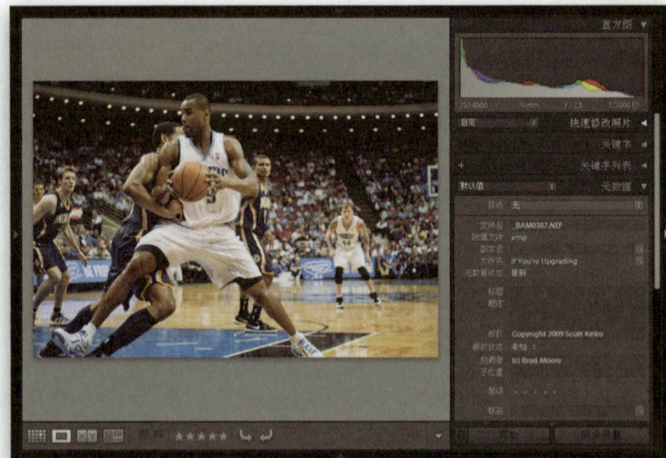

图 4-1

第 2 步：

导入旧版 Lightroom 编辑过的图像，并切换到修改照片模块时，将在图像的右下角看到一个警告图标（看起来像一个感叹号，如图 4-2 中红色圆圈所示）。如果单击该图标，将打开更新处理版本对话框，让我们选择是采用最新处理技术（Adobe 将这个新版本称作“2010 版处理”）更新这张照片，还是单击取消，沿用旧的“2003 版处理”。如果决定更新，则请单击更新按钮，它将只更新这张照片，但是，如果导入了多张照片，希望立即更新所有照片，则请单击更新所有胶片显示窗格中的照片按钮。

图 4-2

图 4-3

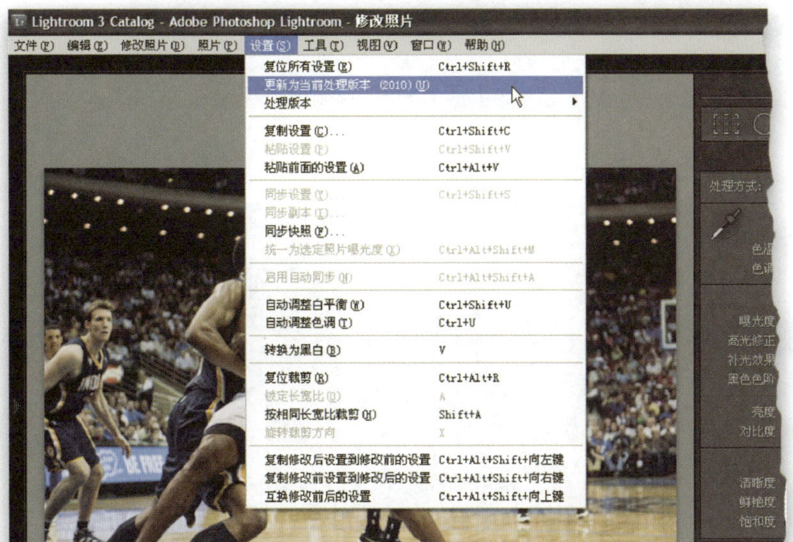

图 4-4

第 3 步：

在更新处理版本对话框的中部，有一个通过“修改前 / 修改后”查看变化的复选框。打开该复选框，将自动显示更新到 2010 版处理前、后的效果对比。这项功能很有用，因为无论任何原因，我们对其结果不满意的话，这时按 Command-Z（PC: Ctrl-Z）即可撤销此更新。图中所示的就是我所处理照片修改前后的显示效果图，虽然看起来变化相当小，但我还是喜欢修改后的照片效果，其颜色更丰富。我觉得它的色调看起来更暖。但重申一遍，其变化相当小（我不知道当它实际印刷到本书页面上时能否看出有多大变化）。我可以告诉您：我还没有遇到哪幅图像更新到新的 2010 版处理时变化非常大，多数情况下，我根本看不出其变化。

第 4 步：

如果暂不做出决定，打算以后再决定采用哪个处理版本，则可以移动到设置菜单并选择更新为当前处理版本（2010）（如图 4-4 所示）。该菜单下还有一个处理版本菜单项，从中可以选择将用哪种处理——2003 或 2010。

提示：修改照片中的收藏夹面板

Lightroom 3 是首次实现在修改照片模块中可以使用收藏夹的版本。这样我们在需要处理不同收藏夹时，可以避免在修改照片模块和图库模块间来回切换，现在收藏夹在所有模块中都可以使用。多年来，我对 Lightroom 的开发没有太大影响，但这次我终于说服 Adobe 添加这一功能，他们当天就给我发了一封电子邮件，告诉我“好的，我们增加了这项功能。”他们还告诉我别再期望这么快修改。

4.2 使 RAW 照片效果看起来更像 JPEG 照片

在 Lightroom 培训班上，我听到抱怨最多的是："RAW 照片第一次显示在 Lightroom 中时效果很好，但随后就变得很难看。"发现 RAW 照片效果可怕是在采用 JPEG 格式拍摄时，这时在相机内就添加了对比度、锐化等。而采用 RAW 格式拍摄时，我们告诉相机关闭所有对比度、锐化等处理。因此，当 RAW 图像第一次显示在 Lightroom 中时，首先看到的是反差明显的锐化预览，但在它绘制真正预览时，我们看到的是实际的 RAW 图像。

第 1 步：

为了让 RAW 图像获得 JPEG 般的效果，请按以下步骤操作：转到修改照片模块的相机校准面板，靠近该面板顶部附近有一个配置文件下拉列表，其中列出的配置文件是基于我们的相机制造商和型号（它读取图像文件嵌入的 EXIF 数据查找该信息，它支持的相机品牌和型号有限，但大多数近期生产的 Nikon 和 Canon DSLR，以及 Pentax、Sony、Olympus、Leica 和 Kodak 的一些型号都得到支持）。这些配置文件模拟我们在相机内应用到 JPEG 图像的预设（而当以 RAW 格式拍摄时，这些预设被忽略）。默认配置文件是 Adobe Standard（Adobe 标准），其效果看起来很一般。

图 4-5

第 2 步：

现在要做的就是试试每一个不同的配置文件，看自己觉得哪个文件显示效果好（在我看来，评判标准是哪个配置文件可以使图像看起来最像 JPEG 效果——使图像看起来对比度更高、色彩更丰富）。我通常先从 Camera Standard（而不是默认的 Adobe Standard）开始。我很少看到照片在使用 Camera Standard 时的效果会比使用默认的 Adobe Standard 设置效果更差，因此这是我通常喜欢使用的测试起点。

注意：使用 Canon 或 Pentax 等相机拍摄时，将看到不同的配置文件列表，因为配置文件名称基于相机生产商为它们相机内照片风格所起的名字。

图 4-6

图 4-7

图 4-8

第 3 步：

拍摄风景（需要富士 Fuji Velvia 胶片效果）或者拍摄主体确实需要鲜艳的色彩时，请尝试 Camera Vivid 配置文件，它将模拟相机中选择的鲜艳色彩预设。在拍摄风景时我喜欢这个配置文件，我还也会尝试 Camera Landscape 配置文件，以比较二者的效果，查看对于特定照片哪种配置文件的效果最佳，因为我听说采用哪个配置文件的效果最佳实际上取决于照片。这就是为什么我建议您尝试一些不同配置文件，以寻找适合您所处理照片的配置文件的原因。

注意：别忘了，只有以 RAW 格式拍摄时才有机会选择这些相机配置文件。如果以 JPEG 格式拍摄，则将只看到一种配置文件：嵌入。

第 4 步：

修改前 / 后的效果如图 4-8 所示，我做的惟一处理是选择 Camera Vivid 配置文件。顺便说一下，Adobe 并未声称这些配置可以获得 JPEG 图像效果，但在我看来，它们确实可以获得相当接近的效果。每当希望我的起点更接近于在相机后背看到的 JPEG 般效果时，我就会使用这些配置文件。

提示：自动应用配置文件

如果找到自己喜欢的某个配置文件，并且总想把它应用到图像时，则可以转到修改照片模块，选择该配置文件（在修改照片模块内不做任何其他操作），并用其名称创建修改照片预设。现在，从 Lightroom 导入窗口的修改照片设置下拉列表内选择该预设，即可向导入的所有照片自动应用这种效果（关于创建预设方面的内容，请查阅 4.16 节）。

4.3 设置白平衡

编辑照片时我总是首先设置白平衡，因为如果白平衡设置正确，颜色就正确，颜色校正问题就会大大减少。在基本面板内调整白平衡，这是 Lightroom 内取名最不恰当的一个面板。它应该叫做“必需”面板，因为它包含整个修改照片模块内最重要、最常用的控件。

第 1 步：

在图库模块内，单击要编辑的照片，之后按键盘上的字母 D 跳转到修改照片模块。顺便提一下，您很可能想按 D 转到修改照片模块，那么按 S 一定是转到幻灯片放映模块，按 P 转到打印模块，W 转到 Web 模块，对吗？很遗憾，不是这样——这样就太简单了。只有修改照片使用第一个字母。无论怎样，一旦转到修改照片模块，所有编辑控件都显示在右侧面板区域内，并使用数码相机内设置的白平衡显示照片（也称作“原照设置”）。

SCOTT KELBY

图 4-9

第 2 步：

白平衡控件位于基本面板的顶部，它有一个白平衡下拉列表，从中可以选择与在相机中所选相同的白平衡预设（注意：处理 JPEG 和 TIFF 图像与处理用 RAW 格式拍摄图像的一大区别是，只有在处理以 RAW 格式拍摄的图像时才能得到这个完整的预设列表。如果以 JPEG 格式拍摄，只有一个预设选项——自动）。

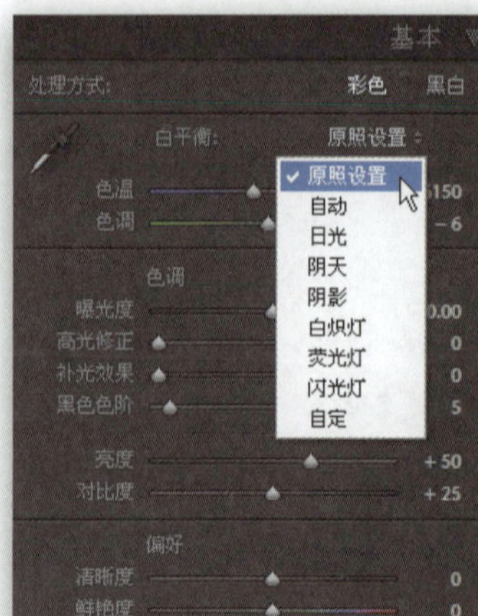

图 4-10

图 4-11

第 3 步：

在第 1 步所示的照片中，她的皮肤看起来有点偏黄，照片的整个色调偏暖，因此肯定需要白平衡调整。因此，请从白平衡下拉列表内选择自动，就会看到其效果（从图 4-11 中可以看出她的皮肤看起来效果更好，但她后面的灰色背景变成蓝色了，头发中的高光也是蓝色的，她的皮肤虽然好点儿，但有点偏蓝）。下面三个白平衡预设全偏暖色调（更偏黄色），日光稍暖一点，阴天更暖，阴影会使色调增暖更多。请选择阴天，可以看到整幅照片色调变暖很多。

图 4-12

第 4 步：

如果选择下面两个选项之一——白炽灯或者荧光灯，它们会变得更蓝，因此不能使用这些选项。而闪光灯（如图 4-12 所示）虽然不够理想，但至少看起来还不错（请花点时间试试这些选项，就会看到它们对照片的影响）。最后一个预设实际上完全不是预设，自定只是指我们将使用该下拉列表下方的两个滑块手工创建白平衡。现在我们了解了这些预设的效果，我建议您这样处理自己的图像：首先快速查看所有预设的效果，看是否有哪个刚好符合您的需求（这种情况比想像中的要多一些）。如果没有一个能够满足要求，则请选择最接近预期的那个预设（在这个例子中，我觉得是闪光灯预设，它不像其他预设那样偏暖色调和蓝色调，但在我看来，她身后的灰色背景现在有点偏褐色）。

第 5 步：

现在已经选择了一个大致正确的预设，可以使用色温和色相滑块调整最终的白平衡设置。以得到更好的效果。我这里放大了基本面板，以便您能更仔细观察到色温和色相滑块的效果，因为 Adobe 在这里为我们提供了很大帮助，他们对滑块条着色，这样我们可以看到朝某个方向拖动时会出现哪种效果。您注意到色温滑块的左侧是蓝色，向右逐渐变为黄色了吗？这准确地说明该滑块的效果。因此，不用进一步地解释，您知道朝哪个方向拖动色温滑块会使照片变得更蓝吗？当然是向左。朝哪个方向拖动色相滑块才能使图像更呈洋红色？看，这只是个小细节，但对我们很有帮助。

图 4-13
选择闪光预设后的白平衡色温设置

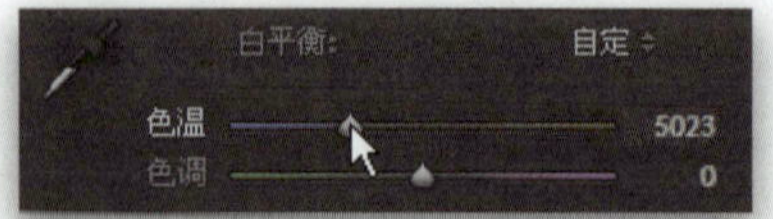

图 4-14
为了让灰色背景的褐色（暖色调）变淡，我将色温滑块拖离黄色，拖向蓝色（请看第 6 步操作）

第 6 步：

在选择闪光预设之后，背景看起来又有点偏褐色（色调偏暖），因此请单击并向左慢慢拖动色温滑块（朝蓝色方向），直到背景上的褐色消除，看起来是灰色为止（当然，不要向左拖得太多，否则它又会偏蓝）。在图中所示的例子中，我向左拖动，直到看起来正确为止（我将色温滑块从 5500 开始拖动，完成时的色温读数为 5023，正如图 4-14 中所示的那样）。这就是白平衡处理方法——使用白平衡预设作为起点，之后使用色温滑块调整，直到得到正确的效果为止。现在，如果您觉得图像太偏向洋红色，请试将色调滑块拖离洋红色，拖向绿色方向（重申一遍，要慢慢拖动，不要拖得太远）。

闪光预设的色温设置是 5500，这使背景偏褐色

朝蓝色方向拖动一点，把色温设置为 5023 后，褐色背景变为灰色

图 4-15

图 4-16

图 4-17

第 7 步：

现在已学会了这两种白平衡调整方法（只使用预设，以及设置预设后再调整色温和色调滑块），接下来将介绍我个人最喜爱的方法，我认为这种方法通常会得到最佳、最精确的效果，这就是使用白平衡选择器工具（白平衡部分左上方那个大吸管）。首先，在白平衡下拉列表中选择原照设置，让我们从零开始调整。现在单击切换到该工具，之后用它在照片内应该是浅灰色的位置单击（是的，不要在白色对象上单击，找出浅灰色对象。视频摄像机的白平衡是对纯白色，而静态数码相机的白平衡调整需要对准浅灰色）。在这里所示的例子中，我单击背景，只要用该工具单击一次，就可以设置出正确的白平衡（可以看到现在色温设置为 5000，色相设置为 – 4，这向图像稍微添加一点绿色，使其色调显得平衡）。

第 8 步：

在进一步调整之前，使用白平衡选择器工具时显示出的巨大的像素化网格放大光标所在区域，这有助于我们找出中性灰色。但在我看来，它有点碍事，如果它让您觉得不舒服（像我一样），可以通过关闭下方工具栏内的显示放大视图复选框来消除它（如图 4-17 中红色圆圈所示，因为我觉得这样您可以很快找到这个复选框）。现在，只有一个吸管（如图 4-16 所示），而没有令人讨厌的像素放大镜（我肯定它对某些人是有用的，因此如果您觉得它有用，请将文中“令人讨厌的”换成“有用的”）。

第 9 步：

尽管我不喜欢“有用的”像素放大镜，但在使用白平衡选择器工具时有一项功能确实很有用，这就是左侧面板区域顶部的导航器面板。该功能的优点是：当把白平衡选择器工具悬停在照片的不同部分时，可以实时预览用该工具单击这个区域时的白平衡效果。这很有用，免得我们在寻找白平衡点时到处大量单击，为我们节约了大量时间。例如，请将白平衡选择自动，然后将白平衡选择器工具移动到背景区域上（如图 4-18 所示），从导航器面板即可看到如果在这里单击将会得到什么样的白平衡效果。在尝试调整白平衡过程中，我们可以单击任意多次，但说实话，观察导航器面板是更快捷、更简单的方法。

图 4-18

第 10 步：

下面是关于白平衡，您应该了解的最后几点。(1) 用过该工具之后，在得到该工具的地方单击（基本面板内那个深灰色的圆圈），或者单击下方工具栏内的完成按钮，即可把它放回原处。(2) 在工具栏内，有一个自动关闭复选框，如果打开它，意味着在用该工具单击一次之后，它会自动回到其在基本面板中的位置。我保留这个复选框为关闭状态，以便更方便在不同的区域内单击，而不必每次重新取得该工具。(3) 要回到原来的原照设置白平衡，只要从白平衡 (WB) 预设下拉列表内选择原照设置即可。(4) 在图库模块内需要白平衡选择器工具时，可以按 W 键，这将切换到修改照片模块，并选择这个工具。

原来的白平衡设置，它看起来总体太暖色调、偏黄，灰色背景有点偏褐色

这是用白平衡选择器工具单击一次之后所得到的图像效果，灰色背景又变为灰色，她的皮肤色调看起来很好

图 4-19

4.4 联机拍摄时实时设置白平衡

现在可以从相机联机拍摄，并直接拍摄到Lightroom，这是Lightroom 3中我最喜欢的功能之一，但当我学会在图像首次进入Lightroom时自动应用正确的白平衡这一技巧时，我真是高兴极了。我在本书最后免费提供一张18%灰卡，这样您就可以执行同样操作(而不必外出购买灰卡)。您会喜欢它的！

第1步：

我们先使用USB电缆将相机连接到计算机(或笔记本电脑)，然后转到Lightroom的文件菜单，在联机拍摄下选择开始联机拍摄(如图4-20所示)。这将打开联机拍摄设置对话框，在该对话框中可以为图像导入Lightroom时的处理方式选择首选项(关于该对话框更详细介绍以及对话框中需提交的内容请查看第1.7节)。

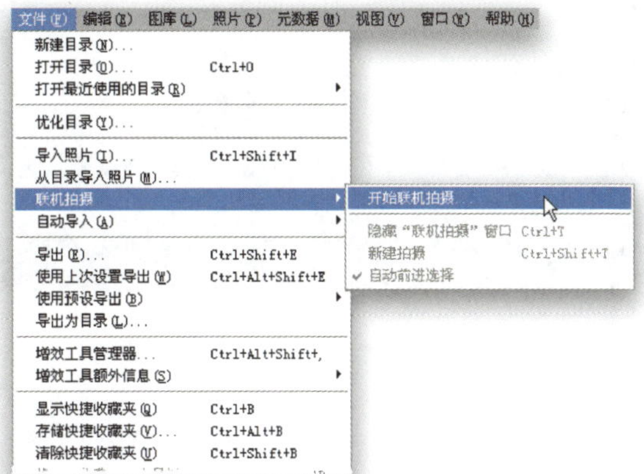

图4-20

第2步：

一旦按自己的想法布置好灯光(或者在自然光下拍摄)，请将拍摄对象摆到合适位置，然后翻到本书的后面，撕下18%灰卡。把灰卡拿给拍摄对象，要求她们拿着灰卡拍摄一幅测试照片(如果拍摄的是产品，则请将灰卡斜靠在产品上，或者放置在产品附近光线相同的位置)。现在拍摄一幅测试照片，把灰卡放在照片内清晰可见的位置(如图4-21所示)。

图4-21

第 3 步：

当带灰卡的照片显示在 Lightroom 时，从修改照片模块的基本面板顶部选择白平衡选择器工具（W），并在照片内的灰卡上单击一次（如图 4-22 所示）。这样就正确设置了这幅照片的白平衡。现在，我们在导入其余照片时将使用该白平衡设置自动校正它们。

图 4-22

第 4 步：

回到联机拍摄窗口（如果它已关闭，则请按 Command-T [PC: Ctrl-T]），在窗口右侧，从修改照片设置下拉列表中选择与先前相同选项。这样就完成了——现在可以将灰卡从场景中拿开（或者将它从拍摄对象那儿拿回，她现在可能已经拿得有点厌倦了），并返回拍摄。当我们接下来拍摄的照片进入 Lightroom 时，刚才为第一幅图像设置的自定白平衡将自动应用到其余图像。因此，我们现在看到其余照片正确设置了白平衡，免得以后在后期制作时进行调整。

SCOTT KELBY

图 4-23

4.5 查看修改前/后效果

上一个项目中，我最终得到了修改前、后图像，但没有机会演示它们。我喜欢 Lightroom 对修改前、后效果的处理方式，因为它为我们的查看方式提供了极大的灵活性。下面介绍其实现方法。

图 4-24

图 4-25

图 4-26

第 1 步：

在修改照片模块中时，任何时候想要查看照片调整前的效果（也就是"修改前"图像），只要按键盘上的\（反斜杠）键，就会看到在图像的右上角显示出"修改前"（如图所示）。在这幅图像中（与白平衡处理中所用照片属于同一个系列），原始图像的色调过于偏暖。在我工作流中最常用到的可能是"修改前"视图。如果要返回到"修改后"图像，请再次按\键（它不会显示"修改后"，但文字"修改前"消失了）。

第 2 步：

如果要并列显示修改前和修改后视图（如图 4-25 所示），请按键盘上的字母 Y。如果您喜欢分屏视图，请单击预览图下方工具栏左下角的修改前和修改后视图按钮（如图 4-26 所示，如果由于某种原因无法看到工具栏，请按字母 T 显示它）。再次按 Y 按钮，将以上下排列而不是左右并列方式显示修改前和修改后视图。再次单击该按钮，将以上下分屏方式显示修改前和修改后视图。要返回放大视图，只需按键盘上的字母 D。

注意：如您所知，模特 Orsolya 穿着一件露肩上衣，所以我们得以拍下这张美丽的头像。我之所以要提醒这点，为了让您别以为她没穿衣服。好吧，您知道自己在想什么！

4.6 把对一幅照片所做的修改应用到其他照片

这可以加快我们的工作流，因为一旦编辑过一幅照片，就可以把这些完全相同的编辑应用到其他照片。例如，在前一个项目中，我们校正了一张照片的白平衡。但如果在一次拍摄中总共拍摄了 260 幅照片，该怎样处理呢？现在我们可以对其中的一幅照片进行调整（编辑），之后把这些相同的调整应用到任意多幅其他照片。一旦选择哪些照片需要这些调整，其余工作在相当程度上都是自动完成的。

第 1 步：

我们将完成那张美丽的头像照的最终修改，先从校正白平衡开始。在图库模块中，单击照片，然后按 W，这是白平衡调整的快捷键（这将切换到修改照片模块，并选择白平衡选择器工具），因此，我们现在所要做的只是在照片内的浅灰色区域上单击（我按 Shift-Y，这样可以看到修改前 / 修改后分屏视图）。我们要执行的第一步操作是：校正白平衡，然后按 D 返回放大视图。

图 4-27

第 2 步：

现在单击左侧面板区域底部的复制按钮，这将打开复制设置对话框（如图 4-28 所示），从中可以选择要从刚才编辑过的照片中复制哪些设置。默认时，它会复制许多项设置（许多项复选框都被打开），但因为我们只想复制白平衡调整，所以请单击该对话框底部的全部不选按钮，然后只选取白平衡复选框，并单击复制按钮。

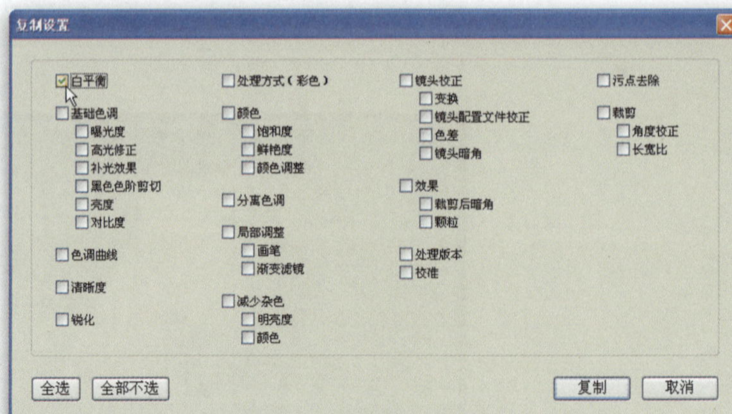

图 4-28

图 4-29

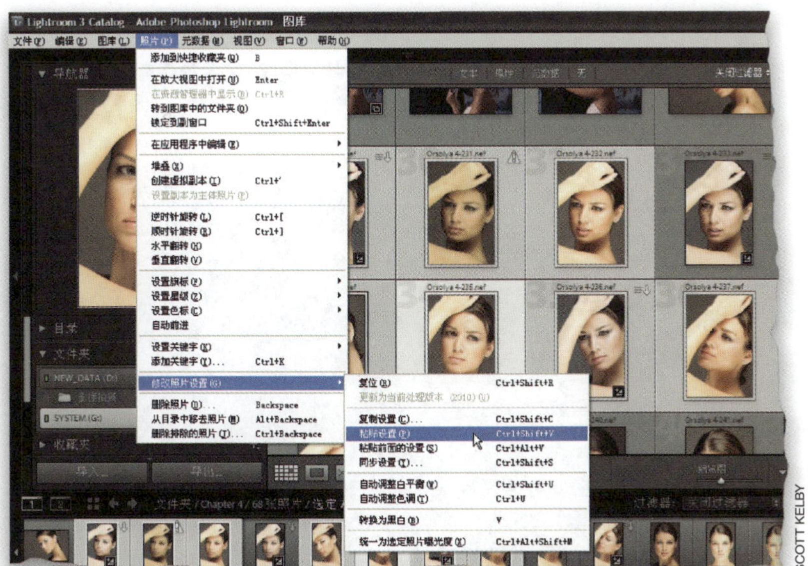

图 4-30

第 3 步：

现在按 G 回到网格视图，选择想要应用这种白平衡修改的所有照片（如图所示）。观察图中网格的顶部一行就会发现第四幅照片是我校正过白平衡的照片，因此，它是惟一未被选择的照片。顺便说一下，如果想一次性对拍摄的所有照片应用校正，只需按 Command-A（PC: Ctrl-A）全选所有照片。如果原来的照片被再次选择也没关系——一点坏处都没有。

提示：选择其他调整

虽然我们这里复制和粘贴白平衡设置，但您可以使用这一功能复制和粘贴您想要的任意多种属性。如果我在一个区域内做了多项编辑，我只需在复制设置对话框内打开整个这一区域的复选框（换句话说，我打开针对基本面板编辑的基础色调复选框，这将自动打开所有色调编辑复选框。这样可以节省时间）。

第 4 步：

现在移动到照片菜单，从修改照片设置子菜单中选择粘贴设置（如图所示），或者使用键盘快捷键 Command-Shift-V (PC: Ctrl-Shift-V)，前面复制的白平衡设置现在就会立即应用到所有被选择的照片（如图 4-30 所示，所有这些被选择的照片的白平衡已经得到校正）。

提示：只校正一两幅照片

如果在修改照片模块内只需要校正一两幅照片。我先校正第一幅照片，之后在胶片显示窗格内，移动到需要具有相同编辑的另一幅照片，并单击右侧面板区域底部的上一张按钮，对以前所选照片进行的所有修改现在全部应用到这幅照片。

4.7 怎样设置总体曝光度

设置白平衡之后，我们要调整的下一个内容就是总体曝光度。尽管存在曝光度滑块，但要用 3 个滑块（有时是 4 个）才能设置总体曝光度。幸运的是，总体曝光度的调整不仅比听起来简单得多，而且 Lightroom 还有各种各样的工具帮助简化我们的调整工作。

第 1 步：

设置总体曝光度要使用基本面板的色调部分（如图 4-31 中的红色矩形所示）。这里所示的照片看起来欠曝，观察右侧面板区域顶部的直方图面板就会发现，在直方图的右侧实际上没有任何数据（这里应该是高光的位置）。因此，如果您不知道“它是否过曝？”这就是答案。

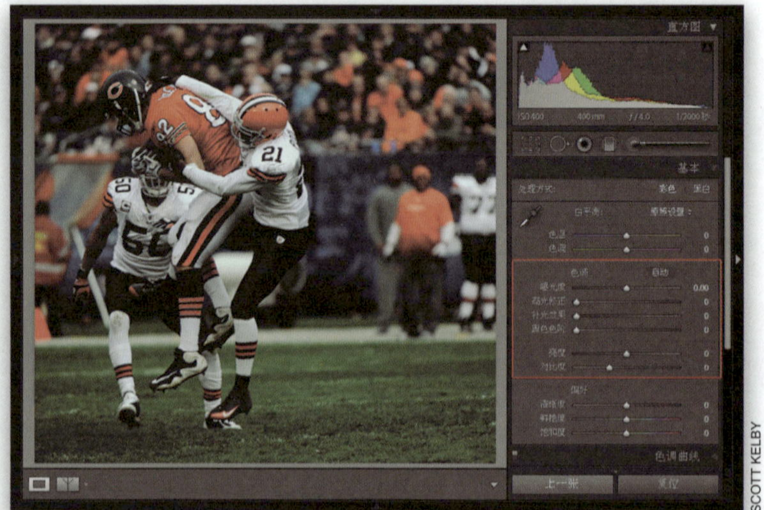

图 4-31

第 2 步：

为了使照片整体变亮，只要单击并向右拖动曝光度滑块即可，如图 4-32 所示（就像白平衡滑块一样，观察滑块自身就能直观地了解应该向哪个方向拖动，白色位于该滑块的右侧，因此向右拖动（朝白色方向）使该调整变亮，向左拖动（朝黑色方向）使图像变暗），非常简单。然而，至关重要的一点是：如果向右拖动太远，可能存在失去高光内细节的危险（换句话说，高光变得非常亮，它们完全“过曝”，失去该区域内的所有细节）。这被称作“修剪”高光，幸运的是，出现这种情况时，Lightroom 不仅会给出警告，而且在大多数情况下还可以校正它。

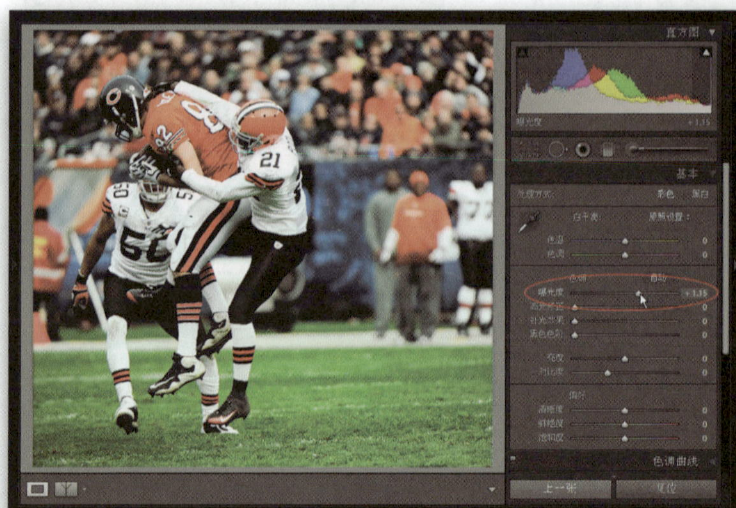

图 4-32

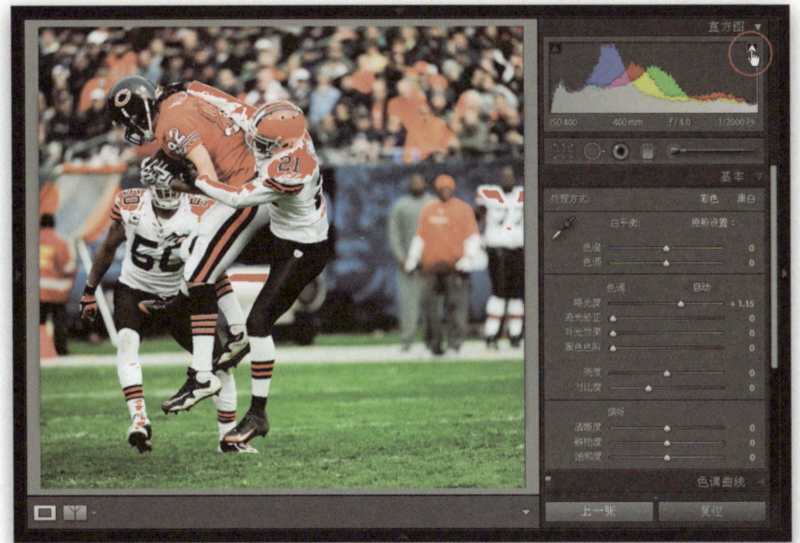

图 4-33

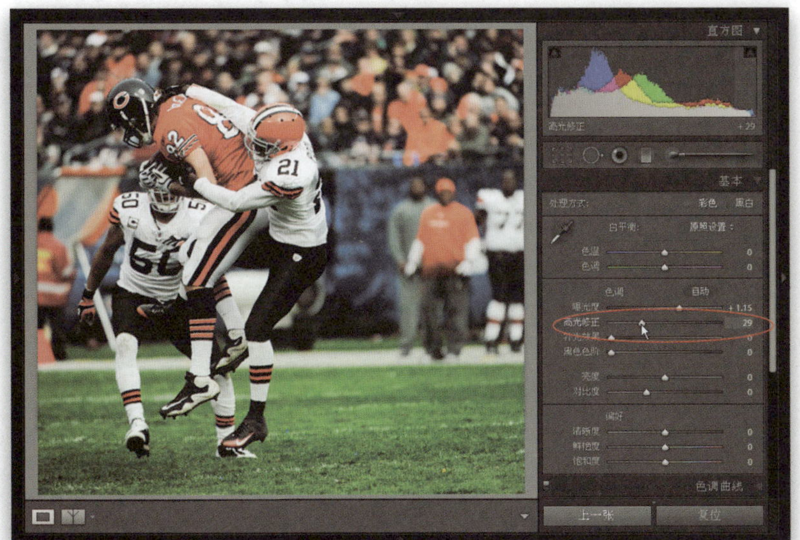

图 4-34

第 3 步：

如果再观察右侧面板区域顶部的直方图面板，就会看到右上角的三角形。这是高光修剪警告三角形，理想情况下，这个三角形应该始终保持为纯黑色。如果它变为蓝色，则说明失去高光细节，但只是在蓝色通道内（这不太好，但还不算最糟）。如果它变为红色或者绿色，则失去这些通道内相应的细节。然而，最坏的情况是它变为纯白色（像图中所示的那样），这意味着所有三个通道都失去细节，高光完全被修剪（我称之为“死亡三角形！”）。但这个问题的关键是：修剪掉重要细节区域内的高光了吗？如果没有，则可以忽略这个警告（例如，如果照片内有太阳，太阳出现裁剪，但那里本来就没有任何细节，所以我们忽略它）。要找出修剪了哪些区域，请单击白色三角形，出现修剪的区域会变为纯黑色（如图 4-33 所示，图中 21 号和 50 号球员的白色球衣存在许多被修剪区域）。

第 4 步：

在我们这个例子中，那些运动衫显然含有细节。现在如果调低曝光度滑块，修剪就会消失，但曝光又会太暗。如果遇到这种情况（相信我，会遇到这种情况的），那么请使用高光修正滑块——Lightroom 中最有用的滑块之一。单击并向右拖动高光修正滑块时，它只恢复非常亮的高光（那些出现修剪的超亮区域），因此不会破坏整体曝光度——只需向右拖动，直到照片上的红色警告消失，三角形再次变为黑色为止（如图 4-34 所示）。这是个双赢的结果——照片既获得了更亮的曝光度，又避免了可能由此带来的高光修剪。

第 5 步：

处理照片时，我总是先调整曝光度滑块，之后如果看到修剪警告，就转到高光修正滑块，向右拖动它，直到高光恢复为止。顺便提一下，如果您不喜欢看到修剪区域显示为红色（或者处理的照片上已经具有大量的红色，使您无法清楚地辨认出红色修剪警告），则可以采用另一种方法：单击并拖动曝光度滑块时按住 Option (PC: Alt) 键并保持，视图将变成黑色，出现修剪的区域会显示为白色（如图 4-35 所示）。也可以在单击并拖动高光修正滑块时按住同一按键，拖动直到所有区域再次变为纯黑色为止。

提示：切换警告的开 / 关状态

不必每次都转到上面单击那个三角形。如果按键盘上的字母 J，它会切换显示在照片修剪高光区域上的红色修剪警告的开 / 关状态。

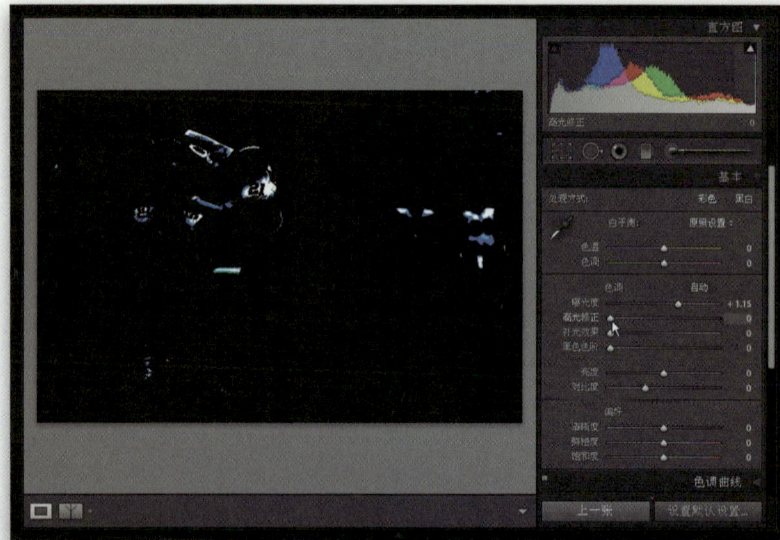

图 4-35

第 6 步：

我们将转到其他照片一会儿，介绍使用高光修正滑块的另一项隐藏功能：它能增加风景照片（尤其是有大量云朵的照片）内天空的细节和生动感。只要单击高光修正滑块，并把它一直拖到最右端（到 100），观察它对天空所产生的影响。请试一试，感觉一下效果。

提示：加速编辑

这可能是 Lightroom 所有快捷键中我最喜欢的一个：在基本面板中如果要跳转到下一滑块，只需按键盘上的“.”（点号）键（这是将看到该调整的名称突出显示），并使用“+”（加号）或“-”（减号）键增加或降低相应数值，按“,”（逗号）键将移到上一个控件。我很喜欢它！

SCOTT KELBY

图 4-36

图 4-37

图 4-38

图 4-39

第 7 步：

为了下一步调整总体曝光度，我切换到另一张照片，我们将使用黑色色阶滑块进行调整（我们在第 6 章之前跳过补光效果滑块，因为这个滑块用于处理逆光情况）。黑色色阶滑块调整照片内最暗的阴影区域，把它向右拖将增加阴影内的黑色数量，向左拖加亮这些阴影区域。每当照片看起来过曝时，我就向右拖动这个滑块，因为它能够恢复阴影区域内的颜色和深度（初始图像如图 4-37 所示，在图 4-38 中，我提高了黑色色阶和高光修正量，恢复了天空中的细节）。虽然我不像关心高光细节那样关心阴影细节的丢失，但是，如果您是位“阴影细节爱好者”，则可以使用直方图左上角的三角形作为阴影修剪警告，或者按 J，出现修剪的所有阴影区域在照片上都会显示为蓝色。

第 8 步：

亮度滑块（如图 4-39 中红色圆圈所示）用作中间调滑块（如果您熟悉 Photoshop 的色阶控制，它就像中央的中间调滑块）。要把中间调加亮一点，请单击这个滑块并向右拖（要变暗中间调，请向左拖）。每当天空过曝时，我就用这个滑块进行处理，调低亮度可以使天空再次变得又蓝又有层次（在图 4-39 所示的修改前 / 修改后视图中，我将亮度数量降低到 – 20，但它看起来有些暗，因此我将曝光度提高一点，使其变亮）。这里我们略过了对比度滑块（向右拖动将使亮的区域更亮些，而暗的区域更暗些），因为还有功能更强大工具（色调曲线）可以增加对比度，稍后将介绍它。

第 9 步：

位于右侧面板区域顶部的直方图面板很有用处，因为观察它就可以知道高光是否过曝。例如，如果直方图显示大量的像素堆积在右侧壁上，则表明大量的高光出现修剪（理想情况下，该图形的右端有一点间隙，没有任何像素接触到右侧壁）。而除了提供信息显示外，它还能帮助判断哪个滑块调整直方图的哪一部分。请试一试：把光标移动到部分直方图上，之后观察直方图的正下方，不仅会发现影响直方图这一部分的滑块名称，甚至还突出显示下方色调部分内该滑块的数字字段，以便查找（如图 4-40 所示）。这里，我把光标移动到最右端，可以看到高光修正滑块影响直方图的最右侧。非常有用，而它还有更多用途。

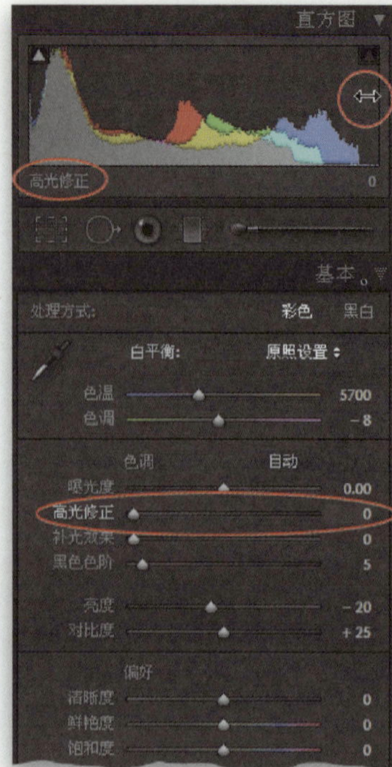

图 4-40

第 10 步：

实际上可以在直方图自身上任意位置单击并拖动，向左、右拖动时，它会移动那部分直方图（以及相应的滑块）。是的，只需拖动直方图自身就可以完成校正。您可以这样试一试：只要把光标移动到直方图上，单击并开始拖动。顺便提一下，说实话，我自己也不知道谁会像这样拖动直方图来校正照片，但这样做确实很有趣，请试一试。

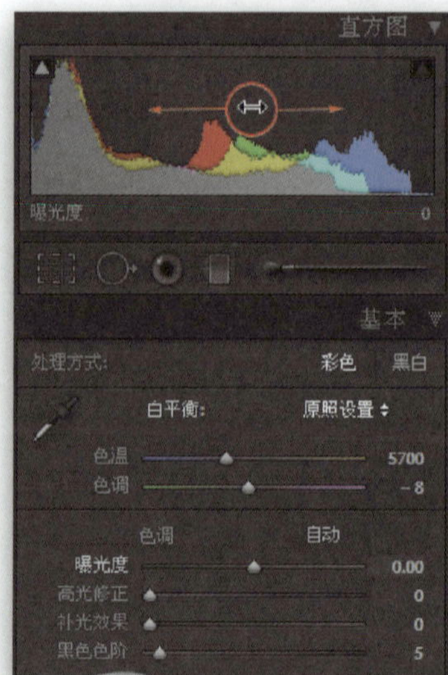

图 4-41

图 4-42

图 4-43

第 11 步：

我们到目前为止还没有讨论到的一点是自动色调按钮，它显示在曝光度滑块上方（如图 4-42 中红色圆圈所示）。从 Lightroom 1（在该版本中单击它会产生许多问题）开始，这项功能变得越来越优秀，而现在 Lightroom 3 中，在对图像做自动色调处理的同时，Adobe 还添加了调整补光量这一功能。当您不知如何处理一张照片时，至少可以试试自动色调。现在它的功能比我想像的要好得多。

提示：复位滑块

双击滑块的“小凸起”（我们拖动的那个），就可以把任一个滑块复位到其原来的设置，但我发现更方便的方法是双击滑块名称，这样也能复位它。

第 12 步：

图 4-43 中所示就是单击自动色调按钮后的效果。可以看到它处理得不太彻底，但也不是很糟（所以当您不知从何下手时，至少可以把它作为调整的起点）。有时它能处理得很棒，有时不太好，但至少现在它是可用的。需要注意的一点是：虽然我无法解释为什么，但当您使用它时，有时会破坏图像效果，现在出现了高光修剪。我知道，理想情况下它应调整得更好些，但有时它就是调整不好，因此请特别注意这一点，如果它导致高光修剪，请向右拖动高光修正滑块，直到修剪消失为止。

这就是调整曝光的三个基本滑块。我最常使用的是曝光度滑块，其次是黑色色阶滑块，这三个滑块中最少使用的是亮度滑块。您会发现有些图像只需调整曝光度滑块，而有些则需要调整这三个滑块，但幸运的是现在您已了解它们的作用。

4.8 用清晰度使图像变得更有“冲击力”

Adobe 开发清晰度控件时，他们实际上考虑把该滑块称做“冲击力”，因为它增加照片中间调的对比度，使照片看起来更有冲击力。因此，当您看到需要更有冲击力的图像时（我几乎在每幅照片上都使用它），请调整清晰度。

第 1 步：

图 4-44 中所示的是原始图像，没有应用任何清晰度调整。现在，因为（正如我上面所说的）清晰度增添照片中间调的对比度，因此将使照片显得中间调被锐化过一样，使它显得更有冲击力。但在应用任何清晰度调整之前，要真正看到该滑块的效果，应该把图像放大到 1:1 视图，因此请转到导航器面板，先单击 1:1，获得图像的 100% 视图（如图所示）。

SCOTT KELBY

图 4-44

第 2 步：

现在只要单击清晰度滑块并向右拖动，即可增加冲击力和中间调的对比度（向左拖动实际上降低中间调对比度。因此您也许想把清晰度设置为 –100，使肖像变柔和、散焦）。几乎在我处理的每幅照片上，我应用的清晰度都在 +25 和 +50 之间，除非我有意要得到更柔和、更低对比度的照片效果之外（因此，对于母亲和小孩肖像，或者女性特写肖像，我把清晰度滑块设置保留为 0 不变，或者使用负数）。对于可以承受清晰度的图像而言，如建筑照片（如图 4-45 中所示的建筑物）或者场景宏大的风景照片，我有时把清晰度调高到 +75，但一般来说，要一边观察照片，一边调整清晰度，并查看调整到多少其效果最好。在本例中确实可以看到清晰度调整的效果，我将它调整到 100，但正如前面所说的，+75 是我调整的上限（如果调整得太高，有时在对象边缘周围会看到暗光）。

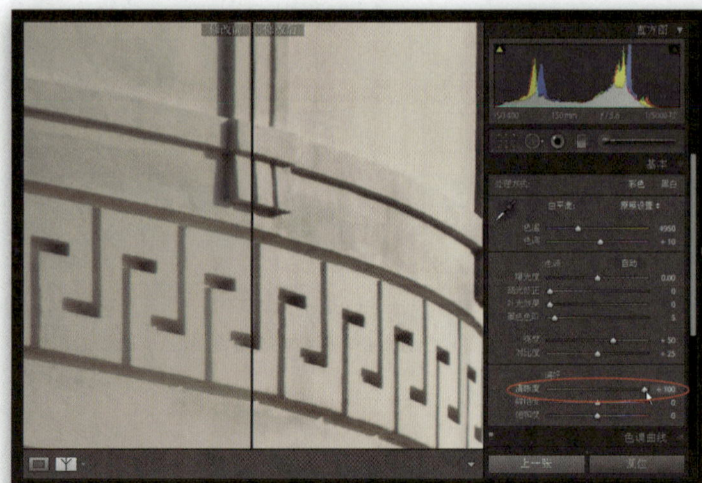

图 4-45

4.9 使颜色变得更明快

具有丰富、明快色彩的照片肯定引人注目，虽然 Lightroom 的饱和度滑块用于提高照片的色饱和度，但问题是：它均匀地提升照片内的各种颜色，虽然平淡的颜色变饱和了，但本来就饱和的颜色变得更饱和，因此矫枉过正。这就是 Lightroom 的鲜艳度控件可以成为您的 Velvia 的原因。

图 4-46

第 1 步：

在偏好部分（位于基本面板的底部）有两个控件影响色饱和度。由于上面提到的原因，我避免使用饱和度滑块，以免使所有颜色的饱和度增强相同强度（这是一种很粗糙的调整）。如果单击并向右拖动饱和度滑块，照片颜色确实会变得更丰富，但效果滑稽、不够真实（因为照片打印时需要转换为 CMYK，所以印刷后书本上的图无法显示出过饱和状态，因此，图中我只提供原始的未处理的照片）。但是，您可以自己测试——将饱和度滑块向右拖远点，您就会明白我的意思。现在，请将饱和度值恢复到 0。

图 4-47

第 2 步：

现在试试鲜艳度滑块，它对不鲜艳的颜色影响最大（像粉红色的花），而对已经饱和的颜色影响最小（像黄色花蕊和它们后面的草），并且尽可能避免影响皮肤色调（对于这张照片这点并未起作用）。这在很大程度上创建出更为逼真的色饱和效果，而不会破坏皮肤色调，这使它成为一个很有用的工具。这里是同一幅照片用鲜艳度滑块调整后的效果。花瓣显得鲜艳多了。因此，除非要消除色彩过于艳丽的照片的饱和度，否则我尽量避免使用饱和度滑块。

4.10 用色调曲线增强对比度

我们在基本面板做过编辑之后，接下来要进入色调曲线面板，调整照片的总体对比度。我们使用这个色调曲线，而不是对比度滑块，这是因为它能给我们提供更多控制，并且色调曲线（1）有助于避免使高光过曝，（2）确实能帮助我们观察哪些区域需要调整，（3）使我们可以交互式地调整对比度。

第 1 步：

从基本面板向下滚动，就会看到色调曲线面板（如图 4-48 所示），通过该面板我们向照片应用对比度调整（而不是使用基本面板内的对比度滑块，在大多数情况下，它的调整范围太宽了）。如果照片是以 JPEG 或 TIFF 格式拍摄的，那么它没有应用任何色调曲线对比度（从色调曲线面板底部将看到线性一词，这意味着曲线是直的——未曾应用过对比度调整）。而如果是以 RAW 格式拍摄的，默认时，已经向它应用了中等强度的对比度调整，因此这个下拉列表将显示“中对比度”（原因是以 JPEG 格式拍摄时，相机将应用对比度。而当用 RAW 格式拍摄，相机则不添加诸如对比度等处理）。

图 4-48

第 2 步：

应用对比度最快捷、最简单的方法是从点曲线下拉列表中选择一种预设。例如，请选择强对比度，之后观察照片所产生的变化（我在工具栏中多次单击切换各种修改前和修改后视图，以得到图中所示的分屏视图）。请观察照片现在反差多么强烈——阴影区域变得更强，高光更亮，我们要做的只是从下拉列表中选择预设而已。在该面板顶部的图形中可以看到所应用的对比度曲线。

图 4-49

图 4-50

第 3 步：

如果认为强对比度不够强（对于本例，我觉得还需要更强的对比度调整），则可以自己编辑该曲线，但了解以下规则对您会有帮助：曲线越陡，对比度越强。而要使曲线变陡，需要向上移动曲线的顶部（高光），向下移动曲线的底部（暗调和阴影）。要实现这一点，只要把光标移动到图形上（如图 4-50 所示），就会看到曲线上出现一个小圆“点”。在曲线内移动光标时，该点会在曲线上上下移动。因此，当该点位于顶部时，可以单击并向上拖动它，但我觉得实际上使用键盘上的上箭头键移动更方便（这比尝试点中这个移动点更容易）。

图 4-51

第 4 步：

这里，我按键盘上的向上箭头键把它向上轻移一点。曲线现在变得更陡，高光内的对比度更强。我还对曲线的下部执行相同的操作——只是改成向下轻移曲线，使曲线变得更陡（如图 4-51 所示），正如您所看到的，图像对比度更强了。此外，当在曲线上移动光标时，会发现图形自身底部显示出提示，说明如果现在移动该点将调整曲线的哪一部分。

提示：以不同的增量移动

使用上 / 下箭头键移动以 5 个点的小增量移动点。要以 20 个点的增量移动，请在使用箭头键时按住 Shift 键并保持。要做精确调整时（1 个点增量），请在使用箭头键时按住 Option (PC: Alt) 键。

第 5 步：

使用色调曲线调整对比度的另一种方法是使用目标调整工具（简称为 TAT[Targeted Adjustment tool]）。TAT 是一个圆形的靶状小图标，位于色调曲线的左上角（把光标移动到它上方时，会显示出指向上下的两个三角形，如图 4-52 中的红色圆圈所示）。单击这个靶图标时，光标变为图中右侧所示的形状：靶图标的左上角显示出一个精确的十字准线光标，靶图标的顶部和底部有一个小三角形。这个工具使我们可以在照片内单击并拖动来调整色调曲线。十字准线部分是工具实际所处位置，带三角形的靶部分提醒您朝哪个方向拖动该工具，这就是朝上或朝下（这可以从三角形看出来）。

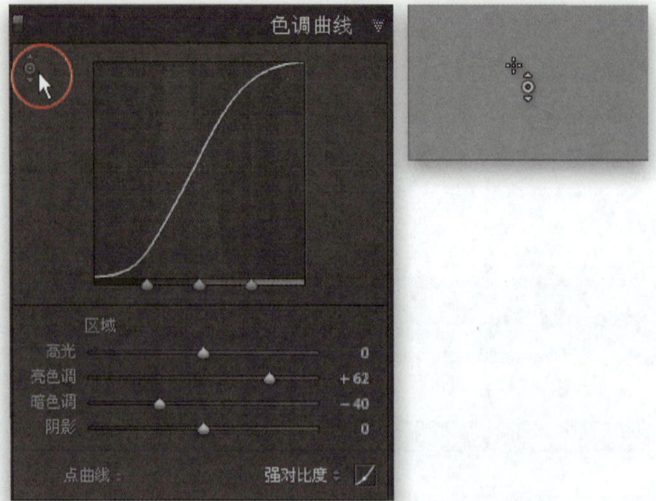

图 4-52

第 6 步：

现在我们来使用该工具。选择 TAT，把它移动到照片上（本例中将其移动到褐色的草上）。观察色调曲线就会发现两点：（1）曲线上有一个点，对应光标目前悬停处的色调；（2）要调整区域的名称显示在图形的底部（本例中，显示的是亮色调）。要使草变暗，只要单击该区域（如图 4-53 所示），并垂直向下拖即可（如果向上拖，则会加亮这些草）。您可以在图像上到处移动，单击并垂直向上拖动，以调整曲线，加亮这些区域；垂直向下拖动，让曲线变暗这些区域。完成之后，在 TAT 工具原来所在位置单击，使其返回原位。顺便提一下，选择 TAT 的键盘快捷键是 Command-Option-Shift-T (PC: Ctrl-Alt-Shift-T)。

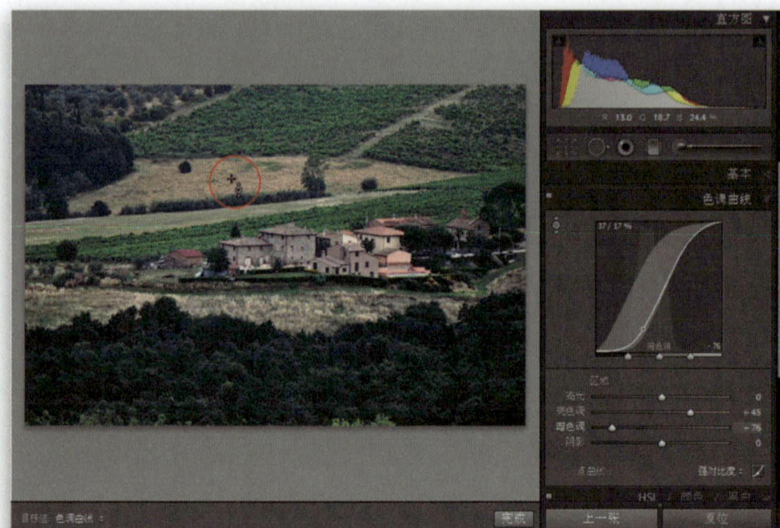

图 4-53

图 4-54

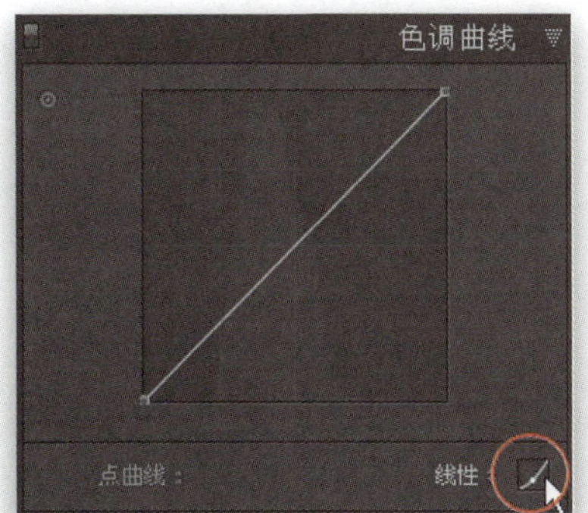

图 4-55

第 7 步：

调整色调曲线的最后一种方法是只单击并拖动位于该面板底部附近的四个区域滑块（高光、亮色调、暗色调和阴影），拖动时，它调整曲线的形状。这里，我将高光滑块向右拖得很远，使高光变亮。将暗色调和阴影滑块向左拖动很远，使树和草变暗很多。将亮色调滑块向右拖动很远，使中间调顶部和高光底部提高一些。此外，如果观察滑块自身，就会发现像在基本面板内一样，它们后面有同样的小渐变条，说明该朝哪个方向拖动（朝白色方向拖动使调整变亮，朝黑色方向拖动使它变暗）。顺便提一下，调整曲线点时（无论选择哪种方法），都会在图形上显示出一个灰色阴影区域，它说明曲线的边界（可以把曲线朝两个方向拖动多远）。

第 8 步：

让我们总结一下：要调整照片的对比度，可以（a）从点曲线下拉列表中应用一种对比度曲线预设，（b）使用 TAT 在照片内单击并上 / 下拖动，以调整曲线，（c）使用这两种方法之一后，再使用键盘上的箭头键上 / 下移动点，或者（d）用区域滑块手工调整曲线。请注意：如果您觉得不必使用这些滑块，可以将它们从视图中隐藏起来，以节省空间：单击点曲线下拉列表右边的点曲线按钮（如图 4-55 中红色圆圈所示）。如果某天您想使用它们，请再次单击同一按钮。

第 9 步：

关于色调曲线面板，还需要介绍三点，然后就可以对它们进行调整。第一点是怎样使用位于图形底部的三个滑块，它们称为范围滑块，实际上它们让选择色调曲线将要调整的黑色、白色和中间调范围从哪里开始（通过放置它们的位置确定哪里是阴影，哪里是中间调，哪里是高光）。例如，左侧的范围滑块（图中红色圆圈所示）表示阴影区域，显示在该滑块左侧的区域将受阴影滑块的影响。如果想扩展阴影滑块的控制范围，请单击并向右拖动左侧的范围滑块（如图 4-56 所示）。现在，阴影滑块调整对照片的影响范围更大了。中间的范围滑块覆盖中间调。单击并向右拖动中间调范围滑块降低中间调和高光区域之间的间距，这样亮色调滑块现在控制的范围更少，暗色调滑块控制的范围更大。要把这些滑块复位到它们的默认位置，只要在需要复位的滑块上直接双击即可。

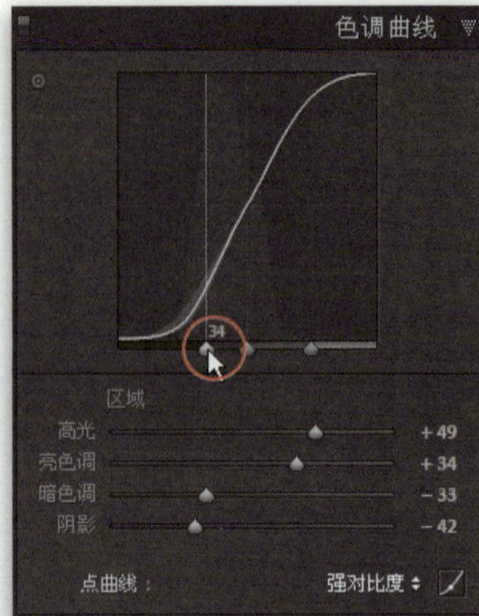

图 4-56

第 10 步：

需要介绍的第二点是怎样复位色调曲线，从初始状态开始编辑。只要直接在“区域”这个文字上双击，它就会把所有四个滑块全部复位到 0。最后，要了解的第三点是怎样查看用色调曲线面板添加的对比度的修改前 / 后视图。可以使用该面板标题左侧上的小开关切换色调曲线调整的开 / 关状态（如图 4-57 中红色圆圈所示）。只要单击它切换开或关即可。作为本节的结尾，图中所示效果为只做色调曲线外调整的修改前 / 后视图，可以看到调整后的图像更富表现力。

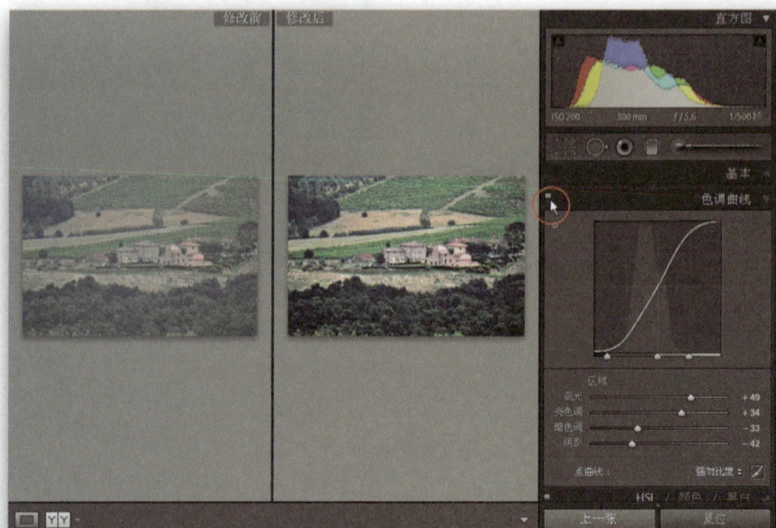

图 4-57

4.11 用 HSL 调整各种颜色

如果需要对图像中的某种颜色做全局修改（例如，想让所有红色变得更红，或者天空中的蓝色变得更蓝），实现该操作的一个地方是 HSL 面板（HSL 代表 Hue（色相）、Saturation（饱和度）和 Luminance（明亮度））以及颜色面板（这些面板与黑白面板分组在一起，但是，因为我们只关心提升（或者降低）各种颜色，所以我们将在本书稍后介绍黑白部分。

SCOTT KELBY

图 4-58

图 4-59

第 1 步：

想要调整颜色区域时，请在右侧面板区域内向下滚动到 HSL 面板（顺便提一下，该面板标题内的文字 HSL/ 颜色 / 黑白不只是名称，它们还是按钮，如果单击其中的任一个，就会显示出该面板的控件）。请单击 HSL（因为这是我们现在要处理的地方），显示出该面板的四个按钮：色相、饱和度、明亮度、全部。色相面板让我们通过滑块把现有颜色修改为不同的颜色。执行如下操作就能看出它们的作用：单击黄色滑块，并把它拖动到最左端，将会看到法拉利的黄色转速计变为橙色（您可能觉得好奇，这不是我的法拉利，我的新多了。纯粹是开个玩笑——可悲的是，我并没有法拉利）。现在单击复位按钮（位于面板区域的底部），撤销所做的修改。

第 2 步：

在这幅照片中，这辆敞篷车法拉利车停在阴影下，因此方向盘上存在蓝色色偏。如果改变白平衡，将改变整幅图像的颜色——我只是希望消除方向盘中的蓝色色偏。这正是 HSL 面板的强项。因此，要消除其中的蓝色色偏，请单击 HSL 面板顶部的饱和度按钮。显示出同样的 8 个滑块，但现在这些滑块控制图像内颜色的饱和度。请单击并向左拖动蓝色滑块，直到消除方向盘中的蓝色色偏为止（如图 4-59 所示，我把它拖到最左端）。

第 3 步：

如果确切知道想影响哪种颜色，则可以只单击并拖动相应滑块。但是，如果不确定想调整的区域由哪些颜色构成，则可以使用 TAT（与我们在色调曲线面板内使用的目标调整工具相同，但现在我们使用它调整颜色，而不是对比度）。在 TAT 上单击（如图 4-60 中红色圆圈所示），之后把光标移动到方向盘中央的黄色标志上，单击并向上拖动，增加色饱和度。您会注意到它不只是移动黄色滑块，而且还使绿色饱和度滑块增加一点。您可能没有意识到标志上带些绿色，而这就是为什么这个工具如此好用的原因。事实上，在使用 HSL 面板时我很少不用 TAT。

第 4 步：

现在单击位于该面板顶部的明亮度（这个面板内的滑块控制颜色的总体亮、暗程度）。要只提高转速计的亮度，请选择 TAT，把它移动到转速计上，之后单击并垂直向上拖动，转速表开始变亮（橙色和黄色的明亮度都提高了）。如果您是 Photoshop 用户，现在可能意识到这相当于 Photoshop 的色相/饱和度功能，它们惟一真正的差别是它使用其他两个颜色滑块（橙色和紫色），Lightroom 把“L”称作明亮度，而 Photoshop 内的色相/饱和度中把它称作明度，Lightroom 具有浅绿色滑块，而不是青色滑块。此外，当然 Lightroom 还具有 TAT（很有用的工具）。最后要介绍的两点是：单击“全部”按钮（位于该面板的顶部）将把所有三部分放在一个长长的列表内，而颜色面板则将它们其全部拆分为三套——布局更像 Photoshop 的色相/饱和度。但无论您选择哪种布局，它们的工作方式都完全相同。

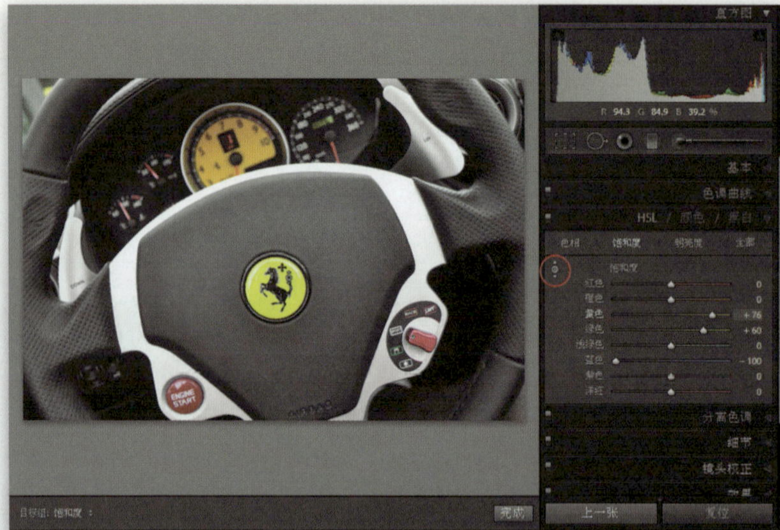

图 4-60

图 4-61

4.12 添加暗角效果

边缘暗角特效（使图像周围的所有边缘变暗，以便将注意力吸引到照片中央）属于这类特效之一：有人喜欢，有人不喜欢（对我而言，则属于第一种情况，我喜欢它）。本例中我们将探讨怎样应用简单的暗角特效，照片经裁剪后仍显示暗角（称为“裁剪后”暗角），以及使用 Lightroom 3 中刚引入的新选项。

第 1 步：

要添加边缘暗角效果，请转到右侧面板区域，向下滚动到镜头校正面板（它位于镜头校正面板是因为：即使您不希望出现暗角，有些特殊的镜头也会将照片边缘变暗。这种情况下，暗角成为一个问题，我们需要在镜头校正面板中校正这一问题。我们将使用该面板内的控件使边角变亮。总的来说，少量的边缘变暗是件坏事，但如果有意添加大量的暗角，那就会很酷。我不是在制定规则——我只是把事情原原本本地描述出来）。图 4-62 中所示就是一幅没有暗角的原始图像（顺便说一下，第 6 章将介绍怎样消除“糟糕的暗角”）。

SCOTT KELBY

图 4-62

第 2 步：

我们先从常规全尺寸图像暗角开始介绍，因此请单击面板顶部的手动，然后将镜头暗角数量滑块一直拖动到最左端。该滑块控制照片边缘变暗的程度（越向左拖，它们变得越暗）。中点滑块控制暗的边缘向照片中央扩展多远。因此，请试试把它拖远一点（像我这里所做的那样），它创建出良好的、柔和的聚光效果，这种效果下，边缘暗，主体亮度适中，把注意力吸引到观众想看的地方。

图 4-63

第 3 步：

现在的处理效果还不错，但在需要裁剪照片时将遇到问题，因为裁剪会使边缘暗角消失。为解决这个问题，Adobe 添加了一个称为“裁剪后暗角”的控件，用于裁剪后添加暗角特效。我对同一幅照片进行裁剪，现在先前添加的大多数边缘暗角已被裁剪。因此，请滚动到效果面板，在面板顶部将看到“裁剪后暗角”控件。尝试该控件前，请先将镜头暗角数量滑块复位至 0，这样，我们不要存在暗角效果的照片上添加裁剪后暗角处理。

图 4-64

第 4 步：

调整该滑块前，我们先介绍一下样式下拉列表。它有三种选项：（1）高光优先，（2）颜色优先，以及（3）绘画叠加。我们先使用高光优先，它是这三个选项中我最喜欢的一种。喜欢它的原因是它处理的效果和常规暗角控件更接近。边缘将变得更暗，但颜色可能出现轻微的偏差，而边缘看起来更饱和。该选项的取名来自于它尽可能保留高光不变，因此如果边缘附近存在一些明亮的区域，它会尽可能确保留它们的亮度。再说一遍，这是我最喜欢的选项，而相比 Lightroom 2 中的裁剪后暗角控件有了很大提高。本例中我将边缘调整得很暗——比以往我处理的结果更暗，而我希望您能真切地看到裁剪后图形上的效果（这只是为了演示）。

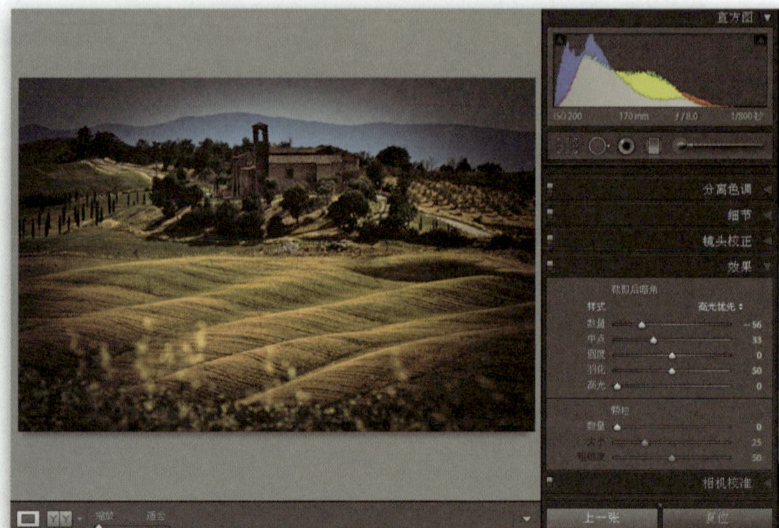

图 4-65

图 4-66

第 5 步：

颜色优先样式更注重保持边缘周围色彩的精度，因此边缘会变得有点暗，但色彩的饱和度不会变得更饱和（如图 4-66 所示——其边缘不像第 4 步中的那么暗）。颜色优先是个不错的选择，多数情况下它的处理结果更细微（即使使用同样的数量设置），我认为它也比 Lightroom 2 中的裁剪后暗角控件效果好。

图 4-67

第 6 步：

而最后的绘画叠加选项（如图所示）得到的效果与 Lightroom 2 中的裁剪后暗角效果相同，它只是将边缘绘画为暗灰色。我认为其效果并没有其他选项好（或逼真），这就是为什么我不使用绘画叠加选项的原因。样式就介绍到这里。裁剪后暗角中数量与中点滑块和标准镜头暗角功能相同（数量滑块控制边缘的变暗程度，而中点滑块决定暗的边缘向照片中央扩展多远）。即使我们已对图像进行裁剪，当将数量滑块向左多拖动一点，而中点滑块向左少拖动一点时，仍将看到其效果。

第 7 步：

接下来的两个滑块是新增加的，它们使暗角看起来比 Lightroom 2 中的更逼真。例如，圆度设置控制暗角的圆度（请尝试将其保留为 0，然后将羽化量一直拖到最左端，稍后将介绍该滑块）。看到它创建出一个非常清晰的椭圆形状了吗？圆度设置控制这个椭圆形状的圆度（来回拖动该滑块您就会明白）。

图 4-68

第 8 步：

羽化滑块控制椭圆边缘的柔和度，因此向右拖动该滑块将使暗角更柔和，且显得得更自然。本例中我单击羽化，并把其数量拖动到 33，可以看到上一步中的硬边椭圆变得多柔和。因此，简单地说，拖动得越远，得到的椭圆边缘就越柔和。使用暗角控件使边缘区域变暗时，底部（高光）的滑块用于帮助保留该区域的高光。将其拖得越远，高光就保留得越多。仅当样式设置为高光优先或颜色优先时，高光滑块才可用。

图 4-69

4.13 创建新潮的高对比度效果

去年开始流行一种 Photoshop 特效，现在它成为最热门、最常用的特效之一，我们在大型杂志封面、Web 站点、名人肖像、纪念册封面等随处都可以看到这种效果。在 Lightroom 内就可以创建出类似的效果。在演示这种效果之前我必须要告诉您的是，您要么会非常喜欢这种效果，要么会非常讨厌它。只有这两种可能。

图 4-70

第 1 步：

在应用这种效果之前，我要声明一点：这种效果并不是在每一幅照片上都有很好的显示效果。它在对比强烈的照片上效果最好，而对于肖像，则在具有多个光源（尤其是一个或多个明亮的光源从后方照射人物的侧面）的情况下效果最佳。硬光效果是我们这里所要寻找的效果（而不是柔和的迷幻效果）。图 4-70 中所示是一幅在比利时布鲁日明朗的白天拍摄的对比强烈的照片。

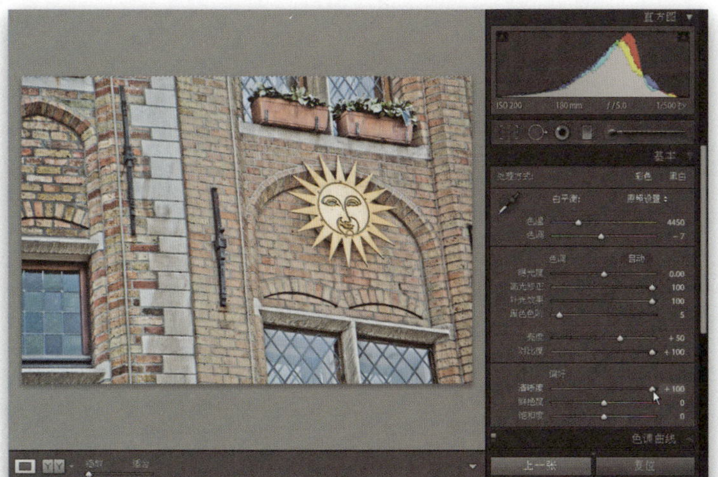

图 4-71

第 2 步：

现在我们要真正开始调整，首先在修改照片模块的基本面板内，将（1）高光修正滑块，（2）补光效果滑块，（3）对比度滑块以及（4）清晰度滑块拖动到最右端（直到它们的读数达到 +100 为止，如图 4-71 所示）。我知道这种效果看起来很恐怖，但我们还没有完成。

第 3 步：

将补光效果滑块拖到最右端常常会导致阴影区域过亮，所以需要向右拖动黑色色阶滑块，直到图像看起来又恢复平衡为止。这将恢复阴影以及阴影区域的色饱和度。问题是阴影中的饱和度通常使图像看起来色彩斑斓，这不是最糟糕的事（事实上，这时它看起来像伪 HDR 效果），这种效果的关键所在是它看起来让人觉得饱和度不足。

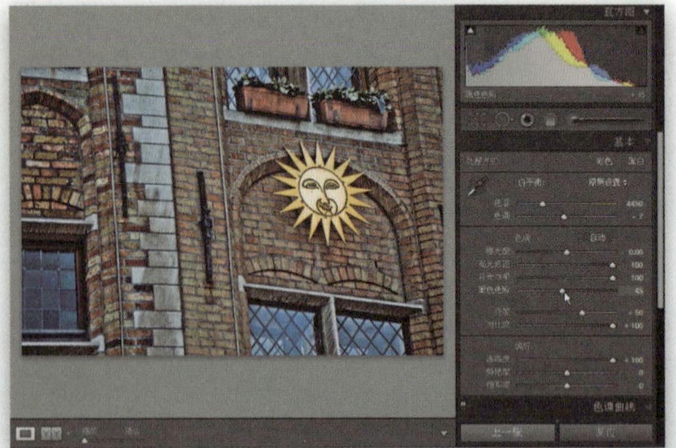

图 4-72

第 4 步：

因此请将鲜艳度滑块向左多拖动一点儿（如图所示，如果这是一幅肖像，则请将其向左拖动到使肖像仅剩一点色彩为止）。完成这两步处理后可以看到，从砖块到花架，所有细节都得到令人难以置信的恢复。

图 4-73

第 5 步：

最后一步是添加边缘暗角效果，使照片的边缘变暗，把焦点集中到主体上。因此，请移动到镜头校正面板（位于右侧面板区域），单击顶部的手动，将镜头暗角数量滑块拖到接近最左侧（使边缘变得很暗）。然后同样将中点滑块向左拖动很远，但不必像数量滑块拖动得那么远（中点滑块控制暗的边缘向照片中央扩展多远。将该滑块向左拖动得越远，变暗效果向照片中央扩展就越远）。这时，可以将它保存为预设。但要记住：每张照片各有不同。因此预设只能作为起点，每次必须使用鲜艳度滑块调整去色量。

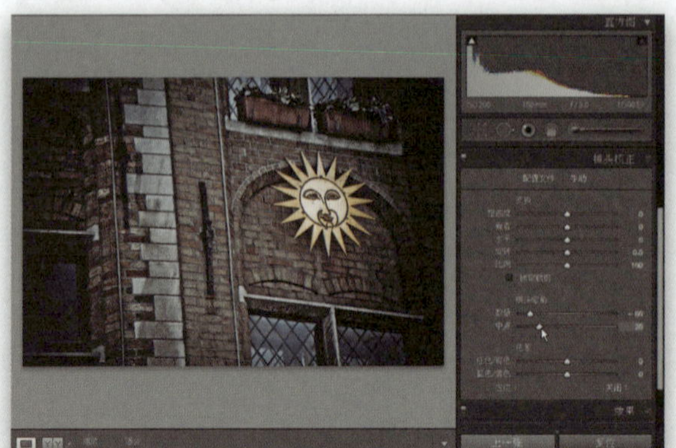

图 4-74

还记得我们前面编辑过的美丽肖像照吗？如果我们想看看其黑白版本，也可能想看其着色版本，之后再看看其强对比度版本，之后还可能想看其不同的裁剪版本，这时该怎么办？使我们感到棘手的是：每次想尝试不同效果时必须复制高分辨率文件，它会无端占用大量的硬盘空间和内存。但幸运的是，我们可以创建虚拟副本，它不占用硬盘空间，使我们无需任何开销就可以尝试不同的效果。

4.14 虚拟副本——"无风险"的试验方法

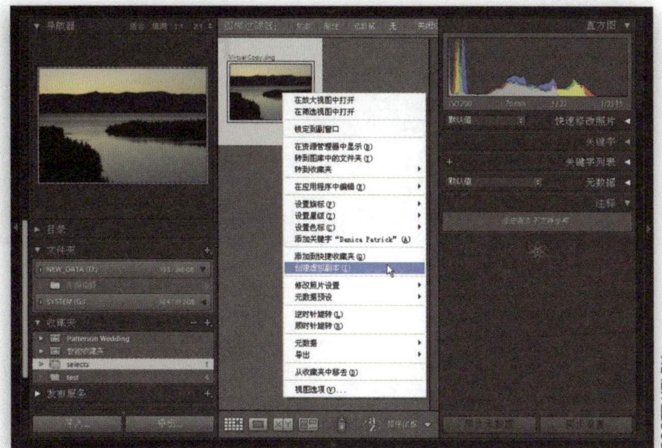

SCOTT KELBY

图 4-75

第 1 步：

创建虚拟副本的方法是：右击原始照片，从弹出菜单中选择创建虚拟副本（如图 4-75 所示），或者使用键盘快捷键 Command-'（PC: Ctrl-'）。这些虚拟副本看起来与原始照片完全相同，我们可以像编辑原始照片一样编辑它们，但其差别是：它不是真正的文件，只是一套指令，因此不会增加真正文件的大小。这样可以创建任意多个虚拟副本，之后尝试想要执行的操作，而又不会占满硬盘空间。

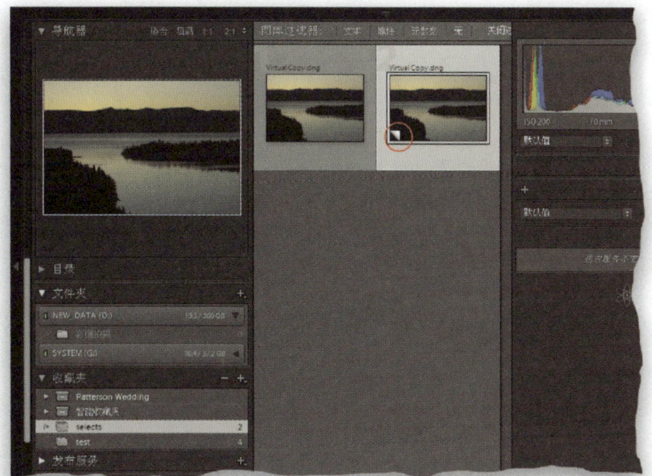

图 4-76

第 2 步：

创建虚拟副本时，因为无论是在网格视图内，还是在胶片显示窗格内，虚拟副本图像缩览图的左下角显示一个翻页图标，所以我们知道哪个版本是副本（如图 4-76 中红色圆圈所示）。现在请转到修改照片模块，处理虚拟副本（调整白平衡、曝光、阴影等），当回到网格视图时，会看到原来的照片和编辑后的虚拟副本（如图所示）。

第 3 步：

我们现在可以尝试原始照片的多个虚拟副本，这对原始照片和磁盘空间不存在任何风险。因此，请单击第一个虚拟副本，之后按 Command-’ (PC: Ctrl-’) 创建另一个虚拟副本 (确实如此，可以从虚拟副本创建虚拟副本)，之后转到修改照片模块，做一些调整 (这里我修改了白平衡和鲜艳度设置)。现在，再创建其他更多副本进行体验 (我创建了更多的副本，并进一步调整白平衡和鲜艳度设置)。注意：创建副本后，可以单击右侧面板区域底部内的复位按钮，使这个虚拟副本恢复到其原来未编辑时的效果。同时请注意，不必每次跳回到网格视图创建虚拟副本，其键盘快捷键在修改照片模块内同样有效。

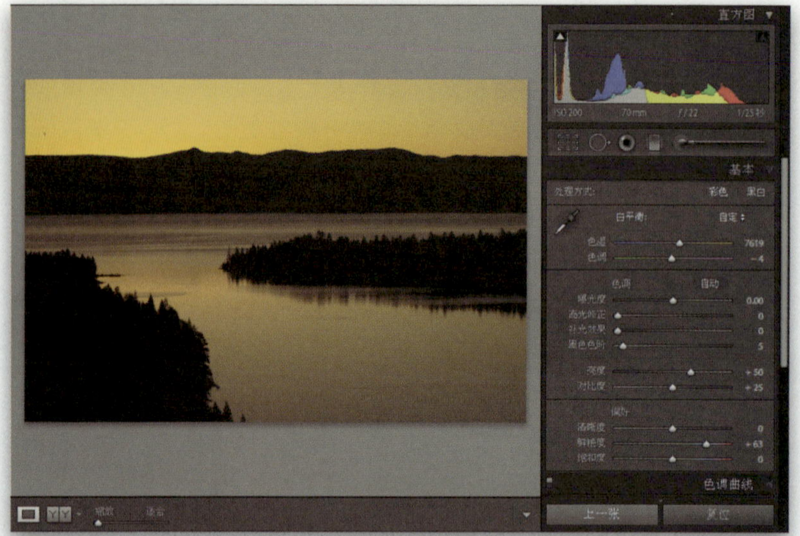

图 4-77

第 4 步：

现在，如果想并排比较所有试验版本，则请转到网格视图，选择原始照片以及所有虚拟副本，之后按键盘上的字母 N 进入筛选视图 (如图 4-78 所示)。在找到自己真正喜欢的版本后，当然可以只保留它，而删除不喜欢的其他虚拟副本 (注意，要删除虚拟副本，请单击它，再按 Delete (PC: Backspace) 键，它就会消失，没有任何警告对话框)。如果选择把这个虚拟副本转到 Photoshop 或者把它导出为 JPEG 或 TIFF 文件，Lightroom 这时会使用已经应用到虚拟副本的设置创建一个真正的副本。

图 4-78

4.15 用自动同步功能一次性编辑一批照片

前面介绍了怎样编辑一幅照片，复制这些编辑，之后把这些编辑粘贴到其他照片，但有一种称为自动同步的“实时批编辑”功能，您可能会更喜欢它（无论怎样，我是更喜欢它）。其功能为：选择一组类似的照片，之后对一幅照片所做的任何编辑将自动实时应用到其他被选择的照片（不必复制和粘贴）。每次移动滑块，或者进行调整，所有其他照片都随之自动更新。

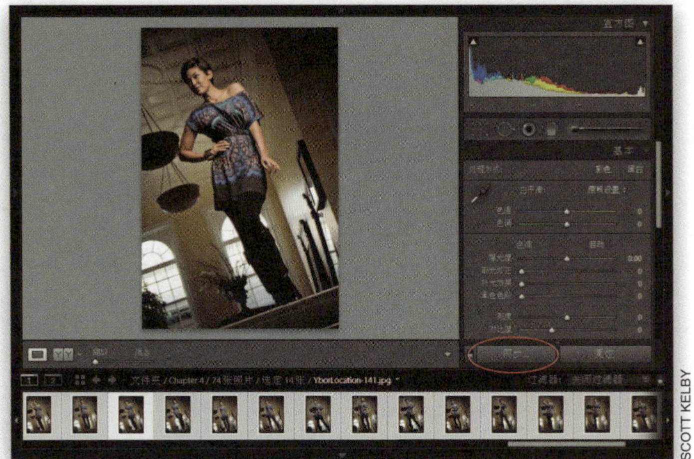

图 4-79

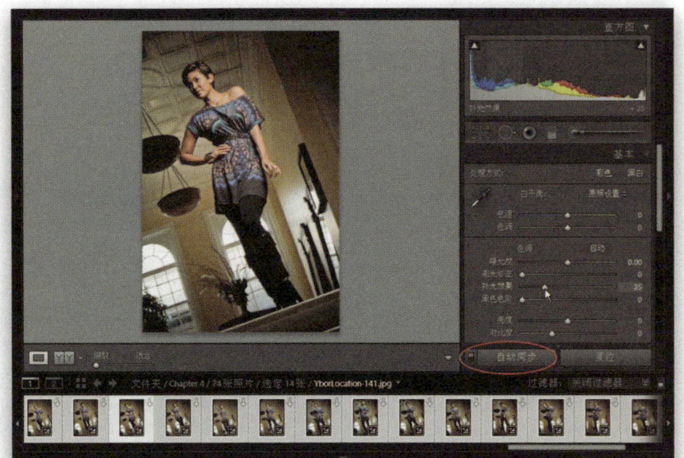

图 4-80

第 1 步：

首先在图库模块内单击想要编辑的照片，之后转到胶片显示窗格内，Command-单击 (PC: Ctrl- 单击) 需要具有与第一幅照片完全相同调整的所有其他照片（如图所示，我选择 14 幅照片，它们全部需要补光效果调整）。在中央的预览区域内可以看到单击的第一幅照片（Adobe 把这幅首先被选择的照片称作“首选”照片）。现在，从右侧面板区域底部可以看到，在选择多幅照片后，原本标识为“上一张”的按钮，现在变为“同步”（如图 4-79 中红色圆圈所示）。如果按住 Command (PC: Ctrl) 键并保持，将变为“自动同步”。

第 2 步：

也可以单击同步按钮左侧的小开关，将开启自动同步功能（从图中可以看到它现在显示为“自动同步”）。现在，把补光效果数量增加到 25 左右（这使阴影区域变亮）。做这些修改时，请注意观察胶片显示窗格内被选择的照片，它们都得到完全相同的调整，但没有执行任何复制和粘贴，或者处理对话框等之类的操作。顺便提一下，自动同步在关闭该按钮左侧的小开关之前，一直保持打开状态。

注意：请记住，只有选择了多幅照片后才会看到同步或自动同步按钮，否则它显示为“上一张”。

4.16 把喜爱的设置保存为预设

Lightroom 带有大量的内置色调校正预设，我们只需单击一次就可以把它们应用到任意照片。这些预设位于左侧面板区域内的预设面板中，其中有两个不同的预设收藏夹：Lightroom 预设（Adobe 提供的内置预设）和用户预设（我们创建的预设，只需单击一次就可以应用自己喜爱的组合设置）。

第 1 步：

首先我们介绍怎样使用内置预设，之后将创建我们自己的预设，并在两个不同的地方应用它们。首先，让我们看看内置预设。请转到预设面板（位于左侧面板区域内），单击 Lightroom 预设左侧的右向箭头，展开这套预设，查看其中的内置预设（如图 4-81 所示）。Adobe 命名这些内置预设时，按照每种预设的类型在其名称前冠以前缀。因此，以"黑白创意"开始的是黑白特殊效果预设，而那些以"普通"开始的是一些标准色调调整预设，以"锐化"开始的是……我需要解释这个预设吗？

图 4-81

第 2 步：

只要把光标悬停在预设面板内的预设上，即可看到这些预设的预览效果，即使在应用它们之前也可以看到。预览显示在预设面板上方的导航器面板内（如图 4-82 所示，这里我把光标悬停在名为仿古照片的颜色创意预设上，在左侧面板区域顶部的导航器面板内可以看到这种颜色效果应用到照片时的预览效果）。

图 4-82

图 4-83

第 3 步：

要实际应用其中一种预设，只需单击它即可。在这里所示的例子中，我单击颜色创意 - 冷色调预设，它产生的效果如图所示。

提示：重命名预设

要重命名我们创建的预设（用户预设），只需右击该预设，并从弹出菜单中选择重命名。

图 4-84

第 4 步：

应用预设之后，可以再应用多个预设，这些修改将被添加到当前设置上，只要选择的新预设不使用与刚应用预设相同的设置即可。因此，如果应用了一种预设，该预设设置了曝光度、补光效果和阴影，但未使用清晰度设置，而随后选择了一种仅使用清晰度设置的预设，它将叠加在当前预设上，否则，它将只是再次移动对应滑块。因此我向下滚动到内置预设底部，并单击色调曲线 - 中对比度增效预设。之后，单击普通 - 微调预设，创建出图中所示的效果。只单击三次，我就能够添加着色特效，对比度更强和总体更加锐化、细节更加突出。

第 5 步：

现在，当然可以使用任何内置预设作为起点，创建我们自己的自定预设，但我们要从零开始。请单击右侧面板区域底部的复位按钮（如图 4-85 中红色圆圈所示），将照片复位到开始处理前状态。现在我们将从零开始创建自己的显示效果：将曝光度值提高到 +1.00，高光修正值设置为 100，补光效果为 40，黑色色阶为 5，亮度为 +50，然后将对比度调低到 – 12。现在，将鲜艳度值提高到 +30，然后将饱和度调低为 – 60，调整后的显示效果如图所示。我们还没处理完呢（因为效果还不太理想）。

第 6 步：

现在转到色调曲线面板（右侧面板区域内），从点曲线下拉列表中选择强对比度，然后将高光滑块拖动到 +75，阴影滑块拖动到 –85，以增强对比度。最后，请转到镜头校正面板，在顶部单击手动，并将镜头暗角数量滑块拖动到 – 100，中点设置为 5，以完成效果调整（现在看起来好些了，对比度适中，色彩具有褪色但明快的效果）。好的，现在已经得到我们想要的效果，让我们把它保存为预设。请返回预设面板，单击显示在预设面板标题右侧的 +（加号）按钮，这将打开新建修改照片预设对话框（如图所示）。为新预设命名（我把这个预设命名为“Desaturate With Contrast Snap”），单击对话框底部的全部不选按钮（以便关闭所有复选框），然后打开所有编辑过的设置对应的复选框，以便创建预设（如图所示）。现在单击创建按钮，将刚才所做编辑保存为自定预设。

注意：要删除用户预设，只要单击该预设，之后单击 –（减号）按钮即可，该按钮显示在预设面板标题右侧的 + 按钮的左边）。

图 4-85

图 4-86

SCOTT KELBY

图 4-87

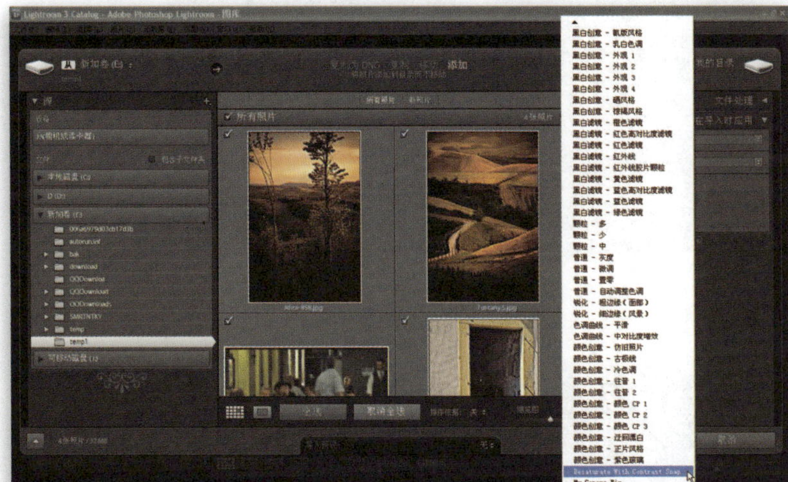

SCOTT KELBY

图 4-88

第 7 步：

现在单击胶片显示窗格内的不同照片，之后把光标悬停在新预设上（我把它悬停在 Desaturate With Contrast Snap 预设上），如果观察一下导航器面板，就会看到该预设的预览（如图 4-87 所示，从中可以看到目前的彩色照片看起来像应用了我们刚创建的自定预设）。观察这些立即得到的实时预览可以节省大量的时间，因为在把预设实际应用到照片之前就能马上知道其效果是否理想。

第 8 步：

我们甚至可以在导入窗口内使用这些预设（包括随 Lightroom 安装的内置预设以及我们自己创建的预设）。例如，如果想把 Desaturate With Contrast Snap 预设应用到一组将要导入的照片，在导入窗口内的在导入时应用面板中，从修改照片设置下拉列表中选择该预设（如图 4-88 所示），它就会在照片导入时自动应用到每张照片。还有一个地方可以应用这些修改照片预设，那就是图库模块内快速修改照片面板顶部的存储的预设下拉列表（关于快速修改照片面板的详细介绍，请参阅下一节）。

提示：导入预设

很多联机地方提供可免费下载的修改照片模块预设。下载预设之后，要把它加入到 Lightroom，请转到预设面板，右击用户预设标题，从弹出菜单中选择导入。找到下载的预设，单击导入按钮，现在该预设就会显示在用户预设列表内。

4.17 使用图库模块的快速修改照片面板

图库模块内有一个修改照片模块的基本面板版本，它就是快速修改照片面板，之所以在这里放置该面板，是为了让您能够在图库模块内快速完成一些简单的编辑，而不必跳转到修改照片模块。问题是，快速修改照片面板难以使用，因为其中没有任何滑块，只有一些按钮可以单击（这使它难以设置到合适的数量）。但对于快速编辑而言，这足够了。

第 1 步：

快速修改照片面板（如图 4-89 所示）位于图库模块内右侧面板区域顶部的直方图面板下方。虽然它没有白平衡选择工具，但除此之外，它具有的控件与修改照片模块的基本面板基本相同（包括高光修正、补光效果、清晰度和鲜艳度等控件）。此外，如果按住 Option (PC: Alt) 键并保持，清晰度和鲜艳度控件会变为锐化和饱和度控件（如图 4-90 所示）。快速修改照片面板没有能够精确控制调整的滑块，而是使用单击按钮。如果单击单个箭头按钮，它把该控件稍移动一点。如果单击双箭头按钮，则移动多一点。

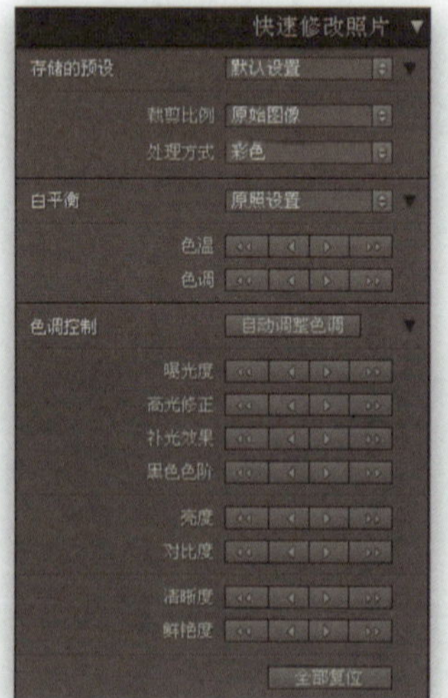

图 4-89

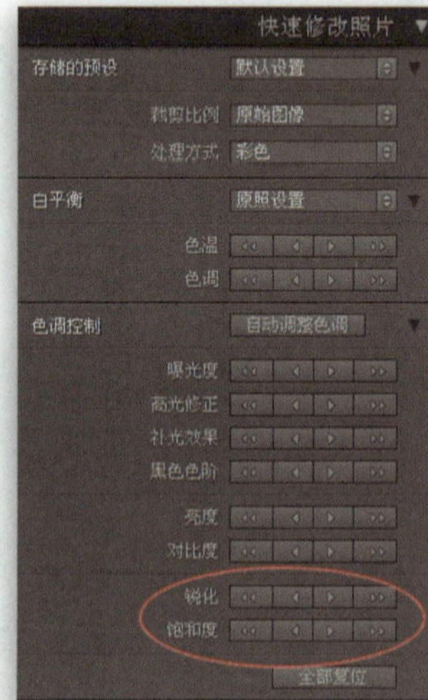

图 4-90

第 2 步：

我只在两种情况下才会使用快速修改照片面板：一种是我看到混乱的缩览图，在我花时间把其引入修改照片模块之前，想看看是否能方便地校正它。例如，在网格视图内，单击欠曝的照片，之后转到快速修改照片面板，单击曝光度右双箭头按钮两次，使其接近正确曝光。现在可以更准确地判断这幅照片的命运，而不必暂停排序操作，离开图库模块，跳转到修改照片模块。

图 4-91

SCOTT KELBY

图 4-92

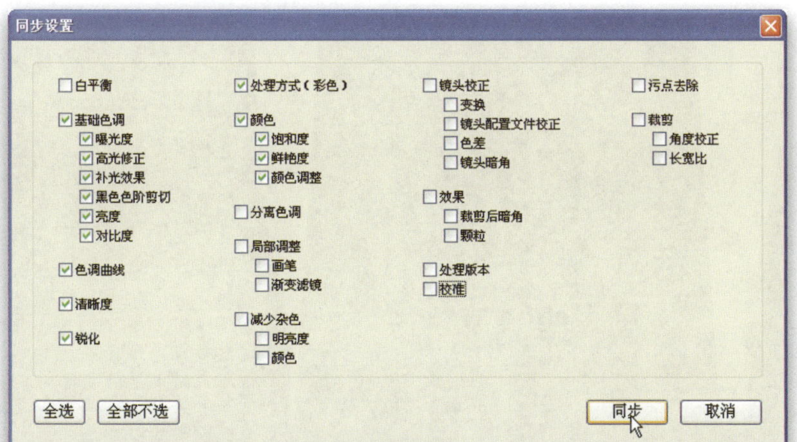

图 4-93

第 3 步：

我使用快速修改照片面板的另一种情况是，在比较或筛选视图中时（如图 4-92 所示），在这些并排显示的视图内可以应用快速修改照片编辑（一定要首先单击想要编辑的照片）。例如，这些照片由于存在洋红色色偏，所以她的礼服显得略带桃色。因此，在筛选模式下，请单击第三幅照片，然后观察她礼服的颜色。要使其变回白色，需要单击色温左双箭头按钮两次，然后单击色调左双箭头按钮一次。既然我已知道所需的调整，就可以返回网格视图，选择所有类似照片，仅通过三次单击就一次性完成所有照片的校正。此外，在使用快速修改照片功能校正多张照片时，每幅图像都得到相同的校正量（因此如果把曝光增加 2/3 挡，所有被选择的照片都提升 2/3 挡，而不管它们当前的曝光度是多少）。但是，在修改照片模块内使用自动同步进行同样操作时就不会这样。在修改照片模块内，如果把一幅照片的曝光度设置为 +0.50，则每幅被选择的照片的曝光度也被设置为 +0.50。

第 4 步：

如果选择了一组照片，但只想对它们应用执行过的某些编辑（而不是所有快速修改照片编辑），请单击位于右侧面板区域底部的同步设置按钮。这将打开一个对话框（如图 4-93 所示），从中可以选择把哪些快速修改照片设置应用到被选择的其余照片。只要打开您想应用的那些设置旁边的复选框，然后单击同步按钮即可。

提示：撤销快速修改照片修改

要撤销在快速修改照片面板内所做的任何一个修改，只需双击相应控件名即可。

4.18 添加胶片颗粒效果

您可能听到过传统胶片摄影师抱怨数字图像显得“太干净”，这可能就是添加胶片颗粒插件广为流行的原因。以前我们的解决办法是转到 Photoshop，使用添加杂色滤镜，该滤镜处理效果不算糟糕，但在 Lightroom 3 中，现在有专门用于提供更加真实的胶片颗粒效果功能，我们不必离开 Lightroom。

第 1 步：

胶片颗粒效果在处理黑白照片时很流行，因此我们先转换为黑白模式。在基本面板中，单击右上方的黑白，然后将高光修正数值提高到 100（恢复部分天空），清晰度调整为 +75。在色调曲线面板中，从点曲线下拉面板中选择强对比度。

提示：用键盘快捷键导航面板

您是否希望不必滚动就跳转到某个面板？请按 Command-1 跳转到基本面板，Command-2 跳转到色调曲线面板，Command-3 跳转到 HSL/ 颜色 / 黑白面板等（PC 机上，您可以使用 Ctrl-1、Ctrl-2 等，这些快捷键适用于所有模块的右侧面板区域）。

SCOTT KELBY

图 4-94

第 2 步：

现在，请转到效果面板（为了确保看到颗粒，先放大到 100% [1 : 1] 视图）。颗粒数量滑块的作用如您想像的一样——数量越大，添加到照片的颗粒就越多（我通常不会把它设置到 40 以上，一般在 15 ~ 30 尝试）。图 4-95 中我将其调整到 34 时的效果。

图 4-95

图 4-96

第 3 步：

大小滑块选择颗粒的大小。我觉得当尺寸很小时显得更逼真，但如果处理的是高分辨率图像，可能要将它提高一点。粗糙度滑块用于控制颗粒的密度，默认情况下，杂色图案看起来很一致，因此将粗糙度滑块越往右拖动，其变化就越大。但我必须要告诉的是，如果将其调整得太多，反差就开始变大，出现可怕的效果，因此我一般将粗糙度值保留为去默认设置 50 不变。

未应用颗粒的图像　　应用颗粒后的图像

图 4-97

提示：如果要打印的话，请添加更多颗粒

打印时会丢失一些颗粒，所以，如果颗粒数量在屏幕上看起来合适，打印时几乎看不到也就不足为奇了。因此，可能必须要比我们想象的多添加一些颗粒。

Lightroom 快速提示

▼ 复位白平衡

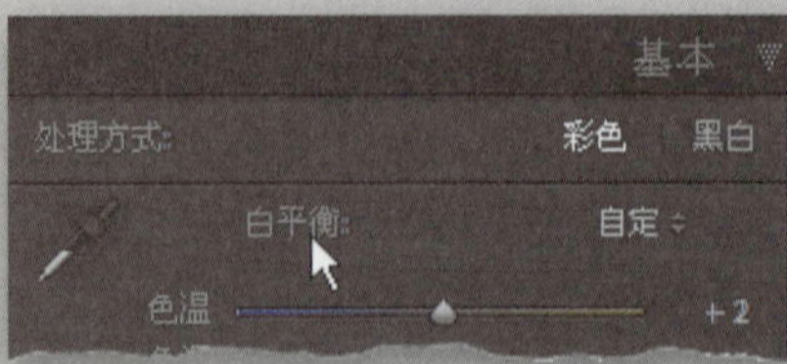

要把白平衡中的色温和色调滑块复位到它们原来的原照设置，只需直接在基本面板内的白平衡文字上双击即可。

▼ 为没有耐心的人提供的面板操作技巧

当折叠或展开面板时，它通常逐渐地（并且慢慢地）动画显示这一过程（换句话说，它们不是突然打开，而是“滑”开）。如果您想跳过这一过程，让这些面板在单击时突然打开 / 关闭，则请 Command- 单击 (PC: Ctrl- 单击) 它们。

▼ 在细节面板内选择缩放比例

如果在细节面板中的小预览窗口内右击，从弹出菜单中可以选择视图的两种缩放比例——1:1 或 2:1，在预览区内单击光标将放大到该比例。

▼ 隐藏修剪警告三角形

如果不使用直方图顶角的两个修剪警告三角形（或者想在不使用它们时关闭它们），只需在直方图上任意地方右击，从弹出菜单中选择显示剪切指示器关闭它，它们就会消失。如果想让它们再显示出来，则请回到相同的弹出菜单，再次选择显示剪切指示器。

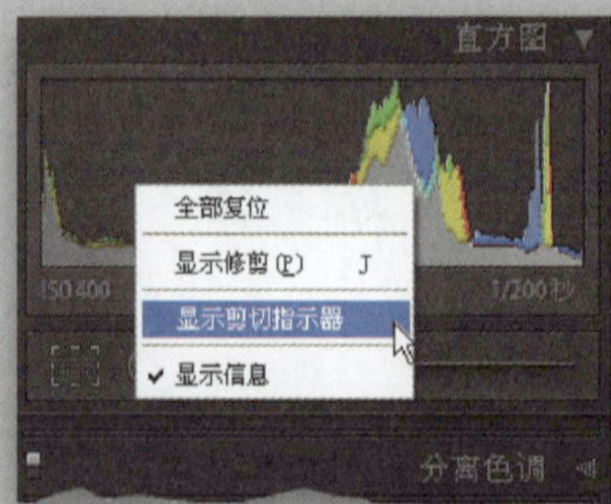

▼ 复制最后复制的内容

单击修改照片模块内的复制按钮时（位于左侧面板区域的底部），将打开复制设置对话框，询问要复制哪些编辑。然而，如果知道想要复制与以前完全相同的编辑（可能您总是复制所有调整），则可以按住 Option (PC: Alt) 键（“复制…”将变为“复制”），然后单击复制按钮，完全跳过复制设置对话框。

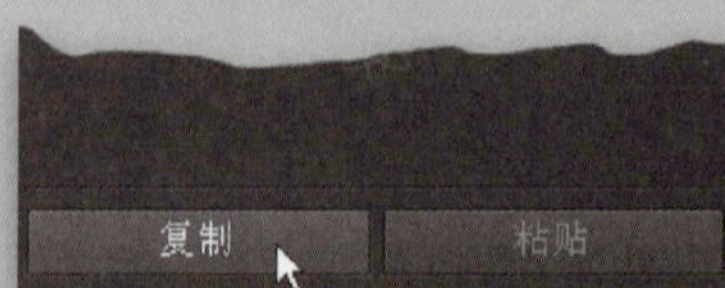

▼ 使选择相机配置文件变得更容易

为了更容易选择相机校准面板的配置文件，请尝试如下方法：将 DSLR（数码单反相机）设置为以 RAW 和 JPEG FINE 格式拍摄，这样，当您按下快门按钮时，将拍摄两张照片——一张为 RAW 格式，另一张为 JPEG 格式。把它们导入 Lightroom 时，得到的 RAW 和 JPEG 照片将并列显示，这样就更容易为 RAW 照片选择出与相机创建的 JPEG 相匹配的配置文件。

▼ 选择哪个是修改前、修改后视图

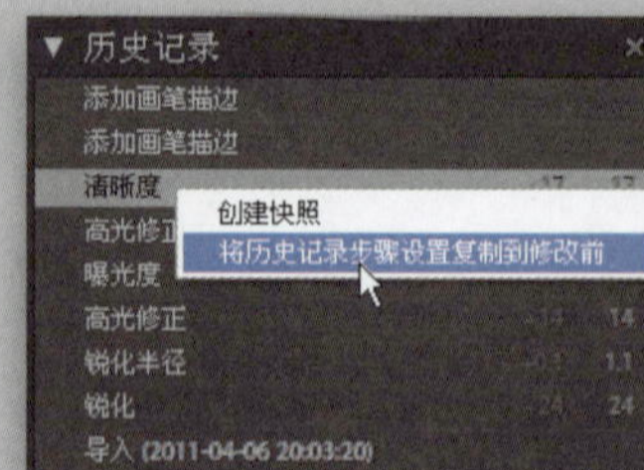

默认时，如果在修改照片模块内按 \（反斜杠）键，它会在初始未修改的图像（修改前视图）和编辑后现在的显示效果之间来回切换。然而，如果不想使修改前视图是初始照片该怎么办？例如，假如在基本面板内对肖像做了一些基本编辑，之后使用调整画笔执行一些肖像修饰。您可能希望修改前视图显示应用基本面板编辑后，但在开始修饰之前的效果。要实现这一点，请转到历史记录面板（左侧面板区域内），向下滚动，找到开始使用调整画笔前的那个步骤。右击该历史状态，并选择将历史记录步骤设置复制到修改前。现在按 \ 键时它成为新的修改前照片。这很酷，我知道。

▼ 使当前设置成为相机新的默认设置

打开照片时，Lightroom 基于照片的文件格式和拍摄照片所用相机的制造商和型号（从内置的 EXIF 数据中读取这些信息），应用一套默认的校正。如果想使用自己的

Lightroom 快速提示

自定设置（您可能认为这使阴影太黑，或者高光太亮），则请在 Lightroom 内根据您的想法调整这些设置，之后按 Option (PC: Alt) 键并保持，右侧面板区域底部的复制按钮变为设置默认设置按钮。在其上单击，打开的对话框内显示当前图像的文件格式或者相机制造商和型号。单击更新为当前设置，从现在开始，当前设置将成为用该相机或这种文件格式所拍摄的所有图像新的编辑起点。要回到 Adobe 为该相机指定的默认设置，请回到同一个对话框，但这次单击恢复 Adobe 默认设置按钮。

▼ 不通过创建虚拟副本得到照片的不同版本

本章前面我简单提到过快照，但我想让您用另一种方式去看待它们——把它们看作一种单击一次即可访问照片多个版本的另一种方法。在修改照片模块内处理，看到喜爱的照片的某个版本时，只需按 Command-N (PC: Ctrl-N)，当时的照片显示效果将被保存到快照面板（需要为其命名）。所以，用这种方法可以将黑白版本作为一个快照，双色版本、彩色版本、带某种特效的版本分别作为一个快照，只需一次单击就可以查看任一快照，而不必在历史记录面板内滚动并费力查找各种显示效果所在的位置。

▼ 为 JPEG 和 TIFF 图像创建白平衡预设

我前面提到过 JPEG 和 TIFF 图像惟一可选的白平衡预设是自动。下面有一种很酷的方法使您可以有更多选择：打开一幅 RAW 图像，并只进行一项编辑——将白平衡预设选择为日光。现在，将这种修改保存为预设，并取名为白平衡日光。然后对每种白平衡预设进行同样操作，并分别保存为预设。现在当打开一幅 JPEG 或 TIFF 图像，就可以单击一次这些白平衡预设，访问它们，并得到相类的效果。

▼ 我最常使用的预设之一

刻意的暗角效果现在非常流行，所以将其保存为一次单击即可访问的预设是个好主意。只要移动到镜头校正面板，单击顶部的手动，单击并向左拖动镜头暗角数量滑块（到 –100），然后单击中点滑块并向左拖动到 10，之后转到预设面板，将其保存为暗角预设。现在只需将鼠标移动到该预设上方，就可以在左侧面板区域顶部的导航器面板内看到图像应用暗角后的显示效果。

▼ 更新预设

如果使用修改照片模块内的用户预设开始编辑处理，并创建出自己喜欢的新修改时，可以通过以下方法更新预设：右击旧的预设，从弹出菜单中选择使用当前设置更新。

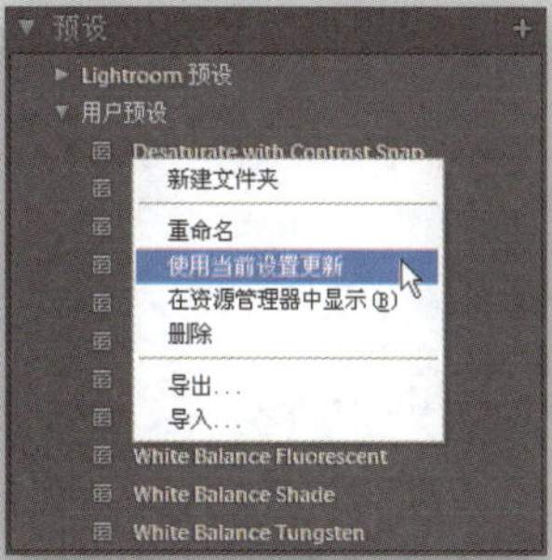

▼ 用统一曝光度修复曝光不足的照片

查看同一主题的一系列照片，发现其中一些照片曝光不足时，请尝试以下技巧快速修复它们：从系列照片中单击一张曝光合适的照片，保持该照片选择状态的同时，选择曝光不足的照片，然后转到设置菜单，选择统一为选定照片曝光度。它将用“首选”照片（曝光合适的照片）评估总体曝光度，并用它修复曝光不足的照片。

摄影师：Scott Kelby | 曝光时间：1/800s | 焦距：70mm | 光圈：$f/2.8$

局部调整

在 Lightroom 内所做的全局调整将对整幅图像造成全局影响。如果调整只影响图像的一部分，这就不是全局，而是局部调整。本章介绍使用调整画笔（以及其他局部调整工具）对图像进行局部调整。

5.1 减淡、加深和调整照片的各个区域

到目前为止，我们在修改照片模块内所作的调整都是针对整幅图像的。例如，如果拖动色温滑块，它将改变整幅图像的白平衡（Adobe 称之为“全局调整”）。而如果想要调整某个特定区域（“局部”调整）该怎么办？可以使用调整画笔，它可以让我们仅在希望调整的区域上绘图修改，因此可以执行诸如减淡和加深（变亮或变暗照片的不同区域）等处理，但 Adobe 所添加的功能远不止变亮和变暗。下面介绍其工作方式。

第 1 步：

在修改照片模块的基本面板正上方的工具箱内，请单击调整画笔图标（如图 5-1 中圆圈所示），或者按键盘上的 K 键。工具箱的下方将弹出一个选项面板，其中具有使用调整画笔的所有控件（如图 5-1 所示）。

图 5-1

第 2 步：

选择调整画笔后，我们首先从效果下拉列表（如图 5-2 所示）中选择想要哪种效果。本例中，我们主要想对照片的亮度进行调整，使一些区域（摩托车）变亮，其他区域（背景）变暗。我们还将使一些区域的色彩更丰富，其他区域更锐化。我们先让摩托车变亮，请从该下拉列表中选择曝光度（如果它还未被选取的话）。

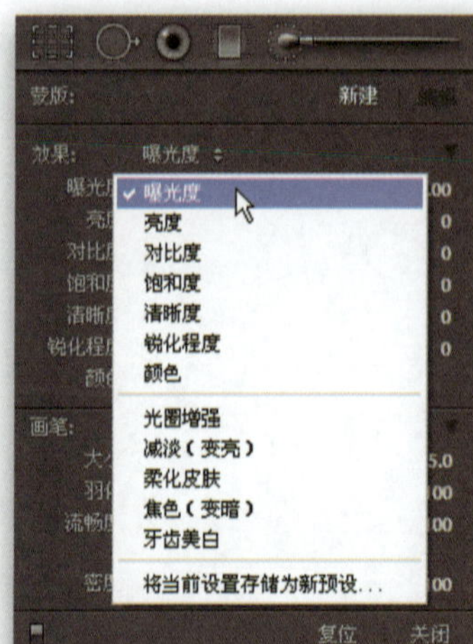

图 5-2

图 5-3

第 3 步：

现在，这初听起来好像很怪诞，但这时要往右拖动曝光度滑块（这里我把曝光度增加到 1.05），并猜测绘图时想让绘图区域变亮多少。当然，我无法知道该数量是否合适，但这没关系，因为可以在事后完全控制该数量。因此我通常故意把曝光度滑块向右拖动到比我认为需要量更远一点。这样，在绘图时可以很容易看到画笔描边，而不用担心混淆不清，因为以后随时都可以降低曝光度。

图 5-4

第 4 步：

因此，请从效果下拉列表内选择曝光度，把曝光度设置为 1.05 左右，并在摩托车的蓝色部分（如图 5-4 所示）开始绘图，以加亮该区域。重申一遍，如果它太亮（或者不够亮）也没关系，因为以后随时可以改变它（别担心，我们会改变它）。为了使在指定的区域内绘图变得更容易，Adobe 提供了自动蒙版功能（如图 5-4 中红色圆圈所示），它（根据颜色）感知绘图边缘所在位置，这有助于避免绘图溢出我们想要影响的区域以外。多数情况下自动蒙版的效果很好，因此我总是保留其开启状态，除非（a）它的效果不佳（导出出现绘图溢出）或者（b）我在不需要查找边缘的大背景区域上绘图（这时关闭自动蒙版功能将使绘图操作更快——按字母 A 可以切换其开 / 关状态）。

第 5 步：

现在，我们已经在摩托车上绘图完毕，请将曝光度滑块向左拖动（至 -1.00 左右），查看它是对摩托车变暗效果。这就是我前面所说的，绘图完成后还可以选择使该区域变亮（或变暗）。先绘图，之后再决定绘图区域的显示效果，确实很方便。

图 5-5

提示：改变画笔大小

要改变画笔大小，可以使用左、右括号键（位于键盘上字母 P 的右侧）。按左括号键使画笔变小，右括号键使画笔变大。

第 6 步：

再将曝光度滑块拖回到使摩托车变亮的位置。调整画笔最强大的功能之一就是一旦在某区域上绘图之后（就像对摩托车前面部分所做的处理），只要拖动其他效果滑块，就可以在同一区域添加其他效果。例如，到目前为止我们加亮了摩托车前面部分，但如果还希望它的色彩更鲜艳些，则不必再次绘图——只需向右拖动饱和度滑块。还希望它更加锐化吗？请向右拖动清晰度和锐化程度滑块，这些效果将叠加在一起，并且只作用于我们绘图过的区域（摩托车前面部分）。

图 5-6

图 5-7

第 7 步：

现在摩托车已经变亮，我们将变暗背景，但不能只是继续拖动滑块，因为这将只改变摩托车，由于它是我们已经绘图过的惟一区域。如果想在一个新区域绘图，并且单独控制它，则需要单击新建按钮（如图 5-7 中的红色圆圈所示）。现在必需选择要对这个即将绘图的新区域执行什么挑战。请从效果下拉列表中选择曝光度，然后向左拖动曝光度滑块，使该区域变暗。再次重申，将滑块向左拖动多远并没关系，因为以后可以改变它。现在，开始在摩托车右侧的背景上绘图，绘图时，该区域将变暗。

图 5-8

第 8 步：

要在像这样的大背景上绘图，我通常这样做：关闭自动蒙版复选框，然后在远离摩托车的所有背景区域上快速绘图（换句话说，也就是在不必担心意外绘制到摩托车的区域上绘图）。然后，当接近到摩托车边缘时，打开自动蒙版复选框，刚好绘图到它的边缘（如图 5-8 所示），确保不使它变暗。关键是要避免画笔中央的小 +（加号）划过摩托车。小加号决定在哪种颜色上绘图，如果不小心使它落到蓝色上，它认为需要在其上绘图，只要避免小加号接触到蓝色，就不会使其变暗。

第 9 步：

第一次开始绘图时，调整画笔会放置一个编辑标记，以标记所编辑的区域。我们前面先从摩托车上绘图（这是第一个编辑标记），然后单击新建按钮，在背景上绘图（这将添加第二个编辑标记），因此现在这张照片上有两个不同的编辑标记。这些标记很重要，因为通过在其中一个（或另一个）单击，将告诉 Lightroom 要调整哪个区域。查看编辑标记本身就可以判断当前编辑的是哪个区域。如果编辑标记带有一个充满黑色的小圆圈，则表明它是当前的活动编辑标记，因此，对滑块的改变将影响我们用这个编辑标记绘图过的区域。另一个编辑标记将是白色圆圈，要切换到另一个编辑标记，只需单击它，现在它就充满黑色（如图 5-9 所示），提示现已激活摩托车的编辑标记，现在所做的修改将只影响摩托车。

图 5-9

第 10 步：

让我们添加另一个编辑标记，以便了解对多个区域的处理。请单击新建按钮，然后在前灯上绘图。因为在上一步中变暗了背景，所以 Lightroom 认为我们又要执行这样的操作（但实际并不是这样），因此请将曝光度滑块向右拖动，使前灯变亮，然后将清晰度和锐化程度滑块向右拖动，使前灯看起来更清晰美观。将光标移动到图像区域外的任意位置，就会看到三个编辑标记：（1）在摩托车的前面部分，它使我们可以对摩托车进行编辑（顺便说一下，单击它，将提高曝光度），（2）背景，以及（3）前灯（单击它，也会让它稍亮一点）。

图 5-10

图 5-11

第 11 步：

那么，我们怎么知道确实已经在整个区域上绘图了？怎么知道是否遗漏了哪个点？在预览区底部下方的工具栏内有一个显示选定的蒙版叠加复选框，打开它将在绘图区域上显示红色蒙版（如图 5-11 所示）。这可以很容易地确认是否存在遗漏任何。如果确实遗漏了某个区域，只需在该区域上绘图即可。如果绘图超出了想要的范围，则请按住 Option（PC: Alt）键，并在该区域上绘图以清除它（绘图区域内的红色蒙版将消失）。蒙版编辑完成后，请关闭显示选定的蒙版叠加复选框。如果只是想快速查看蒙版，一种快捷的处理方法就是将光标移动到编辑标记的正上方，它将在绘图过的区域上叠加显示红色蒙版。

图 5-12

第 12 步：

调整画笔的另一项强大功能是可以在屏幕上进行交互式调整，这有点像第 4 章介绍过的目标调整工具。因此，要调整摩托车的曝光度数量，只需将光标直接移到摩托车编辑标记上，光标将变为带有两个箭头条状光标——一个指向左边，另一个指向右边（如图 5-12 中红色圆圈所示）。这告诉我们现在可以单击并左右拖动进行修改（请试一试，单击并向右拖动，提高应用到该编辑标记的所有效果）。

第 13 步：

该面板的底部还有有一组画笔选项。使用大小滑块可以改变画笔大小（但使用前面提到的括号键快捷更快捷）。羽化滑块控制画笔边缘的柔和程度，该数字越高，画笔越柔和（大约 90% 的时间我使用柔角的画笔）。对于硬边画笔，需要把羽化滑块调低至 0。流畅度滑块控制从画笔的绘图量（我通常将流畅度设置为 100）。此外，还可以创建两个自定画笔设置（画笔 A 和画笔 B），因此可以将其中一个设置为大的柔角画笔（如图 5-13 上图所示），将另一个设置为小的硬边画笔（如图 5-13 下图所示），这完全由您决定，只要在该字母上单击，选择设置，它就会记住这些设置，因此，下次只需在该字母上单击。

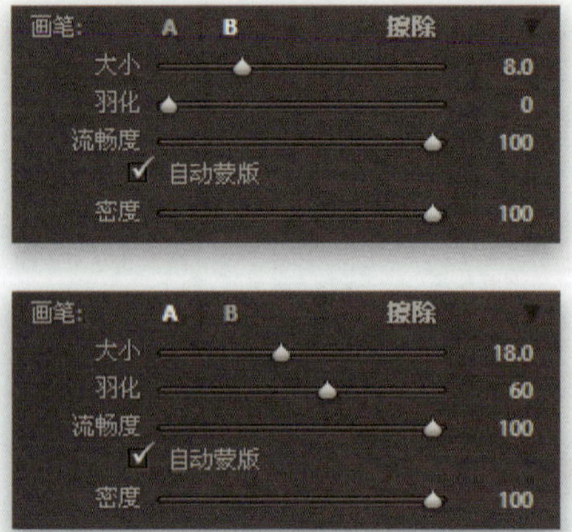

图 5-13

图 5-14

5.2 Lightroom 调整画笔其他五点需要了解的内容

关于调整画笔，我们还需要了解其他一些内容，这些内容有助于我们更得心应手地使用它，一旦掌握了这些（以及本章的其余内容），就会更少需要使用 Photoshop，因为在 Lightroom 中能够做很多调整。

第一点：从预览区下方工具栏中的显示编辑标记下拉列表（如图 5-15 所示）中可以选择 Lightroom 显示编辑标记的方式。自动指将光标移到图像区域外时隐藏编辑标记；总是则指它们始终可见；从不意味着无法看到它们；选定指只能看到当前激活的编辑标记。

第二点：要查看使用调整画笔编辑前的图像效果，请单击该面板底部左边的小开关（如图 5-15 中红色圆圈所示）。

第三点：按字母 O，在屏幕上显示红色蒙版将叠加，这样更方便查看和校正遗漏的区域。

第四点：如果单击效果下拉列表右端的向下的小三角形，将隐藏效果滑块，取而代之的是单个数量滑块，它总体控制当前活动编辑标记所做的全部修改（如图 5-16 所示）。

第五点：自动蒙版复选框下方的密度滑块模拟 Photoshop 喷枪的工作方式，但说实话，由于在蒙版上的绘图效果很精细，所以我从未改变过它的默认设置值 100。

SCOTT KELBY

图 5-15

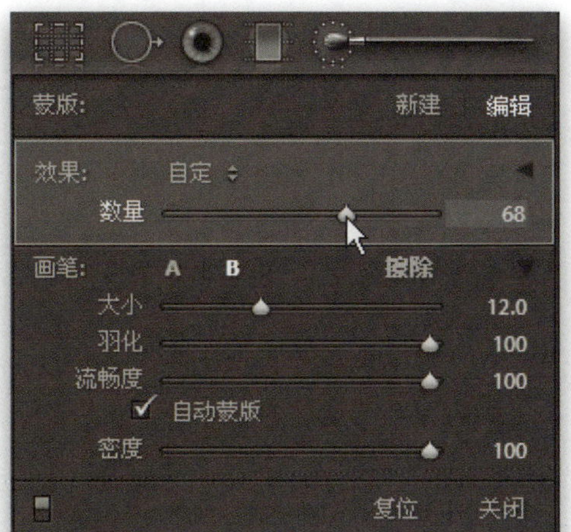

图 5-16

5.3 用调整画笔取得创意效果

现在已经了解调整画笔的工作方式，我们可以使用它做一些减淡和加深之外的操作——可以用它获得创意效果。我们首先介绍在婚礼相册中很流行的一种技术，这就是经典的“黑白新娘照片，但她的花束仍保留彩色”效果（这听起来没什么道理，但客户很喜欢这种效果）。

第 1 步：

在修改照片模块内，首先单击靠近右侧面板区域顶部工具箱内的调整画笔，之后从效果下拉列表内选择饱和度，把饱和度滑块设置为 –100（如图 5-17 所示），然后开始在我们想要它变为黑白的区域上绘图（这里，我们在花束之外的所有区域上绘图）。这样的例子（在具有不同颜色的大背景区域上绘图）中，我建议关闭自动蒙版复选框（位于画笔部分的底部）。否则，它会阻止绘制到最初单击区域之外——它允许在其他区域上绘图，但反对这样做。

SCOTT KELBY

图 5-17

第 2 步：

接近花束时，我们要做两件事：(1) 降低画笔大小（可以使用画笔部分的大小滑块，或者使用键盘上的括号键）；(2) 打开自动蒙版复选框。这样，它尽量避免画笔绘制到花朵上，因为它们的颜色与我们要绘制到的白衣服的颜色和皮肤颜色差别很大。最终效果如图 5-18 所示。

图 5-18

图 5-19

第 3 步：

单击右侧面板区域右下角的复位按钮，将照片复位到初始全彩色效果。现在，我们用调整画笔创建柔和的聚光灯效果。请从效果下拉列表中选择曝光度，然后将曝光度滑块向左拖动到 –2.13。关闭自动蒙版复选框，再在整幅图像上绘图，这将使整幅图像的曝光度变暗（如图 5-19 所示）。

图 5-20

第 4 步：

现在，按住 Option (PC: Alt) 键切换到复位工具。将画笔的大小提高多一点儿（使其变得相当大），并确认羽化和流畅度值均设置为 100（如图 5-20 所示），然后只在我们希望出现聚光灯效果的区域上绘图。这里，我们只需在新娘的头以及肩的顶部绘图，创建所需的聚光灯效果。

5.4 修饰肖像

在旧版 Lightroom 中进行修饰时，基本上只能做一件事情：消除瑕疵。很感谢我们能够这样做，因为在很多情况下，我们只需要做这点儿修饰，这样免得我们转到 Photoshop。但现在，我们使用调整画笔可以执行大量不同的常见修饰工作（请记住，只有在基本面板内调整过图像色调，再消除瑕疵，之后才能执行这些操作——始终要在使用调整画笔进行修饰之前完成这些处理）。

第 1 步：

这里我把视图放大到 1:3，这样可以真正看到处理效果。请单击调整画笔（靠近右侧面板区域顶部工具箱内），然后从效果下拉列表内选择柔化皮肤，增大画笔大小（使用画笔部分内的大小滑块，或者使用键盘上的括号键），然后关闭自动蒙版复选框。现在，在她的皮肤上绘图，并避免绘制到诸如眉毛、眼睑、嘴唇、鼻孔、头发等细节区域（如图 5-21 所示）。这将把清晰度设置为负数（可以看到它的值是 –100），使皮肤变变柔和。（注意：在柔化皮肤前，我总是先使用污点去除工具消除照片上的瑕疵。我们还未介绍这个工具，下一章将介绍它（只不过在下一章中我们清除的是污点或尘斑，它们的处理方法完全相同），在这里我使用下一章介绍的方法进行处理，消除了瑕疵。）

SCOTT KELBY

图 5-21

第 2 步：

为了让她的眼睛显得更突出（这是修饰术语）。我们将提高虹膜的曝光度、色饱和度以及她清晰度。首先，请单击新建按钮（靠近面板顶部），然后从效果下拉列表内选择光圈增强。之后打开自动蒙版复选框（有助于避免绘制到虹膜外的区域），在她每只眼睛的虹膜上绘图（如图 5-22 所示）。接下来，再次单击新建按钮（单击这个按钮确实很重要），然后从效果下拉列表内选择牙齿美白（如图所示），并在其白眼球区域上绘图（这个预设可以使颜色去饱和度，有助于清除眼睛内的所有红色）。

图 5-22

图中有五个编辑标记，从左到右为：
（1）光圈增强编辑标记（左眼上）；
（2）减淡（变亮）编辑标记；
（3）牙齿美白编辑标记（用来使眼睛变白）；
（4）柔化皮肤编辑标记，应用于她鼻子右侧；
（5）加深（变暗）编辑标记，应用于她耳朵附近的脸颊上。

图 5-23

第 3 步：

现在，我们将通过减淡、加深处理修饰她的面部（这是很流行的肖像修饰手法，它使阴影区域变得更暗，高光区域变得更亮）。首先单击新建按钮，并从效果下拉列表内选择加深（变暗），然后在阴影区域上绘画，使它们稍微变暗些（这里我在她的面颊、脖子和鼻子左侧的阴影区域绘图）。再次单击新建按钮，并从效果下拉列表内选择减淡（变亮），然后在她面部的高光区域绘图（例如她的鼻梁、眼睛附近面颊的顶部以及所有存在明亮高光的区域）。请记住，可以在上述处理后再通过滑块控制调整数量。修改前和修改后的效果如图 5-24 所示。

修改后（右侧）照片中的虹膜更锐化、色彩更丰富，白眼球更白，皮肤更柔和，减淡和加深处理使她的面部显得细长、更有造型

图 5-24

5.5 用渐变滤镜校正天空（及其他对象）

渐变滤镜（实际上是一项工具）能够重现传统的中密度渐变滤镜（就是上部暗，向下逐渐变为完全透明的玻璃或塑料滤镜）效果。这种效果在风景摄影师中很流行，因为我们只能要么使前景获得准确的曝光，要么使天空获得准确的曝光，无法同时兼顾二者。然而，Adobe 这一功能的实现方式使我们可以获得比仅用中密度渐变滤镜更好的效果。

第 1 步：

首先单击位于工具箱（靠近右侧面板区域的顶部）内的渐变滤镜工具（位于调整画笔的左边，或者按 M 键）。在其上单击时，将显示出一组与调整画笔效果选项类似的选项（如图 5-25 所示）。我们这里将复制传统中密度渐变滤镜效果，使天空变暗。首先请从效果下拉列表内选择亮度，然后将亮度滑块向左拖动到 –70（如图所示）。就像调整画笔一样，这里我们只是猜测渐变所需的变暗程度，之后可以使其变亮或变暗。

图 5-25

第 2 步：

按住 Shift 键并保持，在图像中央上单击，并直接往下拖动，直到到达接近照片底部四分之一为止（之所以拖这么低，是因为我们的地平线接近于照片的中央。您可以看到它在天空以及水中倒影的变暗效果，照片看起来平衡多了）。在到达地平线之前应该停止拖动，不然的话，它就会使曝光准确的前景变暗。顺便提一下，之所以按住 Shift 键，是为了在拖动时保持渐变是直线。不按 Shift 键将允许在任意方向拖动渐变。

图 5-26

图 5-27

第 3 步：

编辑标记显示渐变的中央位置，在这个例子中，我认为天空停止变暗的位置有点不够。幸运的是，我们可以在事后重新定位渐变——只需单击该编辑标记并向下拖动，就可以使整个渐变向下移动（如图 5-27 所示）。现在，拖出渐变滤镜后，我们就可以向同样的区域添加其他效果。例如，把饱和度增加到 42（使它看起来更有活力），之后将亮度降低到 –109（修改前、后效果如图 5-28 所示）。注意：可以创建不只一个渐变（单击靠近面板右上角的新建按钮）。要删除渐变，请在相应编辑标记上单击，再按 Delete（PC：Backspace）键。

图 5-28

Lightroom 快速提示

▼ 隐藏编辑标记

随时按键盘上的字母 H 可以隐藏调整画笔的编辑标记。要再显示它们，再次按 H 键即可。

▼ 添加新建编辑的快捷方式

使用调整画笔时，如果想快速添加新的编辑标记（而不回到面板上去单击新建按钮），只要按键盘上的 Return（PC：Enter）键，之后开始绘图即可。

▼ 收缩画笔选项

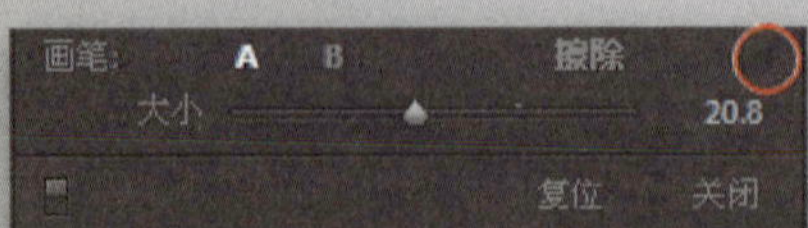

设置好 A/B 画笔之后，单击擦除按钮右侧朝下的三角形，可以隐藏其余画笔选项。

▼ 滚轮技巧

如果您的鼠标带有滚轮，则可以使用滚轮改变画笔的大小。

▼ 控制流畅度

键盘上的数字 1 到 0 控制画笔的流畅度（3 表示 30%，4 表示 40%，依此类推）。

▼ 擦除按钮

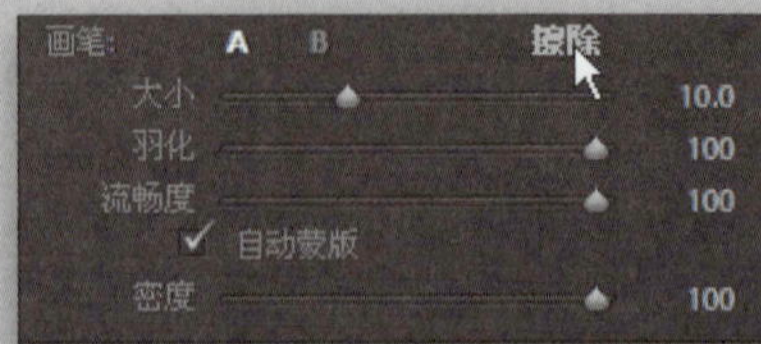

擦除按钮（位于画笔部分）不会擦除图像，只是修改画笔，因此，如果选择它进行绘画，它将擦除蒙版而不是再次绘图。

▼ 选择着色颜色

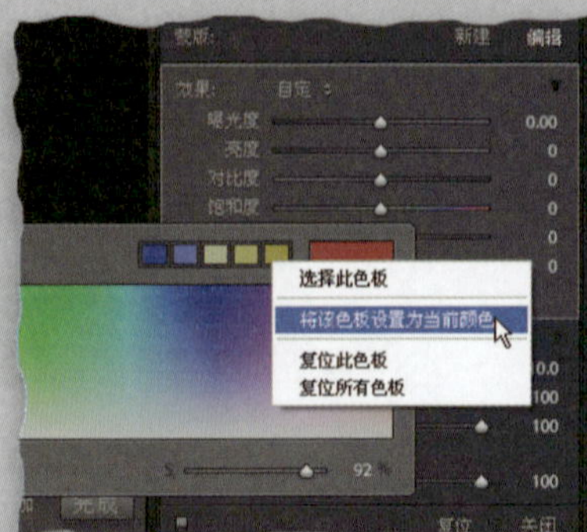

如果想以当前照片内出现的颜色绘图，首先请从效果下拉列表内选择颜色，之后单击颜色色板，在打开的拾色器中，单击并保持吸管光标，再把光标移出到照片上。这样做，光标移动位置处的照片颜色将成为拾色器内的目标颜色。找到喜欢的颜色之后，释放鼠标按钮。要把该颜色保存到色板，只需右击现有色板之一，选择把该色板设置为当前颜色。

▼ 显示 / 隐藏调整蒙版

默认时，如果把光标放置到编辑标记上，会显示出蒙版，但是，如果您不喜欢在绘图时（尤其是在填充漏掉的点时）显示出它，则可以按键盘上的字母 O，切换蒙版可见性的开 / 关状态。

▼ 改变蒙版的颜色

蒙版显示\时（把光标放置到编辑标记上），按键盘上的 Shift-O 可以改变蒙版的颜色（在红、绿、白、黑四种颜色之间切换）。

▼ 从中央缩放渐变滤镜

默认时，渐变从单击位置开始（因此它从顶部或底部等）。然而，如果在拖动渐变时按住 Option（PC：Alt）键并保持，它就会从中央开始向外绘制。

▼ 使渐变反向

向图像添加渐变滤镜后，按键盘上的'（撇号）键可以使渐变反向。

▼ 改变效果的强度

应用渐变滤镜或用调整画笔添加效果后，可以用键盘上的左、右箭头键控制最后一次调整效果的数量。

Lightroom快速提示

▼ 在 A、B 画笔之间切换

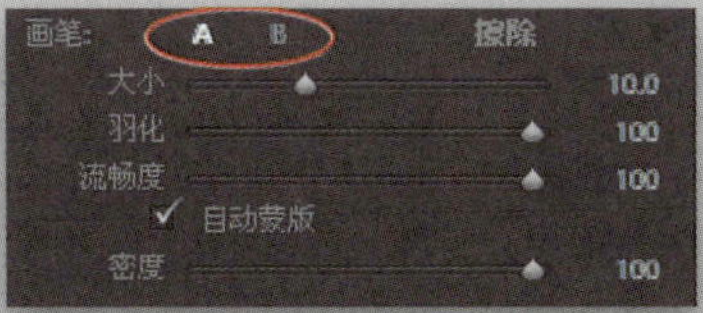

A/B 按钮实际上是画笔预设（因此如果您喜欢的话，可以设置硬边画笔和柔角画笔，或者这两种画笔的其他任意组合，如大画笔和小画笔）。要在这两个画笔预设之间切换，请按键盘上的“/”（前斜杠）键。

▼ 增加 / 降低柔和度

要改变画笔的柔和度（羽化），不必转到面板上，只要按 Shift-]（右括号键），就可以使画笔变柔和，或者按 Shift-[（左括号键）使画笔变硬。

▼ 自动蒙版提示

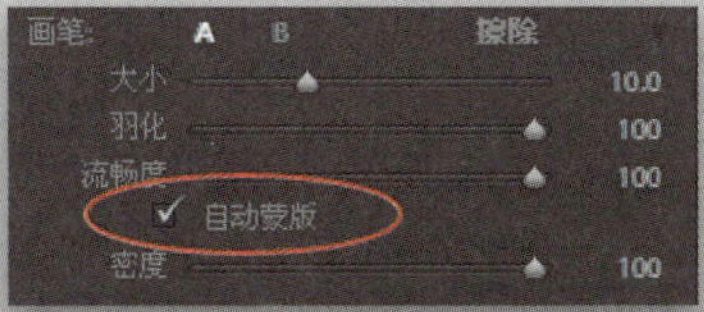

如果打开自动蒙版复选框，沿着边缘绘图对它添加蒙版（例如，在山脉风景照片中的天空上绘图，使它变暗），完成之后，很可能沿着山脉的边缘会出现小的发光。要消除它们，只要使用小画笔，并在这些区域上绘图即可。自动蒙版功能能够防止绘图溢出到山脉上。

▼ 自动蒙版快捷键

按字母 A 可以切换自动蒙版功能的开 / 关状态。

▼ 绘制直线

就像在 Photoshop 中一样，如果用调整画笔单击一次，之后按住 Shift 键并保持，再在其他位置绘图，就可以在这两点之间绘出直线。

▼ 复位调整画笔

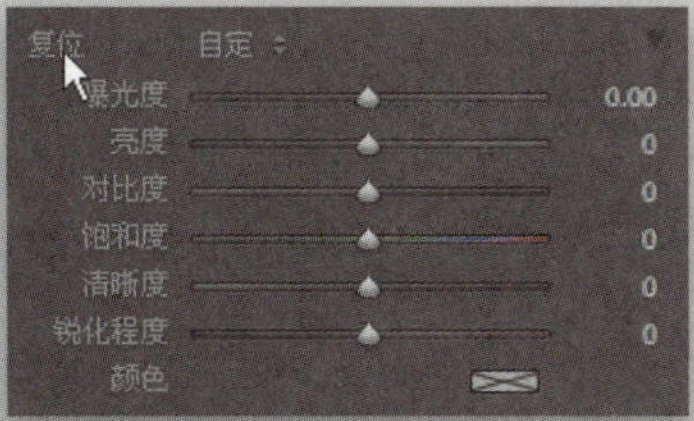

如果想要复位调整画笔（或渐变滤镜等），让所有控件复位到 0（零），只需按 Option (PC: Alt) 键并保持，文字“效果”将变为“复位”。单击它，所有控件将复位到 0。

▼ 基本按钮模式已不复存在

在 Lightroom 2 中，Adobe 的调整画笔和渐变滤镜有两种模式：按钮模式和滑块模式。人们讨厌按钮模式，我指是每个人。所以在 Lightroom 3 中 Adobe 去掉了基本按钮模式，现在只剩下滑块了。现在，在图库模块的快速修改照片面板中可以找到它们。

▼ Lightroom 中的高斯模糊效果

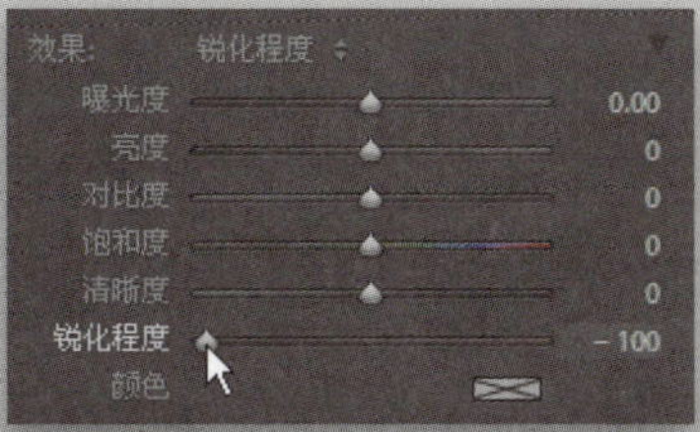

如果需要轻微的模糊效果，类似轻度高斯模糊效果（可能更像细微的镜头模糊滤镜版本），则需转到调整画笔，从效果下拉列表内选择锐化程度（以复位所有滑块），然后将锐化程度滑块拖向左端（到 –100），现在可以用轻度模糊效果进行绘图，这样可以快速创建浅景深效果，真是太棒了。

▼ 删除调整

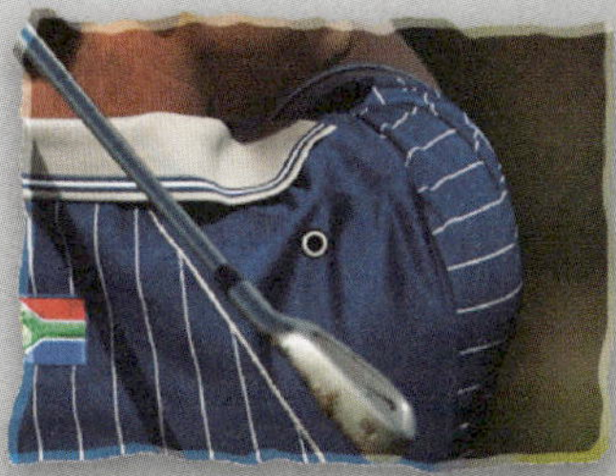

如果想删除做过的任何调整，请单击编辑标记选择该调整（编辑标记的中央将变黑），然后按键盘上的 Delete (PC:Backspace) 键。

校正常见照片问题

令人难以置信的是，以当今数码相机技术还会拍摄到一些糟糕的照片。我们可以购买傻瓜相机，它们可以使用围绕地球静止轨道旋转的高技术卫星定位照片拍摄时相机所在位置的准确经、纬度，但它们仍然没有提出可靠的红眼解决方案。我无法相信，我们仍然必须处理红眼问题，我们总是要处理各种各样的数码照片问题，可能永远要这样做。

6.1　校正逆光照片（使用补光效果）

数码摄影最常见的问题之一是拍摄逆光下的主体照片，因此它几乎是黑色剪影。我认为这种问题之所以常见，是因为在逆光情况下，人眼能够很好地调节，对我们裸眼来说，一切都看得清清楚楚，但相机曝光有很大的不同，拍摄时看起来非常平衡的照片就会出现下图所示的情况。位于基本面板内的补光效果滑块可以出色地校正我曾经见过的所有这类问题，但您还需增加一点处理。

第 1 步：

这幅图像是在内华达州的火焰谷拍摄的，虽然我站在那里观察时前景中的岩石看起来曝光良好，当然，相机不这么认为——它只对天空曝光，而下面的岩石和道路仍处在阴影中。在修复逆光问题前，请先将高光修正数量提高到 100%，使部分过亮的天空变柔和些。

SCOTT KELBY

图 6-1

第 2 步：

为了显示出前景区域，只需单击补光效果滑块并向右拖动。遗憾的是，在大多数情况下，不能把它提高到 100，因为这样照片不仅会看起来不平衡，而且图像内的很多杂色（通常阴影区域内最明显）将会被放大很多，深阴影区域内隐藏的所有杂色就会显示出来。因此，拖动时一定要注意杂色。最终把补光效果滑块调整到 65 左右（就像我在这里所作的），照片看起来很可能像过曝一样（如图 6-2 所示），但在下一步中，我们只需通过简单的移动，就能解决这个问题。

图 6-2

图 6-3

第 3 步：

消除过曝效果只需通过单击并向右拖动一点黑色色阶滑块，使深阴影再进入图像一点。在大多数情况下，只需把它移动一、两个单位（因此通常把它从 RAW 图像的默认设置 5 移动到 6 或 7），但在这个例子中，在大量移动补光效果滑块后，我必需把它一直拖动到 20，才能恢复饱和度，避免使照片看起来像过曝一样。完成上述处理后，请继续提高清晰度值，因为这是一张具有大量清晰边缘的风景照，所以可以将其提高到比平时更高一点的数值（我将其提高到 75）。

第 4 步：

这里，我使用 Lightroom 的修改前 / 修改后视图（按 Y）显示这种技术（使用补光效果，之后调高黑色色阶滑块恢复深阴影）处理后对逆光照片所产生的巨大差别。

图 6-4

6.2　减少杂色

在高 ISO 或者低光照下拍摄时，可能会导致照片内出现杂色——要么是亮度杂色（照片上随处出现明显的颗粒，特别是在阴影区），要么是色度杂色（那些讨厌的红、绿、蓝斑点）。虽然 Lightroom 以前版本中的杂色消除功能有点弱，但在 Lightroom 3 中，Adobe 对减少杂色功能做了彻底改造，因此现在它不仅是还不错，而是让您感到震撼。它不仅功能更强大，而且比之前版本保留了更多的锐度和细节。

第 1 步：

要减少像这样一幅充满杂色的图像中的杂色（这幅图像是用 1600 ISO，在夜晚手持拍摄的），请转到修改照片模块的细节面板的减少杂色部分。为了确实看到杂色，请先缩放到 1:1 视图。

图 6-5

第 2 步：

我通常先从减少色度杂色入手，因为它太分散注意力（如果采用 RAW 格式拍摄，将自动应用减少杂色。而图中所示的这幅图像是 JPEG 格式，因此未添加任何减少杂色处理）。请向右拖动颜色滑块，以减少色度杂色（非常简单）。先将该滑块尽可能向左拖动，直到颜色消除再停止拖动，因为一旦杂色消失，就不能变得“更好”。本例中，颜色值设置到 30（初次拖动颜色滑块后的数值）和 100 之间时不会再有明显的效果改善。细节滑块控制图像边缘受减少杂色处理的影响程度。如果将其向右拖动太多，它将很好地保护边缘区域的颜色细节，但存在出现色斑的风险。如果将该设置值保持很低的数值，就能避免色斑，但可能产生一些颜色溢出（扩展开，就好像它们发光一样）。那么，既然两种选择都有缺陷，我们该将细节滑块设置到什么位置？请观察图像中的彩色区域，并尝试两种极端调整。对于所处理的多数图像，我倾向于将其设置为 50 或以下，但您也许会遇到需调整到 70 或 80 才能获得最佳效果的图像，因此，不要害怕尝试两端调整。幸运的是，颜色滑块自身能够创建出明显不同的效果。

图 6-6

图 6-7

图 6-8

第 3 步：

现在色度杂色已消除，图像看起来可能充满颗粒，因此我们将减少这类杂色（称为亮度杂色）。请向右拖动明亮度滑块，直到杂色大幅减少为止（如图 6-7 所示）。我必须要说明的是，这个控件自身就可以创建出很好的效果，但它下面还有另外两个滑块可以进一步控制处理效果。值得一提的是：图像要么具有干净的效果，要么具有大量锐化的细节，但要二者兼顾有点难。细节滑块（Adobe 称之为“亮度杂色阈值”）有助于处理严重模糊的图像（像这幅图像），因此，如果您认为图像现在看起来有点模糊，请向右拖动细节滑块——但这可能会导致图像杂色增加。如果您希望得到干净的图像效果，请将细节滑块向左拖动——但这是通过牺牲细节作代价来获得平滑、干净的效果（总能找到一个平衡点，对吗？）。

第 4 步：

明亮度滑块下方的另一个滑块是对比度滑块。重申一遍，这个控件会使杂色严重的图像产生截然不同的效果，当然，它也有其自己的取舍。向右拖动对比度滑块将保护照片的对比度，但可能会产生一些斑点状的区域（这里的关键字是“可能”）。向左拖动该滑块可以得到更平滑的效果，但会牺牲一些对比度。我知道，为什么我们无法获得既有细节又平滑的结果呢？在 Lightroom 9 中就可以得到这种效果了。这里的关键是寻找一个平衡点，做到这一点的惟一方法是在屏幕上对屏幕上的图像进行试验。具体对这幅图像而言，在把明亮度滑块拖动到 55 左右后大多数亮度杂色已消除（拖动太高并不会创建出更好的效果），我想保留更多细节（因为桥上有些亮光），因此我将细节数量提高到 70 左右，而保持对比度滑块的位置不动。修改前 / 修改后效果如图 6-8 所示。

6.3 撤销在 Lightroom 所做的修改

Lightroom 记录我们对照片所做的每一项编辑，并在修改照片模块的历史记录面板内按照这些编辑的应用顺序以运行列表的形式列出它们。因此，如果我们想回头撤销任何一步，使照片恢复到编辑过程中任一阶段的显示效果，只要单击一次就可以做到。但遗憾的是，我们不能只恢复单个步骤，而保留其他步骤，但我们可以随时撤销任何错误的操作，之后选择从这一点开始进行新编辑。

第 1 步：

在观察历史记录面板之前，我要提出的是：按 Command-Z（PC：Ctrl-Z）可以撤销任何操作。每按一次该快捷键，它就会撤销一个步骤，因此可以连续不断地按该快捷键，直到恢复到在 Lightroom 中对照片所做的第一个编辑为止，因此可能完全不需要历史记录面板。要查看对某幅照片所做的所有编辑列表，请单击该照片，之后转到左侧面板区域内的历史记录面板（如图 6-9 所示）。最近所做的修改位于顶部（注意：每幅照片保存有一个单独的历史记录列表）。

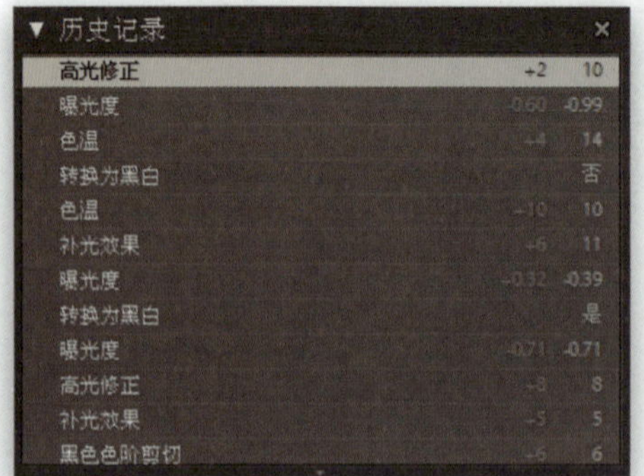

图 6-9

第 2 步：

如果把光标悬停在一个历史记录状态上，导航器面板中的小预览窗口（显示在左侧面板区域的顶部）会显示出照片在这一历史记录点时的效果。这里，我把光标悬停在几步之前把照片转换为黑白这个操作点上，但因为之后我改变了主意，把照片切换回彩色。

图 6-10

图 6-11

第 3 步：

如果想让照片跳回到某个步骤时的效果，那就不要把光标悬停在这个状态上，而是在其上单击一次，照片就还原到那个状态。顺便提一下，如果使用键盘快捷键撤销编辑（而不是使用历史记录面板），撤销的编辑将被以很大的字体显示在照片上（如图 6-11 所示）。这很方便，因为您可以立即看到还原的编辑，而不必一直保持历史记录面板打开着。

图 6-12

第 4 步：

在编辑处理期间，如果遇到自己非常喜欢的某点效果，想快速跳转到这个编辑点时，可以转到快照面板（位于历史记录面板的上方），单击该面板标题右侧的 +（加号）按钮（如图 6-12 所示）。这一时刻的状态将被存储到快照面板，其名称字段被突出显示，因此我们可以给它指定一个有意义的名字（我把这一快照命名为"Black & White with Exposure Adjusted"，这样我就知道以后单击该快照时所得到的效果——一幅曝光调整后的黑白照片。可以看到该快照在快照面板内突出显示）。顺便提一下，实际上不必单击之前的步骤来把它保存为快照。相反，在历史记录面板内，只需右击任一个步骤，从弹出菜单中选择创建快照即可，非常方便。

6.4 裁剪照片

第一次使用 Lightroom 中的裁剪功能时，我认为它很怪异、笨拙，可能是因为我习惯于 Photoshop 中的裁剪工具了，但一旦习惯它，就觉得它可能是我在所有程序中看到过的最好的裁剪功能。这项功能一开始可能使您感到困惑，但是，如果您以开放的心态试试它，我想您最终会喜欢它的。如果您试了还不喜欢它。则一定要阅读第 6 步，了解怎样以更接近 Photoshop 中的处理方式进行裁剪。

第 1 步：

这是原始照片，照片拍摄得太宽，以致于主体活动不突出，因此我们将裁剪得更紧促一点，以分离出主体动作。请转到修改照片模块，单击基本面板上方工具箱内的裁剪叠加按钮（如图中红色圆圈所示），这会在其下方显示出裁剪并修齐选项，并在图像上叠加一个“三分法则”网格（有助于裁剪构图），您会看到四个裁剪角柄。要想锁定长宽比（这样裁剪受照片原来长宽比的约束），或者解锁长宽比约束（执行没有约束的自由裁剪），请单击该面板右上角的锁定图标（如图 6-13 所示）。

图 6-13

第 2 步：

要裁剪照片，请抓住一个角柄，并向内拖，以重新调整裁剪叠加框的大小。这里，我抓住左上角柄，朝内向对角方向拖，直到刚好裁剪到图像右侧附近裁判员的帽子顶部时停止拖动。

图 6-14

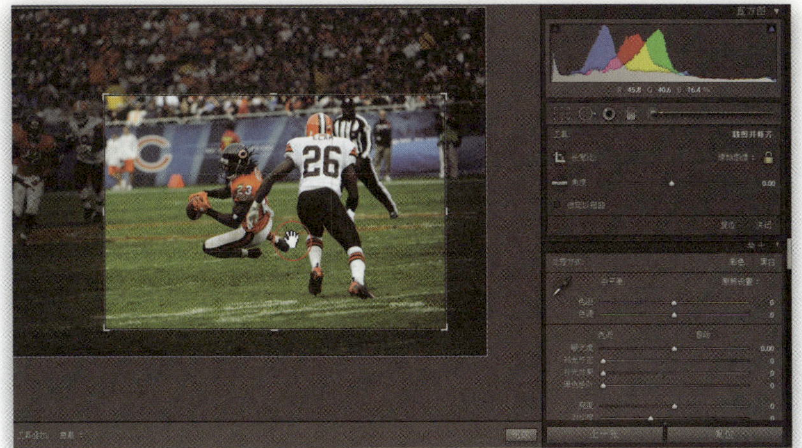

图 6-15

第 3 步：

现在右下角需要往里缩一点，以便使主体活动看起来更美观紧凑。因此请抓住右下角，并朝内向对角方向拖，尽可能减少多余的运动场，以获得更美观紧凑的裁剪（如图 6-15 所示）。如果需要在裁剪框内重定位照片，只需在裁剪叠加框内单击并保持，光标就会变成“抓手”光标（如图所示）。

提示：隐藏网格

如果想隐藏裁剪叠加框上显示出的三分法则网格，请按 Command-Shift-H (PC:Ctrl-Shift-H)。此外，这里不是只能显示三分法则网格，还可以显示其他网格，只要按字母 O，就可以在不同网格之间切换。

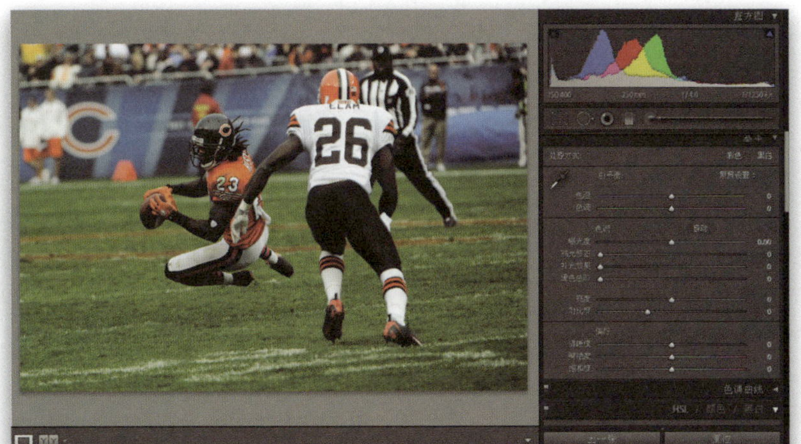

图 6-16

第 4 步：

裁剪合适后，按键盘上的字母 R 锁定裁剪，并删除裁剪叠加框，显示出照片的最终裁剪版本（如图 6-16 所示）。但还有其他两个裁剪选项需要介绍。

提示：取消裁剪

我们任何时候想要取消裁剪时，只要单击裁剪并修齐选项面板右下角的复位按钮即可。

第 5 步：

如果知道想要某种长宽比尺寸的图像，则可以从裁剪并修齐部分的长宽比下拉列表内选择。我们继续处理，请单击右侧面板区域下方的复位按钮，回到原始图像效果，之后再次单击裁剪叠加按钮，单击裁剪并修齐选项面板右上角的长宽比下拉列表，这会显示出预设尺寸列表（如图 6-17 所示）。请从该下拉列表中选择 4×5/8×10，这时会看到裁剪叠加框的左、右侧向内移动，显示出 4×5 英寸或 8×10 英寸裁剪长宽比效果。我们现在可以重新调整裁剪矩形的大小，要确保它保持为 4×5/8×10 的长宽比。

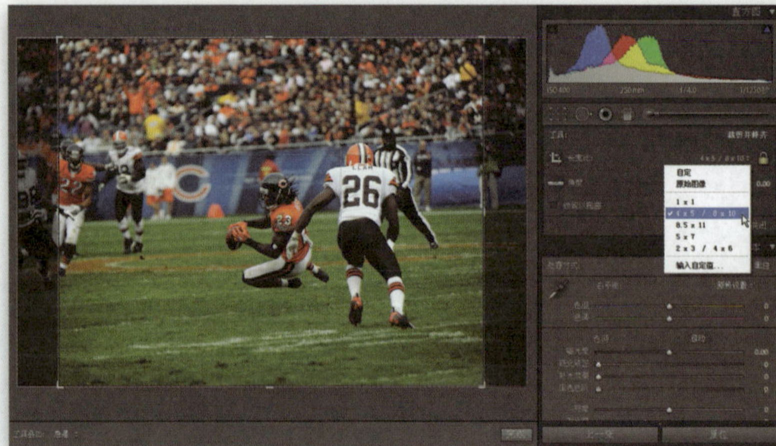

图 6-17

第 6 步：

另一种裁剪方法更像 photoshop 的裁剪，这种方法的操作是：单击裁剪叠加按钮，之后单击裁剪框工具（如图中红色圆圈所示），把它从裁剪并修齐部分靠近左上角的原来位置释放出来。现在只要在我们想要的位置单击并拖出所需大小的裁剪框即可。在拖出新的裁剪框时，原来的裁剪框仍然保持，如图所示——这就是它的工作方式。一旦拖出裁剪框，其处理方式就和以前一样（抓住角柄调整尺寸，在裁剪框内单击并拖动，以重新定位。完成之后，按 R 锁定修改）。那么，哪种方法是正确的裁剪方法？这要看您的习惯。

图 6-18

6.5 关闭背景光模式下裁剪

在使用修改照片模块内的裁剪叠加工具裁剪照片时，将要被裁剪掉的区域自动变暗，这使我们可以更好地了解在应用最终裁剪后照片的效果。但如果想体验最终裁剪效果，真正看到被裁剪照片的样子，那请在关闭背景光模式下进行裁剪。用过这种方法之后，您就不会再想使用其他方法进行裁减。

图 6-19

第 1 步：

要真正理解这种技术的优点，首先请观察常规裁剪图像时的样子——大量的面板和分散注意力的对象，要实际裁剪掉的区域将变暗（但仍然显示出来）。现在让我们试试关闭背景光模式裁剪。首先单击裁剪叠加按钮，进入裁剪模式。现在按 Shift-Tab，以隐藏所有面板。

图 6-20

第 2 步：

按两次字母 L，进入关闭背景光模式，这时所有分散注意力的对象均被隐藏，照片被定位在黑色背景中央，但仍保留裁剪框。现在，请试试抓住角柄，并向内拖动，观察其差别——在拖动裁剪框时可以看到被裁剪图像会动起来。这就是裁剪的终极方法（如图 6-20 中所示的静态图像难以说明其效果，因此您必需亲自试一试，就不会再采用前面那种“变暗”方法了！）。

6.6 矫正歪斜的照片

如果照片是歪斜的，Lightroom 提供三种方法来矫正它。其中的一种方法非常精确，其他两种方法则需要“眼观”，但对于某些照片而言，它们是最好的矫正方法。

第 1 步：

图 6-21 中所示照片的地平线是斜的，这对于风景照片来说是致命缺陷，为了矫正这幅照片，请先单击裁剪叠加按钮，它位于修改照片模块右侧面板区域内直方图的下方（如图所示）。这将在照片周围打开裁剪叠加网格，虽然这个网格有助于裁剪图像时重新构图，但在矫正图像时它会分散注意力，因此我按 Command-Shift-H (PC: Ctrl-Shift-H) 隐藏网格。

图 6-21

第 2 步：

如我上面所提到的，矫正照片有三种不同的方法，先从我最喜爱的方法开始，它使用矫正工具，我认为这是最快捷、最精确的矫正照片方法。请单击矫正工具，它位于裁剪并修齐部分（看起来像个水平仪），然后单击它，并沿图像中您认为应该是水平的对象从左往右拖动（如图 6-22 所示，我沿着水的边缘拖动）。看出来为什么我喜欢这种方法了吗？然而，这有一个关键点：照片内必需有某个对象应该是水平的——如地平线、墙壁或者窗框等。

图 6-22

图 6-23

第 3 步：

拖动该工具时，它将把裁剪框缩小并旋转到矫正照片所需的准确角度（在角上不会留下任何白色间隙）。校正的准确角度值显示在裁剪并修齐选项面板中的角度滑块旁。现在我们所要做的只是按 R 键锁定拉直。如果不喜欢第一次矫正结果，只需单击选项面板底部的复位按钮，它会把照片复位到其原来未矫正的歪斜状态。这样可以再试试，抓住矫正工具，并开始拖动。

图 6-24

第 4 步：

为了尝试另外两种方法，需要撤销刚才执行的操作，因此请单击右侧面板区域底部的复位按钮，之后再次单击裁剪叠加按钮（如果在上一步之后锁定了裁剪）。这两种方法中的第一种是只拖动角度滑块（如图 6-24 中红色圆圈所示）——向右拖动将顺时针旋转图像，向左拖动将逆时针旋转图像。一开始拖动就会显示出旋转网格，帮助对齐所看到的对象（如图所示）。遗憾的是，该滑块移动的增量很大，难于获得准确的旋转量，但我们可以直接单击并向左或向右拖动角度滑块字段（位于该滑块的最右边），以获得更小、更精确的旋转。第二种方法只是把光标移动到裁剪叠加框之外（移动到灰色背景上），光标将变为双向箭头。现在，只要单击并上 / 下拖动光标，即可旋转图像，直到图像看起来变直为止。

6.7 照片内“蒙尘定位”技巧

我们查找图像内的蒙尘和斑点时，如果图像宽度动辄 50 英寸或更多，这时候重要的是确保不会漏过任何区域。这就是为什么我喜欢这种技巧的原因，这是我在阅读 Mark Hamburg（他被称作“Photoshop Lightroom 之父”）的评论时学到的。他提到文档中没有记载的功能，这种功能可以确保在检查图像并消除蒙尘和斑点时，不会错过任何区域。

第 1 步：

先转到修改照片模块（这样，如果发现蒙尘或斑点，就可以在这里立即校正它）。现在，请转到导航器面板（位于左侧面板区域的顶部），单击 1:1（100% 大小）视图（如图 6-25 中红色圆圈所示）。观察该面板的小预览窗口，就会在照片预览区中央看到一个小正方形（或者矩形），它指示缩放的区域，这也是中央预览区域内将显示的内容。请单击该正方形，并将其拖到导航器预览区的左上角（如图 6-25 所示）。

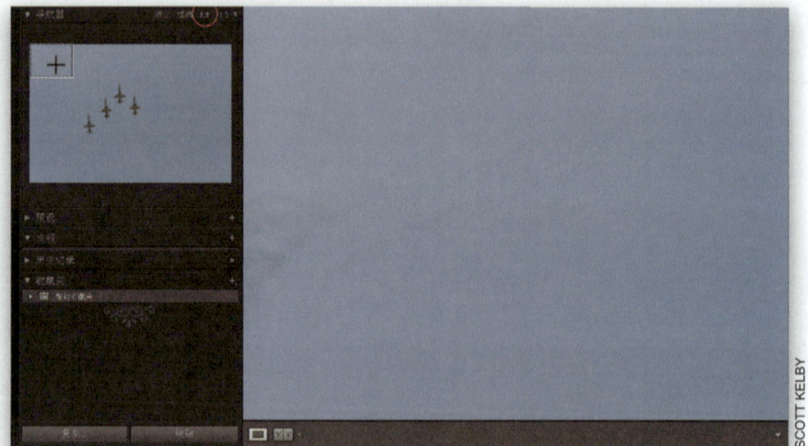

图 6-25

第 2 步：

如果发现照片左上角出现任何斑点或蒙尘，请使用污点去除工具消除它们（下一节将详细介绍这个工具）。一旦清理（“去污”）该区域之后，请按键盘上的 Page Down 键垂直向下移动，移动的距离恰好等于那个小白色导航正方形大小。在沿最左侧向下移动（边移动边清理），到达图像底部时，它会自动回到照片的顶部，但恰好错开一列，因此可以开始“检查”这个区域。这样检查下去，直至到达右下角为止，这样就可以保证不会错过图像的任何区域。

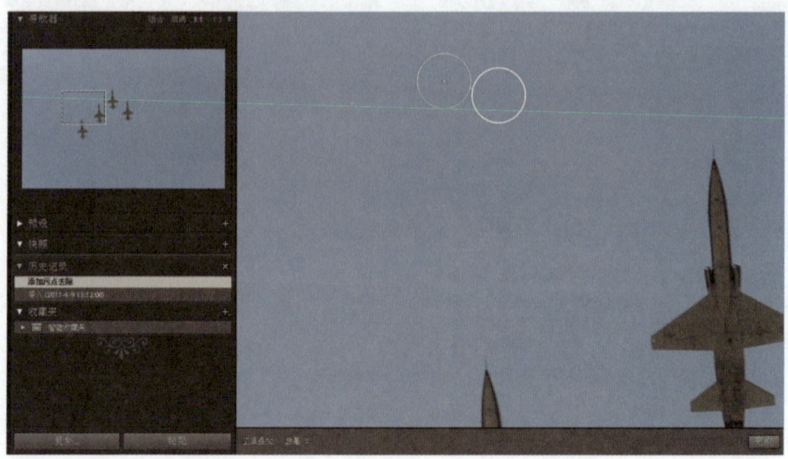

图 6-26

6.8 消除污点和其他污渍

如果镜头或相机传感器上有污点、蒙尘、斑点和其他污渍，就会出现在每幅照片上的同一个位置。幸运的是，Lightroom 提供多种简单的蒙尘和污点消除方法（更复杂的消除要借助于 Photoshop）。然而，在 Lightroom 中进行这项处理的优点是，一旦从一张照片上消除了污点，就可以基于所校正的照片，自动校正所有其他照片。

SCOTT KELBY

图 6-27

图 6-28

第 1 步：

如果发现照片上存在明显的蒙尘、斑点或其他痕迹（我们称之为“污渍”的东西），请转到修改照片模块，因为该模块中包含有助于处理它们的工具。图 6-27 中所示的照片内，可以看见天空中存在大量的各种斑点，这是由数码相机传感器上的蒙尘产生的（我在保持传感器清洁方面确实做得不好）。当然，正如我上面指出的，如果这幅照片上出现这些斑点，它们同样也会出现在这次拍摄的每幅照片的同一位置。我已经用红色圆圈标出了一些最明显的斑点，因此您可以看到我们要处理的斑点。

第 2 步：

消除这种瑕疵的第一步是放大图像，使我们能够真正看到要处理的对象（并不会因此而产生新的问题——出现明显的修饰痕迹）。要放大图像，只需双击图像，或者单击导航器面板顶部的 1:1 按钮，或者按几次 Command–+（PC：Ctrl–+），直到放大到合适的大小为止（如图所示的，我把它放大到 1:1（100%）视图）。放大多少都没有关系，只要能看到它们就可以了。现在可以真正看清这些斑点了。

第 3 步：

单击右侧面板区域顶部直方图下方工具箱内的污点去除工具，这会在其下方显示出该工具选项。这个工具的污点校正方法有两个选项：仿制和修复。但保留原有的修复选项设置处理效果较好。惟一需要使用仿制选项的情况是：需要清除的污点位于（或者非常靠近）某个对象的边缘（像建筑物或者汽车等的边缘），或者靠近图像自身的外边缘。这是因为修复功能不擅长处理边缘，它常常会弄脏而不是隐藏污点。因此，如果出现这种情况，我将切换到仿制，并再试一次。

图 6-29

第 4 步：

现在选择污点去除工具，把它移动到我们要消除的污点上。通过大小滑块使圆形画笔光标比污点稍大一点。也可以使用键盘上的左、右括号键（位于键盘上字母 P 的右边）改变画笔大小。每按一次右括号（]）键，就会使圆圈变大一点，左括号（[）键则使它变小。现在无需用这个工具绘图，只要单击一次，它就会快速搜索附近的干净区域，之后取样该区域进行校正（它很聪明，可以选择正确的区域，虽不完美，但工作完成得很出色）。

图 6-30

图 6-31

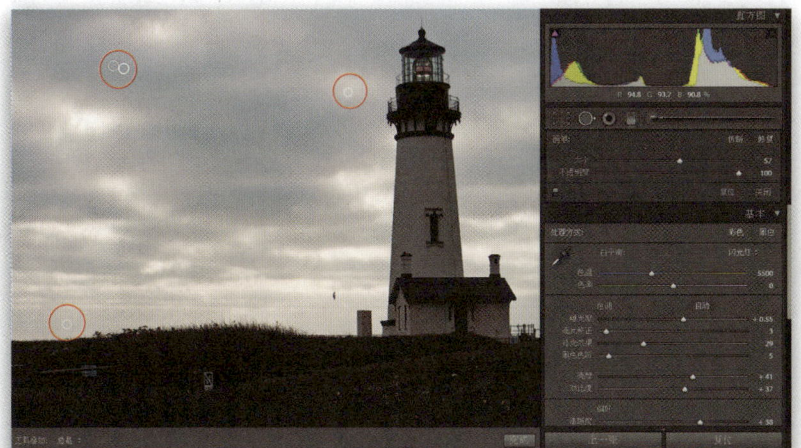

图 6-32

第 5 步：

用该工具单击时，会看到显示出两个圆圈：（1）细圆圈指出将被校正的区域，（2）粗圆圈显示该工具为了修复而取样的干净区域。如果背景很简单，像图中所示的那样，这样一次点即可有效地去除污点，因为 Lightroom 可以从附近找到大量开阔的区域。但是，如果您不喜欢它取样的区域（看到明显的色调或纹理变化），则可以单击较粗的取样圆圈，并把它拖放到新的位置，拖动时将看到第一个圆圈内部区域在实时变化，从而快速找到能有效处理的干净点。此外，如果您认为 Lightroom 难以在附近找到干净区域，则可以把它引导到那里——不是只单击一次，而是在该位置上单击并保持，然后把光标拖到您想要取样的区域上。第一次开始拖动时，会出现一根细线连接两个圆圈，但当进一步移动时，会显示出一个箭头，它指向我们要修复的区域。

第 6 步：

要消除更多污点，只要直接在它们上单击，或者如果它们的位置特殊，则可以把污点去除工具移动到污点上，单击、保持并拖出取样区域，当释放鼠标按钮后，校正就完成了！我使用前一节中介绍的技巧，以确保不会错过图像内的任何污点，从图 6-32 中可以看到所有修复小圆圈（我传感器真的清洁过了！）。

提示：隐藏圆圈

要隐藏所有这些圆圈，请按 Q，这将解除这个工具。

第 7 步：

回想第一步，我曾提到过相机传感器上的蒙尘在这次拍摄的每幅照片的同一位置产生恼人的斑点。如果是这种情况（对于像这样的斑点，常常是这样），那么，一旦消除所有斑点之后，请单击左侧面板区域底部的复制按钮。这将打开复制设置对话框，如图 6-33 所示。首先，请单击全部不选按钮，取消选取它从照片内复制的所有内容。之后，只打开污点去除复选框（如图所示），并单击复制按钮。

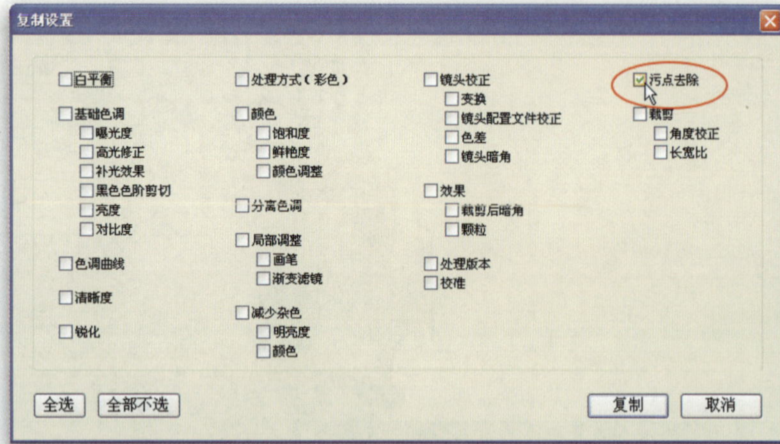

图 6-33

第 8 步：

现在转到胶片显示窗格（或者图库模块的网格视图），选择这次拍摄的所有横向照片（相同方向的照片），之后单击左侧面板区域底部的粘贴按钮，把我们刚应用到第一幅照片的相同污点消除应用到所有这些被选中的照片——一次性全部应用（如图 6-34 所示）。要观察应用这些校正后的效果，请再次单击污点去除工具。我建议您快速浏览校正后的照片，因为其他照片内的主体不同，校正痕迹可能比刚才校正的那幅照片明显。如果发现照片内的污点修复存在问题，只要在那个圆圈上单击，按键盘上的 Delete (PC:Backspace) 键即可消除它，之后使用污点去除工具重新手工清除这个污点。

图 6-34

6.9 消除红眼

如果照片上存在红眼（傻瓜相机被称作“红眼发生器”，因为它们闪光灯的安装位置太靠近镜头），Lightroom 则可以很容易地消除它。这非常方便，这样我们就不必为了消除一张照片中的红眼而转到 Photoshop。

图 6-35

图 6-36

第 1 步：

请转到修改照片模块，并单击红眼校正工具（位于直方图面板正下方的工具箱内。其图标看起来像只眼睛，如图 6-35 中的红色圆圈所示）。用该工具在一只红眼的中央单击，并向下朝侧面方向拖动，在该眼睛周围建立一个选区（我使用“选区”这个术语，但它不是 Photoshop 意义上的选区，它只是一个框，内部有十字准线）。一旦释放鼠标按钮，它就消除红眼。如果没有完全消除所有红色，则可以转到红眼校正工具选项（一旦释放鼠标按钮，它们就显示在面板中），单击并向右拖动瞳孔大小滑块（如图所示），扩展它消除红色的范围。

第 2 步：

现在对另一只眼睛进行同样处理（校正后的第一只眼睛仍然保持被选中状态，但其选择程度比新的眼睛选区“轻”，我觉得这样没有什么意义）。一旦单击并拖出选区，并释放鼠标按钮之后，这只眼睛即被校正。如果这样处理使眼睛看起来太灰，则可以向右拖动变暗滑块，使眼睛看起来更暗（如图 6-36 所示）。这些滑块（瞳孔大小滑块和变暗滑块）的优点是它们是实时的，因此，我们拖动时，会在屏幕上立即看到其效果，而不必先拖动滑块，之后重新应用该工具才能看到效果。如果出现调整错误，想重新开始，只要单击该工具选项右下角的复位按钮即可。

6.10 校正镜头扭曲问题

您是否曾经拍摄过市区的一些建筑，它们看起来好像是向后倾斜的？或者可能是建筑物的顶部看起来比底部宽？这些类型的镜头扭曲其实相当普遍，但在 Lightroom 以前版本中，要修复这些问题，必须转到 Photoshop 中手动调整图像。幸运的是，Lightroom 3 不仅能修复镜头扭曲问题，而且常常可以自动完成校正（当然，如果愿意的话，或者镜头不支持时，也可以手动修复）。

第 1 步：

请打开一幅存在镜头扭曲问题的图像（顺便说一下，该功能也可以自动校正边缘暗角和色差问题，这些我们稍后介绍，但这里只集中介绍几何扭曲的处理）。本例中，我使用的照片是用 10.5 毫米鱼眼镜头拍摄的，虽然可以购买第三方插件来校正由于镜头产生的鱼眼扭曲，但由于现在它被内置到 Lightroom 中，所以我们不必使用它们。请查看图中所示的图像，以及球场（和文字“Bulls”）的圆度。

SCOTT KELBY

图 6-37

第 2 步：

向下滚动到镜头校正面板。该面板顶部有两个选项：配置文件（它自动校正问题）和手动（我们自己校正问题）。我们先介绍自动方式，因此请单击配置文件，然后选取启用配置文件校正复选框。完成上述操作后，图像就已校正完毕（请查看示图中的图像校正效果）。能创造这么一个小小的奇迹，是因为它读取拍摄时嵌入到照片中的 EXIF 数据，因此知道这幅图像拍摄时所用镜头的制造商和型号（Adobe 提供许多相机和镜头配置文件，包括流行的 Nikon、Canon、Tamron 和 Sigma 镜头。在镜头配置部分下方，将看到镜头的制造商和型号，以及所应用的镜头配置文件类型）。这确实非常令人惊讶，所有处理瞬间完成。

图 6-38

图 6-39

第 3 步：

可以使用面板底部的数量滑块对自动校正进行微调。例如，如果觉得它对扭曲消除太多，则可以将扭曲度滑块向左拖动一点（如图 6-39 所示），减少应用到照片上的线性校正数量（注意到前景区域有点往回弯曲，最左侧和最右侧附近的扭曲变少了吗？这样还可以看到更多的背景）。使用这个简单的滑块调整自动校正结果相当容易（使用它的频度可能超出您的想象）。

SCOTT KELBY

图 6-40

第 4 步：

现在，我们观察另一张照片。本例中，这幅图像看起来有点膨胀（请看中间的桥，它看起来有点弯曲），两岸的建筑物看起来好像是向后倾斜的。打开启用配置文件校正复选框后，看不出任何变化，在通常列出镜头制造商和型号的地方，显示“无”。这是因为由于某种原因，这幅图像没有嵌入任何 EXIF 数据（也许图像是被拷贝粘贴到空白文档；也许在导入到 Lightroom 时，选取了嵌入最少元数据复选框，因此剥离了 EXIF 数据；也许只是因为 Lightroom 的数据库不支持这个镜头文件）。不管什么原因，都需要告诉它所使用的镜头品牌，以及采用哪种镜头拍摄，然后它就能应用自动校正。

第 5 步：

在该面板的镜头配置文件部分，从制造商下拉列表中选择拍摄时所用镜头的品牌（本例中，是 Nikon，因此我选择 Nikon）。然后从型号下拉列表中选择拍摄所用镜头的类型（这张照片实际上是用相机自带镜头（也就是“套头”）拍摄的，它是 18–55 毫米镜头，不是特别好的镜头）。Lightroom 没有与该镜头完全匹配的配置文件，因此我选择最接近的配置文件（18–200mm），它修复图像中的扭曲效果确实很不错。如果想找出与您的镜头完全匹配的配置文件，则可以用 Google 搜索，大约 10 秒钟就能找到它。

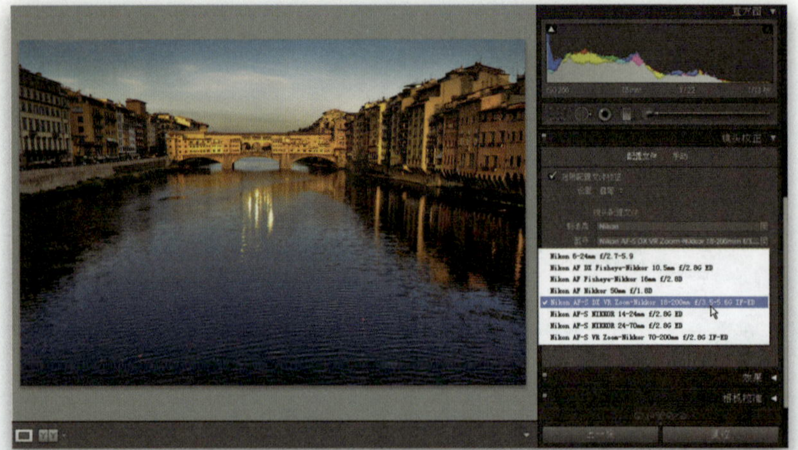

图 6-41

第 6 步：

一旦从型号下拉列表中选择与实际使用镜头最接近的配置文件，它将尝试自动校正。校正效果不错，但也不是十全十美。我尝试拖动扭曲度滑块，但仍无法完全满足要求。我的处理过程是这样的：单击手动（位于面板顶部）显示出变换滑块组，我将扭曲滑块拖动到 +23，以消除位于中央桥中的弯曲和膨胀，但建筑物依旧是向后倾斜的。为了校正这个问题，我将垂直滑块拖动到 +25，校正了倾斜问题，使建筑物变直（如图 6-42 所示）。顺便提一下，把光标移到变换滑块上时，将看到照片中叠加了网格，这有助于我们对齐所有元素（这在我们校正弓形的地平线，或者使用旋转滑块旋转照片时尤其有用）。

图 6-42

图 6-43

第 7 步：

观察图 6-42 就会发现图像顶部的区域填充了灰色。这是因为当使用垂直或水平变换滑块时，将使图像平面发现倾斜，在某些区域留下灰色空隙（这取决于移动的是哪个滑块）。本例中，因为我们向右拖动垂直滑块，造成灰色空隙位于图像顶部，因此必须对照片进行裁剪。幸运的是，现在这个处理也可以自动完成。如果单击裁剪叠加工具（靠近右侧面板区域顶部的工具箱上，在直方图面板的正下方），将在其下方显示裁剪叠加选项。请选取锁定以扭曲复选框，它将自动调整裁剪框的尺寸，以裁剪掉所有灰色垃圾（这是技术术语，Adobe 绝不会认可它的）。

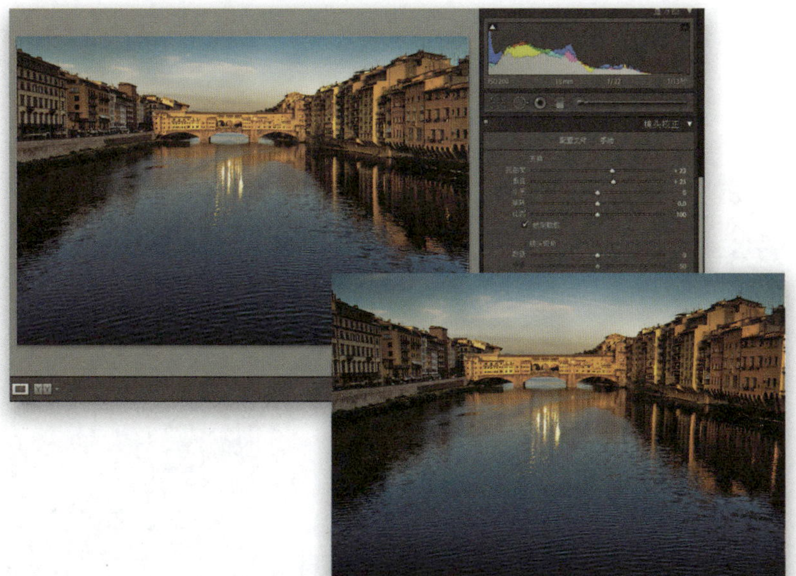

图 6-44

第 8 步：

现在所需做的只是按 Return (PC: Enter) 键，以锁定裁剪，图像将被校正（如图 6-44 所示）。我在图中包含了原始图像，这样您就可以看到弯曲的桥以及向后倾斜的建筑物。

注意：因为配置文件与拍摄这张照片时采用的特定镜头不匹配，因此我还尝试其他 Nikon 镜头配置文件（从型号下拉列表中选择），看能否在其中发现处理效果更好的配置文件。虽然这张照片不是用鱼眼镜头拍摄的，但我尝试鱼眼镜头配置文件时，它的处理效果相当好（但仍需要使用手动模式中的垂直变换滑块，以校正建筑物）。您不妨试一试，感觉一下处理效果。

6.11 校正边缘暗角

暗角是镜头在照片角上产生的问题，使它们显得比照片其余部分更暗。这个问题通常在使用广角镜头时显得更明显，但也可能是其他镜头问题引起的。现在，边缘稍暗一点被看作是问题，但很多摄影师（包括我自己）喜欢夸大这种边缘变暗效果，在肖像中把它用作灯光效果，我们在第四章介绍过这一点。这里介绍在出现边缘暗角时怎样校正它。

第 1 步：

从图 6-45 中所示的照片可以看出其角上出现了变暗和阴影。请在修改照片模块右侧面板区域内向下滚动到镜头校正面板，单击顶部的配置文件，然后选取启用配置文件校正复选框，Lightroom 将尝试基于使用镜头的制造商和型号（所有这些都是从嵌入到图像的 EXIF 数据中读取，要了解更多关于它是怎样读取这些数据的知识，请阅读 6.10 节），自动消除边缘暗角。如果图像还需要进一步校正（像本例这种情况），可以尝试数量下的暗角滑块。如果觉得自动方式处理得还不够理想，可以单击手动（在配置文件旁）进行手工方式处理，这时将在面板中间看到镜头暗角部分。

SCOTT KELBY

图 6-45

第 2 步：

这里有两个暗角滑块：第一个控制边缘区域的变亮程度，第二个滑块调整四角变亮效果向照片中央延伸多远。在这幅照片内，角上存在相当严重的边缘暗角，但没有向照片中央延伸太远。因此，请首先单击数量滑块，并向右慢慢拖动，在拖动时，要注意观察图像角上的变化。图像四角将随着拖动而变亮，当其亮度与照片其余部分相匹配时停止拖动（如图 6-46 所示）。如果暗角向照片中央延伸太远，则需要向左拖动中点滑块，使变亮效果覆盖更大的区域。消除这种问题就这样简单！

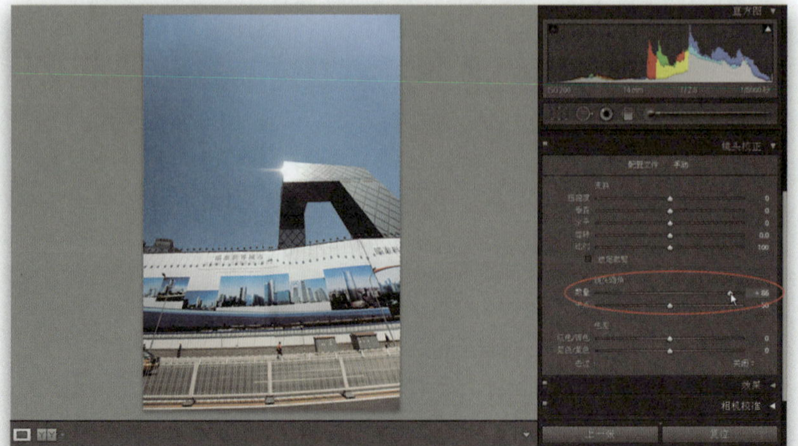

图 6-46

在 Lightroom 中可以执行两类锐化处理：第一种称为拍摄锐化（本节所介绍的类型），以 JPEG 格式拍摄时这种锐化通常发生在相机内。如果以 RAW 格式拍摄，相机内的这种锐化处理被关闭，因此我们要在 Lightroom 应用它（默认情况下，在 Lightroom 中，所有 RAW 照片均要应用锐化，但是，如果需要更强的锐化处理或者想控制应用的锐化类型以及怎样应用，则要阅读本节内容）。

6.12 锐化照片

图 6-47

第 1 步：

在 Lightroom 以前版本中，要查看锐化效果需要以 1:1 (100%) 视图方式查看图像，但在 Lightroom 3 中，不仅可以在其他放大比例下查看，而且它还对锐化处理技术本身进行改进，因此可以应用更多的锐化处理而不损伤图像。要锐化图像，请转到修改照片模块中的细节面板。该面板内有一个预览窗口，使我们可以放大图像的某个区域，而同时在主预览区域中查看正常尺寸的图像（如果没有看到这个预览窗口，则请单击该面板顶部锐化右侧朝左的三角形）。

图 6-48

第 2 步：

要在预览窗口内放大某一区域，只需用鼠标在我们想要放大的位置单击即可。放大之后，就可以在预览窗口内通过单击拖动四处导航。尽管我只使用默认的 1:1 缩放，但是，如果您想进一步放大，则可以在预览窗口内右击，从弹出菜单中选择 2:1 视图（如图 6-48 所示）。此外，如果单击该面板左上角的小图标（如图中红色圆圈所示），则当在中央预览区域内的主图像上移动光标时，该区域就会放大显示在预览窗口内（要保持预览该区域，只需在主图像内的该区域上单击）。要关闭这一功能，再次单击该图标即可。

第3步：

顾名思义，数量滑块用于控制应用到照片的锐化量。这里，我把数量增加到91，主预览区域内的照片看起来并没有太大变化，而细节面板的预览看起来更锐化（这就是为什么在预览中放大预览的重要性）。半径滑块决定锐化从边缘开始影响多少像素，我个人认为，把它保持在1不变（如图6-49所示），但如果确实需要更大的锐化，我会将其提高到2。

提示：关闭锐化

如果想暂时关闭在细节面板内所做的锐化，只需在细节面板标题最左端的切换开关上单击即可。

图6-49

第4步：

Photoshop中传统锐化的缺点之一是：如果应用了大量的锐化，照片内边缘区域的周围会出现一些微小的色晕（看起来就像有人用小记号笔在边缘附近绘图一样），但幸运的是，在Lightroom中，细节滑块类似于防色晕控件，采用其默认设置25，就能够很好地防止色晕，这对大多数照片很有效（这就是为什么把它作为默认设置的原因），但对于可以接受大量锐化的图像而言（如宽幅风景照片、建筑图像、具有大量清晰边缘的图像，就像您看到的这幅图像），则可以把细节滑块提高到75左右，如图6-50所示（这能够起到一定的保护作用，并且同时又能带来很好的锐化效果）。如果把细节滑块提高到100，就会使锐化看起来像是在Photoshop内用USM锐化滤镜实现的效果一样（这个滤镜效果不错，但它无法避免色晕，因此无法应用太多的锐化）。

图6-50

图 6-51

第 5 步：

在我看来，最后一个锐化滑块——蒙版——是最神奇的滑块，因为它的功能是准确控制锐化的应用位置。例如，锐化最难之处就是一些本应是柔和的元素，如肖像中的小孩皮肤或女性皮肤，因为锐化将突出纹理，这正是我们不愿见到的。但是，我们同时需要使细节区域锐化，如眼睛、头发、眉毛、嘴唇、衣服等。用蒙版滑块可以实现这一点——它蒙版掉皮肤区域，因此尽可能让细节区域得到锐化。为了演示其工作方式，我们将切换到一幅肖像。

图 6-52

第 6 步：

首先，请按 Option(PC: Alt) 键并保持，并在蒙版滑块上单击并保持，图像区域将变为纯白色（如图 6-52 所示）。这个纯白色屏幕说明锐化均匀地应用到图像的每个部分，因此，基本上说，每个对象都得到锐化。

第 7 步：

当单击并向右拖动蒙版滑块时，部分照片开始变为黑色，这些黑色区域将得不到锐化，这正是我们的目的。我们先会看到几个黑色斑块，但是，把该滑块拖得越远，就越多多非边缘区域会变为黑色，图中所示的是我把蒙版滑块拖到 82 以上时的效果，大多数皮肤区域处于黑色中（因此它们不会被锐化），但细节区域，如鼻子、嘴唇、头发、鼻孔和轮廓，被完全锐化（这些区域仍然是白色的）。因此，实际上，这些柔和的皮肤区域实际上被自动蒙版掉，它们非常平。

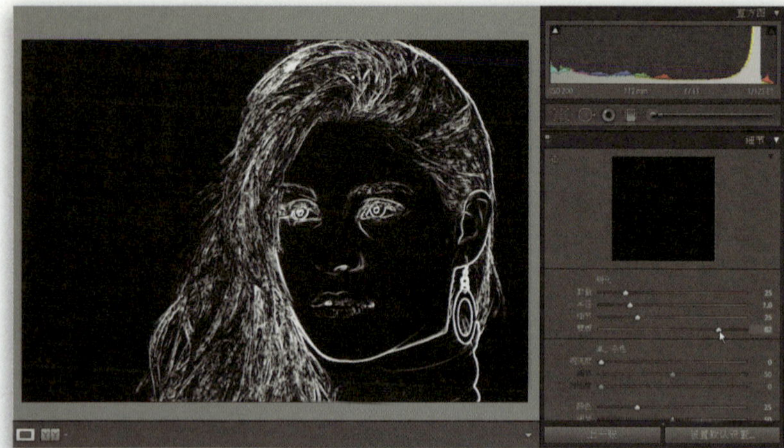

图 6-53

第 8 步：

释放 Option (PC: Alt) 键后，就会看到锐化效果，这里可以看到细节区域很清晰，但她的皮肤就像从没有锐化过一样。现在要提醒一点：当主体特征比较柔和的情况下，我才使用这个蒙版滑块，因为这时我不想夸大纹理。在下一页，我们将转回旧的砖块建筑照片，并最终完成锐化。

图 6-54

图 6-55

第 9 步：

这里，我重新打开旧的砖块建筑照片，我们这时已经了解所有四个滑块的功能，因此现在可以根据个人喜好进行设置。但是，如果您还不十分熟悉它们，则请使用左侧面板区域内预设面板中的锐化预设，观察 Lightroom 预设（内置预设）就会发现两个锐化预设：一个叫做锐化 - 细边缘（风景），另一个叫做锐化 - 粗边缘（面部）。单击锐化 - 细边缘（风景）预设，将把数量设置为 40，半径设置为 0.8，细节设置为 35，蒙版设置为 0（请观察它怎样提升细节，因为该主体可以承受强烈的锐化）。锐化 - 粗边缘（面部）预设则细微得多，它把数量设置为 35，半径设置为 1.4，细节设置为 15，蒙版设置为 60。

图 6-56

第 10 步：

这是最终的修改前 / 修改后图像对比。我首先单击锐化 - 细边缘（风景）预设，之后把数量增加到 125（远比我通常使用得大，但我提升它，以便您在书中能够更容易地看到其效果）。我把半径设置为 1.0（我认为是非常标准的设置），细节设置为 75（因为看起来像这样的细节照片实际上可以接受强烈的锐化），保持蒙版为 0 不变（因为我想让照片中所有区域均匀锐化，没有任何区域需要保持柔和、不锐化）。现在，我把该设置保存为我自己的预设“Sharpen – High”，因此，只要单击一次就可以随时应用它。

6.13 校正色差（也就是讨厌的彩色镶边）

我们迟早会遇到这种问题，主体周围反差强烈的边缘出现红、绿，或者更可能是紫色的色晕或杂边（这些被称作“色差”）。如果使用的是非常廉价的数码相机（或者是采用非常廉价广角镜头的好相机），很快就会发现这种情况（可能就在今天），但即使是好相机（和好镜头）也会不时出现这种问题。幸运的是，这在 Lightroom 内很容易校正。

第 1 步：

仔细观察图中所示照片，就会发现好像是有人用非常细的记号笔沿着边缘绘图了一样（它看起来就像沿汽车底部边缘、轮胎侧面以及阴影前面部分存在略带红色的细杂边一样）。如果图像存在这种问题，首先请转到镜头校正面板，单击顶部的配置文件，然后放大显示存在彩色杂边的边缘区域（我放大到 2:1），这样就能看到调整对边缘的影响。

SCOTT KELBY

图 6-57

第 2 步：

请打开启用配置文件校正复选框，Lightroom 将尝试基于镜头的制造商和型号（从图像的 EXIF 数据中读取，更多相关信息请查阅 6.10 节）清除彩色镶边。如果图像仍然需要校正，请尝试数量下的色差滑块。如果自动处理方法仍无法奏效，则请单击顶部的手动，一旦确定了镶边的颜色（这个例子中是红色），请转到该面板的色差部分，这里有两个滑块：一个是红色 / 青色，另一个是蓝色 / 黄色。在这个例子中，因为我们的问题是红色，因此请单击红色 / 青色滑块，并向右朝远离红色方向拖动，直到镶边消失为止（如果镶边是蓝色或黄色，则要使用下一个滑块，并单击朝远离问题颜色的方向拖动）。话虽如此，其实处理这类问题我很少这样调整，而是从去边下拉列表中选择所有边缘，它通常消除边缘杂边，而不必移动任何滑块（但我确实将红色 / 青色滑块向右拖动了一点）。从修改前 / 修改后视图可以看出，它大大减少了边缘上的红色杂边。

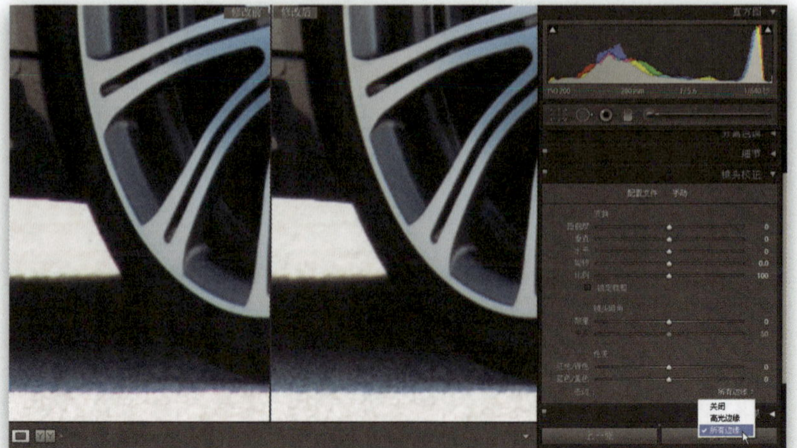

图 6-58

6.14 Lightroom 内的基本相机校准

一些相机似乎在照片上放置自己的颜色签名，如果您的相机属于这种类型，则可能发现所有照片内的阴影都带一点红色或绿色等。即使相机能够产生精确的颜色，我们也可能需要调整 Lightroom 对 RAW 图像颜色的解释方式。全面精确的相机校准处理有点复杂，也超出了本书的介绍范围，但我想介绍相机校准面板的功能，使您对颜色的处理达到新水平。

图 6-59

第 1 步：

开始之前，我想让您知道的是相机校准并不是每个人都必须掌握的内容。事实上，大多数人从未尝试过基本的校准操作，因为他们没有遇到过严重的颜色一致性问题（这是好事情。然而，总会有人会遇到，对吗？）。因此，这里简要介绍相机校准面板最基本的功能：请打开照片，之后转到修改照片模块的相机校准面板，它位于右侧面板区域的最底部，如图所示（如果 Adobe 认为我们会大量使用它，就会把它放在靠近顶部的位置，对吗？）。

图 6-60

第 2 步：

最上面的滑块用于调整相机可以向照片阴影区域添加的任何色彩。如果确实增添了色彩（通常应该是绿色或洋红色），请观察色调滑块自身内的色条。观察这个色条就能够知道应该向哪个方向拖（例如，我这里把色调滑块拖离绿色，朝洋红色方向拖，以降低阴影区域内存在的绿色色偏，但对于这幅照片而言，其变化很细微）。

第 3 步：

如果颜色问题不是出现在阴影内，则要使用红原色、绿原色、蓝原色滑块调整色相和饱和度（这些滑块显示在每种颜色下方）。假若相机拍摄的照片存在一点红色色偏，我们要把红原色色相滑块拖离红色，如果需要降低照片内红色的总体饱和度，则要向左拖动红原色滑块，直到颜色看起来自然为止（这里所说的自然是指灰色应该是真正的灰色，而不是略带红色的灰色）。

图 6-61

第 4 步：

修改满意后，请按 Command-Shift-N（PC：Ctrl-Shift-N）打开新建修改照片预设对话框。为预设命名，之后单击全部不选按钮，再只选取校准复选框，并单击创建。现在，我们不仅可以在修改照片模块和快速修改照片面板内应用这个预设，而且还可以从导入照片对话框的修改照片设置下拉列表内选择它，把它应用到从该相机导入的所有照片（如图 6-62 所示）。

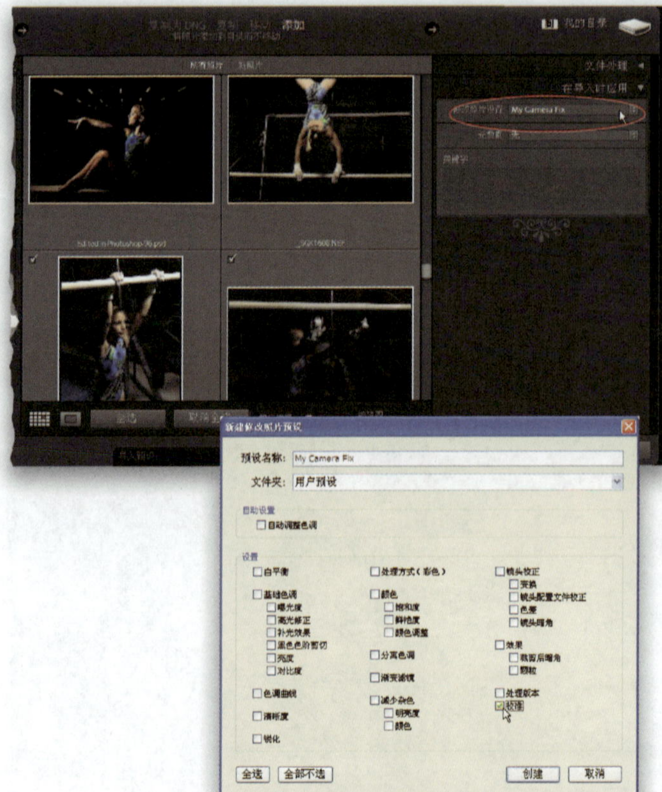

图 6-62

Lightroom快速提示

▼ 使用细节面板的预览清理污点

细节面板预览窗口设计为我们提供图像的 100% (1:1) 视图，因此，我们可以实际看到锐化和杂色调整的效果。但在消除污点时最好也使其保持打开状态，因为当在主图像以适合尺寸显示时，仍能在细节面板的预览窗口中清楚地看到正在校正的区域。

▼ 另一种杂色消除策略

Lightroom 3 内细节面板中的减少杂色部分完成的功能很出色，但如果您对处理效果不满意，或者它无法处理您的照片，请尝试我在前一版本 Lightroom 中使用方法：转到 Photoshop 并使用名为 Noiseware Professional 的插件进行处理，它的处理效果确实出奇的好。您可以从他们在 www.noiseware.com 的网站下载试用版，并将其安装到 Photoshop 中（这样从 Lightroom 跳转到 Photoshop，运行带有出色内置预设的 Noiseware 插件，之后保存文件，再回到 Lightroom 中）。

▼ 选择画笔大小

使用污点去除工具时，您可以按住 Command (PC: Ctrl) 键，单击并在污点周围拖出一个选区（先在污点的左上角单击，再以 45° 角拖过污点）。这样做时，它会放置一个起点，之后圆圈恰好拖过污点。

▼ 永远可以撤销以前所做的操作

如果您使用 Photoshop，可能已经知道历史记录面板，它只记录最近的 20 步操作（因此，基本上有 20 个撤销），如果关闭文档，这些撤销就消失了。然而，在 Lightroom 内，对照片所做的每次修改都被记录，当更换图像或者关闭 Lightroom 时，这些无限的撤销将被保存。因此，即使您在一年后再回到这幅照片，仍然可以撤销以前所做的操作。

▼ 如果没看到调整画笔怎么办

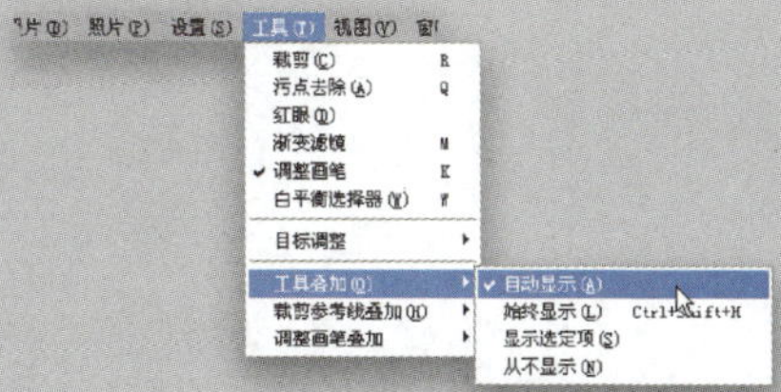

开始绘图时，如果没看到画笔或者它创建的编辑标记，则请转到工具菜单，（从工具叠加子菜单）选择自动显示。这样，光标移到照片之外时，编辑标记将消失，但之后如果把光标再移回到照片上开始绘图，它们又会显示出来。

▼ 始终可以重新开始，即使对虚拟副本也这样

因为 Lightroom 内没有任何一个编辑是真正应用于实际照片，在实际离开 Lightroom 3 之前（跳转到 Photoshop，或者导出为 JPEG 或 TIFF），始终可以按右侧面板区域底部的复位按钮，重新开始。更理想的是，如果您为正在处理的照片创建了虚拟副本，甚至可以把虚拟副本复位到图像第一次导入 Lightroom 时的效果。

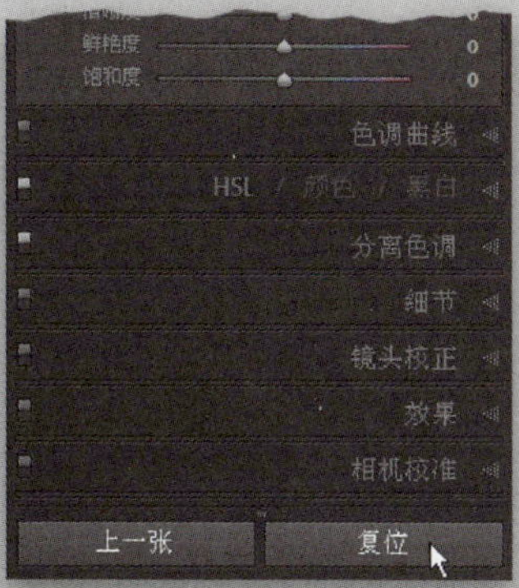

▼ 工具叠加（网格）选项

使用裁剪叠加工具时，可以使仅当实际移动裁剪框本身时，才显示出网格（这确实是您唯一需要看到这个网格的时刻，不是吗？）。只需转到工具栏（预览区域下方），并从工具叠加下拉列表中选择自动。

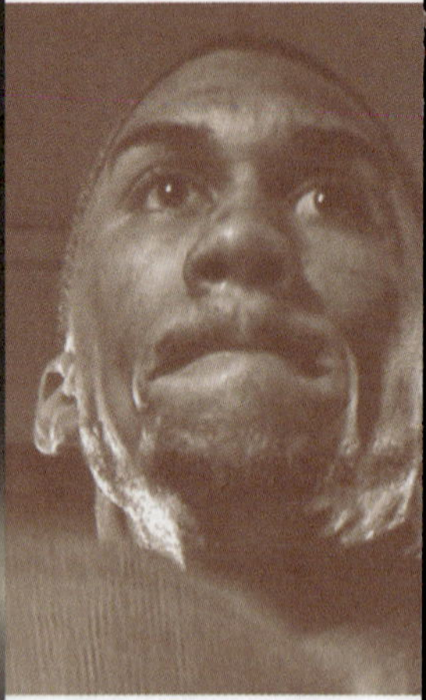

将图像导出为 JPEG、TIFF 等其他格式

没有哪章内容比介绍怎样存储 JPEG 更令人激动了，我有点儿迫不及待了，因为这是一顿真正的大餐，但这一章的内容不只是介绍 JPEG 存储，本章还将介绍存储 TIFF 格式，这一处理中还有更多内容需要介绍，这可能超出了您的想象，因此，如果您花几分钟时间阅读这短短的一章，肯定会提高您的创作效率，为您将来节省大量的时间。

7.1 把照片保存为 JPEG

因为 Lightroom 中没有像 Photoshop 那样的存储命令，我最常被问到的一个问题是 :“怎样把照片保存为 JPEG？”在 Lightroom 内，不能把它保存为 JPEG，可以把它导出为 JPEG（或者 TIFF、DNG、Photoshop PSD）。这个过程很简单，Lightroom 增加了一些自动功能，实现照片的导出操作。

第 1 步：

首先选择我们想把哪幅（些）照片保存为 JPEG（或者 TIFF、PSD 或 DNG），可以在图库模块的网格视图或者在任意模块的胶片显示窗格中，Command- 单击（PC: Ctrl- 单击）需要导出的所有照片（如图 7-1 所示）。

图 7-1

第 2 步：

如果在图库模块内，则请单击左侧面板区域底部的导出按钮（如图 7-2 中红色圆圈所示）。如果处在其他模块内，使用胶片显示窗格选择要导出的照片，则请使用键盘快捷键 Command-Shift-E（PC：Ctrl-Shift-E）。无论选择哪种方法，都会打开导出对话框（如图 7-3 所示）。

图 7-2

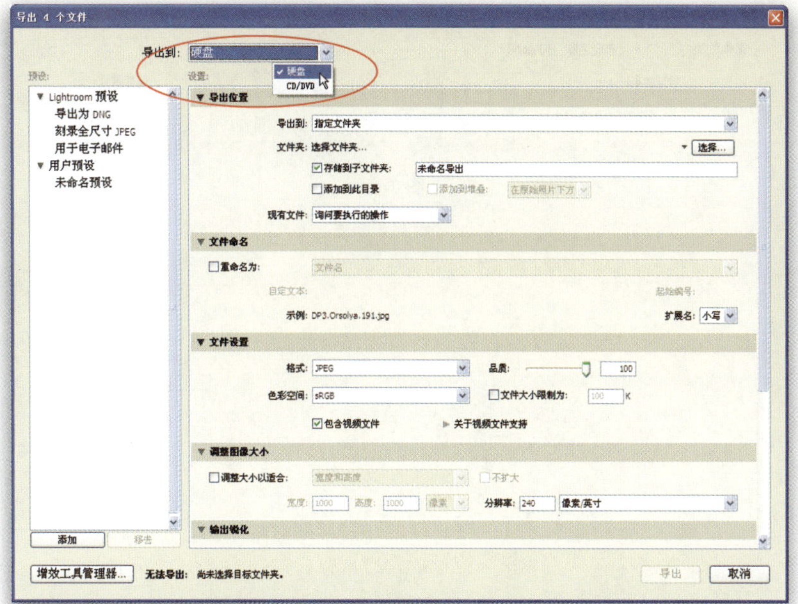

图 7-3

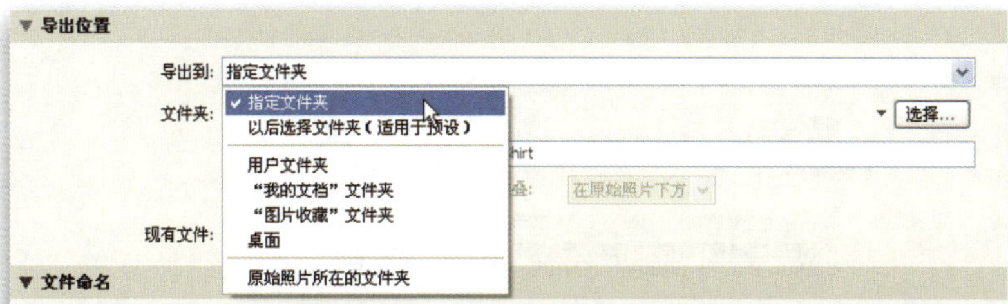

从导出到下拉列表中选择导出图像的保存位置

图 7-4

选取存储到子文件夹复选框将图像保存到指定的子文件夹

图 7-5

第 3 步：

在导出对话框的左侧，Adobe 提供一些导出预设，其设计用来避免每次从头开始填写整个对话框。Adobe 仅提供少量预设，但其真正强大之处在于我们可以创建自己的预设（这些预设将显示在用户预设标题下）。Lightroom 的内置预设至少可以作为我们创建自己预设的良好起点，所以现在请单击刻录全尺寸 JPEG，它填充一些典型设置，这些设置可以用来将照片导出为 JPEG，并把它们刻录到光盘上。然而，我们还要自定这些设置，以便使文件按照我们要求的方式导出，并导出到我们想要的位置，然后把自定设置保存为预设，免得每次需要时都执行这些操作。如果不把这些图像刻录到光盘，只是想将这些 JPEG 文件保存在计算机的一个文件夹中，则请转到对话框顶部（从导出到下拉列表中）选择硬盘（如图 7-3 中红色圆圈所示）。

第 4 步：

我们从对话框顶部开始介绍：首先，在导出位置部分需要告诉 Lightroom 把这些文件保存到哪里。如果单击导出到下拉列表（如图 7-4 所示，位于顶部），将弹出一个用来选择保存文件的位置列表。如果打算创建预设，第二个选择（以后选择文件夹）就很有用，因为它允许在导出过程中选择文件夹。如果想选择一个不在这个列表中的文件夹，则请选择指定文件夹，然后单击选择按钮，导航到需要的文件夹。在该部分的底部还可以选择将它们保存到特定子文件夹（正如我所做的），这样，现在我的图像将出现在桌面上一个名为“Rolling Stones Shirt”的文件夹内。如果您希望这些导出的 JPEG 文件添加到 Lightroom 中，请选取添加到此目录复选框。

第 5 步：

下一部分是文件命名，它很像前面导入一章内已经介绍过的文件命名功能，如果不想重命名导出文件，只想保留它们的当前名称，则可以取消选取重命名为复选框，或者选取该复选框，然后从下拉列表内选择文件名。如果要重命名文件，则请选择一种内置模板，或者，如果您创建了自定文件命名模板（我们在第 1 章学过怎样创建），它也会显示在这个列表中。在我们的例子中，我选择自定名称 - 序列编号（它自动向我自定的名称末尾添加序列号，序列号从 1 开始编号）。之后，我把这些照片简单命名为“StonesShirt”，因此照片将最终被命名为 StonesShirt-1、StonesShirt-2 等。Lightroom 3 中新增了一个下拉列表，用于选择以大写（.JPG）或小写（.jpg）形式显示文件扩展名。

图 7-6

第 6 步：

在文件设置下方，可以从格式下拉列表中选择照片的保存格式（因为我们选择了刻录全尺寸 JPEG 预设，所以这里 JPEG 已经被选择，但您可以选择 TIFF、PSD、DNG，或者，如果您有 RAW 文件，也可以选择原始格式导出原始 RAW 照片）。因为我们要保存为 JPEG，所以会有一个品质滑块（品质越高，文件尺寸越大），我通常选择的品质设置是 80，我认为这能够在图像品质和文件大小之间取得很好的平衡。如果我打算把这些文件发送给没安装 Photoshop 的人，则选择 sRGB 色彩空间。如果选择 PSD、TIFF 或 DNG 格式，会显示出它们相应的选项（您要选择像色彩空间、位深度和压缩设置等）。

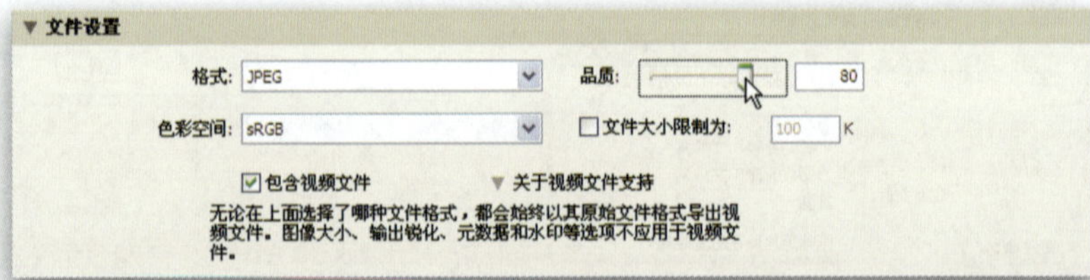

图 7-7

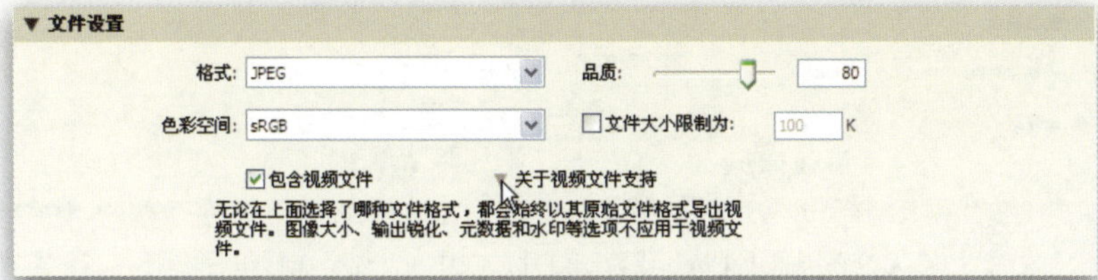

图 7-8

第 7 步：

假设要导出整个图像收藏夹，收藏夹包含一些用 DSLR 拍摄的视频剪辑。如果您希望这些视频剪辑包含在导出中，请确认打开包含视频文件复选框（如图 7-8 所示），这是 Lightroom 3 新增功能。在这个复选框的正下方，提示您导出这些视频剪辑时，不会执行输出锐化、添加水印、更改文件格式等，因为 Lightroom 不会编辑视频。了解这些之后，就可以单击复选框右侧的小灰色三角形（图中我的光标正指向它），这些警告文本显示将隐藏起来。

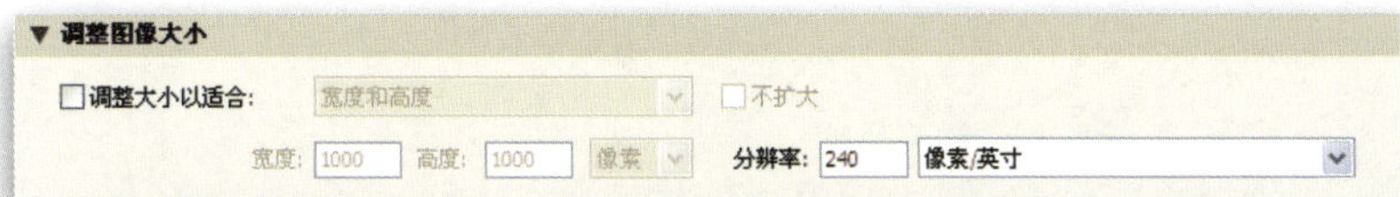

完全可以跳过调整图像大小部分，除非需要以比原始尺寸更小的尺寸使保存图像

图 7-9

第 8 步：

默认情况下，Lightroom 认为将以全尺寸导出照片。如果想让它们变小些，则请在调整图像大小部分，打开调整大小以适合复选框，然后键入需要的宽度、高度和分辨率。也可以通过从顶部下拉列表中选择像素尺寸、图像的长边、图像的短边或图像的像素数等调整图像尺寸。

第 9 步：

此外，如果要在其他应用程序中打印这些图像，或者将它们发布到 Web 上，则可以通过打开输出锐化部分的锐化对象复选框，添加锐化处理。这将根据导出的照片是仅用于屏幕显示（在这种情况下，要选择屏幕）还是打印（在这种情况下，要选择打印的纸张类型，亚光纸或高光纸），应用合适的锐化。对于喷墨打印机，锐化量我通常选择高，这在屏幕上看起来有点过于锐化，但在纸张上，它看起来正好（对于 Web，我选择标准）。

无论在屏幕上 (Web 或者幻灯片放映中），还是在打印后观察这些图像，都可以添加输出锐化

图 7-10

第 10 步：

如果想从这些文件中删除所有个人的 EXIF 相机数据，而保留版权信息，请转到元数据部分，选取嵌入最少元数据复选框（如图 7-11 所示）。这将隐藏所有曝光设置、相机序列号以及其他客户不需要了解的信息。

图 7-11

下一部分允许向导出图像添加水印（下一节将详细介绍水印技术），要对导出的每幅图像添加水印，请选取水印复选框，然后从下拉列表中选择简单版权水印或者您保存的水印。

图 7-12

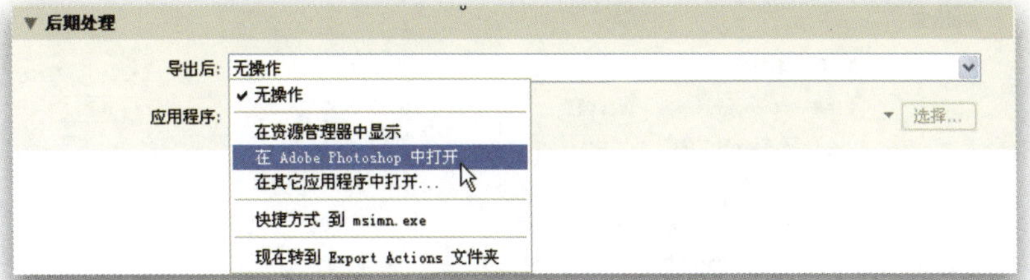

图 7-13

第 11 步：

最后一个部分是后期处理，它用于决定文件从 Lightroom 导出后执行什么操作。如果从导出后下拉列表内选择无操作，它们将只是保存到开始时选择的文件夹。如果选择在 Adobe Photoshop 中打开，它们导出后将自动在 Photoshop 中打开。还可以选择在其他应用程序中打开，或者选择在 Lightroom 的内置插件中打开（如 Nik Software 的 Viveza 2）。稍后将在 7.3 节中介绍“现在转到 Export Actions 文件夹”选项。

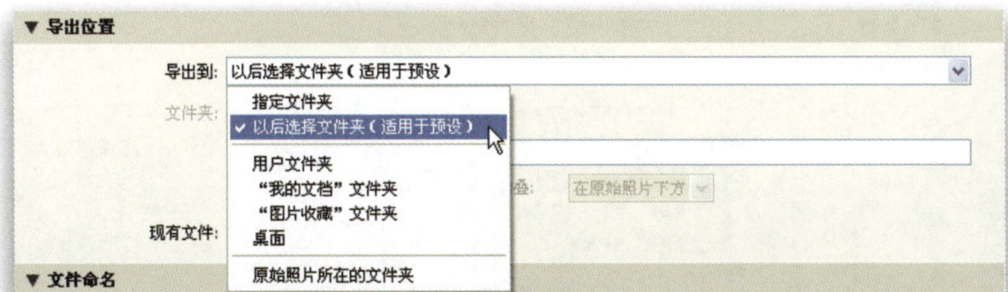

图 7-14

第 12 步：

现在已经按照我们想要的方式进行定制，让我们把这些设置保存为自定预设。这样，下次想导出 JPEG 时，就不必经历这些步骤。现在，我建议做一些修改，以使该预设更有效。例如，如果现在立刻把它保存为预设，在使用它把其他照片导出为 JPEG 时，它们将被保存在同样的 Rolling Stones Shirt 文件夹中。而这里选择以后选择文件夹是个好主意，就像我们在第 4 步中介绍的那样（如图 7-14 所示）。

第 13 步：

如果始终想把导出的 JPEG 保存在指定文件夹中，请回到导出位置部分，单击选择按钮，并选择该文件夹。现在如果将照片以 JPEG 格式导出到该文件夹，而该文件夹中已经存在同名照片（也许是上次导出的），会发生什么情况？Lightroom 是应该自动用现在导出的新文件覆盖原有文件，还是把这个新文件命名为不同的文件名，使它不会删除该文件夹中的现有文件？我们可以使用现有文件下拉列表选择 Lightroom 对这个问题的处理方式（如图所示）。我选择为导出的文件选择一个新文件名（如图 7-15 所示）。这样，就不会不小心覆盖原想保留的文件。顺便提一下，当选择跳过时，如果它发现该文件夹中已经存在同名文件，则不会导出 JPEG 图像——而只是跳过它。

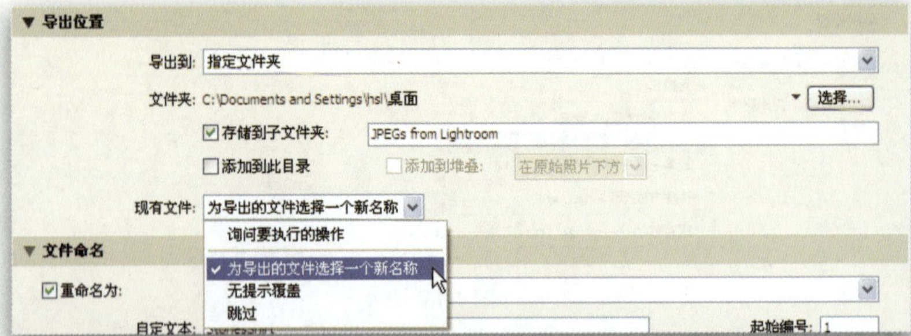

图 7-15

提示：使用预设时重命名文件

导出照片前，一定要给文件一个新的自定名称，否则，为曲棍球比赛拍摄的照片将被命名为 StonesShirt-1.jpg、StonesShirt-2.jpg 等。

第 14 步：

现在您可以将自定设置保存为预设：单击该对话框左下角的添加按钮（如图 7-16 中红色圆圈所示），然后给新预设命名（本例中，我把它命名为 Hi-Res JPEGs/Save to Hard Drive，这个名称说明将导出什么文件，以及它们的保存位置）。

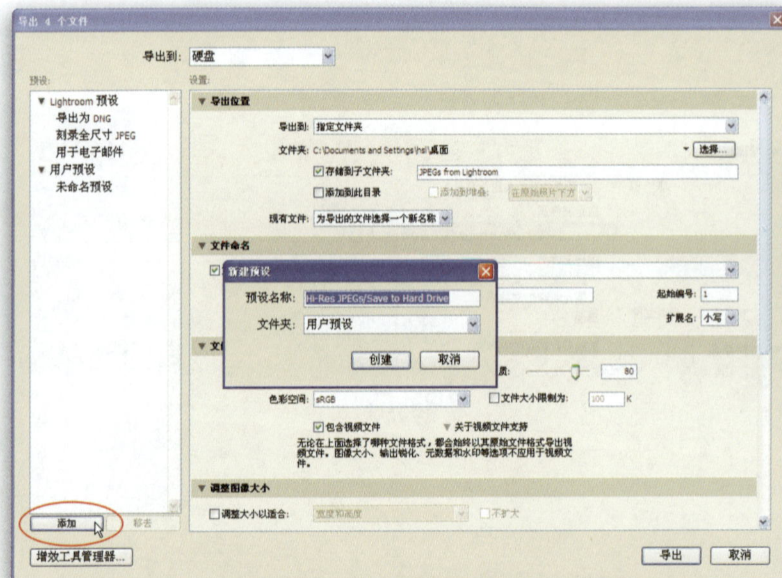

图 7-16

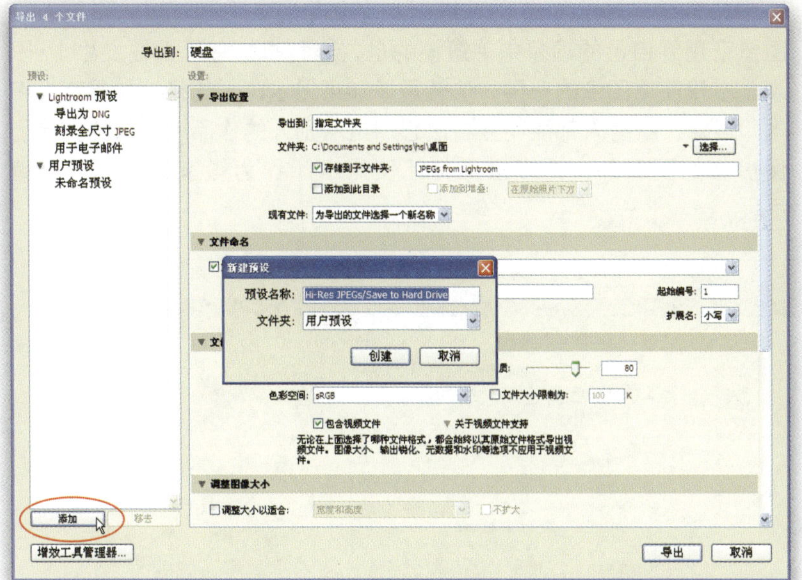

图 7-17

第 15 步：

单击创建按钮之后，预设就被添加到预设部分（在对话框左侧的用户预设下），从现在开始，只要单击一次，就能导出 JPEG。如果确定想修改预设（像这个例子中这样，我将色彩空间更改为 ProPhoto RGB，并关闭了水印复选框），则可以用当前设置更新它：在预设上右击，从弹出菜单中选择使用当前设置更新（如图 7-17 所示）。

这时，如果想创建另一个自定预设——导出联机 Web 画廊所用 JPEG 文件的预设。要实现这一点，需要把图像尺寸分辨率降低到 72 ppi，把锐化设置修改为屏幕，锐化量设置为标准，可能还要再打开水印复选框，以防止滥用您的图像。之后，单击添加按钮创建新的预设，把它命名为“Export JPEG for Web”之类的名称。

图 7-18

第 16 步：

创建自己的预设之后，在导出时可以完全跳过导出对话框，为我们节约时间：只需选择想要导出的照片，之后转到 Lightroom 的文件菜单，从使用预设导出子菜单下选择想要的导出预设（在这个例子中，我选择 Export JPEG for Web 预设）。这样选择之后，不需要进一步的输入，就可以导出照片。太棒了！

7.2　向图像添加水印

如果要将图像发布到网站上，就没有太多手段可以防止别人把图像窃用到自己的项目中（遗憾的是，这种事情每天都在发生）。限制非授权使用图像的一种方法就是添加可见水印。这样，如果有人将水印清除，所有人都能明显看出它们是从别人的作品中窃取的。除了保护您的图像外，许多摄影师还使用水印作为影室的商标和行销手段。

第 1 步：

要创建水印，请按 Command-Shift-E (PC: Ctrl-Shift-E) 打开导出对话框，然后转到添加水印部分，选取水印复选框，并从下拉列表中选择编辑水印（如图 7-19 所示）。请注意：我在导出这章中介绍添加水印，是因为在将图像导出为 JPEG、TIFF 等时，可以添加水印，但是，在打印图像（打印模块内）或者将其放到 Web 画廊（Web 模块内）时，也可以添加这些水印。

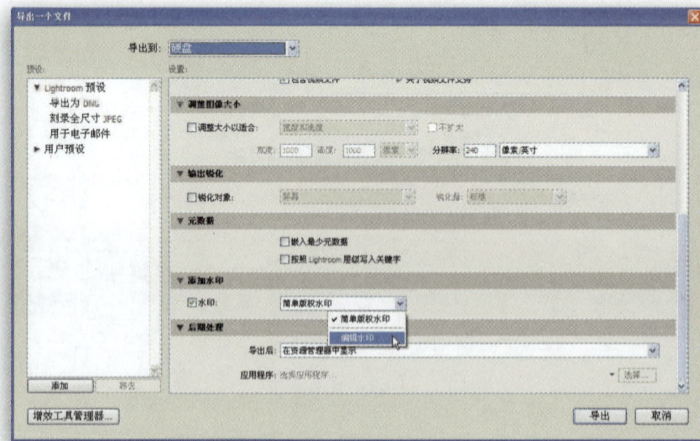

图 7-19

第 2 步：

这将打开水印编辑器（如图 7-20 所示），在这里可以创建简单的文本水印，也可以将图形（可能是影室的标志，或者是在 Photoshop 中创建的一些自定水印图形）导入为水印，请在右上角（如图中红色圆圈所示）选择文本或图形。默认情况下，它显示计算机上用户配置文件中的名称，因此该对话框底部的文本字段中显示我的版权。这个文本同时显示在图像的底部和左边缘上，但幸运的是，您可以调整它与角落的偏移量（我将在第 4 步中介绍其实现方法）。我们先介绍定制文本。

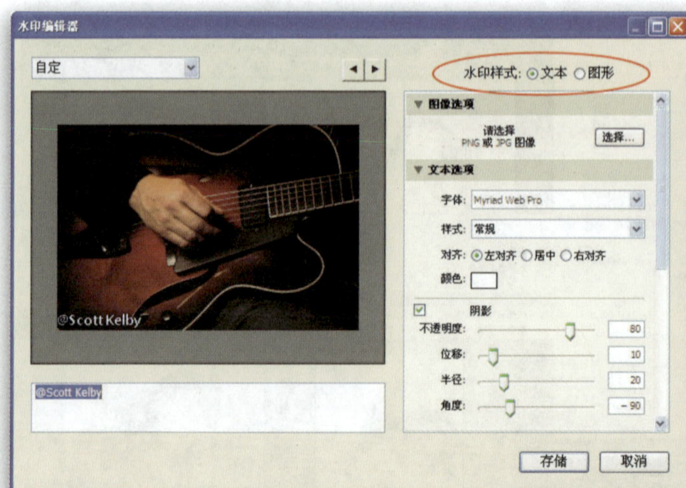

SCOTT KELBY

图 7-20

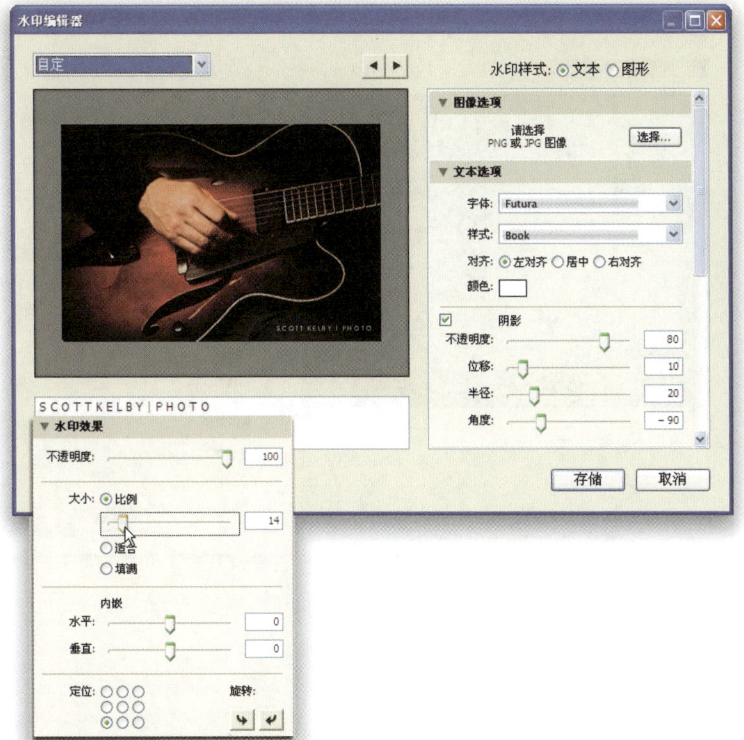

图 7-21

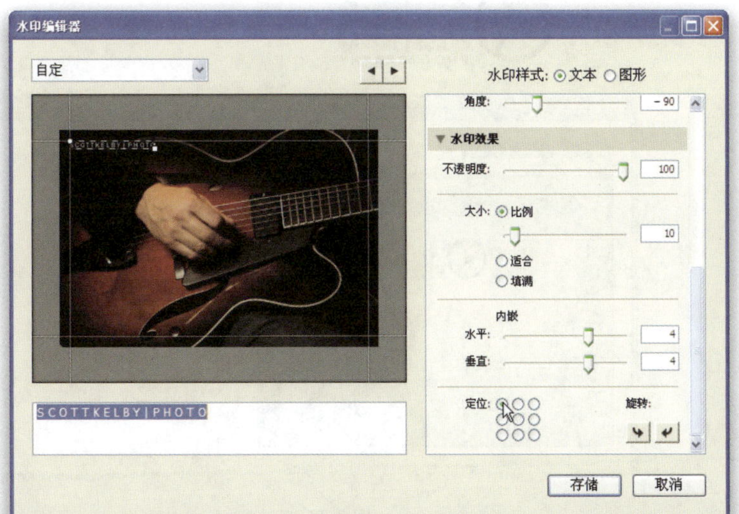

图 7-22

第 3 步：

在左下角的文本段中输入影室名称，然后在对话框右侧的文本选项中选择字体。本例中，我选择 Futura Book 字体（顺便提一下，图中分隔 SCOTT KELBY 和 PHOTO 的细线是一个称作“管道”的文本字符，按 Shift- 反斜线可以创建它。）此外，为了在字符间放置一些间隔，我在每个字符之后按空格键。在这里还可以选择文本的对齐方式（左对齐、居中、右对齐），并单击色板选择字体颜色。要改变输入文本的大小，请转到水印效果部分，这里有一个大小滑块（如图所示）和一个单选按钮，用来选择使水印填满图像宽度或填满整幅图像。还可以将光标移动到图像预览区的文本上，这将显示一个小角柄，单击并向外拖动将使文本变大，向内拖动将使文本变小。本例中，我将其移动到右下角，并继续演示怎样进一步处理它。

第 4 步：

我们在水印效果部分选择水印的位置。在该部分底部有一个定位网格，显示水印可以放置在哪里。如果要将其移动到左上角，请单击左上角的定位点（如图所示）。如果要将其移动到图像中央，请单击中央的定位点，依此类推。如果想转换为垂直水印，它的右侧有两个旋转按钮。此外，在第 2 步中我提到可以使文本产生偏移，使其不会紧贴图像边缘——只需拖动垂直和水平内嵌滑块（位于定位网格的正上方）。移动它们时，预览窗口中将显示细小的位置指示条，因此可以方便地看到文本将要放置的位置。最后，该部分顶部的不透明度滑块控制水印的透明程度。

第 5 步：

如果要将水印放置到较浅的背景上，则可以使用文本选项中的阴影部分添加投影，其中不透明度滑块控制阴影变暗的程度，位移控制阴影出现在距离文本多远处（向右拖动得越远，阴影距离将越远）。半径是 Adobe 为柔和度使用的秘密代码，因此将半径设置得越高，阴影的柔和度就越高。角度滑块用来选择阴影出现的位置，因此默认设置 –90 将使阴影处于右下方，而设置为 145 将使其位于左上方，依此类推，只需拖动该滑块，即可看到它对阴影位置的影响。查看阴影效果是否变得更好的最佳方法是，切换几次阴影复选框开关。

图 7-23

第 6 步：

现在我们来处理图形水印（如影室的标志）。水印编辑器支持 JPEG 或 PNG 格式的图形图像，因此一定要将标志设计为这两种格式之一。请滚动到图像选项部分，其中显示请选择 PNG 或 JPG 图像，单击选择按钮，找到标志图形，然后单击选择，图形将显示出来（遗憾的是，可以看到标志后面的白色背景，但下一步中我们将处理它）。它使用的控件和文本水印中所使用的大体相同——转到水印效果部分，向左拖动不透明度滑块，使图形变透明，并使用大小滑块改变标志的尺寸。内嵌滑块可以把标志移离边缘，而定位网格则可以在图像的不同位置中定位图形。文本选项和阴影控件都变灰，因为当前处理的是图形。

图 7-24

在 Photoshop 中，这个标志包含白色背景图层，因此将它导入到 Lightroom 水印编辑器时，将在标志后显示白色背景

图 7-25

第 7 步：

为了使白色背景变透明，必须在 Adobe Photoshop 中打开标志的图层文件，并完成下面两项操作：(1) 将背景图层拖放到图层面板底部的垃圾图标，删除背景图层，仅将文字和图形保留在它们自己的透明图层上（如图 7-26 所示）；然后（2）将这个 Photoshop 文件保存为 PNG 格式。这将其保存为一独立文件，而图显得像拼合了一样，但标志后面的背景将变透明。

将背景图层拖放到回收站图标上，然后将该文件保存为 PNG 格式，现在标志的背景是透明的

图 7-26

第 8 步：

现在选择这个新的 PNG 标志文件（在水印编辑器的图像选项部分），将其导入后，它显示在图像上方，但白色背景已不存在（如图 7-27 所示）。现在可以在水印效果部分对标志图形重新设置大小、定位并修改标志图形的透明度。一旦按需要的方式设置完毕，就可以将其保存为水印预设（这样可以再次使用它，并可以在打印和 Web 模块中应用它）。要保存为预设，请单击该对话框右下角的存储按钮，或者从该对话框左上角的下拉列表中选择将当前设置存储为新预设。现在只要单击一次就能添加水印。

图 7-27

7.3 在 Lightroom 中通过电子邮件发送照片

Lightroom 具有导出为电子邮件功能，但它只把照片处理为小尺寸的 JPEG 图像（以便于发送电子邮件），并保存在文件夹内。然而，如果您花一分钟时间对这一功能进行调整，就可以完成更多操作。事实上，它可以把照片处理为用于电子邮件发送的 JPEG 图像，之后启动电子邮件应用程序，把照片作为附件添加到电子邮件——所有都是自动的。然后，可以真正从 Lightroom 发送电子邮件，而不只是得到一个充满小 JPEG 文件的文件夹。

第 1 步：

要获得我在本节介绍中提到的全自动处理的关键是创建所谓的导出动作，它的主要功能就是告诉 Lightroom 在把照片导出为小 JPEG 文件之后做什么。在这个例子中，我们要求 Lightroom 启动默认的电子邮件应用程序，添加照片附件。这可以在两个位置配置：(1) 在导出对话框内；(2) 在计算机自身上（别担心，这很简单）。首先请转到文件菜单，并选择导出（如图 7-28 所示），或者按 Command-Shift-E (PC: Ctrl-Shift-E)。

SCOTT KELBY

图 7-28

第 2 步：

导出对话框打开后，首先单击用于电子邮件预设（位于左侧预设部分的 Lightroom 预设下），查看基本的电子邮件设置。之后，滚动到该对话框底部的后期处理部分，从导出后下拉列表中选择现在转到 Export Actions 文件夹（如图 7-29 所示）。请注意：在 PC 上，这将只允许对邮件附加一张照片，更好的解决方案请参见第 7 步。

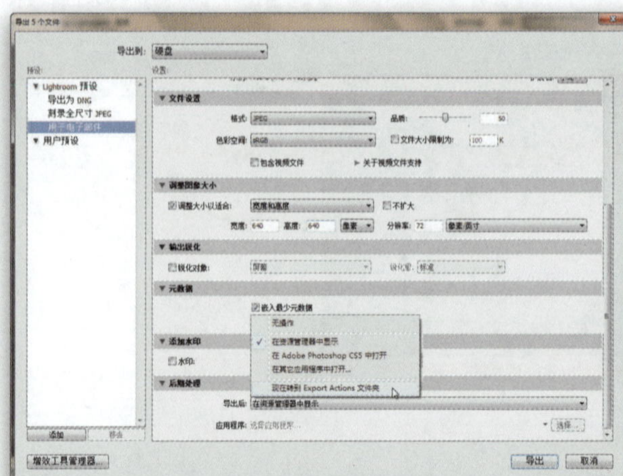

图 7-29

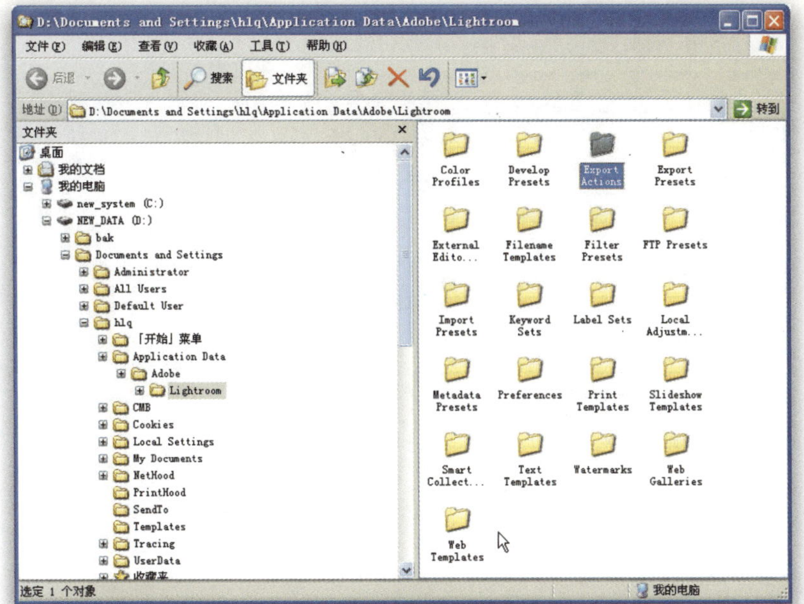

图 7-30

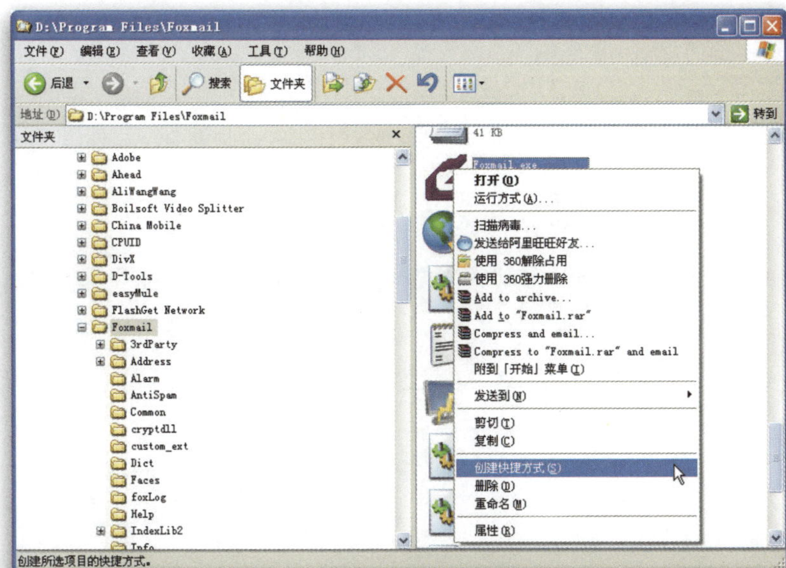

图 7-31

第 3 步：

这将打开计算机上存储 Lightroom 的 Export Actions 的文件夹（如图 7-30 所示）。

第 4 步：

保留 Export Actions 文件夹这个窗口为打开状态，在另一个窗口内，请转到计算机上存储该应用程序的文件夹（在 Mac 上，它是 Applications 文件夹；而在 PC 上，它是 Program Files 文件夹）。找到电子邮件应用程序，接下来要做的是创建该应用程序的别名（在 Mac 上）或快捷方式（在 PC 上。总的来说，它们都是指向实际应用程序的指针图标）。要在 Mac 上创建别名。请右击电子邮件应用程序图标，从弹出菜单中选择 Make Alias（创建别名，如图 7-31 所示），别名图标会显示在实际电子邮件应用程序旁，并在其名字上添加了"alias"文字。要在 PC 上创建快捷方式，请右击电子邮件应用程序图标，从弹出菜单中选择创建快捷方式。其快捷方式会显示在同一个文件夹内，在其名字上添加了"快捷方式"文字。

第 5 步：

现在，单击别名（或快捷方式），并把它拖放到 Lightroom 的 Export Actions 文件夹内，之后打开该文件夹，就应该看到该快捷方式（如图 7-32 所示）。这个快捷方式的名称将是在导出对话框的导出后下拉列表内所看到的，因此，我通常重命名别名（在这个例子中，我把它重命名为“Email Photo”）。接下来，我们将创建自定导出预设，它把照片处理为小 JPEG 文件，之后启动电子邮件程序，把这些较小的 JPEG 照片自动添加到电子邮件（实际操作比听起来更简单，尤其是因为这一处理中所有困难的部分都已经完成）。

第 6 步：

现在回到导出对话框。当单击左侧预设部分内 Lightroom 预设下的用于电子邮件预设时，它载入一些适合用电子邮件发送照片的设置（它为电子邮件发送照片选择较低质量的设置、合适的颜色空间（sRGB）、适当的分辨率、尺寸等），然而，如果喜欢，您可以改写这些设置中的任一个（如果想要较高品质的照片，只要单击文件设置部分的品质滑块，并向右拖动即可）。接下来，请转到位于该对话框底部的后期处理部分，从导出后下拉列表内选择我们刚才创建的导出动作（我的名称是 Email Photo，如图 7-33 所示）。最后，要把所有这些保存为预设，因此请单击预设部分左下角的添加按钮。当新建预设对话框弹出后，为预设命名（我选择的名字是“Send in Email”），并单击创建按钮。现在单击导出对话框内的取消按钮，因为我们进入这里只是为了创建预设，我们已经完成了，预设已经保存了。

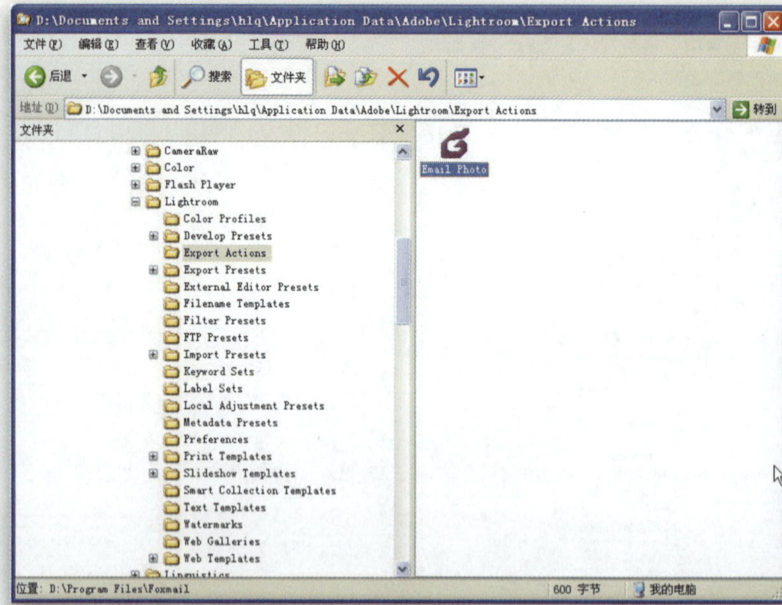

图 7-32

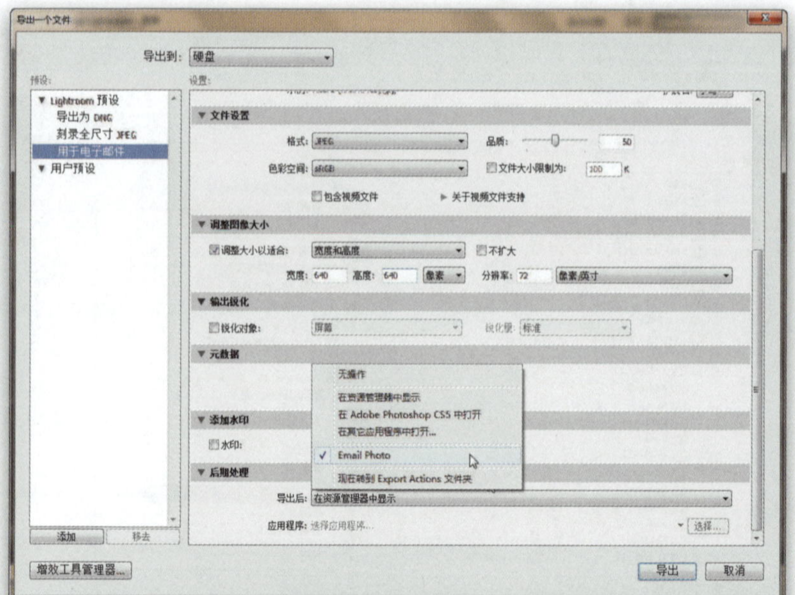

图 7-33

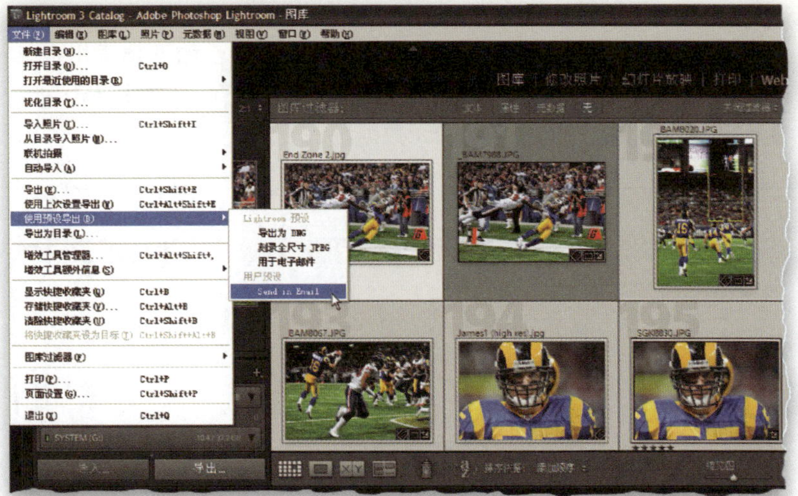

图 7-34

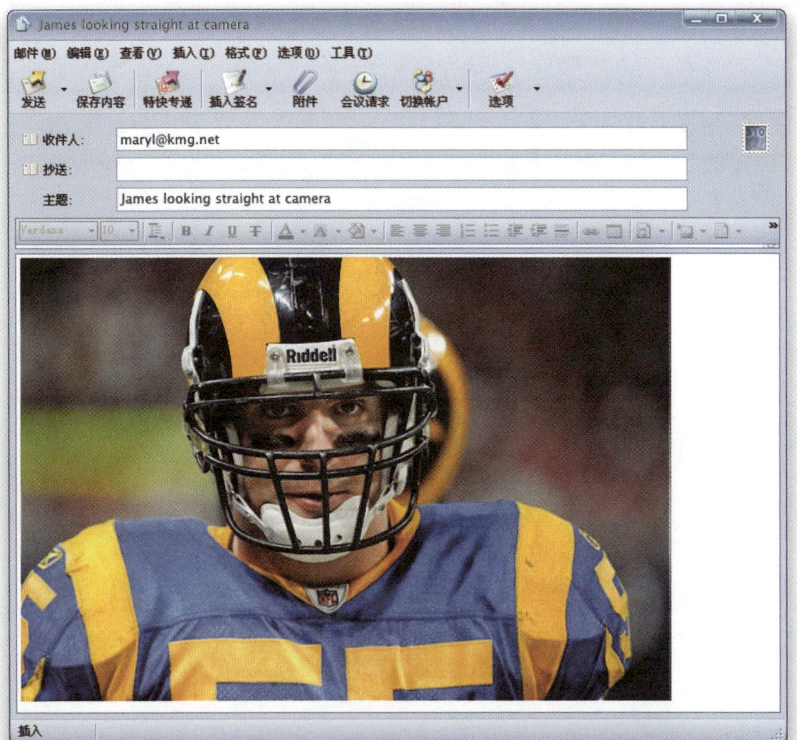

图 7-35

第 7 步：

现在，如果您使用的是 PC，要使这个流程正常运转，必须下载一个插件。因此，请转到 www.sbsutherland .com，单击靠近顶部的 Lightroom Related（Lightroom 相关），然后在 Export Plugins（导出插件）下方单击 MapiMailer Email Export Plugin for Lightroom（Lightroom 电子邮件导出插件 MapiMailer），下载 MapiMailer 文件，并将其安装到 PC 上。如果您不确定怎样安装插件，在下载页面上有一个指向安装指南的链接（注意：我们无法保证这个网页的可靠性，下载风险自负）。现在，当创建预设时，请从导出对话框顶部的导出到下拉列表中选择 MapMailer。不需要选择导出动作，这样执行我们需要的所有修改，并按我在第 6 步结尾处介绍的方法将其添加为新预设。现在让我们来试一试：在 Lightroom 内，Command- 单击 (PC: Ctrl- 单击) 选择想要在电子邮件中发送的照片。一旦它们被选择，请转到文件菜单，从使用预设导出子菜单中选择 Send in Email（这是我们在前一步中创建的导出预设），如图 7-34 所示。

第 8 步：

Lightroom 从该预设中读取配置，在屏幕上看到的下一个窗口是新打开的电子邮件消息窗口，它把我们选择的所有照片调整大小并把它们作为附件添加到电子邮件。现在所要做的只是输入该电子邮件收件人的地址、添加主题行，以及单击发送。我们已经创建了这个导出预设，以及电子邮件导出动作，整个过程只有两步：选择照片，选择 Send in Email。看，一次性花点精力配置这么一个方便的 Lightroom 电子邮件系统是多么值得！

7.4 导出原始 RAW 照片

目前为止，本章所完成操作都是基于我们在 Lightroom 内对照片的调整，之后把它导出为 JPEG、TIFF 等。但是，如果想导出原始 RAW 照片怎么办？这里介绍其实现方法，我们还可以选择是否包含在 Lightroom 中添加的关键字和元数据。

第 1 步：

首先，单击要从 Lightroom 导出的 RAW 照片。在导出原始 RAW 照片时，在 Lightroom 中对它所应用的修改（包括关键字、元数据，甚至在修改照片模块内所做的修改，如白平衡、曝光等）被存储在单独的文件中，这个文件被称作 XMP 附属文件，因为不能直接把元数据嵌入到 RAW 文件自身内（我们在前面第二章中讨论过这一点），因此需要将 RAW 文件及其 XMP 附属文件看作一组文件。现在请按 Command-Shift-E (PC: Ctrl-Shift-E) 打开导出对话框（如图 7-36 所示）。单击刻录全尺寸 JPEG，以获得一些基本设置。从右上角的下拉列表中选择硬盘，像我在创建 Hi-Res JPEGs 预设时做的那样。之后，在导出位置部分，选择这个原始 RAW 文件的保存位置（我选择桌面），然后在文件设置部分，从格式下选择原始格式（如图 7-36 中红色圆圈所示）。当选择导出为原始 RAW 文件时，其余大多数选项变为灰色。

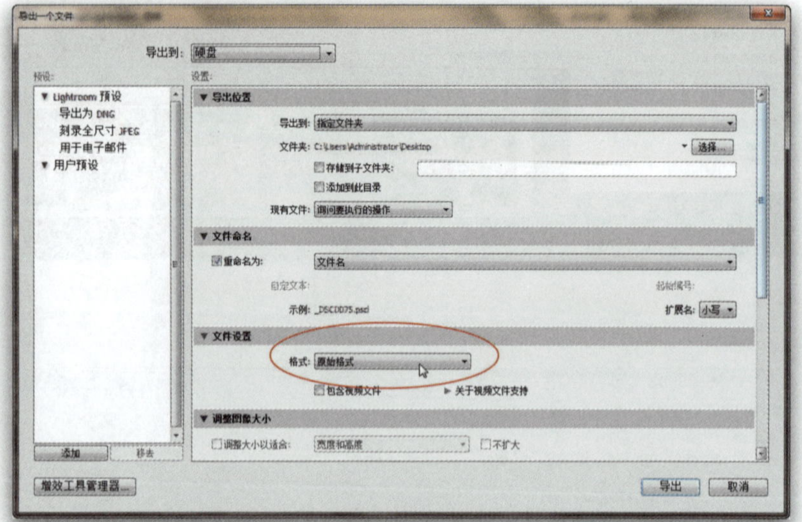

图 7-36

图 7-37

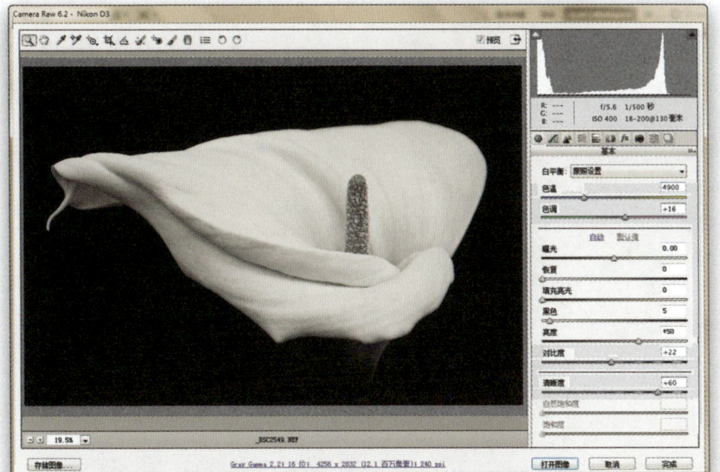

当包含 XMP 附属文件时，这是去除污点并经过黑白转换后的效果
图 7-38

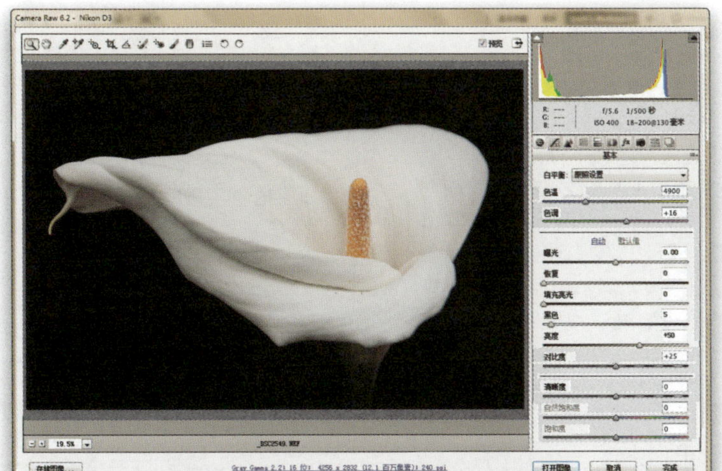

这是带有污点的原始彩色图像，当不包含 XMP 附属文件时的效果
图 7-39

第 2 步：

现在单击导出，因为不需要实现任何处理，所以几秒之后文件就显示在桌面上（或者您选择的任何其他位置）——会看到我们的文件及其紧邻的 XMP 附属文件（具有完全相同的名字，但其文件扩展名是 XMP。图中所示的是我桌面上的情况）。只要这两个文件保持在一起，支持 XMP 附属文件的其他程序（如 Adobe Bridge 和 Adobe Camera Raw）就会使用该元数据，因此照片就具有我们对其应用的所有修改。如果把该文件发送给其他人（或者刻录到光盘），一定要包含这两个文件。如果决定让该文件不包含我们所做过的编辑，则不要在其中包含 XMP 文件。

第 3 步：

导出原始 RAW 文件，并把它发送给他人之后，如果他们双击它，就会在 Photoshop 的 Camera Raw 中打开它，如果提供了 XMP 文件，他们会看到在 Lightroom 中所做的所有编辑，像图 7-38 所示的那样，其中照片被转换为黑白，并去除了污点，我还增加了一些清晰度和锐度。图 7-39 中的图像是没有包含 XML 文件时照片在 Camera Raw 中的显示效果——这是未经修改的原始文件，其中没有在 Lightroom 内所做的任何修改（因此，它回到其原始彩色照片状态，存在斑点，没有任何清晰度和锐度处理）。

Lightroom 快速提示

▼ 导出目录的快捷方式

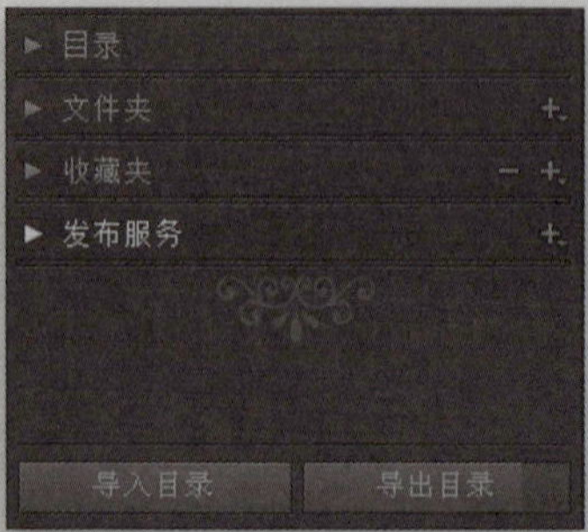

如果不是导出照片，而是想导出整个照片目录，则请按 Option (PC: Alt) 键并保持，图库模块内的导出按钮变为导出目录按钮。

▼ 使用上一次的导出设置

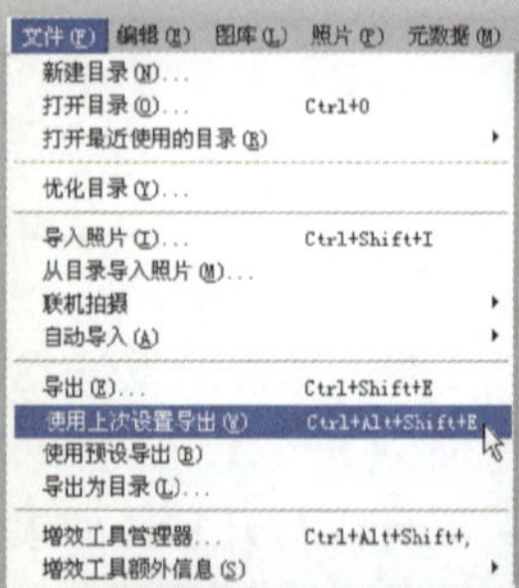

如果想导出一些照片，并使用最近一次使用过的导出设置，则可以跳过整个导出对话框，直接转到文件菜单，选择使用上次设置导出，或者使用键盘快捷键 Command-Option-Shift-E (PC: Ctrl-Alt-Shift-E)，它将立即用最后一次使用过的设置导出照片。

▼ 使用导出预设，而不进入导出对话框

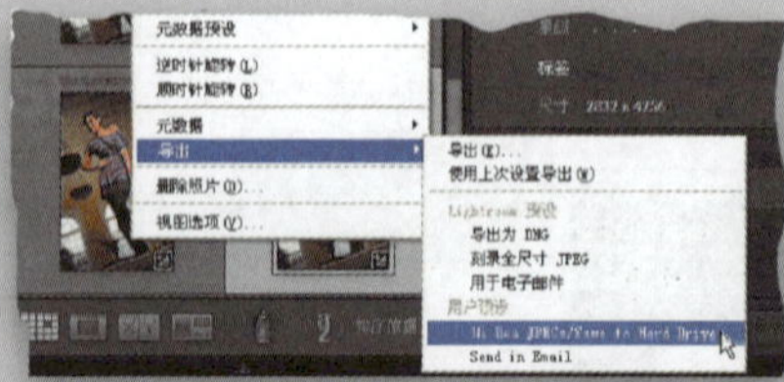

如果创建了自己的自定导出预设（或者想使用内置预设），则可以在照片上右击，在弹出菜单的导出子菜单下会列出内置和自定导出预设，从这里选择一个，就可以绕过导出对话框。

▼ 让导出的照片自动回到 Lightroom

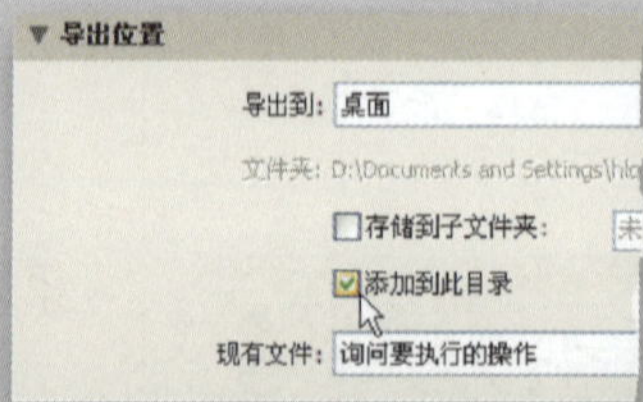

Adobe 在 Lightroom 2 中增加的一个非常酷的导出功能，能够把导出照片添加回 Lightroom 目录中（因此，如果把一些完成后的图像导出为 JPEG 送给客户，则可以让他们自动重新导入，与其他图像放置到一起）。要实现这一点，请转到导出对话框，在顶部的导出位置部分，选取添加到此目录复选框。

▼ 分享导出预设

如果想出了非常有用的导出预设，想与同事或朋友分享，则可以这样实现：按 Command-Shift-E (PC: Ctrl-Shift-E)，打开导出对话框。之后，在左侧的预设列表中，在想要存储为文件的预设上右击，之后从弹出菜单中选择导出。当把这个导出预设给同事后，让他们从这个弹出菜单中选择导入。

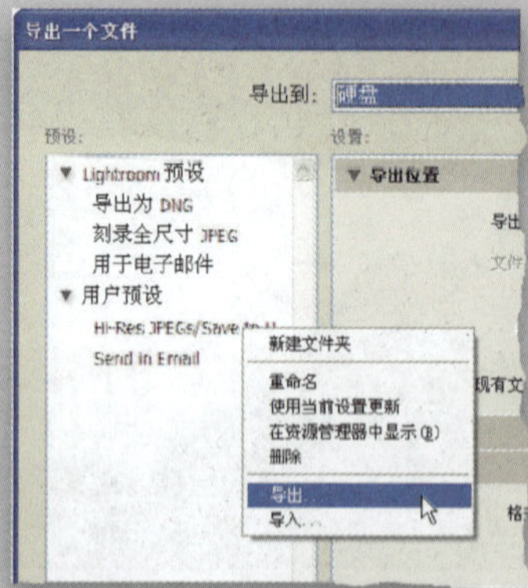

▼ 我的“全景图测试”技巧

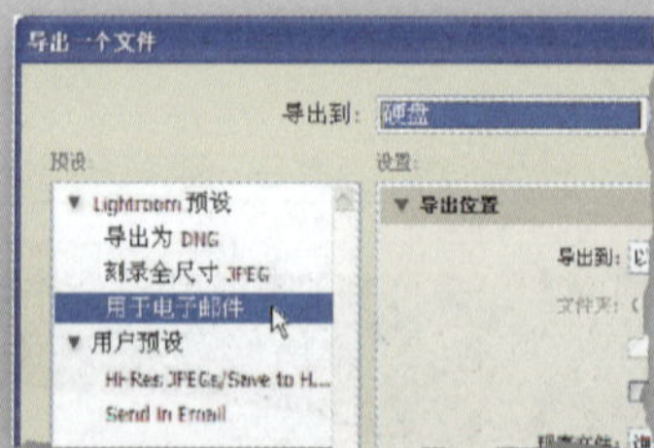

如果拍摄了多幅照片组成的全景图，就知道一旦进入 Photoshop 拼接它们，它会花费很长时间。有时经过长时间等待后，处理完成的全景图让我们觉得“也没有什么特别的”。因此，如果不能 100% 保证所拍摄的全景图成为留用照片，我就不会在 Lightroom 3 内直接使用“在 Photoshop 中合并到全景图”命令。而是转到导出对话框，使用用于电子邮件预设，使用低品质设置把文件导出为低分辨率的小 JPEG 文件。一旦导出之后，我在 Photoshop 内打开它们，

Lightroom 快速提示

运行 Photomerge（照片拼接）功能，因为它们是低分辨率的小文件，几分钟就可以把它们拼合起来。这样，我可以看看全景图的效果是否良好（是否值得等待 20 或 30 分钟时间去拼合高分辨率版本）。如果其效果良好，我就使用图库和修改照片模块内照片菜单下的“在 Photoshop 中合并到全景图”功能，它把全尺寸、全分辨率、完整品质的图像发送过去。之后。我去喝杯咖啡，也可能去吃三明治。

▼ 在 Lightroom 3 中安装导出增效工具

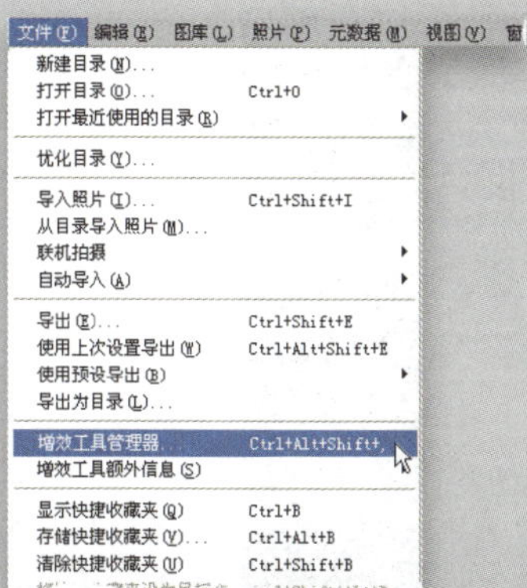

虽然 Adobe 在 Lightroom 1.3 中引入了导出增效工具，但从那以后他们使增效工具的安装变得更简单。只要转到文件菜单，选择增效工具管理器即可，当该对话框打开后，单击左栏下方的添加按钮，添加我们的导出增效工具（我说过它很简单）。

▼ 是的，锐化两次

我常常被问到这个问题，因为默认时，Lightroom 向 RAW 照片添加锐化。那么，当导出照片时不是再次锐化图像了吗？绝对是！

▼ 使您的照片在他人的计算机上正确显示

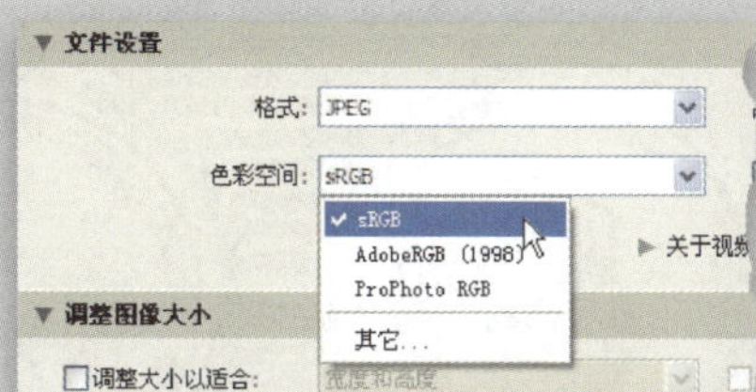

我不断地收到人们的电子邮件，他们把照片导出为 JPEG，并通过电子邮件发送给其他人，当在他人机器上看到这些照片时，他们吃惊地发现这些照片看起来完全不像在他们计算机上时的效果（照片过曝、单调等）。这是颜色空间问题，这就是为什么我建议如果把照片通过电子邮件发送给其他人，或者发布到 Web 页面上时，一定要在导出对话框的文件设置部分把颜色空间设置为 sRGB 的原因。

▼ DNG 文件不需要 XMP 附属文件

如果在导出原始图像前将 RAW 图像转换为 DNG 格式（转到图库菜单，选择将照片转换为 DNG 格式），所做的修改将嵌入到该文件，这样，就完全不需要 XMP 文件。关于 DNG 格式的更多内容，请参阅第一章。

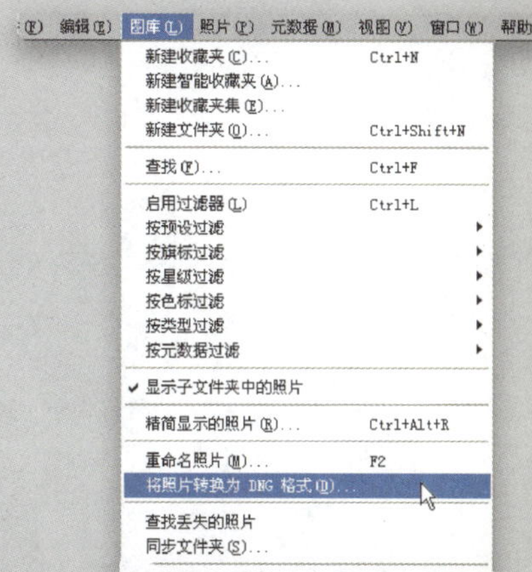

摄影师：Scott Kelby ┆ 曝光时间：1/4s ┆ 焦距：300mm ┆ 光圈：*f*/5.6

转到 Photoshop

本章将介绍怎样配合 Lightroom 使用 Adobe Photoshop，目前仍然有多方面的原因需要使用 Photoshop。例如，Lightroom 没有图层、滤镜、混合模式、专业级的控件、快速选择工具、HDR 和人像修饰方法，以及拼合全景画功能（我能列举很多），因此我们仍需要 Photoshop。虽然不是每幅图像的处理都需要 Photoshop，但当您意识到需要执行的操作在 Lightroom 内无法实现时，就需要借助于 Photoshop。

8.1 怎样把文件发送到 Photoshop

将照片从 Lightroom 转到 Photoshop 编辑时，默认情况下，Lightroom 创建文件副本（以 TIFF 格式），嵌入 ProPhoto RGB 颜色配置文件，将位深度设置为 16 位，分辨率设置为 240 ppi。然而，如果您想进行一些不同的设置，则可以选择到 Photoshop 的文件发送方式——可以选择把它们作为 PSD 或 TIFF 发送，选择它们的位深度（8 位或 16 位），以及当图像离开 Lightroom 时嵌入的颜色配置文件。

第 1 步：

按 Command-,（逗号；PC: Ctrl-,），打开 Lightroom 的首选项对话框，之后在顶部单击外部编辑选项卡（如图 8-1 所示）。如果您的计算机上安装了 Photoshop，将把它选择为默认的外部编辑器，因此在顶部部分，选择把照片发送给 Photoshop 所使用的文件格式（我选择 PSD，因为这种文件远比 TIFF 小），之后从色彩空间下拉列表中选择文件的色彩空间（Adobe 建议采用 ProPhoto RGB，如果保持其设置不变，则要将 Photoshop 的颜色空间也修改为 ProPhoto RGB——无论选择哪种，在 Photoshop 内要使用相同的颜色空间，使它们保持一致）。Adobe 还建议选择 16 位位深度，以获得最佳效果（但多数情况下我个人使用 8 位位深度）。还需要选择分辨率（我保持其默认设置 240 ppi 不变）。如果要使用另一种程序编辑照片，请可以从其他外部编辑器部分进行选择。

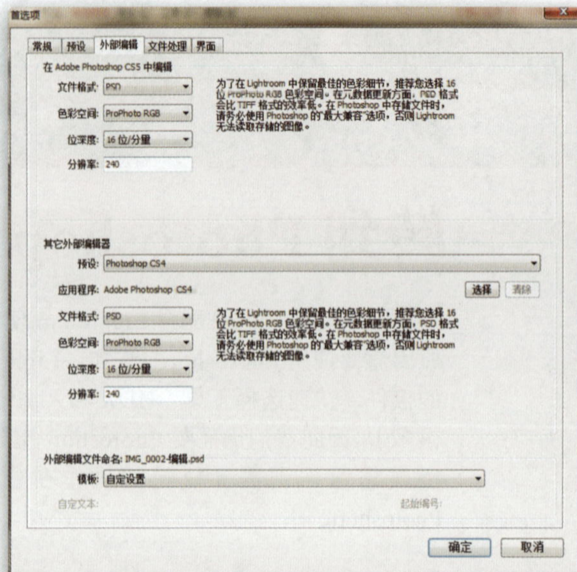

图 8-1

第 2 步：

最后，选择应用于从 Lightroom 发送到 Photoshop 的照片名称。可以从首选项对话框底部的外部编辑文件命名部分选择它，这与常规导入照片对话框内的命名选项基本相同。

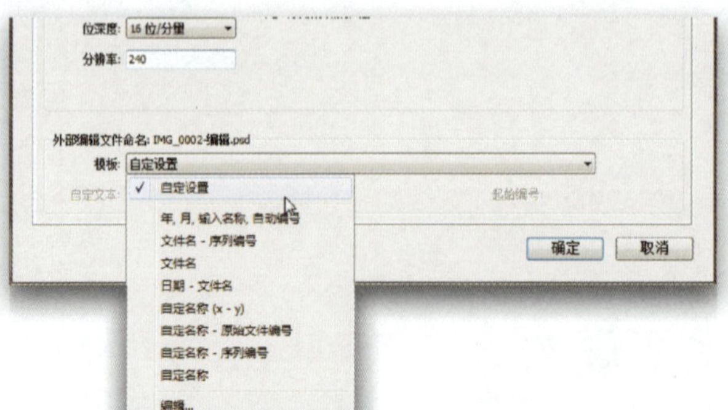

图 8-2

8.2 怎样跳入/跳出Photoshop

虽然Lightroom适合于组织照片、处理图像、创建幻灯片放映和打印，但Photoshop不适合。Lightroom不能实现特殊效果和主要的照片修饰处理，它没有图层、滤镜和Photoshop具有的大量功能。因此，在您的工作流中，需要多次跳转到Photoshop实现一些“Photoshop操作”，之后转回Lightroom进行打印或展示。幸运的是，这两个应用程序紧密集成。

第1步：

如果需要执行一些Lightroom无法完成的操作，就要跳转到Photoshop。例如，在这幅照片中，我们添加一些补光效果（以便更好地看到照片的细节），请将清晰度调整到+44（使图像更清晰），并将这幅宽幅图像裁剪成纵向图像（如图所示，裁剪边框被往里拖）。但是，我们还需要添加一些文字，创建出更引人注目的背景，并执行一些其他调整。因此，请转到照片菜单下，选择在应用程序中编辑，之后选择在Adobe Photoshop CS5中编辑（如图8-3所示），或者使用键盘快捷键Command-E (PC: Ctrl-E)。

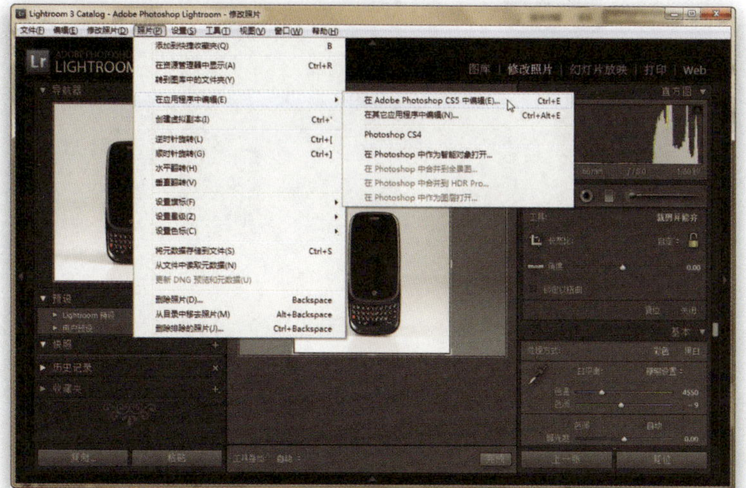

SCOTT KELBY

图8-3

第2步：

现在，如果处理的是JPEG或TIFF照片，这将打开使用Adobe Photoshop编辑照片对话框，从中可以选择(1)让Lightroom创建原始照片的副本，并在转到Photoshop之前，将Lightroom中做的所有修改和编辑应用到该副本；(2)让Lightroom创建原来未修改照片的副本，并把它发送给Photoshop；或者(3)在Photoshop内编辑原始照片（不包含到目前为止在Lightroom内所做的任何修改）。如果所处理的是RAW照片，就不会打开这个对话框，只是把RAW照片打开在Photoshop中。

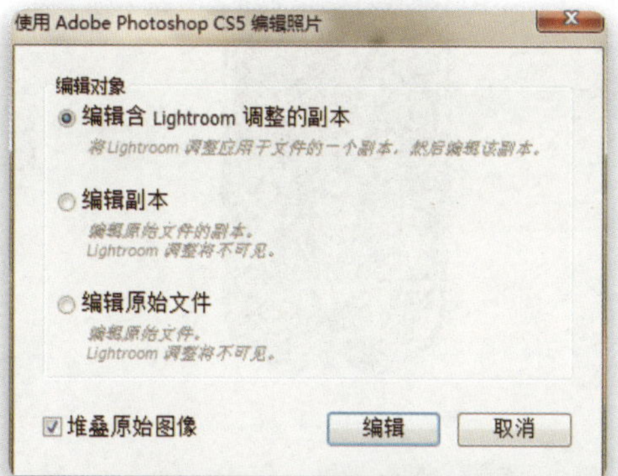

图8-4

第 3 步：

在单击编辑按钮之前，还有一个称做堆叠原始图像的复选框，我建议保持这个复选框为打开状态，因为其作用是把这个副本放置到原始文件旁，这样当在Photoshop 内完成编辑，返回到 Lightroom 时可以很容易找到它。现在，请单击编辑按钮，图像副本带着在 Lightroom 内所做的修改（如裁剪）打开在 Photoshop 中（如图 8-5 所示）。此外，为了有助于区分这个副本和原始文件，默认时 Lightroom 在该文件名的末尾添加“编辑”，因此当以后把该照片带回到 Lightroom 中时（对于 RAW 照片，一旦在 Photoshop 保存了照片，“编辑”就会显示在文件名末尾，如图中所示的，我已经保存过这个文件），一眼就能辨别出来。

第 4 步：

我们要做的第一件事情是把手机从背景分离到它自己的独立图层上。请选择 Photoshop 的快速选择工具（W），并用该工具在手机上绘图，这将仅选择手机。问题是它可能也会选择到手机下面的某些阴影，而我们只想选择手机本身，因此请按住 Option (PC: Alt) 键并保持，并在阴影上绘图，这些阴影就会被取消选择（从图 8-6 中可以看出我的光标从手机右下角的选择区中删除了阴影）。

图 8-5

图 8-6

图 8-7

图 8-8

第 5 步：

现在请按 Command-Shift-J (PC: Ctrl-Shift-J)，将手机从背景图层中分离出来，将它放置在背景上方其自己独立的图层上。转到图层面板，单击背景图层，按 Command-A（PC: Ctrl-A）选择整个背景，然后按 Delete（PC: Backspace）键，打开填充对话框，将使用下拉列表更改为白色，单击确认按钮删除原来的背景，使手机放置在纯白背景上，如图所示。请按 Command-D（PC: Ctrl-D）取消选择背景。现在，请单击前景色板，打开拾色器，选择浅灰色，并按 Option-Delete（PC: Alt-Backspace），用这种浅灰色填充背景图层。

第 6 步：

请转到滤镜菜单，选择该菜单顶部附近的镜头校正。镜头校正对话框打开后，单击自定选项卡（在对话框右上方），然后在晕影部分，将数量滑块拖动到 –100（使角变暗），将中点设置为 +22，使变暗区域进一步向图像中央扩展。这样做就可以得到图 8-8 中所示的聚光灯效果。现在单击确定按钮，把这种边缘变暗效果应用到背景。

第 7 步：

单击确认按钮后，它自动将背景图层转换成常规图层，这有利于我们接下来的处理。首先请按 Command-J（PC: Ctrl-J）复制背景图层，现在按 Command-T（PC: Ctrl-T）激活这个新图层的自由变换功能，请抓住顶部中央手柄（位于图像正上方）并垂直向下拖，使其缩小到大约只有原来显示的 1/4 为止（如图 8-9 所示）。这有助于创建出手机放置在桌面上的效果。请按 Return（PC: Enter）键锁定变换。

图 8-9

第 8 步：

现在单击背景图层（实际上，它现在名称是“图层 0”），按 Command-T（PC: Ctrl-T）打开该图层的自由变换（该图层已解锁，因此我们可以对其做变换处理）。垂直向上拖动底部中央的点，直到达另一图层的顶部（如图 8-10 所示，可以看到现在两个图层接合在一起）。请按 Return（PC: Enter）键锁定变换。

图 8-10

图 8-11

第 9 步：

建立灰色背景的一大优点是现在可以用 Photoshop 的色相 / 饱和度调整控件将其更改为任意颜色。单击图层面板中的“图层 0 副本”图层，然后转到调整面板，单击色相 / 饱和度图标（位于第二行的第二个图标）。当控件显示在面板中后，选取着色复选框，然后拖动色相滑块选择想要的颜色。默认情况下，颜色会很亮，因此如果希望某个对象更细微一点（如图 8-11 所示），只需将饱和度滑块调低一点即可（就像图中调整面板所示的那样）。

图 8-12

第 10 步：

现在来创建手机的反射。请单击手机图层（图层 1），然后按 Command-J (PC: Ctrl-J) 复制该图层，现在再次按 Command-T (PC: Ctrl-T) 打开自由变换，但这次请右击相机，从弹出的变换列表中选择垂直翻转（如图 8-12 所示），使这个副本图层上下翻转。

第 11 步：

单击并垂直向下拖动这个翻转图层，使手机的底部碰触到一起（操作时请按住 Shift 键，以确保两个手机对齐）。按 Return (PC: Enter) 锁定修改。现在请转到图层面板，将这个翻转图层的不透明度调低到 25%（如图 8-13 所示），这将在手机下方创建出反射效果。

图 8-13

第 12 步：

现在打开希望显示在手机内的拷屏图像（使用拷屏图像比拍摄手机实际屏幕效果更多）。请转到移动工具（V），单击该拷屏图（可以使用本书前言给出的网站地址下载这幅图像），并把它拖动到位（如图所示）。查看我们的手机图像就会发现拷屏图像周围的区域看起来有点过曝，但这容易校正，因为它应该是纯黑色。请单击图层面板底部的创建新的图层图标，在拷屏图图层的正下方创建一个新的空白图层，然后选择画笔工具（B），选择一支小硬角画笔，在这些黑色区域上绘画，使它们更美观，变为纯黑色（如图 8-14 所示）。

图 8-14

图 8-15

第 13 步：

现在拷屏图已经调整好，我们之前为背景选择的颜色效果看起来并不好，这正是使用调整图层的优点所在——可以轻易地改变颜色。请单击图层面板中的调整图层（见图 8-15 中突出显示区域），然后转到调整面板，单击并向右拖动色相滑块，使背景变为变绿（如图所示）。

图 8-16

第 14 步：

我们将添加两个文字图层，以结束图像的处理，其中一个在顶部，一个在底部，并使用 Trebuchet 字体（您可以使用任何无衬线字体，像 Photoshop 自带的 Myriad Pro 字体）。因此请选择横排文字工具（T），并在上方的选项条选择字体、字体大小以及字体颜色，并输入文字。

第 15 步：

现在我们完成了在 Photoshop 中的编辑，该将图像发送回 Lightroom 了。要将这幅图像发送回 Lightroom，只需执行两个非常简单的操作：按 Command-S (PC: Ctrl-S) 保存图像，然后简单地关闭它（Mac 上按 Command-W，PC 上按 Ctrl-W 关闭文档窗口）。这就完成了，无需做任何其他操作——不要选择存储为，不要更改文件名，只是存储和关闭。就这么简单。一旦完成这些操作，当回到图库模块的网格视图查看缩览图时，就会看到新副本恰好位于原来文件旁（如图 8-17 所示）。

第 16 步：

照片现在已回到 Lightroom，就可以像调整其他图像一样处理它，本例中，我希望使键盘上的按键变暗，因此请转到修改照片模块，单击调整画笔，然后从效果下拉列表中选择曝光度（这样，所有滑块将复位到 0）。单击曝光度滑块，并把它向左拖动到 – 0.99，然后用调整画笔仅在键盘区域上绘图，使其变暗（如图 8-18 所示），这样就创建出最终图像。

提示：保存图层

如果有多个图层（像我处理的这幅图像那样），保存和关闭文档前没有先合并图层时，Lightroom 将保持所有这些图层不变（但 Lightroom 不允许对图层进行操作）。我们看到的好像是拼合的图像，但有个技巧可以在 Photoshop 重新打开这幅图像时所有图层都完整保留：在 Lightroom 中单击图层图像，并按 Command-E (PC: Ctrl-E) 在 Photoshop 中打开它时，会弹出一个小对话框，询问是要编辑包含 Lightroom 调整的副本、还是编辑不含调整的副本或者编辑原始文件，这时需要选择编辑原始文件，只有在这时我才会打开原始文件。

SCOTT KELBY

图 8-17

图 8-18

8.3　向 Lightroom 工作流添加 Photoshop 自动处理

如果在 Lightroom 内调整图像之后需要在 Photoshop 中做“最终调整”，则可以向该处理添加自动化，以便导出照片时，Photoshop 启动，应用调整，之后重新保存文件。这基于 Photoshop 内创建的动作（动作记录 Photoshop 内完成的操作，一旦记录之后，Photoshop 可以根据我们的需要非常快捷地重复该处理）。这里介绍怎样创建动作，以及怎样在 Lightroom 内使用它。

图 8-19

第 1 步：

我们先从 Photoshop 内的处理开始，因此请按 Command-E (PC:Ctrl-E) 在 Photoshop 内打开一幅图像。我们这里要做的是创建 Photoshop 动作，向图像添加简单的柔和效果，这种效果可以应用到从风景照到肖像照（我将使用这种技术创建的照片张贴到博客后，总是收到电子邮件询问“怎样使图像显得柔和，而且要仍然保持锐化？”）。因为这种技术是重复性的（每次都以同样顺序执行同样的处理步骤），所以适合转换为动作，这样以更快地将其应用到不同的照片中。

图 8-20

第 2 步：

要创建动作，请转到窗口菜单，选择动作，显示出动作面板。单击该面板底部的创建新的动作图标（它看起来就像图层面板内的创建新的图层图标，如图 8-20 中的圆圈所示）。这将打开新建动作对话框（如图 8-20 所示），给动作命名（我把它命名为“Soften Finishing Effect”），之后单击记录按钮（注意该按钮不是确定或者保存，而是记录，因为它现在开始记录我们的操作步骤）。

第 3 步：

请按 Command-J (PC:Ctrl-J) 两次，创建两个背景图层副本，之后转到图层面板，在中间图层上单击（如图 8-21 中高亮显示部分所示）。现在请转到滤镜菜单，从锐化菜单中选择 USM 锐化。我们处理的是一幅低分辨率图像，因此将应用 USM 锐化的数量设置为 85%，半径设置为 1，阈值设置为 4，单击确定按钮应用锐化（请注意：对于数码相机拍摄的全分辨率图像，我使用的 USM 锐化设置为：数量 120，半径为 1，阈值为 3）。

图 8-21

第 4 步：

现在，锐化处理后，我们将对图像应用数量较大的模糊处理。因此，请单击图层面板的顶部图层（图层 1 副本），并转到滤镜菜单下，从模糊菜单中选择高斯模糊，半径输入 25 像素，这样产生足够的模糊（如图 8-22 所示）。

图 8-22

图 8-23

第 5 步：

在图层面板内，将这个模糊图层的不透明度降低到 20%，这就得到我们的最终效果（如图 8-23 所示）。现在，请转到图层面板的弹出菜单（靠近面板右上角），选择拼合图像，把图层向下合并到背景图层。接下来，按 Command-S (PC: Ctrl-S) 保存文件，再按 Command-W(PC: Ctrl-W) 关闭文件。

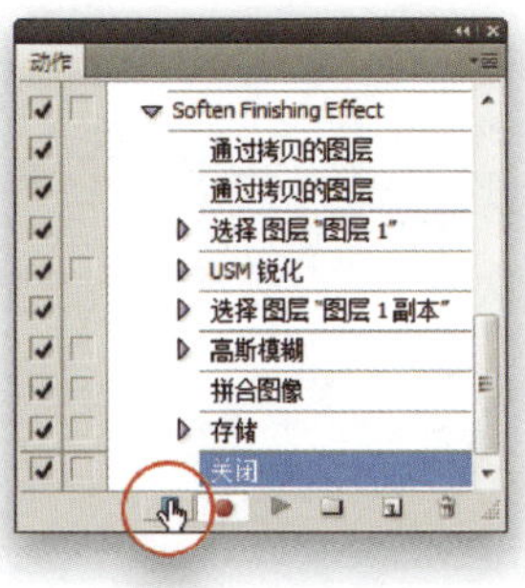

图 8-24

第 6 步：

您现在可能忘记了，我们一直在记录整个过程（记得前不久我们创建动作吗？它一直在记录我们执行的所有步骤）。因此，请转回到动作面板，单击该面板左下角的停止按钮（如图 8-24 所示）。所记录的动作将应用这种效果，之后保存文件，再关闭文件。现在，我通常喜欢测试我的动作，确保它准确记录了我的操作，因此请打开不同的照片，单击动作面板内的 Soften Finishing Effect 动作，之后单击该面板底部的播放选定的动作图标。它应该应用这种效果，并关闭文档。

第 7 步：

现在我们要把该动作转换为快捷批处理。快捷批处理的作用是：在离开 Photoshop 时，找到计算机上的照片，把该照片拖放到这个快捷批处理上，它会自动启动 Photoshop，打开照片，并把 Soften Finishing Effect 动作应用到这些照片上。之后它自动保存并关闭照片，因为这两步已经记录为该动作的一部分。因此，要创建快捷批处理，请转到 Photoshop 的文件菜单，从自动子菜单中选择创建快捷批处理（如图 8-25 所示）。

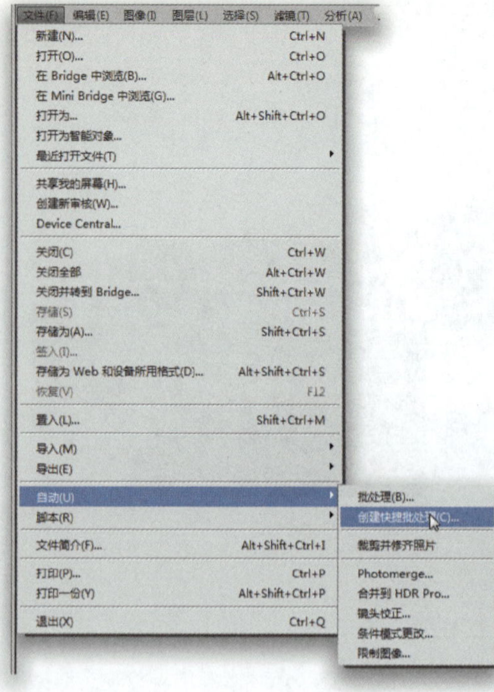

图 8-25

第 8 步：

这将打开创建快捷批处理对话框（如图 8-26 所示）。在该对话框顶部，单击选择按钮，选择桌面作为保存快捷批处理的目标位置，然后将这个快捷批处理命名为“Soften”。现在，在该对话框的播放部分下，一定要从动作下拉列表内选择 Soften Finishing Effect（这是我们前面命名的动作。如图所示）。这样就完成了——您可以忽略该对话框内的其余部分，现在只需单击确定。

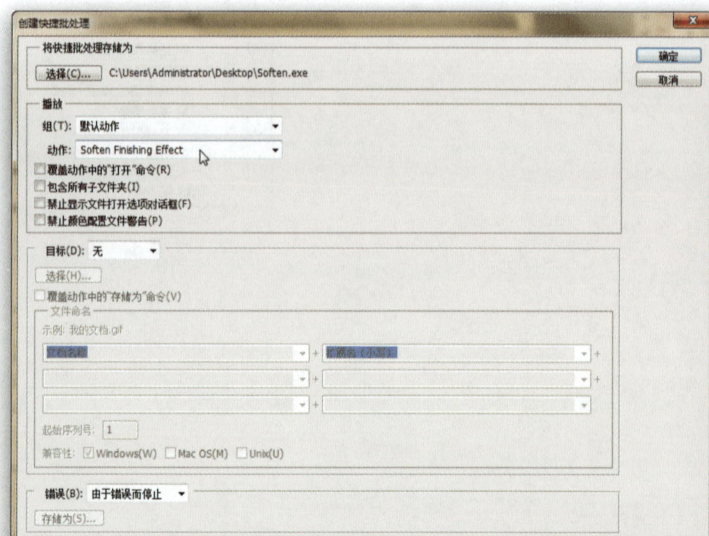

图 8-26

图 8-27

第 9 步：

观察一下计算机桌面就会看到一个大箭头图标，该箭头指向快捷批处理的名字（如图 8-27 所示）。

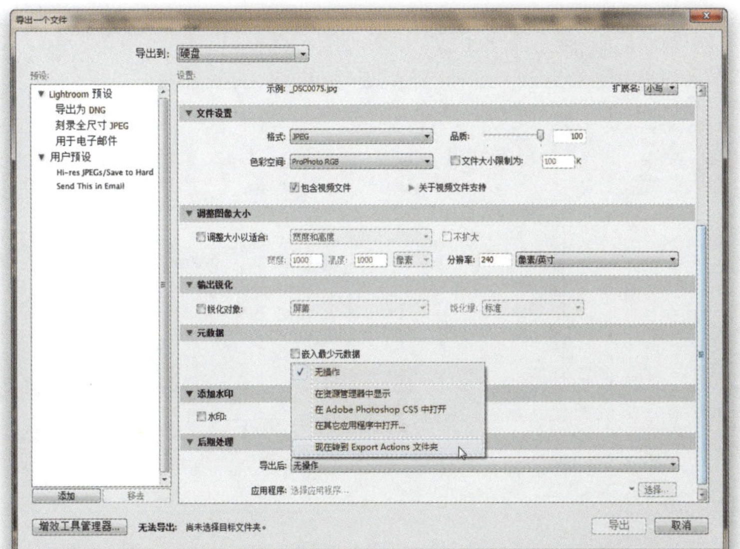

图 8-28

第 10 步：

现在已经在 Photoshop 内建立了 Soften 快捷批处理，我们将把它添加到 Lightroom 工作流。回到 Lightroom，从文件菜单下选择导出。导出对话框打开后，转到后期处理部分，从导出后下拉列表中选择现在转到 Export Actions 文件夹（如图 8-28 所示）。

第 11 步：

这将转到计算机上 Lightroom 存储 Export Actions（导出动作）的文件夹（更重要的是，我们在这里可以存储所创建的任何导出动作）。我们所要做的只是单击 Soften 快捷批处理，并把它拖放到 Export Actions 文件夹，以便把它添加到 Lightroom。现在可以关闭这些文件夹，回到 Lightroom，单击取消，关闭导出对话框（毕竟，我们打开它只是需要转到 Export Actions 文件夹，以便把快捷批处理拖放到那里）。

第 12 步：

现在我们来应用它：在 Lightroom 的网格视图内，选择想要应用这种效果的照片，之后按 Command-Shift-E (PC: Ctrl-Shift-E) 打开导出对话框，从左侧的预设部分，单击用户预设左边向右的三角形，之后单击我们在第七章创建的 Export JPEGs for Web 预设（如果您还没创建这个预设，现在请创建它）。在导出位置部分，单击选择按钮，为要保存的 JPEG 文件选择目标文件夹（如果您想改变的话）。之后，在文件命名部分，如果喜欢，可以为照片提供新的名称。现在，在位于底部的后期处理部分，从导出后下拉列表内可以看到 Soften（我们的快捷批处理）已经被添加进来，因此请选择它。单击导出时，照片就会存储为 JPEG，之后 Photoshop 会自动启动，打开照片，应用 Soften Finishing Effect，再保存并关闭照片（请注意：在 64 位 Mac OS X Leopard 中，快捷批处理无法工作，因此必须切换到 32 位）。

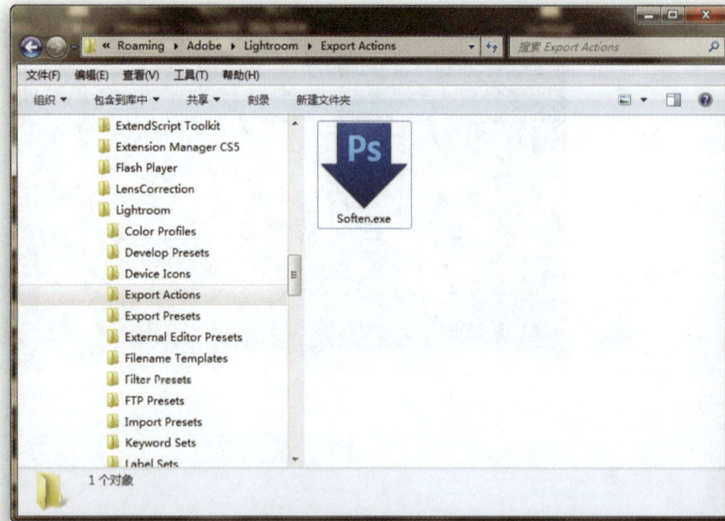

图 8-29

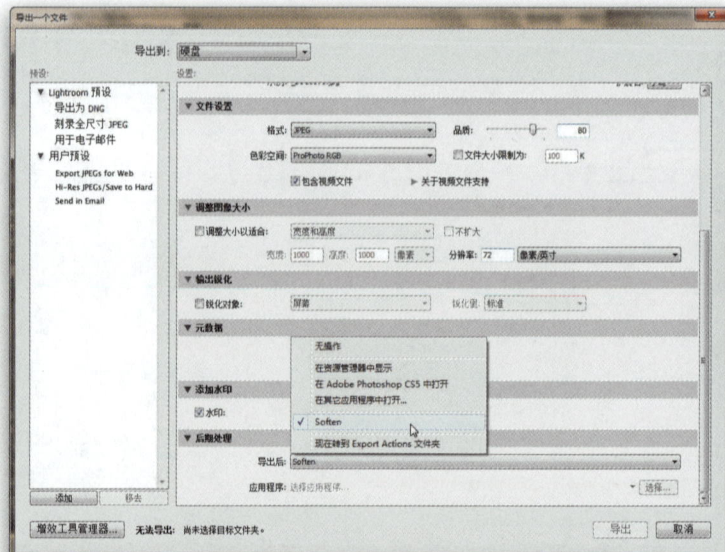

图 8-30

在 Lightroom 3 中跳转到 Photoshop 时，可以让我们把 RAW 图像打开为智能对象（实际上，它也可以作为 JPEG 和 TIFF 处理）。利用智能对象功能可以对照片进行“双重处理”，这就是我们在其中创建照片的两个版本，一个针对阴影曝光，另一个针对高光曝光，之后把它们组合起来，得到二者的最佳组合，这样所创建图像的动态范围甚至超出最好数码相机能够拍摄的范围。

8.4 在 Photoshop 中将照片打开为智能对象，进行双重处理

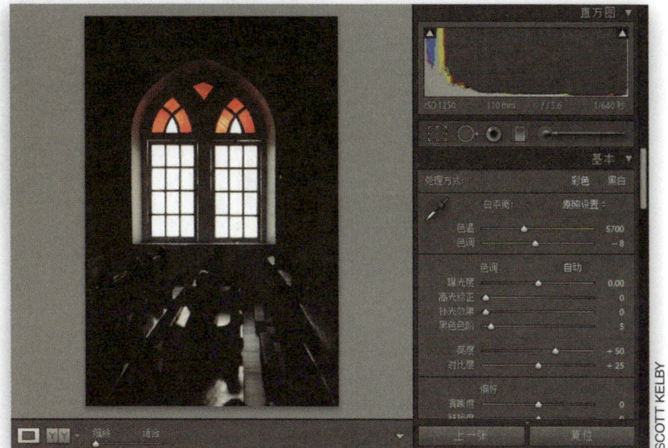

图 8-31

第 1 步：

这是原始图像（在 Lightroom 中的显示效果），我们想使用 Photoshop 内的智能对象功能对它进行双重处理。这幅照片存在两个问题：（1）室内太暗，（2）窗户完全过曝（被修剪），所以我们完全看不到玻璃和窗外的细节。因此，我们计划对照片进行双重处理，一个处理版本将改善这个旧教堂内部的显示效果，另一个处理将恢复玻璃窗户内的细节。然后我们将二者组合到一幅图像中。

图 8-32

第 2 步：

我们先校正室内：在修改照片模块内，将曝光度滑块向右拖动，直到室内显示效果变好为止（这里我把它拖动到 +1.15），然后将补光效果提高到 47，以显示出阴影区域。照片开始显得有点过曝，因此需要提高一点黑色色阶，以避免出现过曝（这里我将它们提高到 8）。这时，我们拥有一个室内正常曝光的照片版本，但是，整幅照片变亮当会使窗户问题变得更糟，因此我们要处理这一部分。

第 3 步：

为了把图像作为智能对象传递给 Photoshop，请转到 Lightroom 的照片菜单，从在应用程序中编辑子菜单中选择在 Photoshop 中作为智能对象打开。因为这幅照片是以 RAW 格式拍摄的，所以它实际上会在 Photoshop 内打开 RAW 照片（就像通常导出到 Photoshop 一样），但保存时，Lightroom 将以 TIFF 或者 PSD 格式创建副本。因此，别担心，原来的 RAW 文件仍在 Lightroom 中。

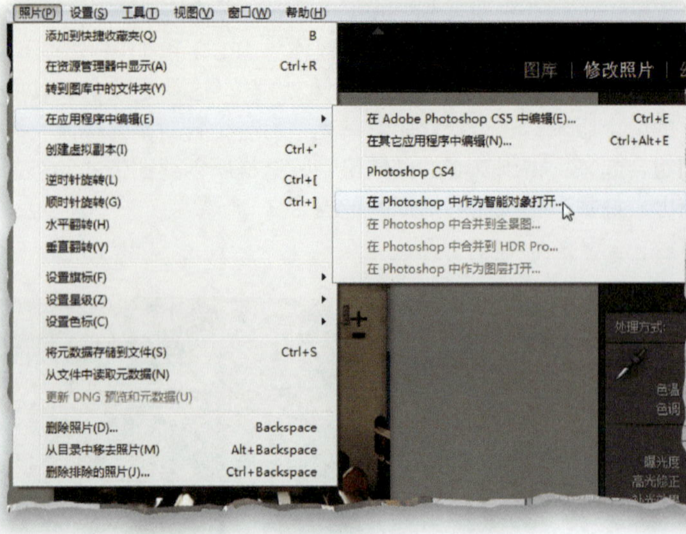

图 8-33

第 4 步：

图 8-34 中所示的是处理后照片在 Photoshop 中打开为智能对象时的效果（通过标题栏中的名称和显示在图层面板内图层缩览图右下角的小页面图标就可以知道它是智能对象）。现在在这里，我简要介绍一下使用智能对象的优点：在这个例子中，主要优点是可以随时在 Adobe Photoshop 的 Camera Raw（它具有与 Lightroom 内修改照片模块完全相同的滑块和控件，因此您会觉得很熟悉）内重新处理图像，因此可以在这里进行调整，单击确定时，修改被应用到照片。稍后我们应用这一点时它就显得更有意义。现在需要创建这幅图像的另一个版本——针对窗户曝光版本，因此请右击智能对象图层，从弹出菜单中选择通过拷贝新建智能对象（如图所示）。

图 8-34

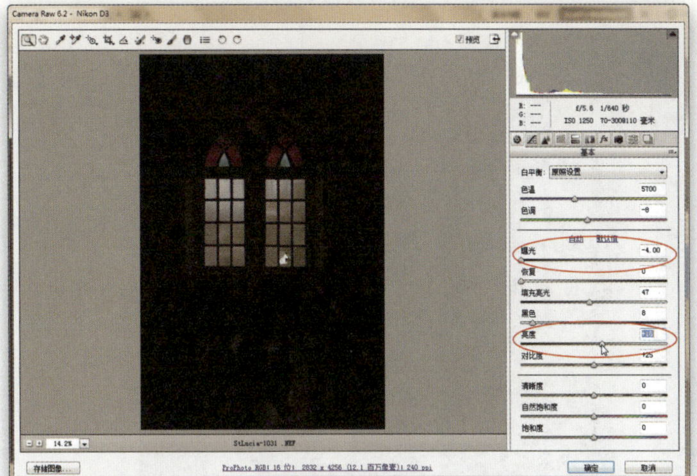

图 8-35

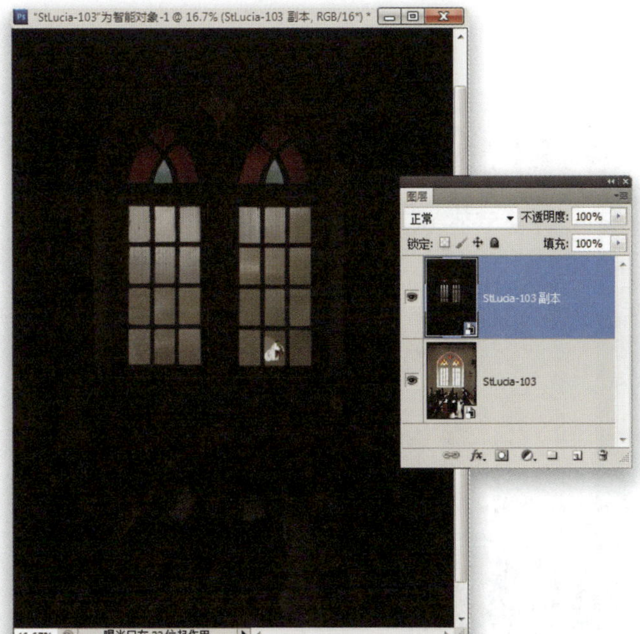

图 8-36

第 5 步：

顺便提一下，我之所以选择通过拷贝新建智能对象，而不是像通常那样选择复制图层，这是因为：复制智能对象图层时，副本被关联到原来的图层，因此，如果编辑副本，原来的图层也将随之做相同的更新（它们实际上链接在一起）。但是，在选择通过拷贝新建智能对象时，它复制图层，但断开链接，现在可以独立编辑各个图层。因此，现在请转到图层面板，双击副本图层缩览图，这将打开 Camera Raw 窗口。单击曝光度滑块，并将它一直向左拖动，直到看出窗户中实际存在的细节为止（现在可以看到窗户上的浮雕图案，以及其中一块窗格玻璃已经破了，通过它可以看到外面的街道）。现在降低亮度，使细节突出显示出来（如图 8-35 所示）。顺便提一下，您注意到这些滑块与 Lightroom 的修改照片模块的基本面板内的滑块相同，而且顺序一致了吗?

第 6 步：

单击确定后，应用这些修改，但只应用到副本图层（如图 8-36 所示，在图层面板内，底部图层是针对室内曝光的智能对象，顶部图层是针对窗户和窗外曝光的较暗的智能对象）。它们相互之间完美对齐——逐像素对齐，因此，现在我们能够把二者混合到一起（在下一步中）。

第 7 步：

按 Option (PC: Alt) 键并保持，单击图层面板底部的添加图层蒙版图标（左数第三个图标）。这在较暗的图层上添加黑色蒙版，隐藏其显示。现在通过绘图我们可以只显示出较暗图层上我们想要的那部分。因此，请按 D 把前景色设置为白色，之后从工具箱中选择画笔工具（或者按 B），从选项栏内的画笔选择器中选择一支柔角画笔，放大显示，开始在窗格上绘图（如图 8-37 所示）。绘图时，它是在变暗的窗格上绘图。这时别担心“画出界”，只要将它全部绘出，下一步我们将处理溢出。现在，只需在两个窗户以及两个明亮的上拱上绘图。

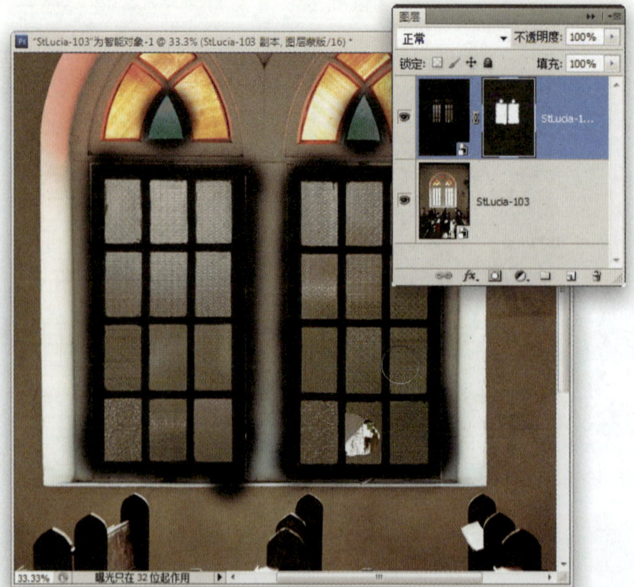

图 8-37

第 8 步：

现在按键盘上的字母 X，将前景色切换为黑色。请缩小画笔大小（使用键盘上的左括号键——位于字母 P 的右侧），然后开始在溢出的区域上绘图，这将隐藏这些区域。这里有个技巧，可以使清理工作变得更容易（尤其是在处理窗格间的间隔时）：按住 Shift 键，以确保画笔沿直线绘图。也可以把光标移到间隔的顶部，按住 Shift 键并保持，然后单击其底部，它将在两单击点画出一条直线。清理需要花些时间，但我发现一种更容易的方法：先全部绘图，然后再快速清理（当然，快速只是相对的）。

图 8-38

图 8-39

图 8-40　原始图像

图 8-41　双重处理后

第 9 步：

用蒙版清理溢出还有另外两项技巧。（1）一旦在窗格间的木质间隔上绘制完毕（按住 Shift 键并保持，以确保沿直线绘图），请尝试回到另一方向（这样，沿一个方向绘制直线，然后沿相反方向绘图）。事实上，可能需要往返多次处理，每处理一次，蒙版处理的区域就增加一点。（2）使用比我们认为需要的细得多的画笔。正如我所说的，来回在一个区域上绘图时，开始用细画笔，将得到更理想的效果。两扇窗户内的溢出完全绘图完毕后的效果如图所示。

第 10 步：

现在可以保存带图层的文件（如果您认为以后可能需要再编辑各个图层的话），也可以在处理完成后，直接转到图层面板的弹出菜单（该面板右上角），选择拼合图像，以消除图层，把图层向下拼合到单个背景图层（注意：使用在 Photoshop 中作为智能对象打开这项功能时，在保存并关闭图像时，它不会返回到 Lightroom。如果想让它返回到 Lightroom，在保存并离开 Photoshop 后，需要重新导入该照片）。现在再添加边缘暗角，使照片的边缘变暗，保留中央区域美观明亮，以完成所有处理。原始图像如图 8-40 所示，其室内暗淡，窗户细节过曝；双重处理后的最终图像如图 8-41 所示，从中可以清楚地看清室内，我们还恢复了窗户上的细节。这就是在 Photoshop 中对 Lightroom 图像的双重处理。相当酷，不是吗?

8.5 用 Photoshop 拼接全景画

Lightroom 3 中我最喜爱的功能之一是可以方便地使用我最喜爱的 Photoshop 功能之一——Photomerge 功能，它能够自动无缝地拼接全景画。

第 1 步：

在 Lightroom 的网格视图内，请选择想要拼接的照片（这里显示的图像是在佛罗里达州 Tampa 进行的 Red Bull Flugtag 比赛照片）。这里我选择 19 张系列照片，在拍摄这些照片时，我确保每幅图像相互交叠 20% 左右，因为 Photoshop 在把这 19 张照片拼合为单幅图像时需要图像之间交叠这么多。一旦选择照片之后，请转到照片菜单，从在应用程序中编辑子菜单中选择在 Photoshop 中合并到全景图。

图 8-42

第 2 步：

将打开的对话框是 Photoshop 的 Photomerge 对话框（如图 8-43 所示），在该对话框的中央可以看到在 Lightroom 中选择的 19 幅图像的名字。在左侧的版面部分，保留其设置为自动不变，这样 Photomerge 会自动尝试对齐和混合图像，之后单击该对话框右上角的确定按钮。

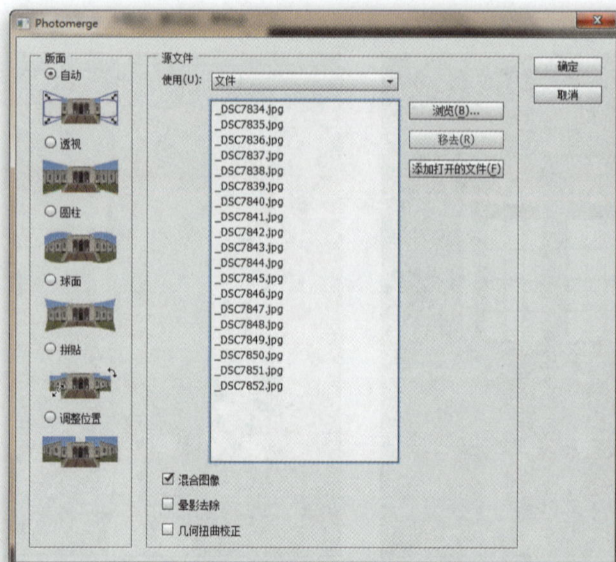

图 8-43

图 8-44

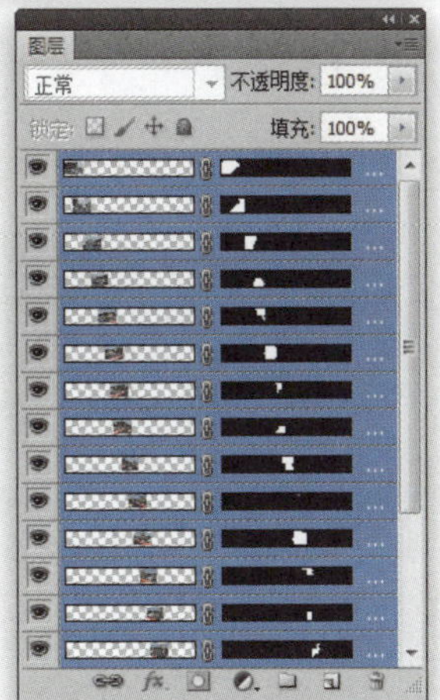

图 8-45

第 3 步：

Photoshop 对齐和混合照片之后，新的文档会显示出来，它把 19 幅图像组合为单幅全景画图像（如图 8-44 所示）。每幅照片中的一部分都作为单独的图层出现在这个文档内（如图中的图层面板所示），因此，如果您想调整 Photomerge 创建的蒙版，则可以（我们将不会）调整。让我们从图层面板右上角的图层面板菜单中选择拼合图像，来拼合图像。

图 8-46

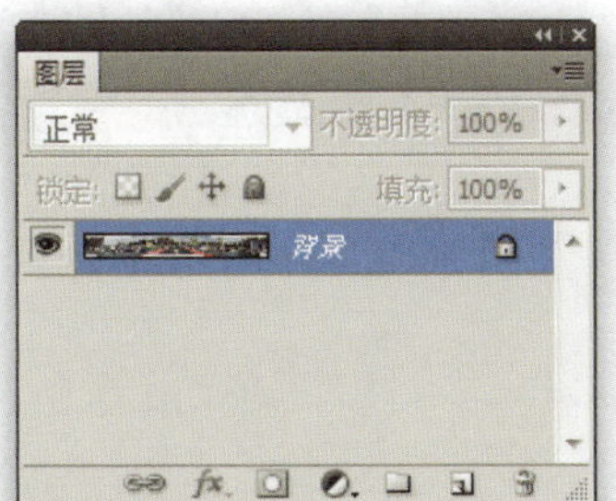

图 8-47

第 4 步：

现在拼合了图像，我们需要裁剪图像，消除使图像正确拼合到一起时被调整的区域。有时这个区域很小，有时则很大，就像这幅图像这样，但无论怎样，我们都可以简单裁剪，使全景画看起来正常。选择裁剪工具（从工具箱选择，或者按 C），在想要保留的区域上单击并拖动，如图所示。裁剪边框设置到位之后，按 Return (PC:Enter) 键锁定裁剪。

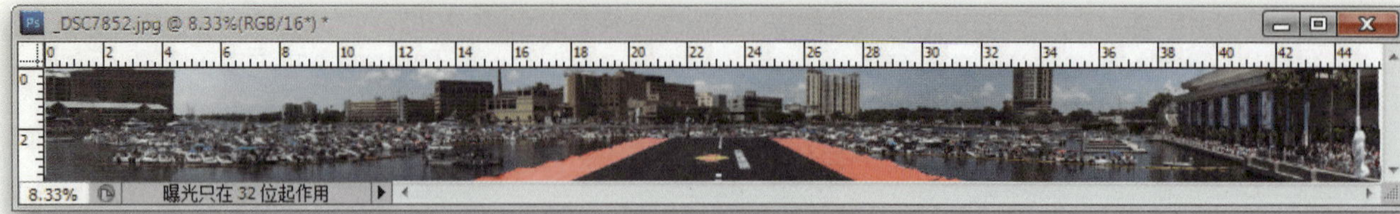

图 8-48

第 5 步：

为了最终完成处理，请转到滤镜菜单，从锐化子菜单中选择 USM 锐化。该对话框弹出后，数量输入 85，半径输入 1.0，阈值输入 4，之后单击确定（如图 8-49 所示）。再转到编辑菜单，选择渐隐 USM 锐化。现在在该对话框内，把混合模式（从模式下拉列表中选择）修改为明度，单击确定，向图像的细节区域，而不是颜色区域应用该锐化。虽然图 8-46 所示的图像看起来很小，但其实际最终尺寸有 4 英尺（约 1.2 米）宽。

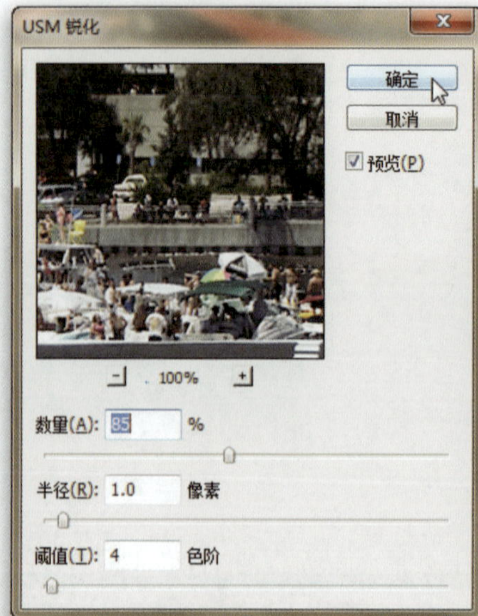

图 8-49

图 8-50　最终全景画有 4 英尺宽

8.6 在 Photoshop 中创建 HDR 图像

HDR (High Dynamic Range，高动态范围) 图像（不同曝光下拍摄的同一主体的一系列照片，以捕获其所有色调范围）实际上已经变得非常流行，我们可以从 Lightroom 把为 HDR 拍摄的图像直接传递到 Photoshop 的合并到 HDR Pro 功能。首先在相机上使用包围曝光拍摄照片。我这里把相机设置为拍摄 5 幅包围曝光照片，每两幅照片之间相差一挡曝光——一幅标准曝光，一幅变暗 2 挡，一幅变暗一挡，一幅变亮一挡，一幅变亮 2 挡（总共 5 幅照片）。

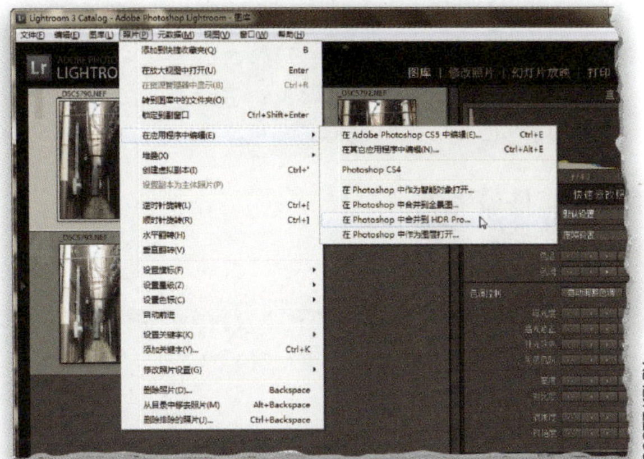
SCOTT KELBY

图 8-51

第 1 步：

在 Lightroom 内，选择包围曝光照片。这里，我拍摄了 5 幅包围曝光照片（每两幅之间的曝光相差一挡），但实际上只需要选择其中的 3 幅（正常曝光、变亮 2 挡曝光和变暗 2 挡曝光三幅照片，处理 5 幅照片花费时间太长，并且对最终效果没有任何改善），因此我在图库模块内只选择三幅照片。选择照片之后，请转到照片菜单，从在应用程序中编辑子菜单中选择在 Photoshop 中合并到 HDR Pro。

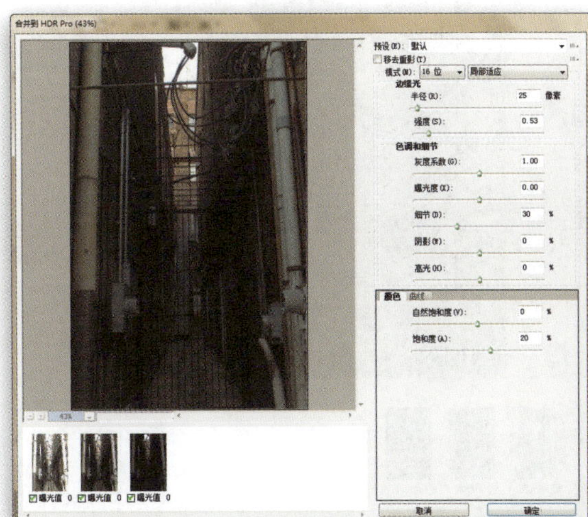
SCOTT KELBY

图 8-52

第 2 步：

这将启动 Photoshop，打开合并到 HDR Pro 对话框。使用默认预设时图像效果看起来很糟糕，但别担心，稍后处理后就会变好。对于这幅图像，我们将使其 HDR 效果更强一点，使图像看起来不只是逼真，而是要产生出超现实效果。在该对话框的底部列出了创建这一幅 HDR 图像所用到的图像（在图像下方还显示出每幅图像之间的曝光差别，从中可以看出一幅比正常曝光高 2 挡，一幅比正常曝光低 2 挡）。

第 3 步：

如果您刚接触 HDR，我建议您从顶部的预设下拉列表内选择一种内置预设作为起点。我喜欢用更加饱和作为起点，然后再进行调整。如果您提出了自己喜欢的设置，则可以单击右上角的弹出菜单，并选择存储预设，把它添加到自己的自定预设中。

注意：靠近该对话框顶部位置有一个下拉列表，其中显示局部适应。这是 Photoshop CS5 对 HDR 新的改进。如果选择其他任一种方法，则又回到 Photoshop CS3 或 CS4 中旧的 HDR 方法，这些方法从技术上来说可能是 HDR，我不知道您是否会真的这样称呼它们，但其效果无法让人恭维，因此我完全忽略该下拉列表内的所有其他选秀，坚持使用局部适应。

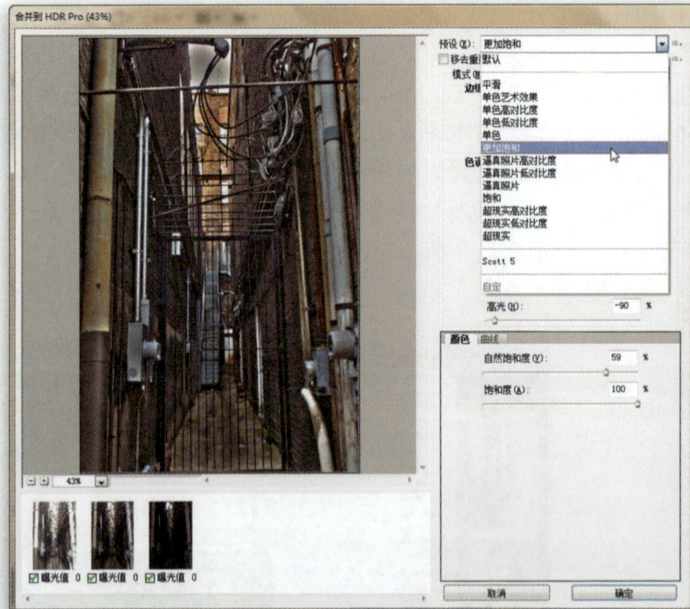

图 8-53

第 4 步：

我们现在开始调整这幅图像。如果把光标悬停在任一个滑块上方，它就会显示出每个滑块的作用（例如，把光标悬停在半径上方，它说明该滑块控制发光效果扩展，但是，您会发现其控制远超于此）。如图 8-54 中所示，我把边缘光半径设置为 176，强度设置为 0.47（拖动这些滑块，觉得它们的效果看起来满意为止）。色调和细节下方控件的作用类似于 Lightroom 中的那些控件。因此，可以把灰度系数看作 Lightroom 的亮度滑块（我这里把它拖到 0.76）。曝光度滑块的作用正如我们所望，因此我把它向右拖动，使图像整体变亮。细节滑块有点像 Lightroom 的清晰度滑块，把它设置得越大，图像就越清晰。阴影滑块类似于 Lightroom 补光效果，高光滑块类似于高光修正。自然饱和度与饱和度也类似。

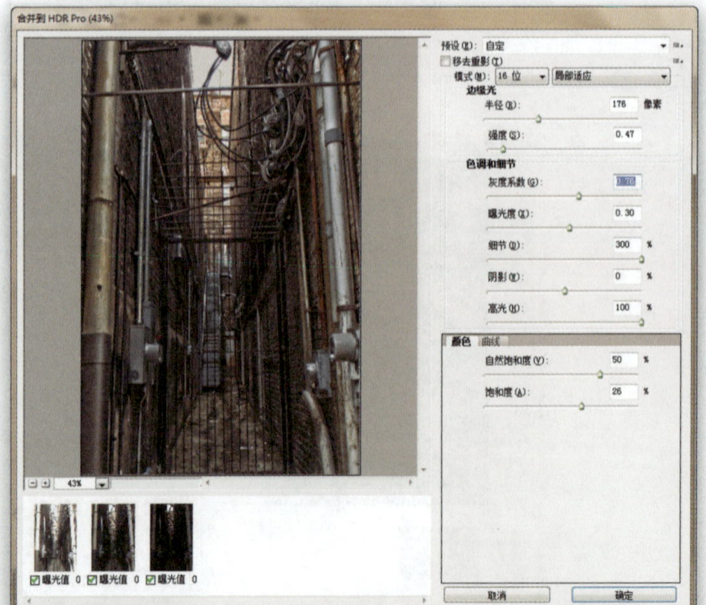

图 8-54

图 8-55

第 5 步：

调整 HDR 控件获得自己满意的图像效果之后（不必达到最终效果，因为我们实际上还有在 Lightroom 内做最终的修饰），单击确定关闭该对话框，再存储和关闭图像。不要重命名图像，不要选择存储为，只是按 Command-S(PC: Ctrl-S) 存储，之后按 Command-W(PC: Ctrl-W) 关闭图像，单幅 HDR 图像会送回到 Lightroom，它显示在原图形的旁边。

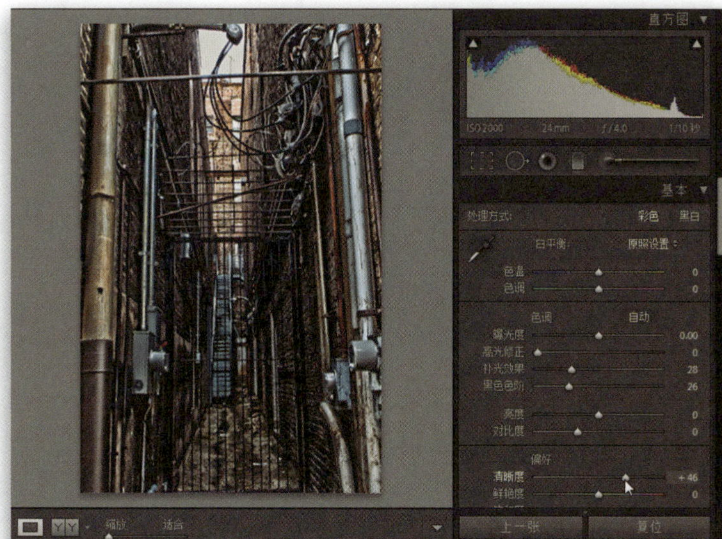

图 8-56

第 6 步：

在修改照片模块内，把补光效果数量增加一点（使图像看起来不过曝为止），再增加黑色色阶数量，使图像再次显得平衡（补光效果向右调整太多时会使补光效果太强，就像我们这里所做的那样）。现在把清晰度数量增加到 +46，使细节显得很突出，有助于增强图像的 HDR 效果。如果图像这是显得太艳丽（很可能这样），则请降低鲜艳度。

第 7 步：

超现实 HDR 的标志性效果是具有浓重的边缘暗角，因此请转到镜头校正面板，单击该面板顶部的手动，再转到下面的镜头暗角部分，把数量降低到 –93，使暗角效果尽可能暗。之后，尽可能远地调整中点滑块，以获得图 8-57 中所示的浓重的边缘变暗效果。

图 8-57

第 8 步：

图 8-58 并排列出了原始图像（正常曝光，位于左侧）和 HDR 色调映射效果图像（位于右侧）。现在，如果想创建更逼真的 HDR 图像效果，实际上比我们这里所做的要容易得多。开始操作完全相同，即选择三幅图像，转到 Lightroom 的照片菜单，从在应用程序中编辑子菜单中选择在 Photoshop 中合并到 HDR Pro。该对话框打开后，顶部预设下拉列表内有一个逼真照片预设。这是一个很好的起点，因为它不会大大增强细节，或者突出颜色；而只是把它们组合到捕获宽动态范围的单幅图像内。如果它创建出的图像不能让您满意，也别感到惊讶，因为它不会那样做。其效果更能代表我们眼睛所看到的内容（如果这里所使用的照片是您拍摄的，在拍摄时，您的眼睛不会看到我们在这个项目内创建的所有这些古怪的颜色或丰富的细节，但能够捕获图像最亮部分和最暗阴影之间的范围，这就是逼真照片设置所实现的）。

图 8-58

Lightroom 快速提示

▼ 选择 Photoshop 编辑过的文件名称

在 Lightroom 1 中，文件在 Photoshop 中编辑后，它自动在文件名称的末尾添加 “Edit in CS3”，但现在由我们准确选择这些被编辑的文件名称。只要转到 Lightroom 的首选项（按 Command-, [comma; PC: Ctrl-,]），之后单击外部编辑选项卡，在该对话框的底部就可以看到外部编辑文件命名部分，从中可以选择自己的自定名称，或者文件命名模板预设之一。

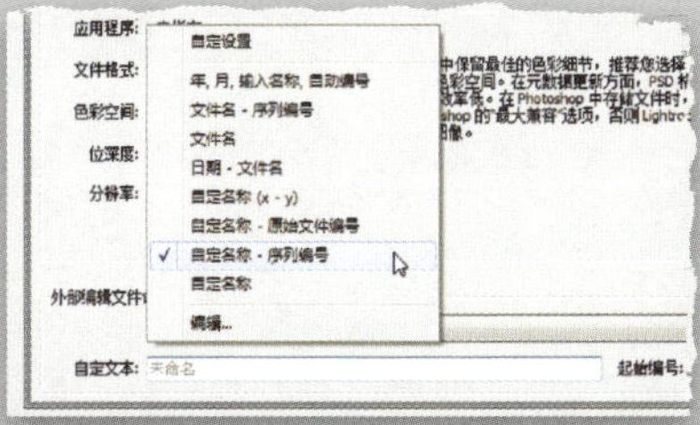

▼ 切断文件与 Lightroom 的联系

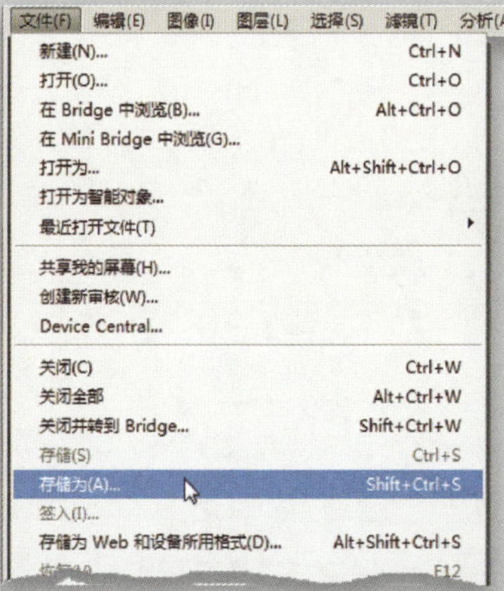

把文件移动到 Photoshop 进行编辑时，我们保存该文件后，被编辑的文件就立即回到 Lightroom。那么，怎样断开这条链？在 Photoshop 内完成编辑后，只要转到 Photoshop 的文件菜单，选择存储为，之后给文件一个新名字，这样就可以断开这条链，文件不会再回到 Lightroom。

▼ 删除那些旧的 PSD 文件

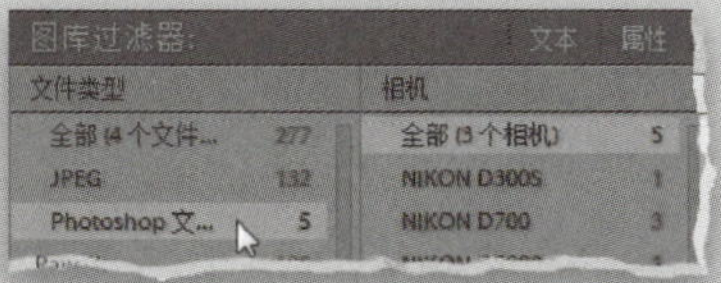

要快速删除旧的 PSD 文件，请转到图库模块，在目录面板内，单击所有照片。之后，在图库过滤器下，单击元数据。在左边的第一个字段内，单击标题，并从下拉列表内选择文件类型。它将列出 Lightroom 内有多少个 PSD 文件，如果单击 Photoshop 文档（PSD），它将只显示出这种文件，因此可以看到哪些文件从没有用到，或者不再需要，您可以删除它们，获得空间。

▼ 在运行导出动作之后怎样使照片回到 Lightroom

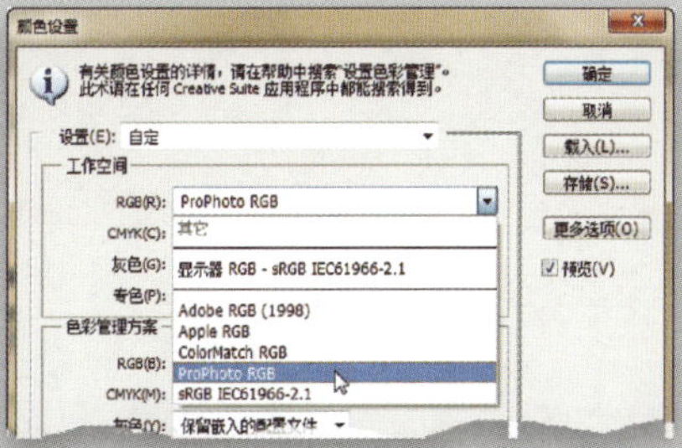

如果在 Photoshop 内创建了动作，并在 Lightroom 内把它存储为导出动作，当照片离开 Lightroom，并转到 Photoshop 去运行动作时，这就是“最终结局”（照片不会回到 Lightroom）。然而，如果想把这些处理后的照片自动导入到 Lightroom，请这样操作：使用 Lightroom 的自动导入功能监视文件夹，之后在编写 Photoshop 动作时，让它把处理后的文件写入该文件夹。这样，一旦运行动作，文件从 Photoshop 进行保存，它就会自动被导入到 Lightroom。

▼ 在 Lightroom 和 Photoshop 之间获得一致的颜色

如果您在 Lightroom 和 Photo-shop 之间来回转换，我敢肯定您需要这两个程序之间保持一致的颜色，这就是为什么可能要在 Photoshop 内修改颜色空间，使它与 Lightroom 的默认颜色空间 ProPhoto RGB 相匹配的原因。这在 Photoshop 的编辑菜单中实现：选择颜色设置，之后在工作空间下，对于 RGB，选择 ProPhoto RGB。如果您喜欢使用 Photoshop 内的 Adobe RGB (1998) 颜色空间，则要保证发送给 Photoshop 的照片处于该颜色空间：转到 Lightroom 的首选项对话框，单击顶部的外部编辑选项卡，之后在在 Adobe Photoshop 中编辑部分，对于色彩空间，请选择 AdobeRGB (1998)。

摄影师：Scott Kelby | 曝光时间：1/640s | 焦距：112mm | 光圈：f/4.8

彩色到黑白的转换

我有一个秘密，不是关于怎样成为更好的摄影师，而是关于怎样使他人认为您已经成为出色的摄影师，怎样使您的朋友、同伴、家人、员工、粉丝，尤其是所有的摄影师朋友用完全不同的眼光来看待您。这个秘密就是把一些彩色图像转换为黑白。但真正的核心是创建出实际黑白打印照片，并展示给周围的人。好的一面是我们不必在传统暗室里完成该操作，而是在 Lightroom 内实现，之后在自己的喷墨打印机上打印，或者把图像上传给联机照片冲印店，但无论采用哪种方法，也就是一章内容、几个滑块和一张照片纸，就可以使人们对您这位严肃摄影师的评价达到一个全新的高度。这是因为摄影师与生俱来就喜欢黑白照片，也正是那些黑白照片成就了他们。是的，之完全是种心理现象，但并没影响它的存在。因此，我将教您怎样从彩色照片创作出出色的黑白图像，之后您可以转到第十一章，学习怎样打印（或者把它存储为 JPEG 文件发送给照片冲印店）。

9.1 怎样查找哪些照片适合转换为黑白图像

我非常喜欢黑白照片（我认为大多数摄影师都喜欢黑白），但遗憾的是，并不是每张彩色照片都能制作出好的黑白效果（事实上，一些彩色效果很好的照片在黑白下看起来很糟糕。当然，与此同时还有些在彩色下看起来令人讨厌的照片转换为黑白图像后能产生极好的效果）。因此，开始在修改照片模块内把照片实际转换为黑白之前，我使用这种图库模块技术快速浏览拍摄的照片中哪些可能产生良好的黑白效果。

第 1 步：

首先在图库模块内处理：单击想要测试其中哪些照片可能创建较好黑白效果的收藏夹，按 Command-A (PC: Ctrl-A) 选择该收藏夹内的所有照片，并按键盘上的字母 V，暂时将所有照片转换为黑白，如图所示。现在按 Command-D (PC: Ctrl-D) 取消选择所有照片。

图 9-1

第 2 步：

双击收藏夹内的第一张照片，在放大视图内放大显示，使用右箭头键在收藏夹内所有图像上快速移动（如果愿意的话，可以按 Shift-Tab 键，隐藏所有面板）。每当发现黑白效果好的照片时，请按键盘上的字母 P，把它标记为留用，如图 9-2 所示（注意：如果收藏夹中的图像已经标记为留用，则可以使用其他标记，比如按数字 6 添加红色标签，或者按 5 将其定义为 5 星级图像）。这个过程花费的时间远比您想象的少得多，因为照片的黑白效果要么很好，要么很糟糕，因此，每幅图像花费的时间不会超过一两秒钟。此外，我们这时还没有执行高对比度黑白转换或者其他类似的处理（接下来将介绍），这只是让我们大致了解这张照片的黑白照效果好不好。因此，如果这个阶段照片看起来效果不错，那么在完全转换后的效果将会很好。

图 9-2

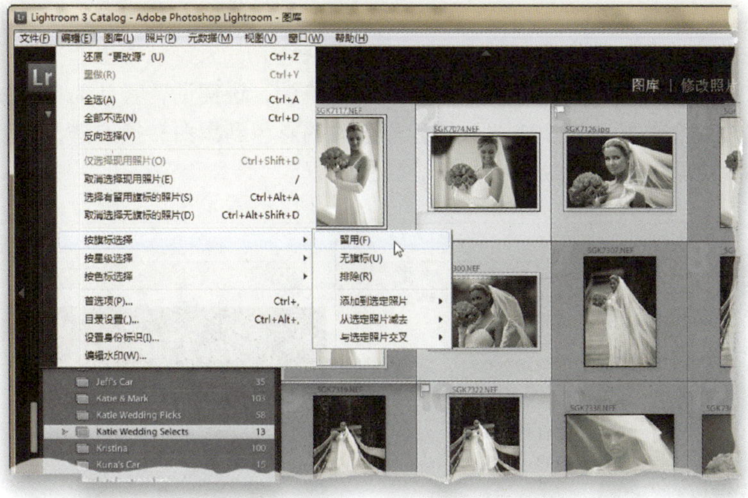

图 9-3

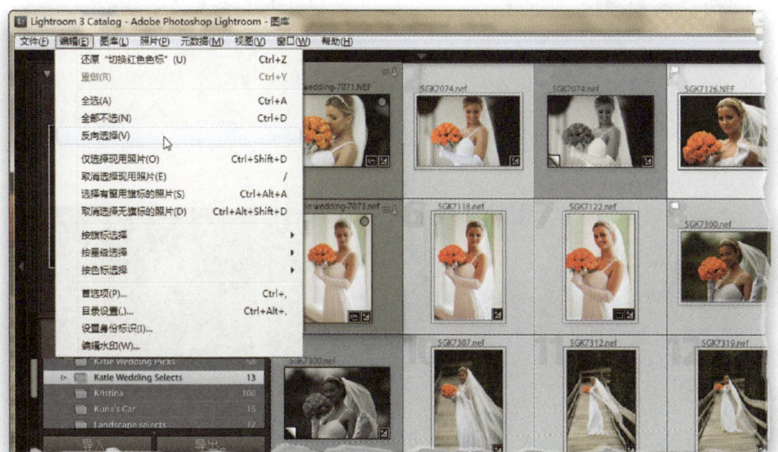

图 9-4

第 3 步：

按 G 返回网格视图。现在，请转到 Lightroom 的编辑菜单，从按旗标选择子菜单中选择留用（如图 9-3 所示），或者选择编辑菜单中的选择有留用旗标的照片。这将选择我们标识为留用的图像（如果没有使用旗标，而是添加颜色标签或者星级，则请从编辑菜单中选择按色标选择或按星级选择）。顺便提一下，这样选择不同于打开胶片显示窗格上方的留用过滤器，也不同于使用图库过滤器，因为如果那样做，我们只看到留用图像。而我们想要选中所有留用图像，就好像我们在这些图像上 Command- 单击（PC: Ctrl- 单击）了一样。现在已经选中了那些能创建出良好黑白效果的照片，请按 Command-'（撇号；PC: Ctrl-'）为这些图像创建虚拟副本，这些副本就显示在原始图像的旁边，现在还不要取消选择。

第 4 步：

现在请返回编辑菜单下，但这次请选择反向选择，以选择除这些虚拟副本以外的所有照片。再次按键盘上的字母 V，该收藏夹内的所有图像（除虚拟副本外）全都回到全彩色状态（这就是之前我说是这只是暂时的意思）。现在，收藏夹内有所有原始彩色照片，以及能够创建良好黑白效果图像的黑白虚拟副本。请单击这些虚拟副本中的任何一幅，转到修改照片模块，在这里我们将使用下一节介绍的方法把它们转换为高对比度黑白图像。

提示：修改照片模块中的黑白预览

我们刚介绍过在图库模块中，按字母 V 可以快速查看所选照片的黑白效果。这个快捷键在修改照片模块中也适用，但仅对中央预览区内显示的被选定照片有效。

9.2 更好的黑白转换方法

把图像从彩色转换为黑白有两种自动转换方法（一种位于基本面板内，另一种位于 HSL/ 颜色 / 黑白面板内），无论从哪里选择进行转换，结果都一样。在我看来其效果很单调，说实话，我认为自己处理效果会更好。这里首先介绍我最喜欢的彩色到黑白转换方法，它基于本书修改照片模块章节中所介绍的知识。

第 1 步：

在图库模块内，找出我们想转换为黑白的照片，首先，请从照片菜单中选择创建虚拟副本，为它创建虚拟副本（如果还没有创建虚拟副本的话。这样做的惟一原因是：完成后我们可以并列比较自己实现的转换方法与 Lightroom 自动转换方法所获得的效果。顺便提一下，一旦学会了自己实现转换，我敢肯定您不会再使用自动转换方法）。请按 Command-D（PC: Ctrl-D）取消选择虚拟副本，然后转到胶片显示窗格，并单击原始照片。

图 9-5

第 2 步：

现在按 D 键转到修改照片模块，在右侧面板区域内，向下滚动到 HSL/ 颜色 / 黑白面板，单击该面板标题最右端的黑白（如图所示）。这将应用从彩色到黑白的自动转换，但遗憾的是，它产生的黑白转换效果通常看起来很单调，如图所示（请把这看作“修改前”照片）。我们在这里的想法是：移动颜色滑块来调整黑白自动转换的效果。这里奇怪的是照片已不是彩色照片了。请移动这些滑块，您就会看到它们细微的调整效果。顺便提一下，如果切换面板的开 / 关按钮（如图 9-6 中红色圆圈所示），就会看到如果不使用 Lightroom 的默认转换设置进行自动转换，黑白效果有多糟糕。

图 9-6

图 9-7

第 3 步：

现在按键盘上的右箭头键，切换到已经创建的虚拟副本，我将演示我喜爱的处理方法。请转到基本面板（位于右侧面板区域的顶部），在顶部的处理方式部分，单击黑白，这将得到另一幅效果平淡的图像（但我们将会改变它的）。多数摄影师希望创建非常丰富的高对比度黑白图像，因此要做的第一件事是：一定要从照片中获取所有高光，因此请向右拖动曝光度滑块，直到出现“死亡白色三角形”（直方图右上角）后再停止拖动。接下来，将高光修正滑块向右拖动一点，直到白色三角形再次变为暗灰色为止。现在已经获得最大数量的高光，而又没有出现任何修剪。

图 9-8

第 4 步：

接下来，向右拖动黑色色阶滑块，直到照片看起来不会过于平淡和过曝为止（如图 9-8 所示）。现在，有些人认为绝不应该让部分照片变为纯黑色，即使是像岩石下方阴影这样缺少细节的非主要区域也不应该变为纯黑色。我不这样认为，我认为这幅照片应该有“突出”的地方，在创作黑白印刷品的这些年里，我发现一般人对高对比度转换的反应比对保留阴影中 100% 细节的平淡转换评价更高。如果您有机会，请试试两个版本，展示给朋友看看，看他们选择哪个版本。当然，阴影一旦变暗，整幅照片看起来就会有点暗，因此，可能需要将亮度数量调高一点，使中调变亮（要注意高光——即使只调整亮度滑块，也仍可能导致它们过曝）。

第 5 步：

我们想要创建的是高对比度黑白照片，因此可以通过单击并大幅向右拖动清晰度滑块进一步提高对比度（我这里把它拖动到 +75，这是我向所有照片应用的最高清晰度数量），这将使中调的对比度更高，并使照片整体显得更突出。

图 9-9

第 6 步：

现在我们将突出整体对比度，但不使用对比度滑块（它的调整范围太广，我通常不使用它）。请向下滚动到色调曲线面板，从位于底部的点曲线下拉列表内选择中对比度，使高光更亮，阴影更暗（如图 9-10 所示）。我之所以只选择中对比度，是因为这是 JPEG 图像，在从原来 RAW 照片创建 JPEG 时已经应用了一些对比度。如果是 RAW 照片，我会选择强对比度，因为 RAW 图像的默认对比度数量已经是中对比度。

图 9-10

图 9-11

第 7 步：

最后一步是添加锐化。因为这是风景照片，所以最简单的做法是转到左侧面板区域，从预设面板内的内置预设中选择“锐化 - 细边缘（风景）”（如图 9-11 中窗口的左侧所示），对风景照片应用适量的锐化。这样就完成了。这与调整彩色照片没有太大区域，不是吗？但是，从图 9-12 所示的修改前 / 修改后图像中可以看出效果生动多了。现在，我们所做的所有修改影响到了整幅图像，但如果只想让水变得更亮些该怎么处理？接下来将介绍这一点。

图 9-12

9.3 黑白转换时怎样调整各个区域

在 Lightroom 中进行彩色到黑白转换时，95% 的时候我都会使用刚介绍的转换方法，但有时在转换期间我们想要调整照片内的某个区域，这可以在修改照片模块的 HSL/ 颜色 / 黑白面板内实现。我通常仍然按照前一节中介绍的方法进行转换，但当看到需要调整的区域时，我会直接转到 HSL/ 颜色 / 黑白面板，因为这通常是实现调整最简单、最快捷的方法。

第 1 步：

首先从图库模块开始，选择照片，之后创建其虚拟副本，这样我们可以像上一个项目处理那样看到修改前 / 修改后的效果对比。这里不用使用菜单，而直接按 Command-’（撇号；PC: Ctrl-’），这是为当前所选图像创建虚拟副本的快捷键。现在，请单击原来的照片，按 D 键转到修改照片模块，在基本面板顶部的处理方式部分，单击黑白，之后按键盘上的右箭头键，切换到虚拟副本，再次单击黑白按钮（如图 9-13 所示）。

图 9-13

第 2 步：

照片看起来平淡而过曝，因此请执行与上一个项目中完全相同的步骤（第 3 步到第 5 步）进行处理，使照片看起来显得饱满（如图 9-14 所示）。这里，我将曝光度调高到高光刚好要开始修剪为止，之后使用高光修正滑块恢复一点高光，再将黑色色阶滑块提高一点，我还将清晰度数量提高到 +75。

图 9-14

图 9-15

第 3 步：

为了增强整体对比度，请向下滚动到色调曲线面板，从位于底部的点曲线下拉列表内选择中对比度（如图 9-15 所示）。与在上一个项目中所做的一样，我选择中对比度，因为这是 JPEG 图像，在从原来 RAW 照片生成 JPEG 时应用过一次对比度。如果是 RAW 照片，我会选择强对比度。因此，照片现在看起来好多了，但汽车侧面看起来很很单调。就是在这种情况下——照片的部分区域需要调整——需要转到 HSL/ 颜色 / 黑白面板，因为它能够调整各种颜色。

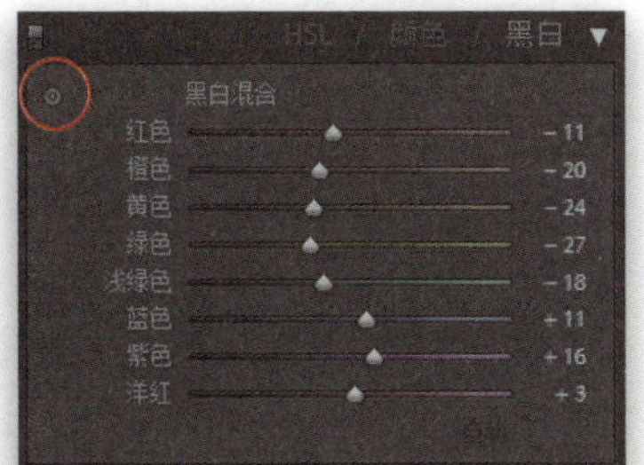

图 9-16

第 4 步：

转到 HSL/ 颜色 / 黑白面板，单击位于该面板标题最右端的黑白，打开黑白混合滑块，如果您确切知道需要调整哪个滑块，则可以直接开始调整它，但说实话，我认为使用目标调整工具（TAT）更容易，它位于该面板的左上角。只要单击它，即可选择该工具（如图 9-16 中红色圆圈所示）。

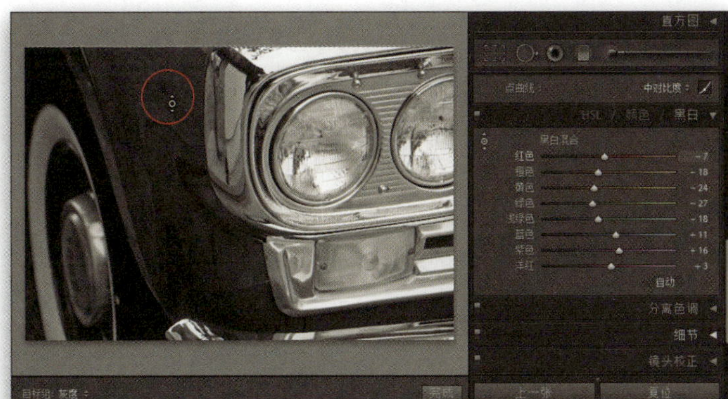

图 9-17

第 5 步：

现在把光标移动到我们想要调整的图像区域上（在这个例子中，我们想使汽车的侧面变亮，因此把 TAT 移动到车体外侧，如图 9-17 所示）。仔细观察 TAT 光标就会发现它有一个圆圈，带着一个朝上、一个朝下的三角形。这告诉我们使用该工具的方法是单击后向上或向下拖动。用 TAT 在汽车上单击，并直接向上拖动，TAT 自动移动调整光标下方区域颜色所需调整的所有滑块。

第 6 步：

上一步中看到的变化可能不够明显，因此让我们用 TAT 单击并进一步向上拖动，以便真正看到其效果。请观察该调整对汽车侧面产生的影响，现在它亮多了。事实上，它太亮了，还是之前的显示效果更好些。因此请按 Command-Z（PC: Ctrl-Z）撤消这一亮度过度调整。

图 9-18

第 7 步：

现在把 TAT 移动到前灯上（如图 9-19 所示），之后单击并向下拖动，使其高光变暗一点，在彩色照片中这部分太亮（重申一遍，它知道那些滑块控制光标下方区域的颜色，并在我们拖动时自动移动这些滑块，拖动越多，调整量就越大）。请谨记：在用 TAT 调整时，它移动一个或多个滑块；如果同样的颜色出现在其他位置，这些区域也将被调整。因此请观察下图中修改后图像，这里我单击前灯的另一部分，它使汽车的侧面变暗一点。

图 9-19

图 9-20

9.4 创建效果良好的双色调显示（以及色调分离）技巧

我这里需要澄清一点：本节介绍的技巧是用于“效果良好的双色调显示”，但同时还介绍怎样创建色调分离效果，因为它们使用同样的控件。双色调通常从黑白照片开始处理，然后用着色技术扩展图像的视觉深度。色调分离中向高光区域应用一种颜色着色，向阴影区域应用另一种颜色着色。我们先介绍双色调，不仅因为您会更喜欢双色调，而且因为其效果更好（我自己不太喜欢色调分离，但仍乐意为您介绍这种效果的实现方法，以防您万一需要）。

SCOTT KELBY

图 9-21

第 1 步：

这是原始彩色图像在 Lightroom 的修改照片模块内的显示效果。虽然实际上双色调和色调分离是在分离色调面板（位于右侧面板区域内）内完成的，但应该先把照片转换为黑白（我说的是“应该”，因为可以在彩色照片上应用色调分离效果）。首先从基本面板（位于右侧面板区域顶部）开始，在其处理方式部分单击黑白，将照片转换为黑白。

图 9-22

第 2 步：

对照片稍加调整即可改善其效果和对比度，就像我这里所做的那样，增加黑色色阶数量和清晰度数量（我将其提高到 +52），使图像显得更有吸引力，同时把高光修正数量提高一点，以减少中央窗户外的眩光，我还提高了一点亮度设置。虽然我不经常使用对比度滑块，但在快速调整时它并没有坏处，因此我也将它向右拖动一点。现在我们已经对图像进行一些调整，其效果好点儿了，但还显得略带冷色调（将彩色转换为黑白时，通常会失去彩色提供视觉深度。而添加双色调会使其恢复一些，但不会恢复原来所有的颜色，这就是我喜欢添加这种效果的原因）。

第 3 步：

创建双色调的方法简单得令人难以置信：只需向阴影区域添加着色，而保留高光部分不变。因此，请转到分离色调面板（位于右侧面板区域内），先将阴影饱和度滑块拖到 25 左右，这样就能看到一些着色（如图 9-23 所示。一开始拖动饱和度滑块，就显示出着色，但色相是默认的微红色）。

提示：复位设置

如果不喜欢所看到的效果，想重新开始调整，请按住 Option（PC: Alt）键并保持，分离色调面板中的文字“阴影”将变成“复位阴影”。单击它即可将设置复位到它们的默认值。

第 4 步：

现在，请将阴影色相滑块拖动到您想要的颜色（我通常将其拖动到 30 ~ 45——拖动到小于 30 时，显得太红；拖动到大于 45 时，就开始出现偏绿效果。我通常会寻找典型的略带棕褐色的效果，就像图中所示的将其调整到 30 ~ 45 所得到的效果，这种效果和照片有关）。图中所示的效果是把阴影色相设置为 41，饱和度设置为 25 所得到的。

提示：查看饱和度

如果按住 Option（PC: Alt）键并保持，然后拖动色相滑块，其效果就好像将饱和度数量设置为 100% 一样，因此可以很容易查看所选择的着色颜色（饱和度滑块实际并没有移动，但去效果相同——在释放 Alt 键之前。我们所看到的是饱和度为 100% 时的着色效果，之后它返回到正常状态）。

图 9-23

图 9-24

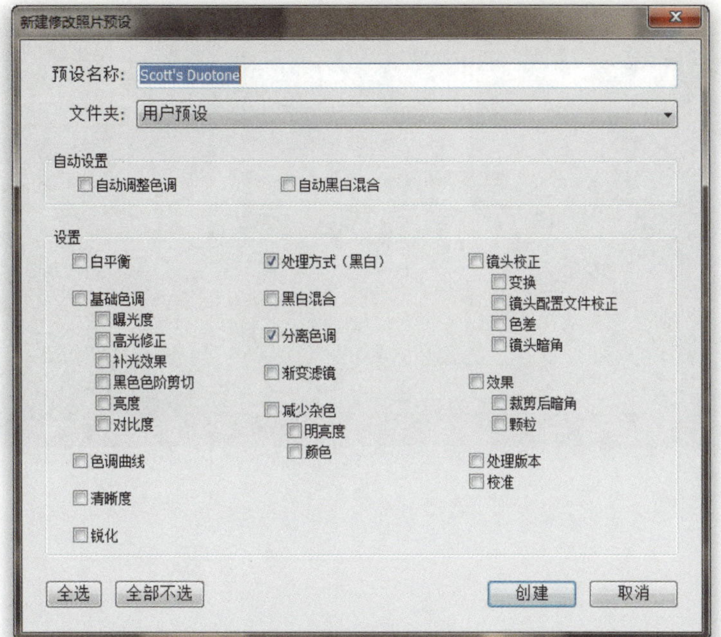

图 9-25

第 5 步：

如果您喜欢这种设置（或者进行试验并找到了您喜欢的设置），则可以将它保存为预设。请转到左侧面板区域的预设面板内，单击 +（加号）按钮，添加新预设。当新建修改照片预设对话框打开后，只需完成以下两项操作：(1) 单击底部的全部不选按钮，然后 (2) 选取处理方式（黑白）以及分离色调复选框。这就完成了，现在只需一次单击就能得到这一完美的双色调效果。既然您已学会了这种技术，创建色调分离效果就是小菜一碟了。

图 9-26

第 6 步：

要创建色调分离效果，请先从一张黑白效果良好的照片开始（您现在知道怎样在基本面板内将彩色照片转换为黑白），然后向下滚动到分离色调面板。执行与上面创建双色调相同的步骤，但这次将高光选择一种色相，并为阴影选择另一种不同的色相。这就是该处理的所有操作（我告诉过您这很简单）。这里，我将高光色相设置到 45，阴影色相设置到 214，并将两个饱和度滑块都设置到 27（比通常稍高一点，只是为了添加更多色彩）。

第 7 步：

也可以从拾色器选择颜色：请单击高光旁边的色板，打开高光拾色器。顶部是一些常用的色调分离高光颜色，请单击浅黄色色板（左数第二个色板，如图 9-27 所示），对照片中的高光区域应用黄色调（在预览区域内可以看到其效果）。要关闭拾色器，请单击左上角的“×”。

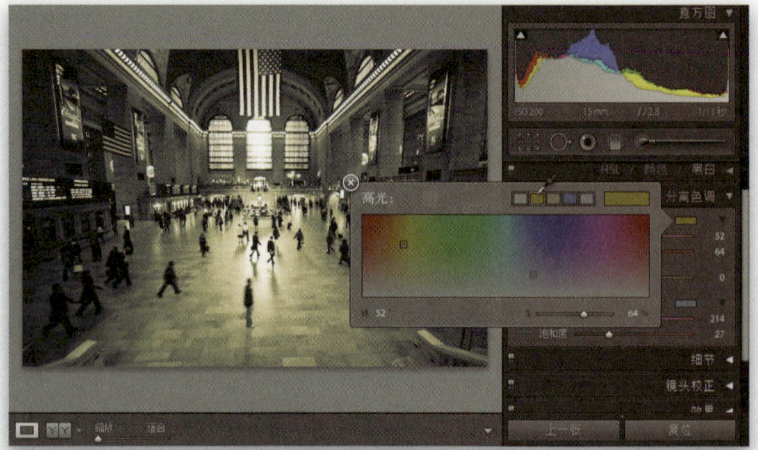

图 9-27

第 8 步：

现在请单击阴影部分的色板，打开阴影拾色器。请从拾色器顶部的色板中单击蓝色色板（如图 9-28 所示），将蓝色指派给阴影区域。单击蓝色色板后，就可以在屏幕上看到完成后的色调分离效果。顾名思义，平衡滑块（位于高光和阴影部分之间）的作用是用来平衡高光和阴影之间的色彩混合。例如，如果希望图像中的平衡更偏向黄色高光一点，则请单击平衡滑块并向右拖动。重申一遍，如果创建出自己喜欢的色调分离组合，现在可以将其保存为预设（使用第 5 步中介绍的方法）。

图 9-28

Lightroom 快速提示

▼ 区分真假黑白图像

要只浏览虚拟黑白副本，请转到图库过滤器栏（如果它没有显示出来，请按\（反斜杠）），之后单击属性。属性选项列出后，单击该栏最右端的卷页图标，只显示出虚拟副本。要查看原来真正的“主体”黑白照片，请单击其左边的胶片图标。要再次看到所有图像（包括虚拟副本和原来的主体图像），请单击“无”按钮。

▼ 获得黑白修改前、后图像

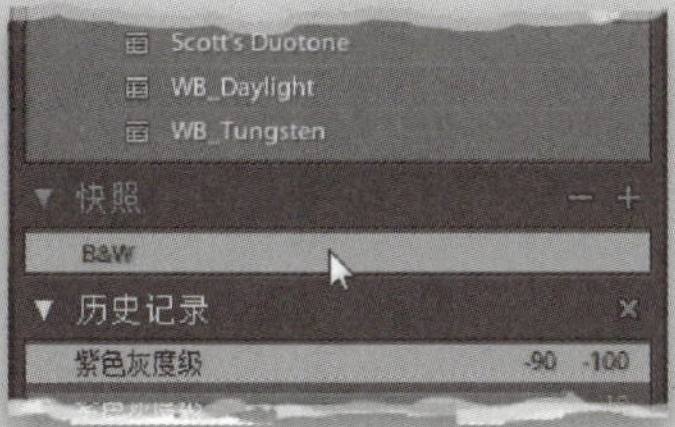

编辑黑白图像之后，按\（反斜杠）键不能看到以前的图像，因为开始是从彩色图像开始编辑（因此按\将只显示原来的彩色图像）。有两种方法可以解决这个问题。(1) 转换为黑白后，立即按 Command-N(PC: Ctrl-N) 把该转换保存为快照。现在可以随时单击快照面板内的快照回到原来的黑白图像。(2) 在转换为黑白后，按 Command-’(PC: Ctrl-’) 创建虚拟副本，然后对副本进行编辑。这样可以使用\键将原始转换效果与调整后的效果进行比较。

▼ 目标调整工具 (TAT) 使用提示

如果使用 HSL/ 颜色 / 黑白面板的 TAT 调整黑白图像，在图像内单击并拖动 TAT 时，会看到它移动控制其下方颜色的那些滑块。然而，一种更简单的调整方法是：把 TAT 移动到想要调整的区域上，不是上 / 下拖动 TAT，而是使用键盘上的上 / 下箭头键，它就会移动滑块。如果在使用上 / 下箭头键时按住 Shift 键，滑块会以更大的增量移动。

▼ 绘制双色调

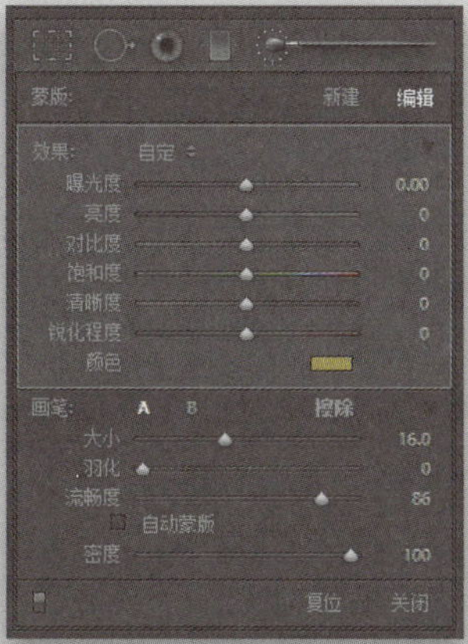

从黑白照片创建双色调效果的另一种方法是单击调整画笔，之后在弹出的选项中，从效果下拉列表内选择颜色。现在单击色板，打开拾色器，选择想要的双色调颜色，再关闭拾色器。之后关闭自动蒙版复选框，在照片上绘图，绘图时，它会保持所有细节，只是应用双色调颜色。

▼ 黑白转换提示

如果单击 HSL/ 颜色 / 黑白面板内的文字“黑白”，它把照片转换为黑白，这种转换效果比较单调，但解决办法是使用那些颜色滑块对转换结果进行调整。问题是，照片现在处于黑白，怎样知道要移动哪些颜色滑块？请试试这种方法：一旦转换之后，调整下这些颜色滑块，按 Shift-Y 进入修改前 / 修改后拆分屏视图（如果没有进入并排显示，请再次按 Shift-Y）。现在在屏幕左侧可以看到彩色图像，在右侧看到黑白图像，这样更容易看到哪种颜色产生什么效果。

▼ 使用 HSL/ 颜色 / 黑白面板前要先对照片进行颜色校正

如果要使用黑白面板进行黑白转换，在转到该面板之前，首先要使彩色图像看起来色彩正确（先平衡曝光、黑色色阶、对比度等，然后在黑白面板中才会得到更好的调整效果）。

摄影师：Scott Kelby | 曝光时间：1/8s | 焦距：70mm | 光圈：f/11

幻灯片放映

数码时代充满了乐趣，虽然传统的幻灯已经像录音带一样过时，但我们仍然使用“幻灯片放映”这个术语，Adobe Photoshop Lightroom 仍然沿用这个术语。

10.1 快速创建基本幻灯片放映

这里介绍怎样使用 Lightroom 内置的幻灯片放映模板快速创建幻灯片放映。这个过程的简单程度可能出乎您的意料，但幻灯片放映模块真正强大的功能不仅限于这些，您还可以自定和创建自己的幻灯片放映模板（本节之后将介绍它，但必须首先学会这一方法）。

第 1 步：

首先请按 Command-Option-3（PC: Ctrl-Alt-3）跳转到到幻灯片放映模块。就像 Library 模块中一样，左侧面板区域内有一个收藏夹面板，因此，我们可以直接访问收藏夹内的照片。首先，单击需要显示在幻灯片放映内的照片收藏夹，如图 10-1 所示（注意：如果打算用在幻灯片放映内的照片在收藏夹内，这会时操作要简单很多，因此如果它们不在收藏夹内，请转回到图库模块（按字母 G），为幻灯片放映内将要使用的照片创建一个新的收藏夹。之后转回到幻灯片放映模块，单击幻灯片放映模块下收藏夹面板内的该收藏夹）。

图 10-1

第 2 步：

默认时，幻灯的演示顺序按照照片在胶片显示窗格内的出现顺序（左数第一幅照片首先显示，接下来显示第二幅照片等），幻灯片之间使用短暂的溶解过渡。如果只想让收藏夹内的某些照片出现在幻灯片放映内，则请转到胶片显示窗格，只选择这些照片，之后从中央预览区域下方工具栏中的使用下拉列表内选择选定的照片。如您所看到的，也可以选择只让标记过的照片出现在幻灯片放映内。

图 10-2

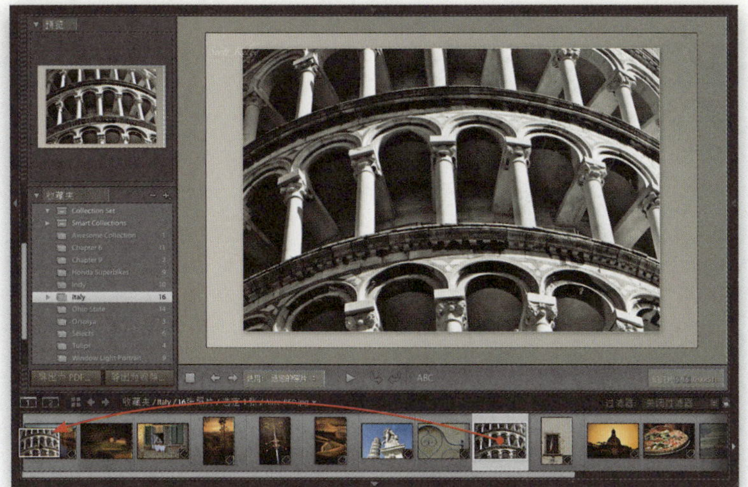

图 10-3

第 3 步：

如果想要改变幻灯片放映顺序，只要单击它们，并按照您想要的顺序拖放即可（在这个例子中，我单击第 9 幅照片，把它拖放过来，使它成为胶片显示窗格内的第一幅照片）。因此，现在请执行该操作——单击照片，按照幻灯片放映内的显示顺序拖放它们（注意：改变注意时，随时可以在胶片显示窗格内单击和拖放照片）。

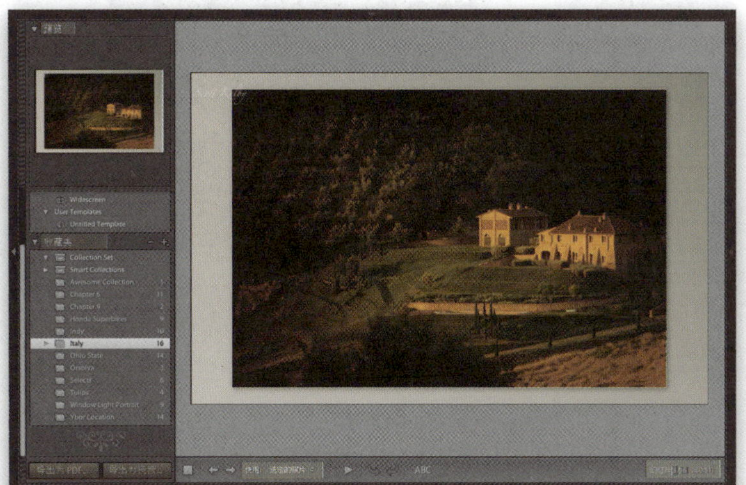

图 10-4

第 4 步：

第一次切换到幻灯片放映模块时，它按照默认幻灯片放映模板显示照片，该模板具有浅灰色渐变背景，左上角用白色字母显示主身份标识（不要与模板浏览器中的默认模板相混淆，其效果通常像图中所示那样很糟糕，但我们稍后将处理它）。请单击胶片显示窗格内的任何其他照片，以观察该幻灯片在当前幻灯片放映版面中的显示效果。

第 5 步：

如果想尝试不同幻灯片放映的效果，则可以使用 Lightroom 所带的任一种内置幻灯片放映模板（它们位于左侧面板区域内的模板浏览器内）。但是，在单击它们之前，可以把光标悬停在模板浏览器内的模板名称上方，预览每个模板的显示效果。这里，我把光标悬停在题注和星级模板上，预览面板显示该模板具有浅灰色渐变背景，图像带有细细的白色描边和投影。虽然这与默认模板类似，但使用这个模板时，如果想照片添加了星级，星级会显示在图像的左上角，如果在图库模块的元数据模板内添加了标题，它会显示在幻灯片的底部。请试试它。

图 10-5

第 6 步：

如果想快速预览幻灯片放映的效果，则请转到中央预览区域下方的工具栏，单击预览按钮（一个朝右的三角形，就像 DVD 播放机中的播放按钮一样）。这将在中央预览区域内播放幻灯片放映预览，虽然在该窗口内幻灯片放映的大小完全相同，但现在看到它时没有参考线，并带有过渡和音乐（如果选择添加了音乐，这还没有介绍，因此您可能没有音乐）。要停止预览，请按工具栏左侧的正方形停止按钮；要暂停预览，则请按前面播放按钮所在位置处的两条垂直线（如图 10-6 所示）。

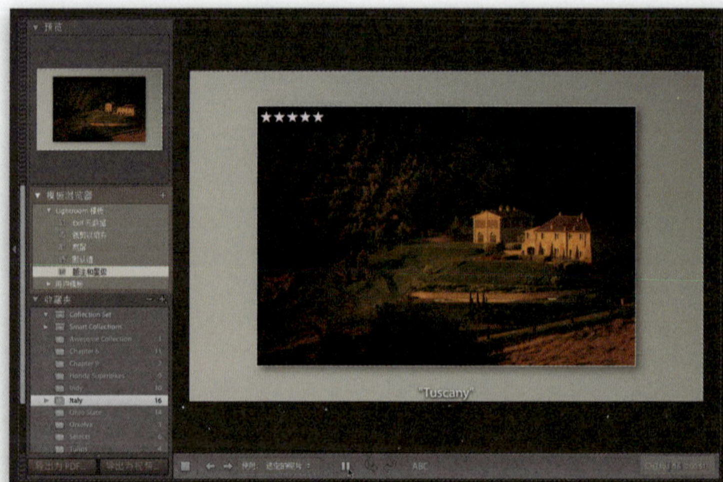

图 10-6

提示：随机播放

幻灯播放按照它们在胶片显示窗格内的顺序进行，但是，如果想让幻灯片按照完全随机的顺序播放，请转到右侧面板区域内的回放面板，打开随机顺序复选框。

图 10-7

图 10-8

第 7 步：

如果想要删除幻灯片放映中的照片，在胶片显示窗格内的照片上单击，再按键盘上的 Delete (PC: Backspace) 键（或者从工具栏中的使用下拉列表中选择选定的照片，并确保没有选择该照片）只是把它从收藏夹中删除。我这里按 Delete 键从幻灯片放映中删除第 6 步中所示的那幅照片，因此现在显示的是胶片显示窗格内的下一幅照片。顺便提一下，这是收藏夹与文件夹相比具有的另一个优点。如果这里使用的是文件夹，而不是收藏夹，删除照片时，它实际上是把它从 Lightroom 和计算机上删除。

第 8 步：

调整之后，该以全屏方式查看幻灯片放映的最终版本了。请单击右侧面板区域底部的播放按钮，播放幻灯片放映就开始以全屏方式播放。要退出全屏模式，回到幻灯片放映模块，只需按键盘上的 Esc 键即可。好了，我们已经创建了基本幻灯片放映。接下来将学习怎样定制和创建自己的自定幻灯片放映。

提示：创建即席幻灯片放映

本章前面提到过创建即席幻灯片放映，但您可以随时创建即席幻灯片放映，甚至不必进入幻灯片放映模块。无论处在哪个模块内，只要转到胶片显示窗格，选择想要在幻灯片放映内播放的照片，之后按 Command-Return (PC: Ctrl-Enter)，它就开始播放——全屏方式，它使用我们在幻灯片放映模块内最后一次用过的模板和设置。

10.2 自定幻灯片放映效果

内置模板是好，但在用它们创建一两个幻灯片放映过之后，您就会说“我希望能改变背景颜色”、“我希望能在底部添加一些文字”，或者“我希望幻灯片放映效果能更好一点”之类的话。这就需要为幻灯片创建自定效果，这不仅可以得到我们想要的效果，而且只要单击一次即可得到这样的效果。

第 1 步：

虽然您可能不喜欢 Lightroom 设计好的幻灯片放映模板，但它们为我们创建自定效果提供了一个很好的起点。我们这里将创建婚礼幻灯片放映，因此，请首先转到幻灯片放映模块的收藏夹面板（位于左侧面板区域内），单击想要使用的婚礼照片收藏夹。之后转到模板浏览器，单击 Exif 元数据，以载入该模板（如图 10-9 所示，它把照片放置在黑色背景上，带着细细的白色边框，关于照片的信息显示在右上角和照片的底部，身份标识显示在左上角）。

图 10-9

第 2 步：

我们现在已经载入模板，不再需要左侧的面板，因此请按键盘上的 F7 隐藏它们。我要做的第一件事是消除所有 EXIF 信息（毕竟，婚礼客户可能不关心 ISO 或曝光设置之类的信息），因此，请转到右侧面板区域的叠加面板，关闭叠加文本复选框（如图 10-10 所示）。身份标识仍然可见，但照片右上角、右下角和下方的信息现在被隐藏。

图 10-10

提示：调整自定文本的大小

创建自定文本之后，可以单击角点，并向内（使文字变大）和向外（使文字变小）拖动，改变其大小。

图 10-11

第 3 步：

现在让我们选择幻灯片内显示的照片大小。对于此设计，我们将把照片缩小一点，之后把它们向幻灯片顶部移动，以便可以在照片下方添加影室名字。照片定位在四个页边距内（左、右、上、下），可以在右侧面板区域的布局面板内控制这些页边距的大小。要看到页边距，请打开显示参考线复选框。默认时，所有四个页边距的参考线是链接在一起的，因此，如果把左页边距增加到 81 像素，所有其他页边距都将调整到 81 像素。在这个例子中，我们想独立调整顶部和底部，因此，请首先单击链接全部，取消页边距之间的关联（每个页边距边上的小“灯光”灭掉）。现在，单击下页边距滑块，把它向右拖到 216 像素，把上页边距拖到 144 像素，这时会看到照片向内缩小，在照片下方留下更大的边距。

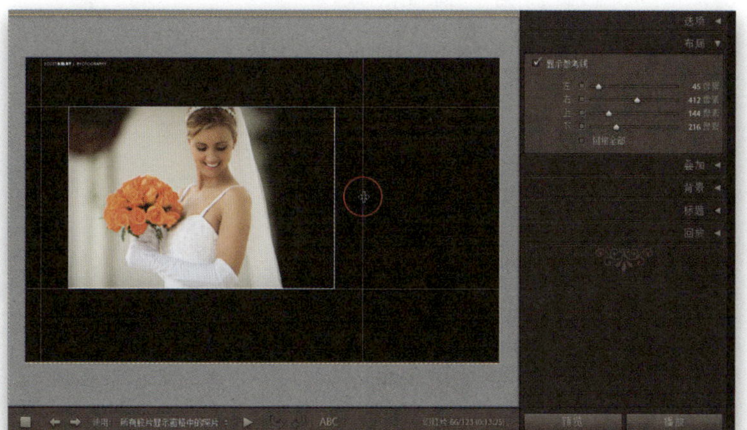

图 10-12

提示：移动参考线

实际上并没有调整幻灯片内的照片大小，我们移动了页边距参考线，照片在我们创建的页边距内调整大小。这实际上是通过以下方法来实现（而不是在布局面板内）：把光标移动到参考线上，就会看到它变为“移动条”光标（顺便提一下，我不知道“移动条”是否是其正式名字，但它是双向箭头），现在可以单击拖动页边距，调整照片大小。如果把光标移动到一角（参考线交叉的地方），就可以沿对角线方向拖动，同时调整这两个参考线的大小。

第 4 步：

现在，我们照片的位置已经设置好，让我们移动到照片下方的影室名称身份标识。在它（位于幻灯片的左上角）上单击并拖动，使它显示在照片下方（拖动时，它像蜘蛛人一样粘贴到边缘上。把它吸附到边缘应该有助于使文字居中。至少理论上是这样）。

图 10-13

提示：缩放以填充整个框

如果看到照片的边缘和页边距参考线之间有间隙，则可以使用缩放以填充整个框功能立即填充该间隙。打开该复选框（位于右侧面板区域最顶部的选项面板内），将按比例增加照片大小，直到它们完全充满页边距内的区域为止。请试一试，用到它的机会可能超出您的想象。

第 5 步：

要自定身份标识文字，请转到叠加面板，单击身份标识预览右下角的小三角形，选择编辑，打开身份标识编辑器（如图所示）。输入想要在每幅照片下显示的名称（在这个例子中，我输入“Scott Kelby | Photography”，字体选择 24 点阵的 Futura Book 和 Futura Bold 字体，按键盘上的 Shift+\（反斜杠）输入那个竖条，我在这里单击了色板，把字体颜色暂时修改为黑色，使它更容易辨认），之后单击确定。选择合适的点阵大小并不重要，因为可以使用以下两种方法改变身份标识的大小：比例滑块（位于叠加面板），或者单击幻灯片上的身份标识文字，之后单击并向外拖动任一个角点（放大文字）。

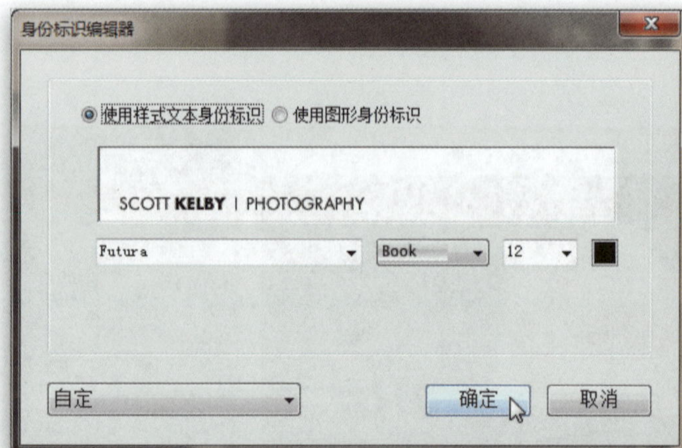

图 10-14

图 10-15

图 10-16

第 6 步：

让我们看看我们的自定幻灯片布局在隐藏页边距参考线（按 Command-Shift-H(PC: Ctrl-Shift-H)，或者转到布局面板，关闭显示参考线复选框）之后的效果。如果观察下照片下方的文字，就会发现它不够亮白，它实际上是很浅的灰色（我更喜欢这样，因为它不会像纯白色那样太吸引注意力），为了使得到更细微的浅灰色效果，可以降低叠加面板内身份标识部分的不透明度数量（这里您可以看到我已经把身份标识不透明度降低到 60%）。此外，如果想旋转身份标识文字，则请先单击它，之后使用下方工具栏内的两个旋转箭头（我已经用红色把它们圈起来）。

第 7 步：

可以把幻灯片的背景颜色修改为我们喜欢的任何颜色，让我们把它修改为深灰色。请转到下方的背景面板，在背景色复选框的右边有一个色板。单击该色板，打开拾色器，从中可以选择我们喜欢的任何颜色（我从拾色器顶部的色板中选择深灰色）。下一节将介绍怎么更进一步定制背景。

提示：向身份标识文字添加投影

如果幻灯片的背景色较浅，则可以向身份标识文字添加投影。只需转到叠加面板底部，打开投影复选框，现在就可以控制不透明度，投影从文字延伸多远，投影的半径（柔和度），以及投影的角度（方向）。请注意：在编写本书英文版时，在 Lightroom 的 PC 版本下还不能使用这一功能。

第 8 步：

我们现在处于灰色背景而不是黑色背景下，可以看到这个 EXIF 元数据模板实际上在该设计包含的图像上带有投影，但是，在处于纯黑色背景时，我们当然看不到它（这可能使您想知道为什么 Adobe 最初打开该功能？）。无论怎样，我们在选项面板内可以控制投影的大小、不透明度和方向（10.4 节将更详细地介绍投影），但现在，我们只增加半径，以使投影变得柔和，并把不透明度降低一点，以得到图 10-17 中所示的效果。

图 10-17

第 9 步：

我们接下来使图像区域变为正方形，为这种布局的幻灯片放映添加一点艺术效果。该操作的实现方法不易找到，但幸运的是它非常简单。首先移动参考线，它们构成一个正方形。这初看很有意义，但是，一旦看到它只是以相同的长宽比调整正方形单元格内照片的尺寸（而不是把它裁剪为正方形），您就会抓耳挠腮，不知所措。其技巧是要转到上方的选项面板，打开缩放以填充整个框复选框。这将用图像填充整个正方形单元，就得到图中所示的显示效果。在这里，让我们用该面板内的描边宽度滑块在图像周围添加一个较粗的描边。

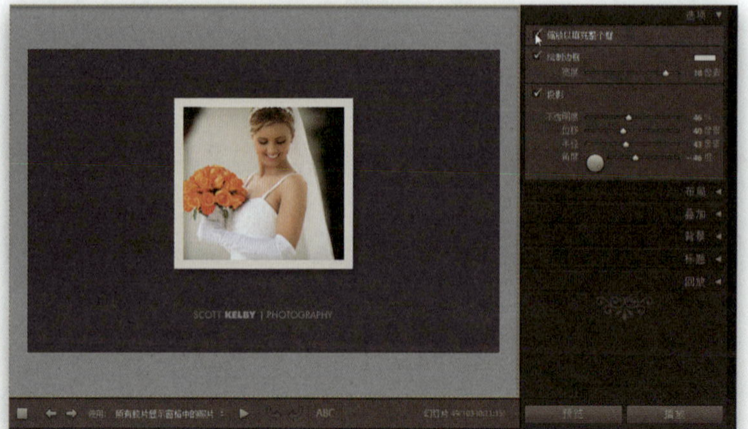

图 10-18

图 10-19

第 10 步：

现在将保存我们的模板，以便将来在模板浏览器内只需单击一次就可以应用它（它会记住一切：文本、背景颜色、开始和结束字幕幻灯片等）。要保存模板，请按 F7，再次显示出左侧面板区域，之后转到模板浏览器，单击该面板标题右侧的 +（加号）按钮，打开新建模板对话框。从中我们可以命名模板，选择模板的存储位置（我把我的模板存储在用户模板下，但您可以从文件夹下拉列表内选择创建自己的文件夹，把面板存储在其中）。

图 10-20

第 11 步：

现在已经把自定幻灯片设计存储为模板，现在可以把与此完全相同的效果应用到一套完全不同的图像：转到幻灯片放映模块，在收藏夹面板内，单击不同的收藏夹。之后，在模板浏览器中的用户模板下，单击 Square Gray Slide Show，这种效果就会立即应用到该照片收藏夹。

10.3 用照片背景增加创意

除了使用纯色和渐变填充之外，还可以选择照片作为幻灯片背景，我们可以控制背景照片的不透明度，因此可以创建后幕效果。这项功能惟一的缺点是相同的背景出现在每张幻灯片上（当然除字幕幻灯片之外）。因此，无法在不同幻灯片之间改变背景效果。这里，我们将介绍简单的照片背景，之后再更进一步地使用它，最后介绍两个创建非常有创意的幻灯片放映布局方面的技巧。

第 1 步：

首先做点小配置：转到模板浏览器，单击题注与星级面板。现在让我们简化版面：在选项面板（位于右侧面板区域的顶部）内，打开缩放以填充整个框复选框，之后单击参考线的右下角并向内拖，直到照片变小，长宽比较宽时为止（如图 10-21 中所示的那样。我做此调整后关闭布局面板内的显示参考线复选框）。在这个面板内，把绘制边框颜色修改为黑色，把其宽度增加到 2 个像素，之后关闭投影复选框。现在转到下面的叠加面板，关闭叠加文本复选框和星级复选框（这样我们在照片上看不到星级）。

图 10-21

第 2 步：

转到背景面板，关闭渐变色复选框，这样背景上不会再有渐变。现在转到胶片显示窗格，把我们想用作背景图像的照片拖放到背景面板的背景图像窗内（如图 10-22 所示。必需先打开背景图像复选框），该图像现作为背景显示在当前所选照片之后。背景照片以 100% 不透明度显示，这通常意味着它会与前景照片冲突，因此，我们通常要为背景照片创建“后幕”效果，使它减淡，更加微妙，而是主图像显得更加突出。

图 10-22

图 10-23

第 3 步：

要创建后幕效果，请把背景图像的不透明度降低到 20%（如图 10-23 所示），照片褪色为灰色。如果您喜欢白色后幕效果，请把背景色设置为白色（单击色板，之后在拾色器中选择白色）。或者，如果您喜欢黑色后幕效果（而不是灰色和白色），则请把背景色设置为黑色（哪种颜色的效果最佳取决于您所选择的照片）。

SCOTT KELBY

图 10-24

第 4 步：

单击预览按钮（像我这里这样），或者播放按钮，就会看到幻灯片与我们选择的背景图像照片一起播放（如我在本节介绍中提到的，每幅照片之后会出现相同的背景）。

第 5 步：

到目前为止，我们只使用拍摄出的普通照片之一作为背景图像，但是，如果使用设计的图像作为背景，则会得到完全不同的效果。例如，图 10-25 中所示的图像是我从 iStockphoto 购买的背景图像。在它显示在 Lightroom 内之后，我把它拖放到我想使用它的收藏夹中，之后我把它拖放到背景面板内的背景图像上，创建出图中所示的效果。

图 10-25

第 6 步：

这里是另一个使用简单背景的例子，您可以下载这些背景用于自己的幻灯片放映中。一旦把背景图像导入到 Lightroom，记住把图像拖放到想要使用它的收藏夹内，之后把它拖放到背景面板的背景图像窗格内。现在，在播放幻灯片放映时，这些图像就会显示在电话内。这种方法惟一的技巧在于要让图像刚好位于电话内，具体方法是：(1) 转到选项面板，打开缩放以填充整个框复选框，之后，(2) 转到布局面板，单击链接全部复选框以关闭它，显示出参考线并移动它们，使它们和电话窗口的尺寸（各个侧面）刚好相同。这实现起来更简单，因为我们只是在预览区域内来回拖动参考线而已。

图 10-26

图 10-27

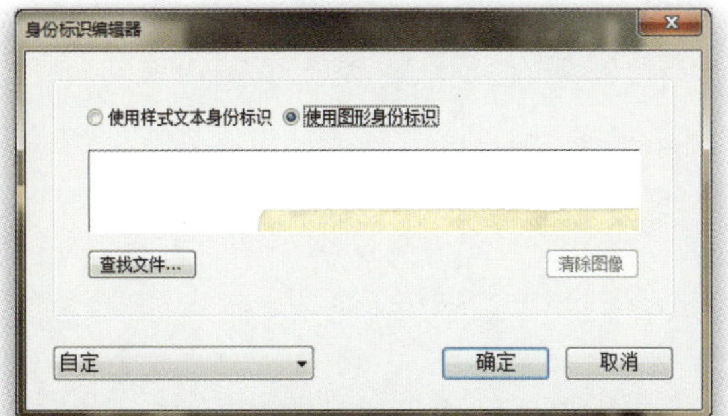

图 10-28

图 10-29

第 7 步：

这里介绍的背景技巧可以把照片放在背景内（并带有投影）：不是用图形作背景图像，而是用它作为身份标识。这样，可以让背景图像显示在照片前方而不是后方。这里的幻灯片框图像是我从 iStockphoto 购买的。我在 Photoshop 内打开它，选择幻灯片，把它放在其自己的图层上，之后选择中央内的框，并删除它（使幻灯片开口显示出来）。接下来，我在开口处添加投影，删除背景图层，把该文件保存为 PNG，以便在 Lightroom 内将它用作身份标识时能够保持其透明度。要使用它，请转到叠加面板，打开身份标识复选框，单击身份标识预览右下角的三角形，从弹出菜单中选择编辑。当身份标识编辑器打开后，单击使用图形身份标识单选按钮，之后单击查找文件按钮，找出幻灯片文件，单击确定。该图像显示在预览区域之后，请调整身份标识（拖动角点）和图像（拖动页边距参考线）的尺寸。此外，一定要打开选项面板内的缩放以填充整个框复选框。

第 8 步：

下面是又一个例子，它使用我从 iStockphoto 购买的照片框。惟一的差别是我把背景色（在背景面板内）从灰色修改为白色。现在您看到了这些背景和身份标识巨大的潜力，让我们把二者结合在一起，创建出真正有创意的布局。

第 9 步：

对于这种布局，让我们从零开始。请转到模板浏览器，单击题注与星级模板，之后转到叠加模板，关闭星级和叠加文本复选框，也要确保身份标识复选框是关闭的。转到背景面板，关闭渐变色，之后转到上面的选项面板，关闭投影和绘制边框复选框。现在使用页边距参考线调整图像尺寸，创建出图中所示的简单整洁的效果。

图 10-30

第 10 步：

我从 iStockphoto 下载了一幅旧地图，把它导入到 Lightroom，之后把它拖放到要使用它的收藏夹内。完成之后，把该旧地图图像拖放到背景面板内的背景图像窗格内，使这幅地图成为幻灯片的背景。目前为止，一切顺利。

图 10-31

©ISTOCKPHOTO/SUBJUG

图 10-32

第 11 步：

我以前在 iStockphoto 上搜索“photo frame”（照片框），找到这种古董式的照片框。我们将把它用作图形身份标识，但在用它之前，需要使用与我在第 7 步中提到的相同的 Photoshop 技巧，使其中央和周围区域变为透明的（如果您没有这样做，会在照片框内部和周围看到白框，而不是照片框周围的背景，由于内部是透明的，所以它会完全破坏这种效果）。此外，请注意照片框内部有少许投影，因此它显得照片好像实际位于照片框内部一样。无论怎样，一旦在 Photoshop 内完成了透明度处理，请转到叠加面包，打开身份标识复选框，单击身份标识预览右下角的三角形，从弹出菜单中选择编辑。身份标识编辑器打开后，单击使用图形身份标识单选按钮之后查找框文件，单击确定。一旦它显示在预览区域内，请调整身份标识和图像尺寸，获得图中所示的效果。

图 10-33

第 12 步：

如果想让照片框显得在图像前方一样（像第 11 步中那样），一定要关闭在图像后渲染复选框，或者如果想得到稍微不同的效果，则请打开它（如图 10-33 所示），这样图像会出现在框的顶部——不让投影落在内部图像上增加深度。最终布局如图 10-33 所示（或图 10-32 所示，这取决于在图像后渲染复选框的开关状态）。我希望这几页内容能激发起您对背景图像、身份标识以及二者使用方面的创造灵感。

10.4 使用投影和边框

如果在浅色背景或照片背景上创建幻灯片放映，则可以在图像背后添加投影，使它与背景相比显得更突出，也可以选择向图像添加边框。虽然大多数内置模板已经打开这些功能，但我们这里将介绍怎样添加它们，以及怎样对二者进行调整。

第 1 步：

要添加投影，请转到右侧面板区域内的选项面板，打开投影复选框。大多数内置模板，如题注与星级（如图 10-34 中所示），已经打开了投影功能。我们最可能使用的两个控制是不透明度（投影的暗度）和半径（它控制投影的柔和度。那它为什么不叫"柔和度"？因为那样的话就显得太简单了）。位移设置控制投影从照片扩展的距离，因此，如果想让照片看起来好像离背景更高一点，请增加位移量。角度设置决定光线来自何方，默认时，它把投影定位在右下方。

图 10-34

第 2 步：

让我们对投影做一点调整：把不透明度量降低到 18%，因此它更亮，之后把位移增加到 100%，这样照片看起来离背景有 2 ~ 5 厘米远。接下来，把半径降低到 48%，因此投影不会太柔和，最后，把半径设置为 –41 度，把它的位置稍微调整一点。打开绘制边框复选框（位于选项面板的顶部），在图像周围添加彩色边框。在这个内置模板内（以及大量其他模板内），边框已经打开，但它是白色的，并且只有 1 像素宽，因此很难辨认它。要改变颜色，请单击色板，之后从拾色器中选择一种新颜色（我这里选择黑色）。要使边框变得更粗，请把宽带滑块向右拖（我把它拖到 12 像素）。

图 10-35

10.5 添加其他文字行和水印

除了使用身份标识添加文本之外，还可以向照片添加其他行文字（输入的自定文本或者 Lightroom 从照片 EXIF 数据提取的信息）。也可以向幻灯片放映图像添加水印，以便在把幻灯片发送给客户或者把它发布在 Web 上时使用。

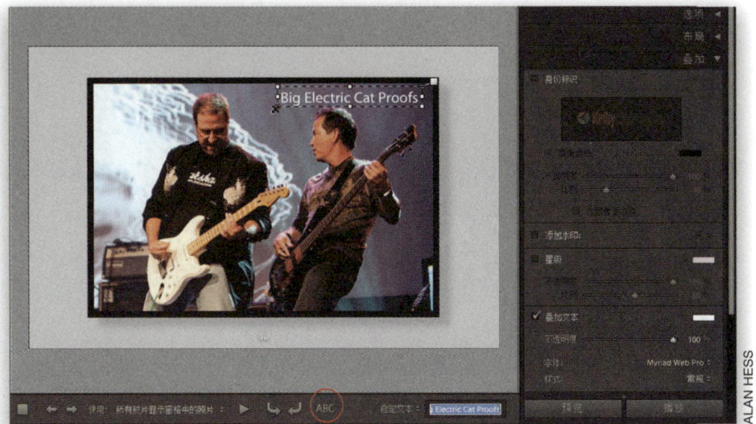

图 10-36

第 1 步：

要添加文本，请单击工具栏内的 ABC 按钮（如图 10-36 中红色圆圈所示），这时会在它右边显示出一个下拉列表和文本字段。默认设置是自定文本，我们可以在文本字段内简单输入想要的文字，之后按 Return (PC: Enter) 键。文本就会显示在幻灯片上，周围带着一个大小调整框。要调整文本大小，请在任一个角点上单击并拖动。要移动文本，只需在其上单击，并把它拖放到我们想要的位置。如果在工具栏内的自定文本文字上单击并保持，将会打开一个弹出菜单，从中可以选择嵌入在照片元数据内的文本。例如，如果选择日期，它会显示出照片的拍摄日期。如果选择其他任一个选项，如果文件中存在该信息，就会只显示出该信息（换句话说，如果在元数据面板内没有添加标题信息，这里选择标题则不会显示出任何内容）。

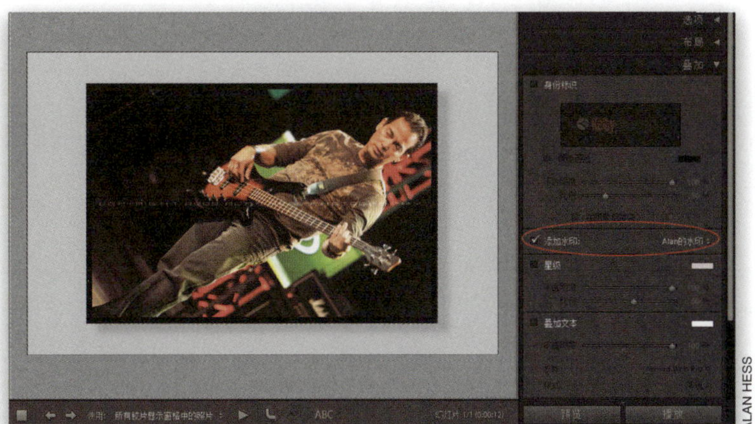

图 10-37

第 2 步：

如果配置了水印（见第 7.2 节），则也可以添加它（或者代替其他文本）。请转到叠加面板，打开添加水印复选框，之后从下拉列表内选择水印预设（从图 10-37 中可以看到水印横穿图像的中央）。使用水印（而不是自定文本）的优点是：可以使用预先创建的模板，在其中可以降低不透明度，因此它可以透显，而不会完全遮挡其后面的图像。

10.6　添加开始和结束字幕幻灯片

自定幻灯片放映的一种方法是创建自己的自定开始和结束字幕幻灯片（我通常只创建开始字幕幻灯片）。除了好看之外，开始幻灯片还有一个重要作用——隐藏展示中的第一张幻灯，因此，在幻灯片放映实际开始之前，客户看不到第一幅图像。

第 1 步：

可以在标题面板（位于幻灯片放映模块的右侧面板区域内）内创建开始 / 结束幻灯片。要打开该功能，请打开介绍屏幕复选框，几秒钟之后，标题屏幕就会显示出来（如图 10-38 所示），之后再显示出第一幅照片（这样处理标题令人感到沮丧，然而，我偶尔发现一种技巧，它可以随时显示出标题，并让它显示任意长时间：直接在缩放滑块上单击并保持，它认为我们要使用它，因此标题屏幕一直保持可见，直到我们的鼠标离开为止）右边的小色板可用于选择背景颜色（默认时，背景颜色是黑色）。要添加文字，可以打开添加身份标识复选框（如图中红色圆圈所示），添加身份标识文字（或者图形），当前身份标识文字就会显示出来。

图 10-38

第 2 步：

要定制身份标识文字，请单击身份标识预览右下角的小三角形，从弹出菜单中选择编辑，打开身份标识编辑器，如图 10-39 所示。现在可以突出显示现有文字，输入您喜欢的任何文字（在这个例子中，我输入新娘的名字，从字体下拉列表内选择不同的字体。单击确定，向介绍幻灯片应用该文字。注意：如果您把文本显示为白色，在该对话框内不可能看到它，因此在开始输入之前我突出显示它，在输入完成之后我再次突出显示它，像图中所示的那样。

图 10-39

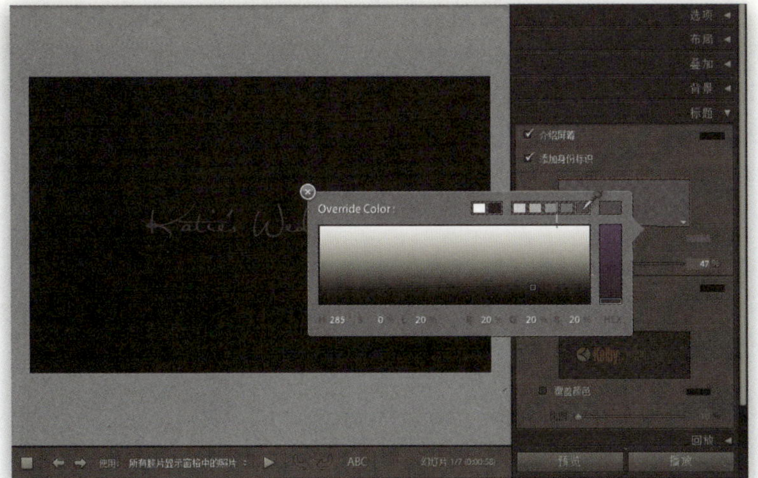

图 10-40

第 3 步：

打开覆盖颜色复选框（位于身份标识预览下方）可以控制身份标识文字的颜色。打开它之后，请单击其右边的色板，打开拾色器（如图 10-40 所示）。位于顶部的是一些常用的色板，如白色、黑色和不同层次的灰色。可以从中选择一种，或者上、下拖动右侧的小条，选择色相，之后从大拾色器渐变中选择颜色的饱和度（我这里选择灰色，可以看到该颜色立即反应在文字内）。使用介绍屏幕部分底部的缩放滑块还可以控制身份标识文字的大小。

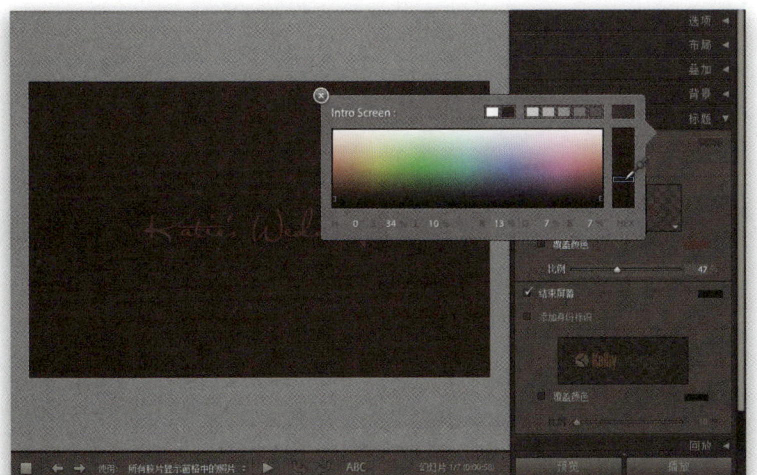

图 10-41

第 4 步：

要改变介绍屏幕背景的颜色，只要单击介绍屏幕复选框右侧的色板即可。在这个例子中，我把其背景修改为栗色，只是为了演示其效果（我还修改了身份标识的颜色，使其与背景色相匹配）。所有文字格式化为我们想要的方式（祝您好运，顺便提一下，因为在身份标识编辑器内编辑文本是一件困难的事）之后，就可以在预览区域内预览幻灯片放映。结束屏幕的处理方式与此相同：要打开它，请打开标题面板内的结束屏幕复选框，就可以选择该屏幕的背景颜色、身份标识大小等，就像我们处理介绍屏幕那样处理它。

10.7　添加背景音乐

合适的背景音乐能够使幻灯片放映产生完全不同的效果，如果您有机会观看专业人士的作品展示，就会发现他们选择的音乐能够营造气氛，来更好地烘托图像。Lightroom 允许向幻灯片放映添加背景音乐，在 Lightroom 3 中，甚至可以把音乐嵌入到幻灯片放映中，并以多种格式存储。稍后将介绍这一内容，但现在这里将介绍怎样向幻灯片放映添加背景音乐。

第 1 步：

转到右侧面板区域底部附近的回放面板（如图 10-42 所示），首先打开图中红色圆圈所示的音轨复选框（如图所示），之后单击选择音乐按钮。这将打开标准打开对话框，从中可以选择在幻灯片放映期间想要播放的音乐文件，因此请找到您的音乐，并单击选择。

SCOTT KELBY

图 10-42

注意：Lightroom 要求音乐文件是 MP3 或 AAC 格式，它无法识别 WAV 文件。如果您有 Apple 的 iTunes，则可以用它把音乐文件转换为 AAC 格式。在 Music Library（音乐库）中，单击想要转换的歌曲，之后转到 iTunes 的 Advanced（高级）菜单，选择 Create AAC Version（创建 AAC 版本），就可以看到转换后的歌曲版本出现在原来文件的正下方（这些文件位于 Music 文件夹内的 iTunes 文件夹下）。

图 10-43

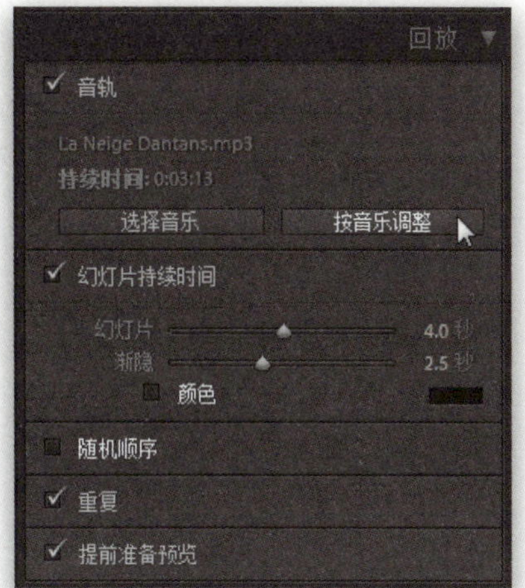

图 10-44

第 2 步：

现在，在开始幻灯片放映时（或者甚至在预览区域预览时），就会在后台播放背景音乐。如果想让 Lightroom 自动调整幻灯片放映的时长，使它与我们所选择的音乐长度相匹配，则可以单击按音乐调整按钮（如图 10-44 所示）。其作用实际上是根据音乐的长度调整幻灯片的时长和渐隐时间（因此，它实际上是自动计算）。

图 10-45

额外提示：搜寻背景音乐

我把 iTunes iMix 和一些很好的幻灯片放映背景音乐集中到一起，您可以得到每首曲子 30 秒钟的预览，如果找到您喜欢的曲子，则可以立即从 Apple 购买它。

10.8 选择幻灯片和渐隐时长

除了选择音乐之外，Lightroom 幻灯片放映模块内的回放面板还可用于选择每张幻灯片在屏幕上停留的时长，以及两张幻灯片之间过渡（渐隐）的时长，甚至过渡的颜色。我们可以选择按顺序或者随机播放，幻灯片放映在最后一张幻灯片之后是重复播放还是结束，以及是否提前准备预览，以使幻灯片放映不会因等待图像数据的渲染显示而中断。

第 1 步：

要选择幻灯片在屏幕上的停留时间，请转到回放面板，打开幻灯片持续时间复选框，之后选择每幅图像应该在屏幕上显示多少秒（使用幻灯片滑块选择），以及图像之间渐隐过渡应该持续多长时间（使用渐隐滑块）。我们现在将跳过渐隐颜色，因此还有其他三个控件需要介绍。（1）默认时，幻灯片按照它们在胶片显示窗格内的顺序播放，除非打开了随机顺序复选框。（2）默认时，在到达胶片显示窗格内的最后一张幻灯片时，幻灯片放映将循环，再次（一直循环）播放所有幻灯片，除非关闭了重复复选框。最后，（3）打开提前准备预览复选框之后，将提前准备预览，这样幻灯片放映不会因等待图像数据的渲染显示而中断。

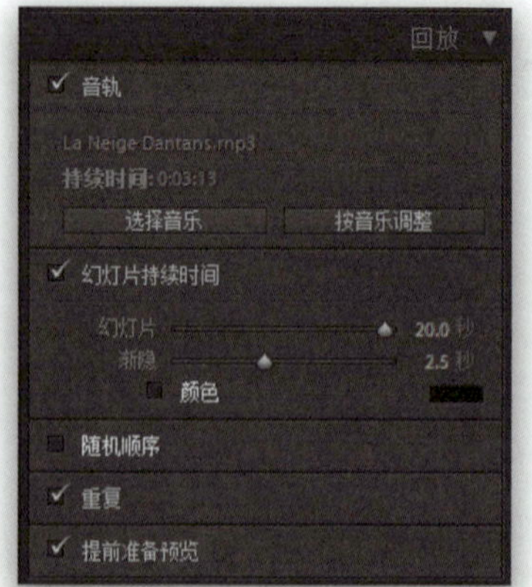

图 10-46

第 2 步：

现在，回到渐隐颜色，从中可以选择幻灯片之间溶解过渡的颜色。默认时，在下一张幻灯片显示之前，当前幻灯片渐隐为黑色（这看起来非常自然，因为我们都习惯于这样）。如果想要不自然的过渡，则请打开颜色复选框，之后单击其右边的色板，从打开的拾色器中选择不同的纯色（在这个例子中，在下一张幻灯片显示出来之前，幻灯片会短暂地渐隐为蓝紫色。我告诉过您它不够自然）。

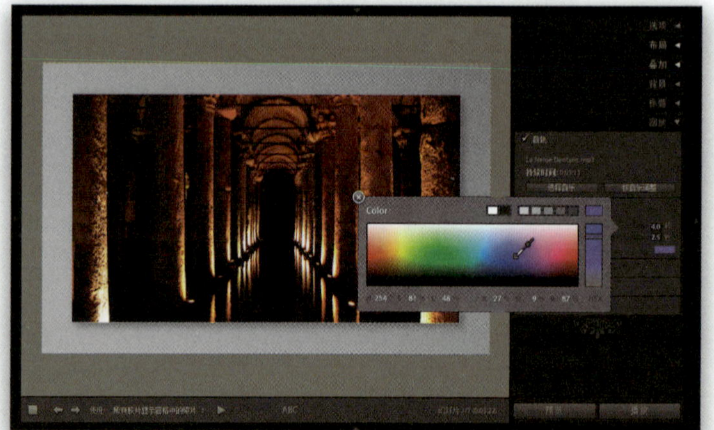

图 10-47

10.9 分享幻灯片放映

如果您想向别人展示幻灯片放映，他们正好就在附近，这很好，您可以直接在 Lightroom 内演示它。但是，如果他们不在附近（客户可能位于其他城市或其他国家），则可以把幻灯片输出为多种不同的格式，如 Movie Format、QuickTime、Flash 和 H.264，其中将包含图像、布局、背景、音乐和过渡。棒极了！也可以以 PDF 格式保存幻灯片，但是，如果这样做，遗憾的是它将不包含背景音乐。

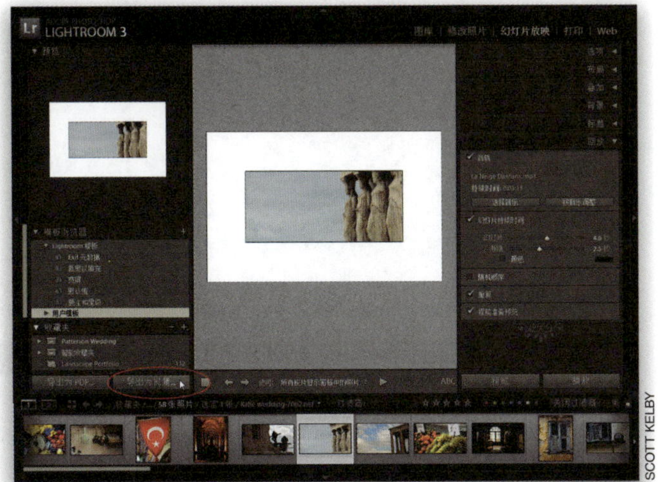

图 10-48

第 1 步：

要把幻灯片放映保存为视频格式（带有背景音乐），请单击左侧面板区域底部的导出为视频按钮。

图 10-49

第 2 步：

这将打开将幻灯片放映导出为视频对话框，其中的视频预设下拉列表列出视频的不同尺寸。选择一种视频尺寸之后，它会在该下拉列表下方显示出这只尺寸最适合于哪种应用，以及哪种类型的设备（或软件）能够读取该文件。因此，请命名幻灯片放映，之后选择想要的尺寸，再单击导出（PC: 保存）按钮，它就按照我们所选尺寸以及与我们所选视频类型兼容的格式创建文件。

第 3 步：

另一个导出选项是以 PDF 格式保存幻灯片放映。PDF 适用于电子邮件发送，因为它大大压缩文件，但是，其缺点当然是不包含我们所添加的任何背景音乐，这对很多用户来说是一大损失。如果您觉得这不是问题，则值得考虑采用这种格式。单击左侧面板区域底部的导出为 PDF 按钮，打开将幻灯片放映导出为 PDF 对话框。命名幻灯片放映，之后在该对话框的底部有一个品质滑块——品质越高，文件越大（在通过电子邮件发送时要考虑这一问题）。我通常使用的品质设置是 80，他通常还总是打开自动显示全屏模式复选框，这样接收者可以看到幻灯片放映，屏幕上不会有任何其他内容分散注意力。宽度和高度尺寸自动插入到宽度和高度字段内，但是，如果想要图像变得更小，以便于电子邮件发送，则可以输入更小的设置，Lightroom 会自动按比例缩小图像。完成之后，单击导出（PC: 保存）按钮。

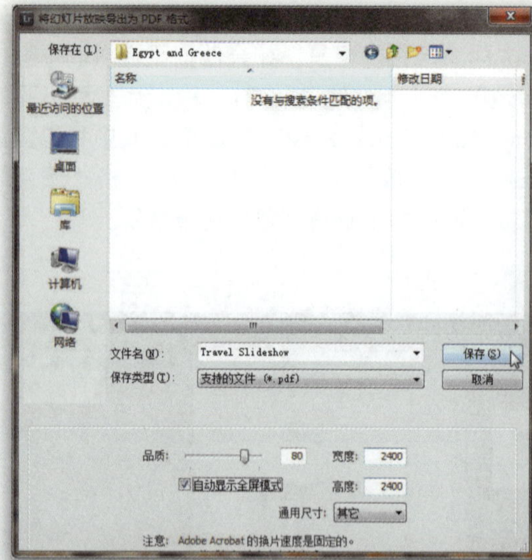

图 10-50

第 4 步：

当客户（朋友、亲戚等）双击 PDF 文件，它就会启动 Acrobat Reader，打开之后，会进入全屏模式，开始幻灯片放映，幻灯片之间有平滑地过渡。

图 10-51

提示：为 PDF 添加文件名

如果打算把 PDF 幻灯片放映发送给客户审查，则一定要先转到幻灯片放映模块，在创建 PDF 文件前使文件名文字叠加可见。这样，客户就能够告诉您他们认可的照片名称。

Lightroom 快速提示

▼ 一种更好的启动幻灯片放映方法

我觉得 Lightroom 中幻灯片放映最大的问题之一是：在开始幻灯片放映时，观众总是在幻灯片放映开始之前已经看到屏幕上的第一张幻灯片（因此，如果显示的是新娘和新郎的婚礼照片，在他们坐下时，看到屏幕上的第一幅图像，没有任何音乐、灯光等，这会使情绪大受影响）。本章前面介绍了现在在 Lightroom 内可以添加开始和结束字幕幻灯片，对吗？那么请设置字幕幻灯片（或者只是把它保留为黑色，但要打开标题面板内的标题幻灯片功能）。现在，这里给出的提示是：在您为客户进行幻灯片放映时，在客户来到您的显示器之前，启动幻灯片放映，一旦显示到屏幕上，请按空格键暂停幻灯片放映。现在当客户做到屏幕前时，他们看不到第一张照片，他们看到的是黑色屏幕（或者标题屏幕）。当您准备好开始展示时，再次按空格键，幻灯片放映就开始了。

▼ 精细的幻灯设计

虽然可以在 Lightroom 内从零开始创建幻灯片放映，但并不是说必须在 Lightroom 内设计幻灯片。如果遇到在 Lightroom 无法设计的幻灯片，则可以转到 Photoshop 制作幻灯片，把它们保存为 JPEG，之后重新把完成后的幻灯片导入到 Lightroom，把它们拖放到幻灯片放映布局中，添加背景音乐等。

▼ 预览幻灯片放映内的照片效果

在中央预览区域下方工具栏最右端可以看到一些文本，它们显示当前收藏夹内有多少照片。如果把光标移动到该文字上，光标变为可刮擦幻的滑块，单击并左右拖动，即可查看当前幻灯片放映布局内的其他照片（您必须试一试才会了解它）。

▼ 旋转箭头的用处

如果观察下工具栏，就会看到两个旋转箭头，但它们总是灰色的。这是因为它们不是用于旋转照片，而是旋转我们创建的自定文字（单击工具栏内的 ABC 按钮添加自定文字）。

▼ 收藏夹记得我们上一次使用的模板

收藏夹面板现在也显示在幻灯片放映模块（本章已经学习过）内，但这些收藏夹具有记忆功能——它们能够自动记住我们最后一次在该收藏夹内照片上所使用的幻灯片放映模板。然而，它们不记得我们使用的准确照片，只记住模板自身，因此布局看起来相同，但是，如果原来只选择了该收藏夹内的几幅照片进行幻灯片放映（把预览区域底部工具栏内的使用下拉列表修改为选定的照片），它们不会记住这些。因此，我们要 Control- 单击 (PC: 右击) 收藏夹，从弹出菜单中选择创建幻灯片放映。这将创建新的收藏夹，其中只包含我们在指定幻灯片放映中使用的那些照片，并具有正确的顺序排列，以及模板，因此，如果再次需要完全一样的幻灯片放映时（相同的效果、相同的照片、相同的顺序），单击一次就完成了。

摄影师：Scott Kelby ┊ 曝光时间：1/640s ┊ 焦距：70mm ┊ 光圈：$f/2.8$

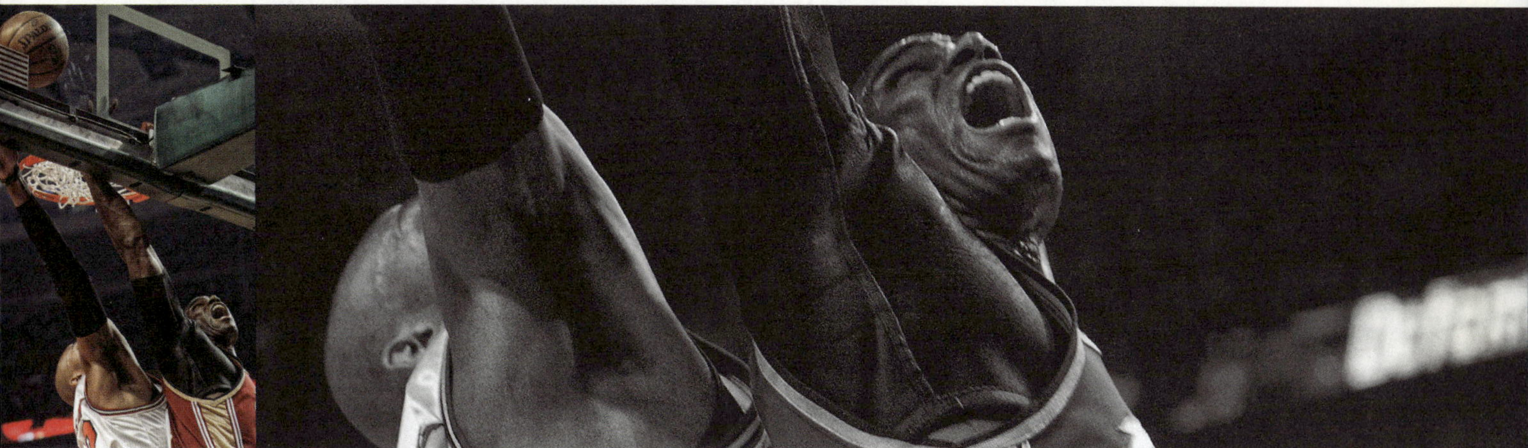

照片打印

如果说打印模块成为 Photoshop Lightroom 所有模块内最重要的模块，就会引起争议，因为它的所有功能只是“打印”，但我们做的所有工作就是为了产生最终的打印图像。

11.1 打印单幅照片

Lightroom 内打印模块是一个让我真正喜欢的模块，其设计非常出色（我从没有使用过比其打印功能更好、更简单、更强大的任何程序了）。其内置模板不仅使打印过程更简单，而且更有趣（也成为我们自定和保存自己模板的好起点）。

图 11-1

图 11-2

第 1 步：

在打印模块内做任何操作之前，请单击左下角的页面设置按钮，选择纸张大小（一旦设置正确后，以后就不必调整布局尺寸）。现在先单击模板浏览器（位于左侧面板区域）内的艺术边框模板，应该看到图中所示的布局，它显示当前收藏夹内的第一幅照片（除非选定了照片，那样的话它会显示选定的照片）。顺便提一下，这里也有收藏夹面板，因此，如果想要改变收藏夹，可以在左侧面板区域内更改。照片的左上角显示了几行信息，这不会实际打印到照片上，但是，如果您觉得它碍眼，则可以关闭它：按键盘上的 I 键，或者转到视图菜单，选择显示叠加信息。

第 2 步：

如果想使用同样的模板打印多幅照片，则请转到下面的胶片显示窗格内，Command- 单击 (PC: Ctrl- 单击）想要打印的照片，它会根据我们的需要立即添加多页（我们只选择一幅照片，但是如果选择了 26 幅照片，就会看到下方工具栏内显示“第 1 页（共 26 页）”。布局样式有三种（位于右侧顶部的布局样式面板内），这第一种布局样式被称作单个图像 / 照片小样。它把每幅图像放在单元格内，我们可以调整单元格的大小。要查看这种照片单元格，请转到参考线面板，打开显示参考线复选框。现在可以看到页边距（浅灰色）、图像单元格（用黑色勾勒出轮廓）。

图 11-3

第 3 步：

如果回看第 2 步中的布局，您发现图像从上到下充满单元格，但在两侧各有一些空隙了吗？这是因为它默认是尽可能使图像填满单元格，以便看到整幅图像。如果想让照片充满单元格，则请转到图像设置部分，打开缩放以填充复选框，现在图像充满单元格。现在，它当然也会裁剪一点图像（至少在使用这种布局时是这样）。缩放以填充功能的设计是为了有助于创建照片小样，但在这一章中，我敢肯定您会开始真正喜欢这个小复选框，因为使用它可以创建出一些非常漂亮的布局。因此，虽然它裁剪一点照片，但仍不要放弃这一功能——很快就会变得非常有用。

图 11-4

第 4 步：

现在，让我们来了解单元格这一概念，因为一旦“掌握”了它，其余就简单了。首先，因为图像位于单元格内，并且我们已经打开了缩放以填充复选框，所以如果改变单元格的大小，照片的尺寸不会改变。因此，如果使单元格变小，它会裁剪掉部分图像，这在我们创建布局时非常有用。为了说明我所讲的内容，请转到布局面板，位于该面板底部的是单元格大小滑块。请向左拖动高度滑块（减小到 3.87 in），观察单元格顶部和底部怎样向内缩，使图像创建出“信箱”状的视图。

第 5 步：

现在把高度滑块向右拖回到其以前所在位置，之后向左拖动宽度滑块，以缩小宽度。对于这幅照片而言，它是纵向的（肖像方向），因此移动单元格的顶部和底部只会裁剪，但像我这里那样移动宽度滑块时，它开始会使整幅图像的尺寸缩小，当图像达到其原来未缩放宽度之后，单元格的两侧向内移动，而不会进一步改变大小（这很有意义，稍后就会看到）。请注意单元格的左右两侧已经向内移动，创建出细高的单元格，看到了吗？这种细高布局实际在某种程度上有点酷（这种效果并不是我们日常所见的，对吗？），但问题是她的面部大部分留在框的左侧之外。我们可以解决这一问题。

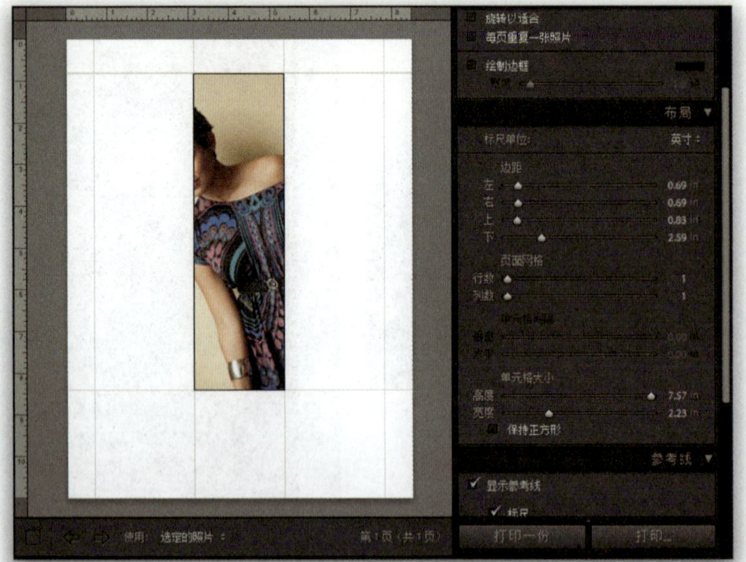

图 11-5

第 6 步：

使用这些单元格布局时，我最喜爱的地方之一是可以在单元格内重新定位图像。只要把光标移动到单元格上，光标就变为抓手工具。现在单击并拖动单元格内的图像即可把它定位到我们想要的位置。在这个例子中，我只是把照片向右稍一动一点，使她的面部接近中央位置。

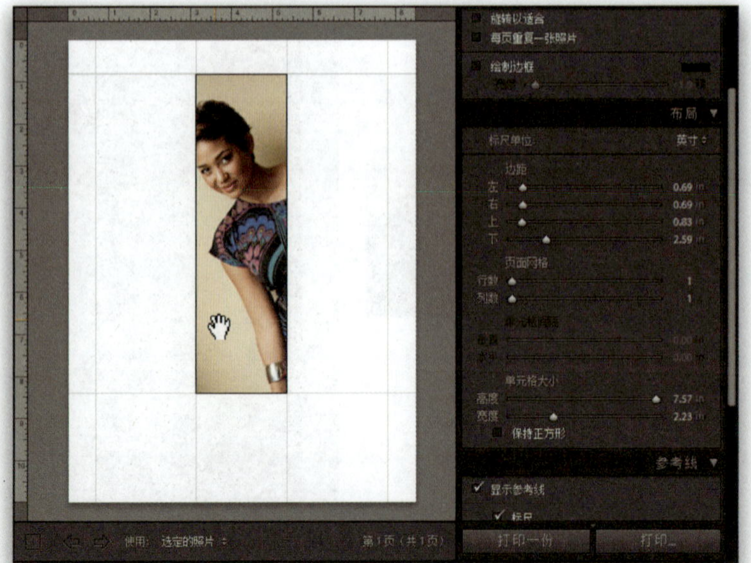

图 11-6

图 11-7

图 11-8

第 7 步：

位于单元格大小滑块的下面是“保持正方形”复选框。请打开这个复选框，它把高度和宽度设置为同样的尺寸，现在它们作为一个单元一起移动（因为它完全是一个正方形）。让我们尝试一种不同的方法来调整单元格的大小：在预览区域的布局上单击并拖动单元格边框。看到横竖在页面内显示单元格边界的这些垂直线和水平线了吗？可以直接在它们上单击并拖动，请试一试。我这里单击水平参考线（如图 11-7 中红色圆圈所示），并向下拖动，以缩小我的正方形单元格（以及位于其中的照片）。现在您可能意识到单元格就像观察照片的一个窗口。

提示：旋转图像

如果在横向单元格（或者宽页面）上显示纵向照片，请转到图像设置面板，打开旋转以适合复选框，这可以使照片尽可能多地填充页面。

第 8 步：

接下来用我最喜爱的 Lightroom 3 中的新打印功能之一结束这个项目：能够改变页面背景的颜色。要执行它，请转到页面面板，打开页面背景色复选框，单击其右边的色板，打开页面背景色拾色器。在这个例子中，我选择深灰色，但您可以选择您喜欢的任何颜色（黑色、蓝色、红色，随您选择），之后关闭该拾色器。此外，还可以执行以下操作在图像单元格周围放置边框：转到图像设置面板，打开绘制边框复选框，之后选择颜色（只需在色板上单击），用宽度滑块选择所绘制的边框的宽度。

11.2 打印多照片小样

上一节做了这么多设置只是为了打印一幅照片，这么费劲的原因是：单个图像 / 照片小样的整个设计实际上为了让我们能够快速访问多照片布局和照片小样，这才是这一功能的真正目的。我们在这一节将用同样一套照片展示创建出客户喜爱的多照片布局是多么简单！

第 1 步：

首先单击 Lightroom 3 所提供的多照片模板（把光标悬停在模板浏览器内的任一个模板上方，其布局预览就会显示在左侧面板区域顶部的预览面板内）。例如，当单击 2×2 四方格模板时，它把我们选定的照片放在两行、两列内。我这里选择了 9 幅照片，从工具栏最右端即可看到 Lightroom 将打印三页，前两页每页打印四幅照片，最后一页只打印剩下的一幅照片。从这里所看到的布局看起来并不好，因为混合打印了纵向照片和横向照片，但我们可以纠正这一点。

图 11-9

第 2 步：

当然，在具有纵向单元格的页面上打印所有纵向照片，再创建一个横向单元格的模板，可以解决这一问题，但一种更简单的方法是转到图像设置面板，打开缩放以填充复选框。这将缩放所有图像，以填充单元格，因此右下角的横向照片将放大，填充整个单元格。此外，还可以单击和拖动图像，以在单元格内重新定位它们。然而，打开缩放以填充会裁剪一点三幅纵向照片，对横向照片的裁剪更多，这会改变照片的整体效果（幸运的是，还有一种方法可以解决这一问题）。

图 11-10

图 11-11

第 3 步：

无论在打印纵向图像还是横向图像时，我们需要基本以全尺寸打印出它们，不能做太多裁剪。其技巧是打开旋转以适合复选框（如图 11-11 中红色圆圈所示），这将旋转横向照片，使其与纵向单元格最佳匹配（如图 11-11 上图所示，其右下角的图像是横向图像，但现在它转过来，最大程度地适合单元格）。在打开旋转以适合后，它应用到所有页面，因此，如果其他页上有其他横向照片，它也会旋转它们（如图 11-11 下图所示，这是第二页照片，它们全部做了旋转。要查看其他页，请单击工具栏左侧向右的箭头）。

图 11-12

第 4 步：

如果想在同一页上以完全相同的尺寸多次打印同一幅照片，则请转到图像设置面板，打开每页重复一张照片复选框。如果想在同一页上以不同的尺寸多次打印同一幅照片（如 5×7 英寸一张，钱夹大小照片四张），则请参阅 11.5 节。

第 5 步：

如果单击不同的多照片布局，如 4×5 照片小样，照片会立即调整到新的布局。这种模板的一项功能是图像名称显示在每幅图像的正下方。如果想关闭这一功能，请转到页面面板，关闭该面板底部附近的照片信息复选框。顺便提一下，打开该复选框时，可以从照片信息文字右边的下拉列表内选择在图像下方显示其他文本。重申一遍，因为我混合选择纵向和横向照片。因此该布局看起来不太好，因此我打开了缩放以填充复选框，但是，这当然完全是可选的，如果您不想图像出现裁剪，则应该保留关闭缩放以填充复选框。

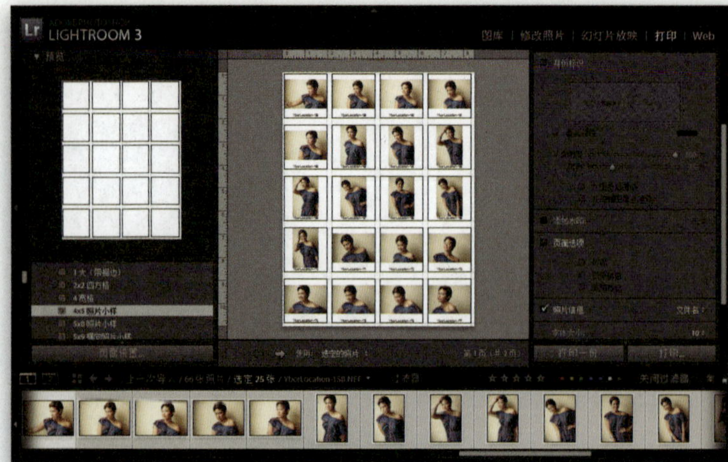

SCOTT KELBY

图 11-13

第 6 步：

到目前为止，我们一直使用的都是 Lightroom 的内置模板，但我们可以建立自己的模板，这非常简单，使用单个图像 / 照片小样类型布局的局限是所有单元格都具有完全相同的尺寸。我们不能让一幅照片打印成正方形，两幅打印为长方形。它们要么全是正方形，要么全是长方形，但别担心，我们稍后将介绍怎样创建任意尺寸的多幅照片。而现在，我们要使用照片小样这一功能创建出有点酷的布局。首先请选择一些图像（8 幅或 9 幅图像即可），之后，单击最大尺寸模板（这是构建我们自己模板的一个好起点）。因为我们要添加照片，所以我关闭了图像设置面板内的旋转以适合复选框（默认时它在该模板内是打开的）。

图 11-14

图 11-15

第 7 步：

我们在布局面板内创建自定多照片布局。在其页面网格部分可以选择布局中要有多少行和多少列，因此，先把行数滑块拖动到 3，这样有三行照片（如图 11-15 所示）。我们发现三幅照片一幅接着一幅堆叠，之间没有任何空隙（注意：单元格周围的黑色线只是参考线，以方便看出单元格边框所在位置，关闭参考线面板内的图像单元格复选框即可消除它们。我通常保持其关闭状态，因为这样仍可以看到浅灰色的单元格边框，就像下一步中的图形所示的那样，在其中我关闭了这些黑色的图像单元格边框）。

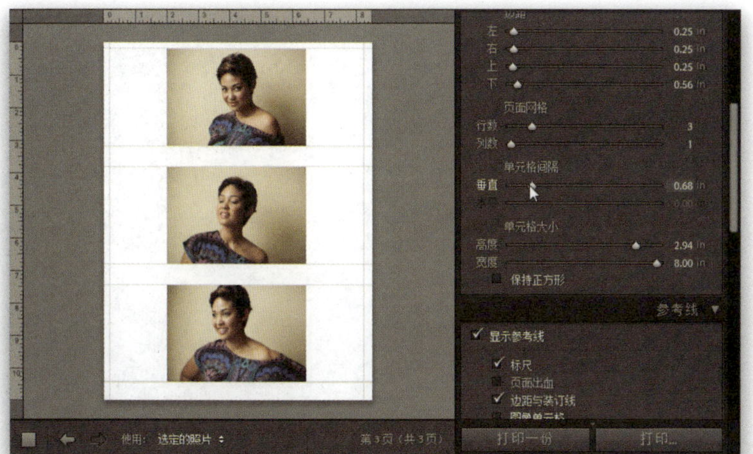

图 11-16

第 8 步：

为了在照片子之间留出一些垂直间隔，请转到单元格间隔部分，单击并向右拖动垂直滑块（如图 11-16 所示，我把它拖到 0.68 in，以便在照片之间留出半英寸多一点的间隔）。

第 9 步：

现在，转到页面网格滑块，把列数增加到 3，因此现在布局的宽度是 3 列，深度是 3 行，当然，因为默认设置是在照片之间不留任何间隔，因此照片栏在水平方向上相互之间没有任何间隔。

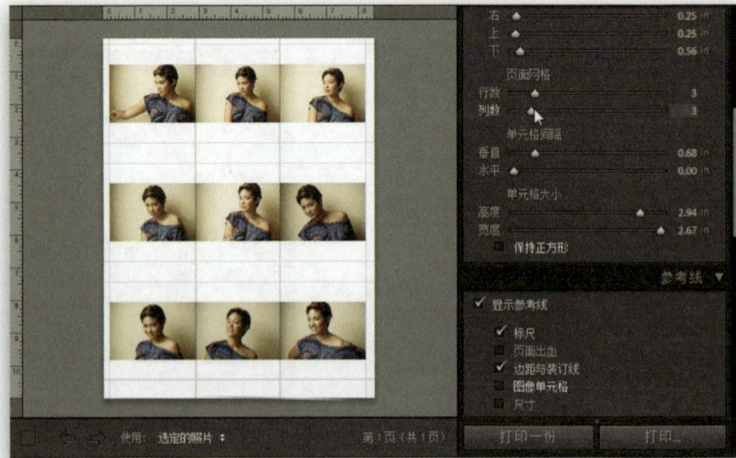

图 11-17

第 10 步：

现在要在照片列之间添加间隔：转到单元格间隔部分，单击水平滑块并向右拖。列之间有间隔之后，请观察下页边距。顶部和底部有大量的空隙，而两侧的空隙很少。

图 11-18

图 11-19

第 11 步：

拖动边距滑块虽然能够调整页边距（也位于布局面板内），但还可以直接在页边距自身上单击并拖动。这里，我单击上、下和侧面边距，并把它们拖动到距离页面边缘半英寸左右的位置。

图 11-20

第 12 步：

回看图 11-19，就会发现图像全是横向的，但它们处于纵向单元格内。要使图像变得更大，请转回到图像设置面板，执行以下两种操作之一：（1）打开缩放以填充复选框（如图 11-20 上图所示），使图像充满整个单元格（别忘了，在图像上单击并拖动可以在单元格内重新定位它们）；（2）打开旋转以适合复选框，在这种情况下，所有照片会旋转，使它们在我们刚创建的单元格内的图像变得更大（如图 11-20 下图所示）。

第 13 步：

让我们用几个例子来结束这一节，这些布局全部可以使用照片小样样式布局创建出来（全都是基于 8.5×11 英寸页面大小，单击左侧面板区域底部的页面设置按钮，即可从中选择这种页面尺寸）。首先转到图像设置面板，打开缩放以填充复选框。现在转到布局面板，在页面网格下方，把行数修改为 1，列数修改为 3。在单元格大小下方，关闭保持正方形复选框。把左、右和上边距拖动到 0.75 in 左右，下边距滑块拖动到 2.75 in（为身份标识留下空间）。现在转到下面的单元格大小部分，把高度拖动到 7.50 in 左右，宽度只拖动到 2.20 in，创建出非常细长的单元格，如图所示。现在选择三幅照片，并打开身份标识功能功能（在页面面板内），使它变大，并单击和拖动它，使它位于图像下方中央位置，创建出图中所示的效果（我还关闭了显示参考线复选框，以免参考线分散观察者的注意力）。

第 14 步：

现在让我们在一幅照片内创建四个全景布局（不需要使用真正的全局照片，这将从我们所选的任一幅照片立即创建出伪全景效果）。首先把行数设置为 4，列数设置为 1。之后把左、右边距设置为 0.50 in，上边距设置为 0.75 in 或 0.80 in，下边距设置为 1.50 in。一定要关闭保持正方形复选框（单元格大小下方），之后把单元格大小的宽带增加到 7.33 in，高度增加到 1.83 in，创建出细宽型的单元格。现在，使用垂直滑块（把它设置到 0.50 左右）设置伪全景画之间的间隔，得到图中所示的效果。我单击四幅旅游照片，立即得到图中所示的全景布局。

图 11-21

图 11-22

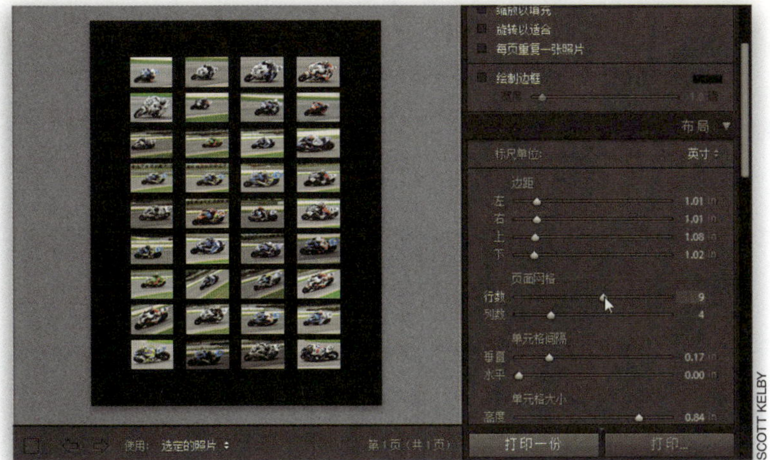

图 11-23

图 11-24

第 15 步：

怎样创建具有 36 幅图像的黑色背景海报？非常简单，首先创建只有横向图像构成的收藏夹，之后转到图像设置面板，关闭缩放以填充复选框。转到布局面板，用边距滑块把各个方向上的页边距全设置为 1in 左右。现在把页面网格设置为 9 行、4 列，这样纵向有四栏。水平单元格间隔保持为 0 in，之后放置足够大的垂直单元格间隔，使照片之间的间隔达到水平间隔尺寸的一半左右。最后，转到下方的页面面板，打开页面背景色复选框，之后单击其右边的色板，选择黑色作为背景色。

第 16 步：

这个例子将一幅照片分割为 5 个独立的细垂直单元格。其实现方法是：首先单击页面设置按钮（位于左侧底部），把页面设置为横向。之后右击胶片显示窗格内的照片，选择创建虚拟副本。该操作需要再执行三次，使该照片一共有 5 个副本。现在，打开图像设置面板内的缩放以填充，之后在布局面板内，把两个侧面的边距均设置为 1.50 in，上、下边距设置为 1.00 in。对于页面网格，选择 1 行、5 列。之后添加一点水平单元格间隔——大约 0.25 in。再把单元格大小的高度设置为 6.50 in，宽度设置为只有 1.40 in。在页面面板内，打开页面背景色复选框，单击其色板，把背景色修改为深灰色。选择胶片显示窗格内的全部 5 幅照片，之后在 5 幅图像单元格内单击并拖动它们——左右拖动，直到它们显示为单幅图像为止（如图 11-24 中所示的那样）。

11.3　任意创建自定布局

在 Lightroom 3 内，Adobe 添加了一个选项——“自定图片包”打印布局样式，我们现在用它可以拆分以前版本中的结构化单元格布局，以任意尺寸、形状和位置创建出自己的自定单元格布局，而不必拘泥于网格的限制。

第 1 步：

先从顶部的布局样式面板开始，单击自定图片包（我们想从零开始，因此如果看到已经有任何单元格，请转到单元格面板，单击添加到包部分底部的清除布局按钮）。可以用两种方法把照片放置到页面上：第一种方法是转到下方的胶片显示窗格，把图像拖动到页面上。图像会显示在它们自己完全可调整大小的单元格内，这样，我们可以拖动任一角柄调整图像尺寸（如图 11-25 中所示的图像非常小，因此我调整其大小，使它基本充满页面的底部）。默认时，图像尺寸会按比例调整，但是，如果关闭了锁定到照片长宽比复选框（位于单元格面板的底部），它就像常规单元格在打开缩放以填充之后那样，我们在使用单元格时会裁剪图照片像。关于这一点，稍后会再做介绍。

图 11-25

第 2 步：

单击清除布局，这样我们可以尝试在布局内安排图像的另一种方法，在这种方法内，先创建单元格，把它们排列在我们想要的位置，之后把图像拖放到这些单元格内。该操作的实现方法是：转到单元格面板，在添加到包部分，单击想要的尺寸。例如，如果想添加 3×7 英寸单元格，则可以单击 3×7 按钮（如图 11-26 所示），它在页面上创建出该尺寸的空单元格，现在，只需在单元格内单击，并把它拖放到我们想要的任何位置。拖放到位之后，可以把照片从胶片显示窗格拖放到单元格内。

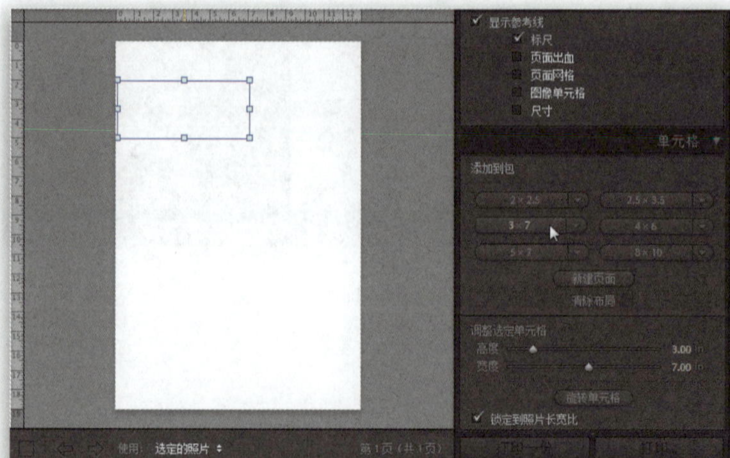

图 11-26

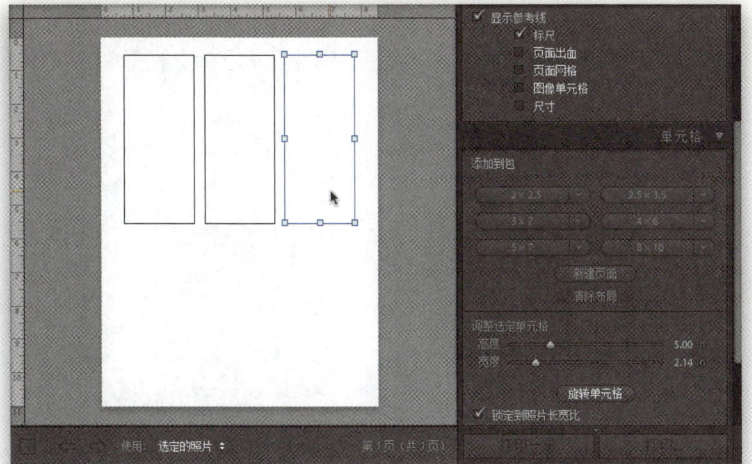

图 11-27

第 3 步：

我们继续使用这些单元格按钮创建布局，请单击清除布局按钮，再次从零开始。单击 3×7 按钮，向该布局添加一个细长单元格，单击旋转单元格按钮，使它变为细高该单元格。这个单元格在该页面上实际很大，但我们可以用以下方法调整其大小：拖动任一个手柄，或者转到下面的调整选定单元格滑块，选择我们所喜欢的尺寸（在这个例子中，把高度缩小到 5.00 in）。现在，我们要像这样再创建两个单元格，最快捷的方法是按住 Option (PC: Alt) 键并保持，之后在单元格内单击并向右拖动，创建其副本。执行该操作两次，创建出像图中所示的三个单元格，并把它们并排排列（拖动这些单元格时，会感到它们有点吸附能力。这是因为它们吸附到不可见的网格，以帮助我们对齐。执行以下操作即可看到网格：转到标尺、网格和参考线面板，打开显示参考线和页面网格）。

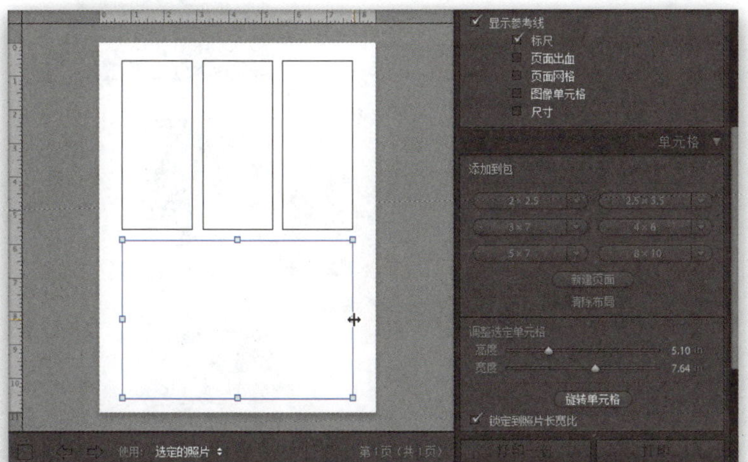

图 11-28

第 4 步：

接下来，我们向该布局底部添加更大的照片。请单击 4×6 按钮，它向布局添加一个更大的单元格，但是，它还没有上面三个西单元格那样宽，因此请抓住任一点并拖动，使该单元格变得和页面顶部的三个单元格一样宽。布局完成了，但在开始拖放图像之前，还需要做两点修改：因为顶部的单元格是细高型，因此需要关闭锁定到照片长宽比复选框。否则，在把照片拖放到这个细单元格时，它们只会扩展到照片全尺寸。

第 5 步：

现在准备吧照片拖放到该布局。如果拖放一幅之后觉得其效果不好，则可以把另一幅拖放到其上。按住 Command(PC: Ctrl) 键并保持，之后左 / 右（或者上 / 下）拖动图像就可以在小单元格内重新定位照片，只显示出我们想要的部分。

图 11-29

第 6 步：

我们可以堆叠图像，使它们重叠在一起，就像 Photoshop 图层一样。让我们再次从零开始。但首先单击页面设置按钮（位于左下角），把页面反向设置为横向。现在回到单元格面板，单击清除布局按钮，之后单击 8×10 按钮，调整其大小，使它成为横向单元格，并定位它，使它占据大部分页面（如图 11-30 所示）。现在单击 2×2.5 按钮三次，使每个单元格稍变宽一点，重新定位它们，使它们与主照片交叠。把照片拖放到每个单元格上。右击照片，从弹出菜单中选择发送到最前面 / 最后面，或者向前 / 后发送可以把照片向前或向后移动。如果想在图像周围添加白色照片框（像我这里所做的那样），则请转到图像设置面板，打开照片边框复选框。此外，在该操作完成之后，请尝试吧页面方向切换回纵向，观察其效果——其效果会大大出乎您的预料！例如，在切换之后我认为这是一个很好婚礼书籍页面布局，因此我换掉照片，旋转小单元格，之后添加第四个小单元格，使主照片变得稍窄一点（如图 11-30 左下图所示）。这只需要 30 秒左右。我还尝试只旋转三个小单元格，使主照片充满页面（如图 11-30 右下图所示）。

图 11-30

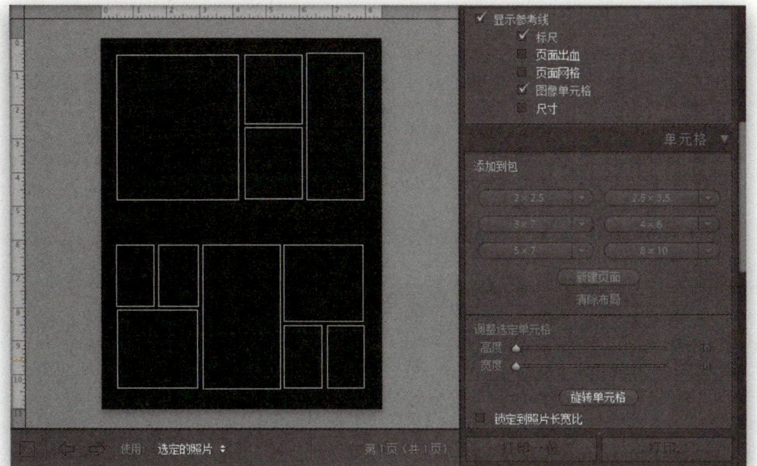

图 11-31

第 7 步：

让我们再次从零开始，创建一个到目前为止最为雄心勃勃的布局。请再次清除布局，之后转到页面面板，打开页面背景色复选框，单击色板，选择黑色作为背景色。现在，一定要关闭锁定到照片长宽比复选框，之后转到单元格面板，单击按钮添加一堆单元格，调整它们的大小，使布局像图中所示的那样，在上下两组图像之间留下间隔（这样可以添加身份标识）。

SCOTT KELBY

图 11-32

第 8 步：

现在，把照片拖放到这些单元格内。顺便提一下，单元格周围的白色细边框只是为了显示单元格边框所在位置——这些在最终打印时实际上不会打印出来。如果想要在图像周围添加白色边框，请转到图像设置面板，打开内侧描边，之后单击其右边的色板，把颜色设置为白色。对于这里所演示的图像，我切换到旅游照片收藏夹，再把这些图像拖放到单元格。最后，为了让影室名称显示在图像之间，请转到页面面板，打开身份标识复选框，再打开覆盖颜色复选框，单击其色板，选择白色作为身份标识颜色。现在可以把身份标识拖放到页面上的任意位置。但对于该布局，只能把它拖放到中央位置，这样就完成了。

11.4 向打印布局添加文字

如果我们想向打印布局添加文字，这也很简单，像 Web 和幻灯片放映模块一样，我们可以让 Lightroom 自动读取照片中的元数据，把它显示在打印照片上，也可以添加自己的自定文字（或身份标识）。下面介绍我们可以添加哪些内容，以及具体的添加方法。

第 1 步：

首先，选择照片，之后选择模板浏览器内的艺术边框模板，并打开缩放以填充复选框。现在，向打印照片添加文本最简单的方法是转到页面面板，打开身份标识复选框，您个铭牌就会显示在打印照片中（关于其配置方法，请参阅第 3 章）。一旦显示出来之后，就可以单击它，把它拖到我们想要的位置（这个例子中把它向下拖到照片下方间隔的中央）。我把这两行文本设置为不同的字体（上方的字体是 Trajan Pro，下方的是 Minion Pro Italic），其实现方法是：设置好上一行文本后（我在每个字母之间按空格键），按 Option-Return (PC: Alt- 回车）两次，向下移动两行。之后，按空格键 20 次（使文本居中），输入第二行。再突出显示第一行下方的所有内容，修改字体。这是一种变通方案，但它很有效。

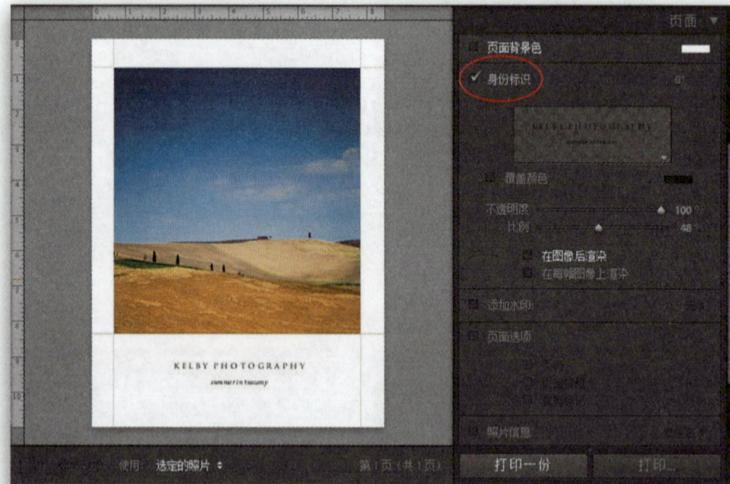

图 11-33

第 2 步：

除了添加身份标识外，Lightroom 还可以从元数据中提取文字（像曝光设置、相机制造商和型号，文件名，或者我们在图库模块的元数据面板内添加的标题信息等）。该操作在页面面板内实现：打开照片信息复选框，从右边的下拉列表（如图所示）内选择想要在单元格底部显示的信息类型。我们可以改变其下方的文字大小，但最大尺寸是 16 点，在打印出的大照片上，这种尺寸太小了。

图 11-34

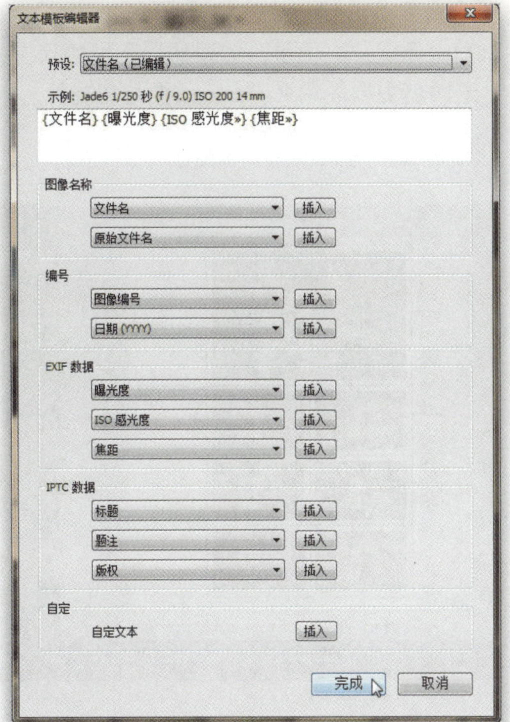

图 11-35

图 11-36

第 3 步：

现在，除了读取文件名和元数据内容之外，还可以创建自己的自定文本（但它将显示在单元格的底部，该文字保持在那里，我们不能像重定位身份标识文字一样重定位它，这就是为什么我通常使用身份标识的原因）。如果从照片信息下拉列表内选择自定文本，则在其下方会显示出一个字段，这样可以输入自定文字。也可以从这个下拉列表内选择编辑，打开文本模板编辑器（如图 11-35 所示），从中可以创建自己的自定数据列表，Lightroom 可以从每幅照片元数据中提取这些数据，并把它们打印在照片下方。在这个例子中，我在该编辑器内单击文件名、曝光度、ISO 感光度和焦距字段旁边的插入按钮，选择添加这些文本。我无法想象为什么有人喜欢把这种信息打印在照片下方。但您我都知道，本书读者群中确实有这样的人，他们认为“好吧，现在我可以把 EXIF 相机数据打印在照片上！”。这个世界需要这样的人。

第 4 步：

如果打印的是照片图书中的页面，则可以让 Lightroom 自动对这些页编号。在叠加面板内，打开页面选项复选框，之后打开页码复选框。最后，如果要打印一系列测试照片，则可以打开页面信息复选框，让打印设置（包括锐化级别、色彩管理配置文件以及所选择的打印机）显示在打印照片的左下角（如图 11-36 所示）。

11.5 在一页上打印多幅照片

本章前面介绍过怎以完全相同的尺寸，在同一打印照片上多次打印同一幅照片。但是，如果想以不同的尺寸打印相同的照片该怎么办？这时就需要使用 Lightroom 图片包功能。

第 1 步：

首先单击想要以不同尺寸在同一个页面内显示多次的照片，再转到左侧面板区域内的模板浏览器，单击名为“(1) 4×6，(6) 2×3”的模板，它产生的布局如图 11-37 所示。观察下右侧面板区域顶部的布局样式面板就会发现图片包样式被选中（如图中红色圆圈所示）。

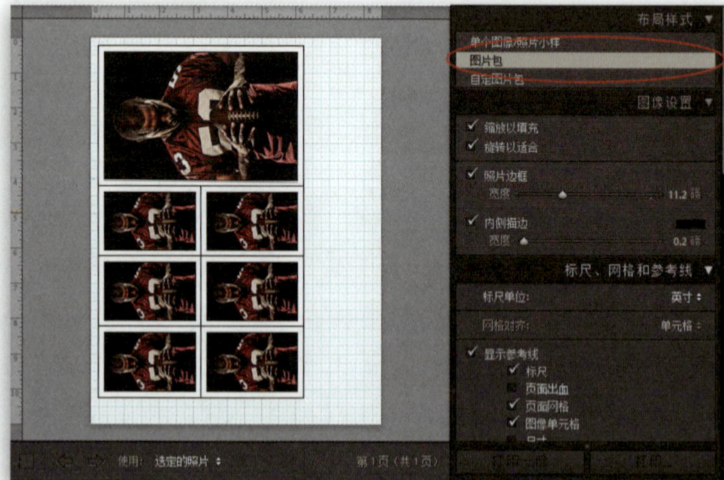

图 11-37

第 2 步：

观察下第 1 步中的预览区域即可看到，默认时，它在每幅照片的周围放置白色边框。如果不想要白色边框，请转到图像设置面板，关闭照片边框复选框（如图 11-38 所示）。此外，默认时，缩放以填充复选框是打开的，因此照片稍有裁剪。如果不喜欢这样裁剪照片，则请关闭缩放以填充复选框。

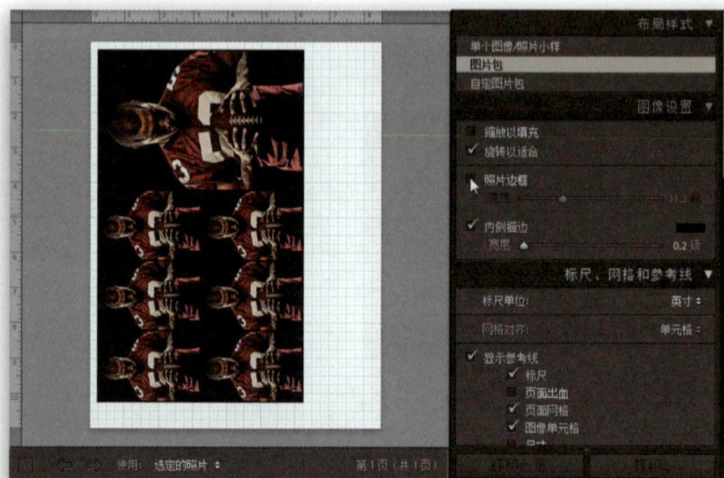

图 11-38

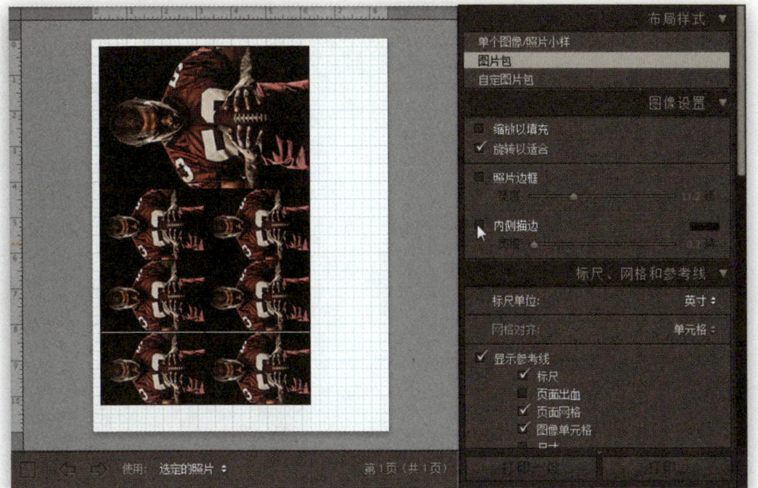

图 11-39

第 3 步：

默认打开的另一个选项是它在每幅图像的周围添加黑色描边（我们可以使用内侧描边复选框下方的宽度滑块控制该描边的宽度）。要删除该描边，请关闭内侧描边复选框（如图 11-39 所示。我们仍能看到分隔图像的细描边，但这不会打印出来）。现在图像回到它们原来的裁剪状态，相互靠近在一起（没有任何多余的白色边框），我们已经删除了照片周围的黑色描边（顺便提一下，如果喜欢这种布局，别忘了单击模板浏览器标题右侧的 +[加号] 按钮，把它存储为自己的自定模板）。

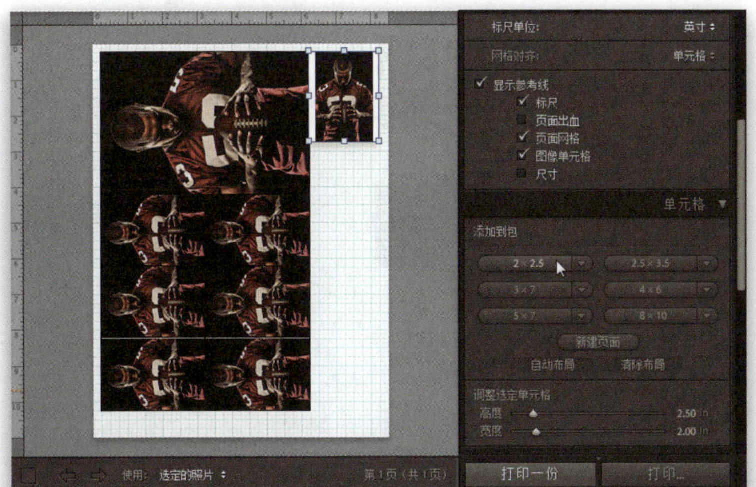

图 11-40

第 4 步：

添加更多照片很容易——转到单元格面板（位于右侧面板区域），会看到大量用不同尺寸标识的药丸形按钮。单击其中的任一个即可把该尺寸的照片添加到布局中（我在 2×2.5 按钮上单击，它添加的新单元格图中被选中的单元格所示）。因此，常规操作是：单击这些按钮，想图片包布局添加更多照片。要删除单元格，只需单击它，之后按键盘上的 Delete (PC: Backspace) 键。

第 5 步：

如果要从零开始创建自己的自定图片包布局，请转到单元格面板，单击清除布局按钮（如图 11-41 所示），这将删除所有单元格，因此我们可以从零开始。

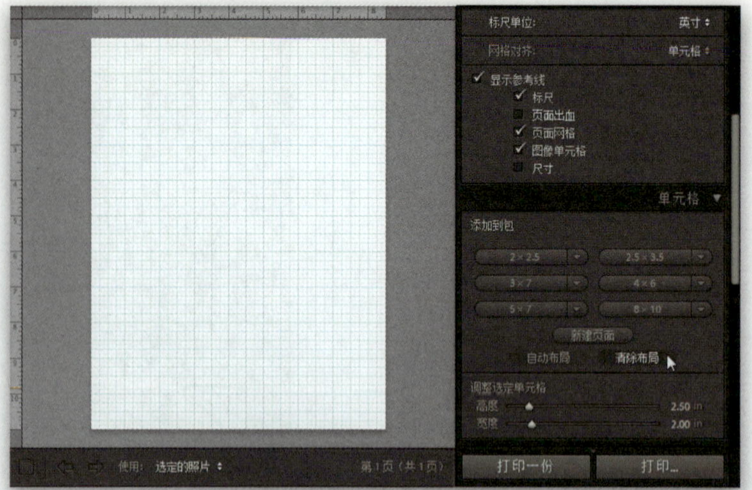

图 11-41

第 6 步：

现在我们只需开始单击各种尺寸，每当单击添加到包中的这些按钮之一时，Lightroom 就会把它们放置到页面上。如您所看到的，它放置照片时，并不是每次都能根据页面尺寸放置到最佳位置，但 Lightroom 实际上可以为我们校正这一点。

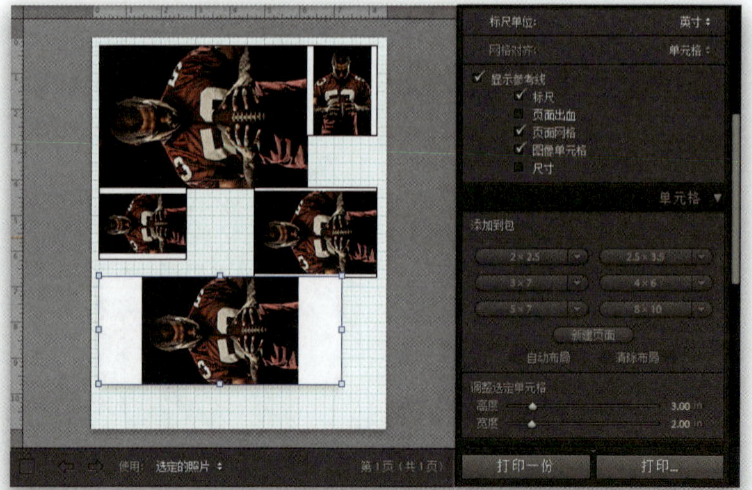

图 11-42

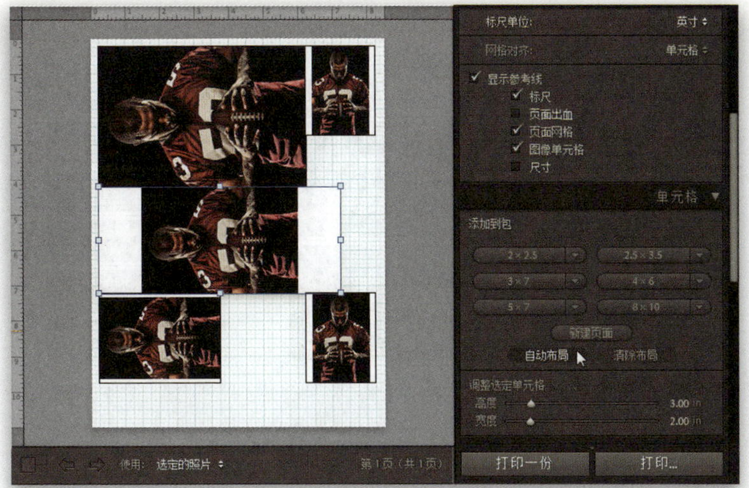

图 11-43

第 7 步：

如果单击添加到包部分底部的自动布局按钮，它会尽量自动排列照片，使它们更符合逻辑，腾出更多的空间以添加更多的照片。请单击清除布局按钮，让我们再次从零开始，以便可以演示另一项功能。

提示：拖动 - 复制

如果想复制单元格，只需按住 Option (PC: Alt) 键并保持，单击并拖动副本，把它定位到我们想要的位置即可。如果一幅照片与其他照片交叠，在页面的右上角会显示出一个黄色小警告图标。

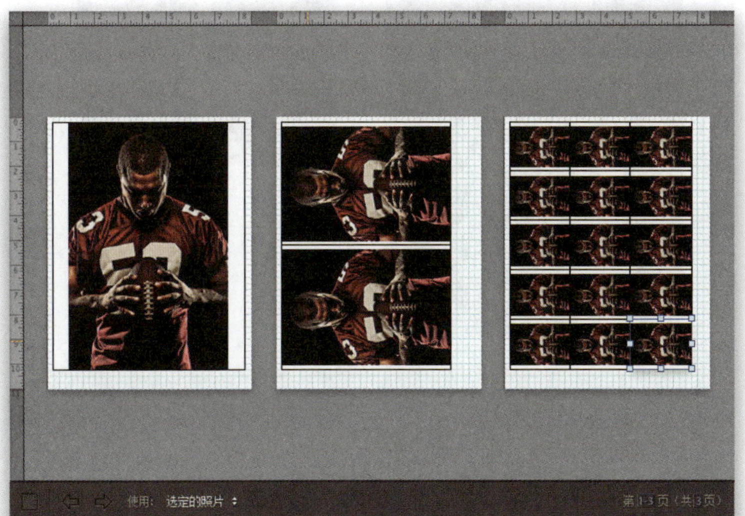

图 11-44

第 8 步：

如果添加的单元格太多，它们无法放置到一个页面内，Lightroom 会自动添加新的页面，以容纳额外的单元格。例如，先添加 8×10，再添加 5×7（这些不能位于同一张信纸大小的页面内），它会自动创建新的页面来保存 5×7。现在添加另一个 5×7（总的有两个），再添加 2×2.5（不能位于同一个页面上），它会再添加另一个页面。非常智能（顺便提一下，我认为这种“自动完成简单的功能”是软件开发方面的一大进步。在过去，如果发生某件事情，会弹出一个对话框说明“这个单元格无法放置到该页面上，您愿意添加另一页吗？”）。此外，如果我们自己决定添加另一页空白页面，只需单击添加到包按钮下方的新建页面按钮即可。

第 9 步：

如果要删除 Lightroom 添加的页面，把光标悬停在想要删除的页面上，在其左上角会显示出红色小 × 图标（如图 11-45 中的第三页所示）。单击该 ×，这一页即被删除。现在，在具有两个 5×7 的页面上，单击每个 5×7，按 Delete (PC: Backspace) 键删除它们，之后转到图像设置面板，打开缩放以填充复选框。

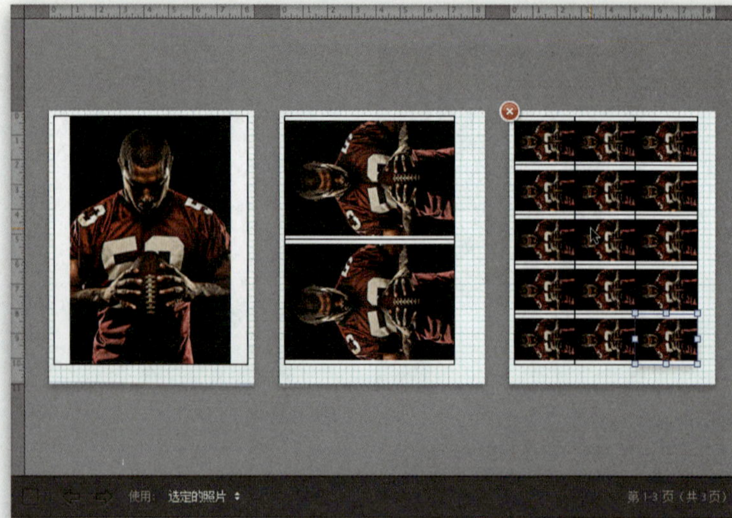

图 11-45

第 10 步：

也可以手工调整每个单元格的大小（如果打开了缩放以填充复选框，这样可以方便地裁剪照片）。例如，请在这第二页（现在的空页面）上添加两个 3×7 单元格，这将给出两个细高的图像。请单击下方的图像（以打开单元格周围的调整手柄），之后单击下方的手柄并向上拖，使单元格变得更细（如图 11-46 所示）。单击并拖动单元格面板底部的调整选定单元格滑块（有高度和宽度两个滑块）也可以得到同样的效果。这有一大缺点，那就是无法以这些不同的尺寸拥有不同的照片——它必须让同一照片以不同的尺寸重复（有趣的是，这个图片包功能借用自 Photoshop，而 Photoshop 实际上允许在单元格内使用不同的照片，而不是重复一幅照片）。

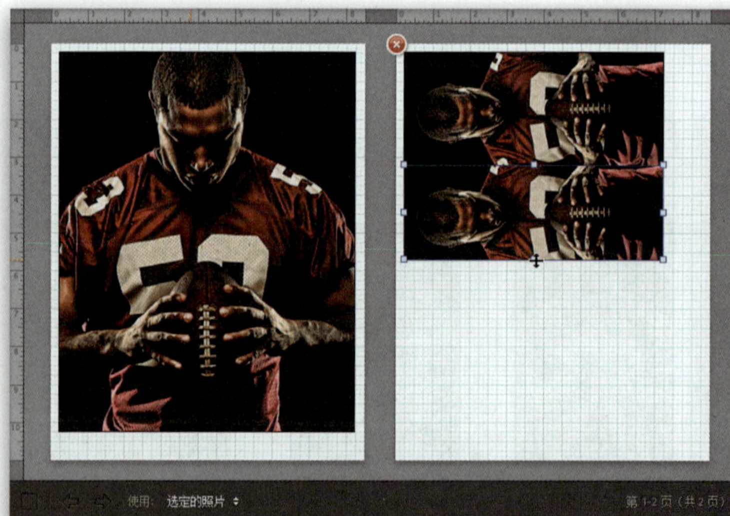

图 11-46

11.6 把自定布局保存为模板

在设计出自己非常喜欢的布局之后，如果想随时单击一次即可应用它，就需要把它存储为模板。但除了存储布局之外，打印模板还有其他功能，因为它们能够记住从页面大小到打印机名称、色彩管理设置、要应用的锐化等一切相关的内容。

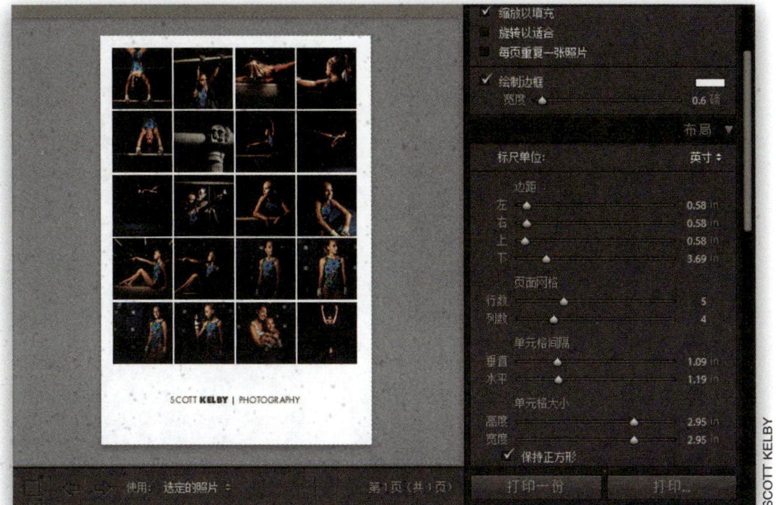

图 11-47

第 1 步：

请配置一个自己喜欢的布局，以便可以把它存储为打印模板。图中所示的页面布局是基于 13×19 英寸页面（单击左侧面板区域底部的页面设置按钮选择页面尺寸），该布局使用的页面网格是 5 行、4 列。单元格尺寸是正方形（每个 3in 左右），页面的左、右和上边距是 0.5in，下边距是 3.69in。我打开了绘制边框复选框，把其颜色更改为白色，打开了我的身份标识。此外，一定要打开缩放以填充复选框（位于图像设置面板内）。

图 11-48

图 11-49

第 2 步：

配置完成之后，请转到模板浏览器，单击该面板标题右侧的加号 (+) 按钮，打开新建模板对话框。默认时，它把我们创建的所有面板保存在 User Templates 文件夹内（如果愿意，我们可以创建任意多个打印模板文件夹，以帮助组织模板，例如，我们有一套信纸尺寸的模板，一套 13×19 英寸的模板，一套处理人像的布局等）。要创建一个这样的新模板文件夹，只需在文件夹下拉列表上单击（如图 11-49 所示），选择新建文件夹。为模板命名，单击确定，现在该模板将显示在我们所选择的文件夹内。当光标悬停在该模板上方时，模板预览会显示在左侧面板区域顶部的预览面板内。

11.7 让 Lightroom 记住上一次打印布局

Print 模块内的收藏夹面板有一项隐藏的功能——它能记住上一次为每个收藏夹使用过的打印布局（即使从零开始创建布局，没有把它保存为模板也是这样）。然而，有一个大“问题”，我们将要学习怎样避免它。

第 1 步：

首先单击页面设置按钮（位于左侧面板区域的底部），选择 13×19 英寸页面大小。之后在打印模块内，单击收藏夹，在胶片显示窗格内，Command- 单击 (PC: Ctrl- 单击) 想要在打印布局内显示的三幅照片。在布局面板内，把左、右、上边距均设置为 0.75 in，下边距设置为 5.00 in。把页面网格设置为 1 行、3 列。现在把单元格的高度设置为 13.25 in 左右，宽度设置为 3.64 in，水平单元格间隔设置为 0.27 in。在图像设置面板内，关闭旋转以适合复选框，但打开缩放以填充放复选框。转到页面面板，打开身份标识，把它定位到图中所示的位置。假若这时要打印该布局，或者把它存储为 JPEG 文件（它现在实际上不需要打印，对吗）。

图 11-50

第 2 步：

现在切换到不同的图像收藏夹，在下方的胶片显示窗格内选择一幅或多幅照片，之后转到模板浏览器，单击艺术边框（如图 11-51 所示）。到目前为止，一切正常。现在，如果转到收藏夹面板，单击第一步中使用的收藏夹，它实际上记得我们上次在该照片收藏夹上使用的布局——即使没有把它存储为模板也能够记得（您试一试就会明白我的意思）。这是好事情，但这里有“问题”，如果不进一步处理，这确实会成为问题。

图 11-51

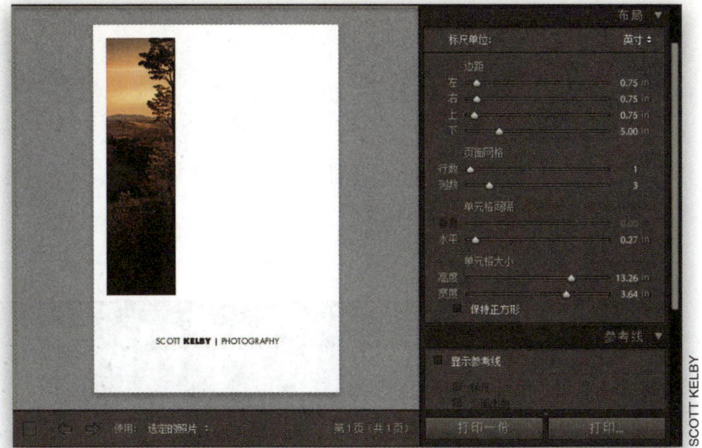

图 11-52

图 11-53

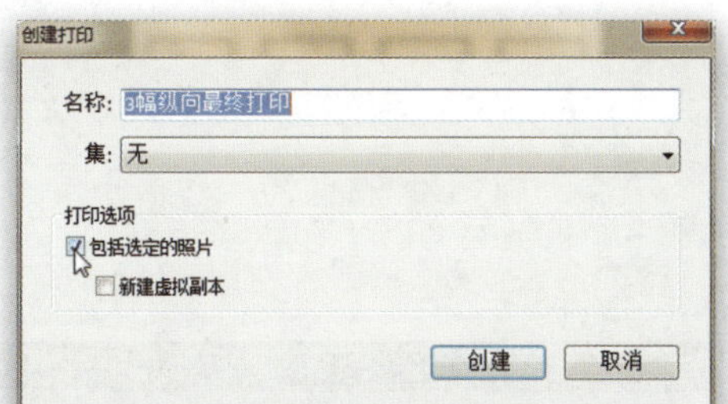

图 11-54

第 3 步：

假若我们要为客户打印第 1 步中创建的由三幅图像组成的纵向布局。一个月后，他们通过电子邮件要求我们再次为他打印，您可能认为"棒极了，没问题，我只要回到那个收藏夹，它就会记得布局"。因此，您单击那个收藏夹，果然不出所料，它记得那个布局，但（问题是）它不记得布局中使用过哪三幅图像（而只显示一幅照片——胶片显示窗格内显示的该收藏夹内的第一幅照片）。那现在怎么解决这一问题？让客户拍摄该布局，通过电子邮件发送给您，这样就能够看到用过哪三幅照片、它们的顺序以及在每个单元格内的位置。明白吗？这是一个大问题。

第 4 步：

这样做可以避免这一问题：一旦打印出满意的最终图像之后，右击该收藏夹（在收藏夹面板内），从弹出菜单中选择创建打印，打开创建打印对话框。这里的关键是一定要打开包括选定的照片复选框。这样，创建出这个新收藏夹，只有实际位于这次打印中的三幅照片才被保存在这个新的打印收藏夹内。顺便提一下，打印收藏夹看起来就像任何其他收藏夹一样，但默认时它在收藏夹名称尾部添加"打印"一词，我建议保留它，这样可以快速了解哪些收藏夹是常规收藏夹，哪些是只在打印的时候才使用的收藏夹。因此，请单击创建按钮，现在当单击该打印收藏夹时，就会看到只有这些照片，按照它们在布局内的显示顺序列出。我们所要做的只是选择胶片显示窗格内的所有三幅照片，它们就会按照在打印单元格的正确顺序和位置显示在布局内。

11.8 创建后幕婚纱杂志页面效果

对于 Lightroom 3 打印模块的所有精彩功能而言，它不让我们实现的一项功能是把照片设置为后幕（大多数婚纱相册中主要使用的一种效果）。因此，我必须给出它的实现方法。这实际上有三点，因为它也不想在上方放置不同的小照片，更不用说添加投影了，但接下来将介绍怎样实现所有这三项操作。此外，别让所有这些步骤愚弄了您，这其实很容易实现。

第 1 步：

选择一幅想用做后幕图像的照片，之后转到照片修改模块的色调曲线面板。一定要显示出点曲线（如果其下方有很多滑块，界面不像该图所示的那样，只要单击色的色调曲线面板右下角小点曲线图标即可）。

SCOTT KELBY

图 11-55

第 2 步：

为了创建后幕效果，请单击左下角的点，并沿着左边缘向上拖动到距离顶部 3/4 左右为止（如图 11-56 中红色圆圈所示）。

图 11-56

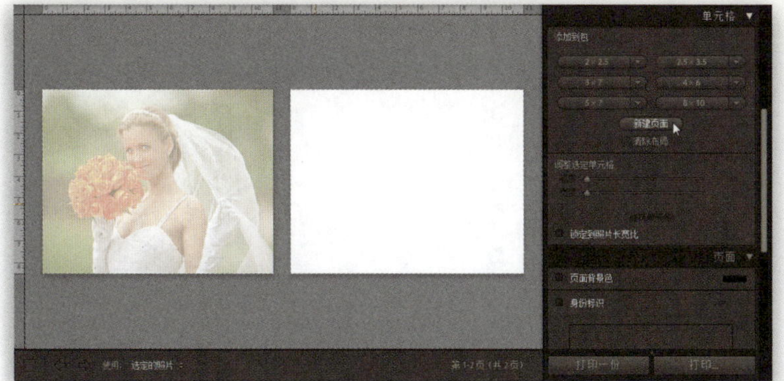

图 11-57

第 3 步：

现在切换到打印模块。单击页面设置按钮，选择 8.5×11 英寸横向页面。遗憾的是，我们不能把了一幅照片拖放到该照片上方，因为 Lightroom 认为我们想要替换背景照片（而不是让我们把另一幅较小的照片放置到背景照片的上方），这就是为什么我提出这种解决方法让您实现的原因。因此，请单击右侧面板区域顶部布局样式面板内的自定图片包，之后滚动到下方的单元格面板，单击清除布局按钮，并且一定要关闭锁定到照片长宽比复选框。把后幕照片拖放到该页面上，之后单击角柄并拖动，使照片填满整个页面（根据上一次所这里使用的设置不同，您可能还需要关闭旋转以适合、内侧描边复选框）。现在单击新建页面按钮，添加一新的空白页面（如图 11-57 所示）。

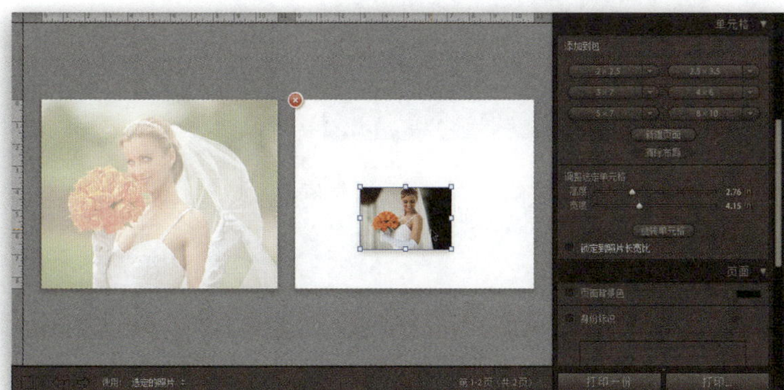

SCOTT KELBY

图 11-58

第 4 步：

现在，新建这个空白页面后，请转到底部的胶片显示网格，把我们想要显示在背景照片上方的照片拖放到这一空白页面内。

第 5 步：

现在，单击空白页面上的照片，并把它拖放到后幕页面上（如图 11-59 所示），因为该照片来自不同的页面，位于单独的单元格内，所以 Lightroom 不会尝试替换背景，而只是把它放置在上方（我知道这很怪异，但我只能提出这种解决办法）。现在可以删除右侧的空白页面，因此把光标移动到空白页面上，在其左上角显示出红色 X 按钮。单击它，删除这个多余的页面。之后可以拖动照片，把它定位到我们想要的位置，或者按住 Shift 键，向内 / 外拖动角点之一调整其大小。

图 11-59

第 6 步：

我们想在想在该照片后方添加投影，但是，因为在打印模块内 Lightroom 不让在照片后添加投影，因此我们将用 Photoshop 创建投影，之后把投影作为身份标识导入（这是又一个变通方案，但很有效）。在 Photoshop 内，创建一个 6×4 英寸的新文档，其分辨率为 150 ppi（投影不需要太高的分辨率）。转到图层面板，单击创建新的图层图标。现在，切换到矩形选框工具（M），拖出像图中所示的正方形选区。选区创建之后，按键盘上的字母 D 把前景色设置为黑色，之后按 Option-Delete (PC: Alt-Backspace) 用黑色填充选定的区域。现在可以按 Command-D (PC: Ctrl-D) 取消选择。

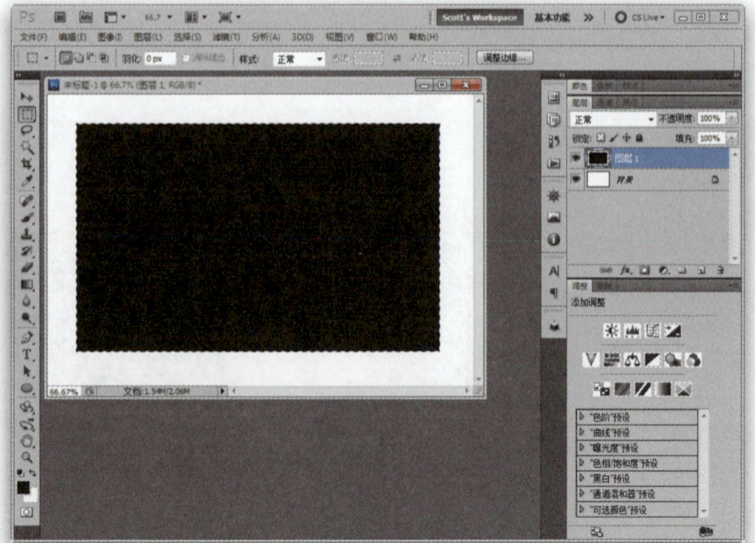

图 11-60

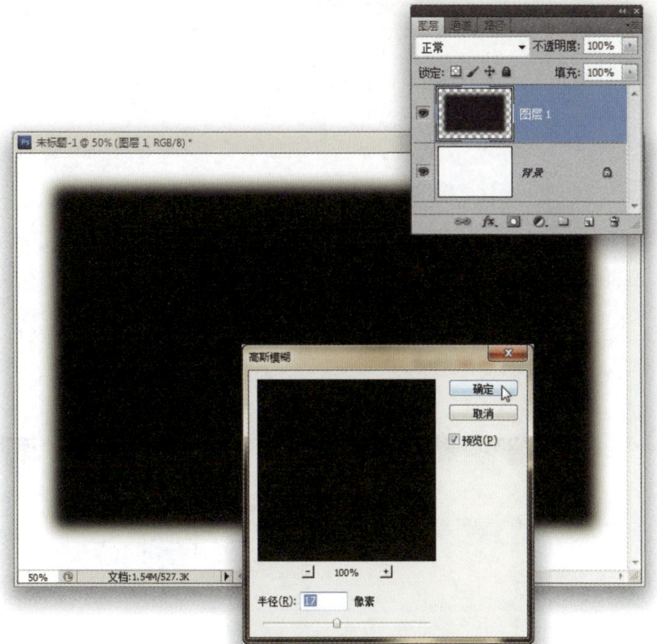

图 11-61

第 7 步：

转到滤镜菜单，从模糊子菜单中选择高斯模糊，半径输入 17（不一定要输入 17，可以输入您喜欢的任何模糊量。该数值越高，投影就变得越柔和）。单击确定，柔化黑色矩形的边缘。

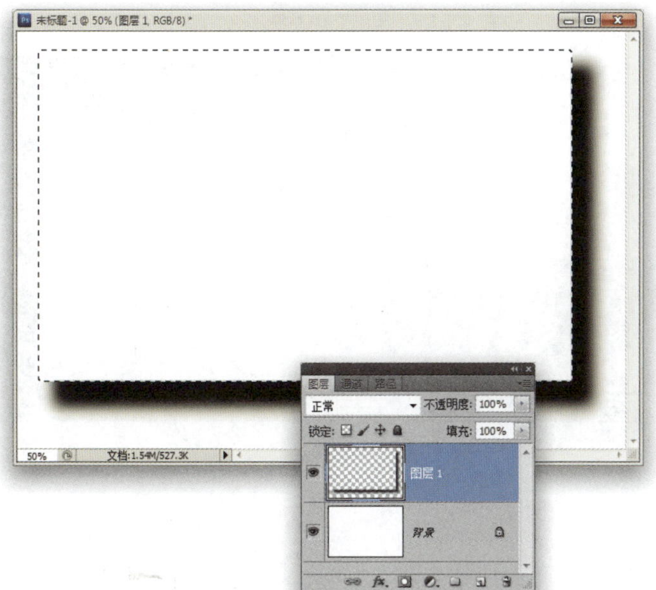

图 11-62

第 8 步：

现在再次选择矩形选框工具，在黑色矩形左上方再绘制一个矩形选区（如图 11-62 所示）。之后，按 Delete 键从黑色矩形上敲掉该区域（像我这里所做的那样）。现在可以取消选择。

第 9 步：

在 Lightroom 内打开该投影时，我们想让投影后的背景成为透明的（不然的话，将随投影把一大白色背景带入到 Lightroom 内）。幸运的是，这很容易实现：只需把背景图层拖放到图层面板底部的回收站图标上，投影周围及其后方的区域就变为透明。为了在 Lightroom 中打开投影时保持其透明度，我们需要用 PNG 格式保存该文件，因此请从文件菜单中选择存储为，把它保存为 PNG 格式。弹出的小对话框内显示 PNG 交错选项，请保持其设置为无不变，直接单击确定。

图 11-63

第 10 步：

现在回到 Lightroom，转到页面面板，打开身份标识复选框，之后单击身份标识预览右下角的小三角形，选择编辑，以打开身份标识编辑器。单击使用图形身份标识单选按钮，再单击查找文件按钮，找到我们在前一步中创建的那个投影 PNG 文件。单击它（如图 11-64 所示），之后单击选择按钮，再单击身份标识编辑器内的确定。

图 11-64

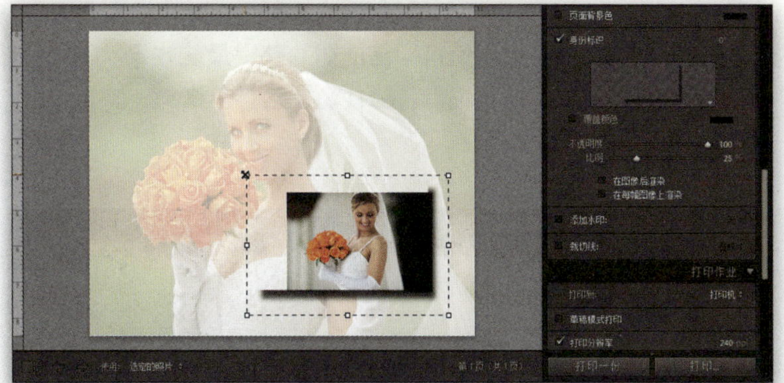

图 11-65

第 11 步：

单击确定时，投影（及其透明背景）显示在页面上，但是，其尺寸当然很可能不合适，因此请按住 Shift 键并保持，抓住角点向内（或外）拖，以缩小（或放大）投影，使其与照片尺寸相匹配。

图 11-66

第 12 步：

把该投影定位到照片的右下角，一定要使投影的硬边缘与照片完美对齐，使它们之间没有任何间隔（如图 11-66 所示）。虽然我已经使用页面面板内的不透明度滑块降低了身份标识的不透明度，但您可以进一步降低它，使投影变得更浅。现在页面已经设计完成，可以把该页面存储为高分辨率 JPEG 图像：转到下方的打印作业面板，从打印到旁边的下拉列表内选择 JPEG 文件（这将把打印按钮修改为打印到文件），这样就完成了。那么，在此操作之后您可能会想："能在幻灯片放映模块内添加投影。为什么我们不能在打印模块内添加？" 我也一直在自问这个问题。

11.9 打印和颜色管理的终极设置

一旦获得我们想要的打印布局页面设置，只需在打印作业面板内再选择两个选项，就可以使打印出的照片获得最佳效果。下面介绍要单击哪些按钮，以及何时单击，为什么要这样单击。

第 1 步：

请把页布局设置为我们想要的打印布局。在图中所示图形内，我单击左侧面板区域底部的页面设置按钮，把页面方向设置为横向，之后转到模板浏览器，单击最大尺寸模板。我把左、右边距滑块均设置为 1.87 in，上边距滑块设置为 0.41 in，下边距滑块设置为 4.13 in。最后，我在照片下方添加身份标识（像我在本章前面创建的一样）。这些都设置完成之后，该在右侧面板区域底部的打印作业面板区域内打印选项了。

图 11-67

第 2 步：

可以选择把图像发送到打印机，还是只创建照片布局的高分辨率 JPEG 文件（这样的话，就可以把这个输出完成后的页面发送给影室打印，或者把它作为高分辨率校样通过电子邮件发送给客户，或者在 Web 网站上使用该布局，或者您可选择的任何用途）。从打印作业面板右上角的打印到下拉列表内选择把图像输出到打印机还是把它保存为 JPEG（如图 11-68 所示）。如果您想选择打印为 JPEG File（JPEG 文件），则请转到本章下一节，详细了解怎样使用 JPEG 设置和导出文件。

图 11-68

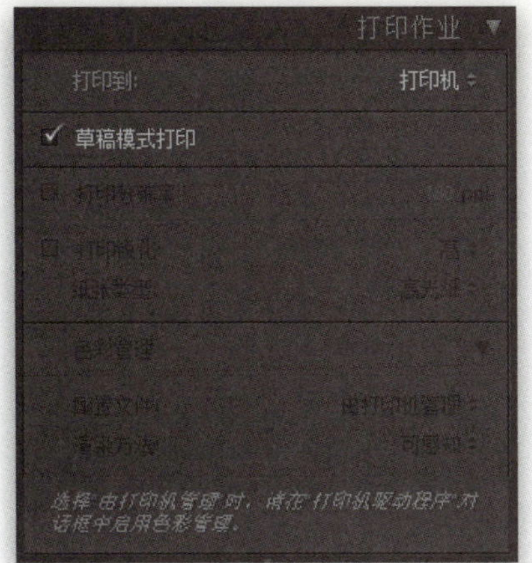

图 11-69

第 3 步：

因为已经从顶部开始，所以我们将向下介绍。该面板内下一个设置是草稿模式打印复选框，打开这个复选框时，我们是以品质换取速度，这是因为它不渲染全分辨率图像，而只是打印嵌入在文件内的低分辨率 JPEG 预览图像，因此打印机的打印速度更快。我建议只有在打印多幅照片小样时使用这种打印方式，因为对于打印小缩览图图像的页面来说，其效果很好了——小图像看起来清晰。请注意：当打开草稿模式打印时，所有其他选项都变为灰色。因此，对于照片小样，请打开它，否则，要保持关闭该选项。

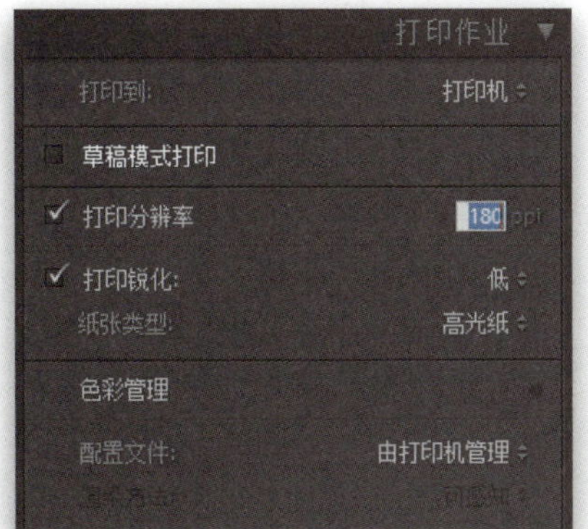

图 11-70

第 4 步：

要确保草稿模式打印复选框已经关闭，现在该选择图像分辨率了。如果想以文件本身的分辨率打印，则请关闭打印分辨率复选框。否则，打开该复选框时，默认分辨率是 240 ppi（适合于大多数彩色喷墨打印机）。我使用 Epson 的打印机，找到了在各种尺寸下适用于它们的分辨率。例如，在以信封或更小尺寸打印时，我使用 360 ppi，240 ppi 适合于打印 13×19 英寸，180 ppi 适合于 16×20 英寸或更大尺寸（打印尺寸越大，得到的分辨率就越低）。在这个例子中，我用 Epson Stylus Pro 3880 在 17×22 英寸的纸张上打印，因此，我突出显示打印分辨率字段，输入 180（如图 11-70 所示），之后按 Return (PC: Enter) 键。注意：如果以 180 ppi 打印效果不好，则只能保留其默认设置 240 ppi，但是，在打印大尺寸照片时，至少要试一试 180 ppi，看是否有差异。

第 5 步：

接下来的下拉列表是打印锐化，在 Lightroom 2 内，Adobe 使它成为一个功能强大的工具（大多数人认为早期版本中的输出锐化功能一般）。现在，告诉 Lightroom 使用哪种打印纸，以及我们想要的锐化级别之后，它会兼顾这些设置，以及打印分辨率等，并应用适量的锐化，以便以该分辨率在指定的纸张上获得最佳的输出。因此，请先打开打印锐化复选框（我每次打印或输出 JPEG 文件时总是打开它），之后从纸张类型下拉列表内选择高光纸或亚光纸。现在从打印锐化下拉列表内选择想要的锐化量（对于高光纸，我通常使用高锐化，而对于亚光纸（如 Epson 的 Velvet Fine Art），则使用标准锐化）。这样就设置完成了，剩下的全由 Lightroom 来完成。

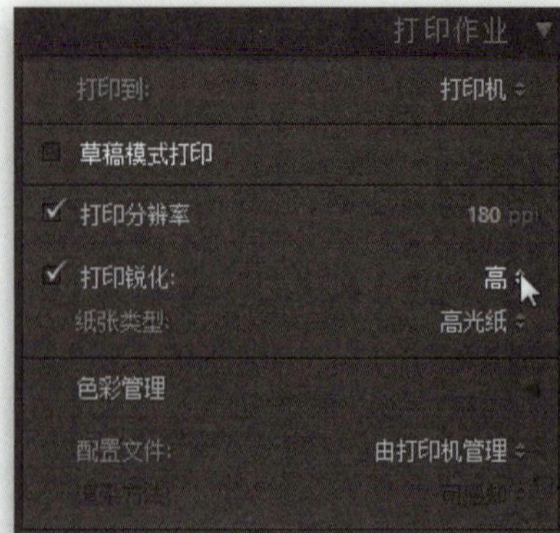

图 11-71

第 6 步：

下一个复选框揭示出另一个项功能：16 位打印，它可以在支持 16 位打印的打印机上获得扩展动态范围（注意：在本书出版时，Lightroom 3 中的 16 位打印只可用于 Mac OS X Leopard 及其以上用户，但是，Adobe 发行 Windows 更新版本时当然会进行修改）。因此，如果您运行的是 Mac OS X Leopard 及其以上版本，并且拥有 16 位功能的打印机，如一些新的佳能打印机（或者如果您已经下载了 16 位打印机驱动程序，像 Epson 于 2008 年早期发布的一些驱动程序，它们使目前的打印机具有 16 位打印功能），则应该打开 16 Bit Output（16 位输出）复选框（如图 11-72 所示）。

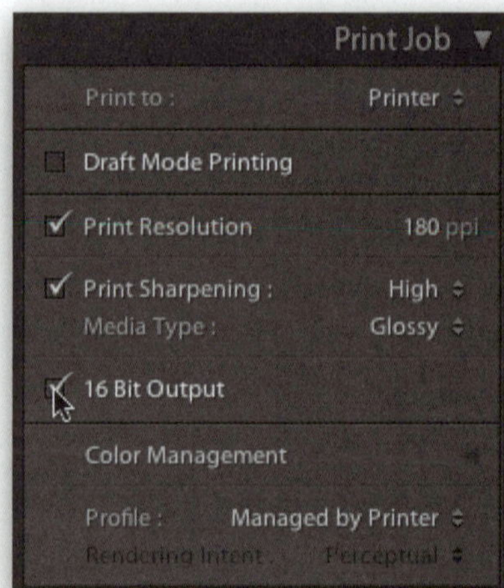

图 11-72

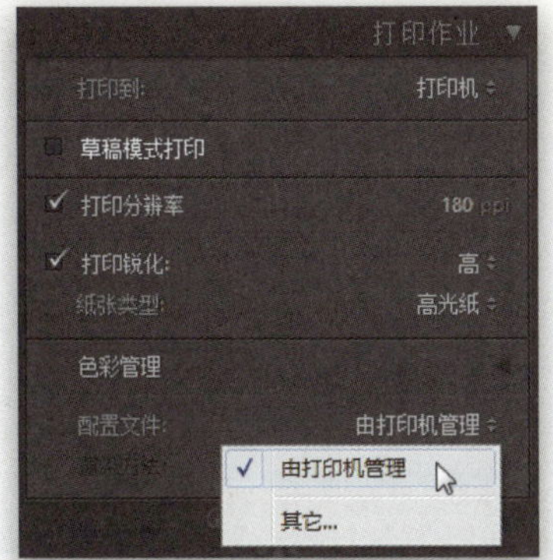

图 11-73

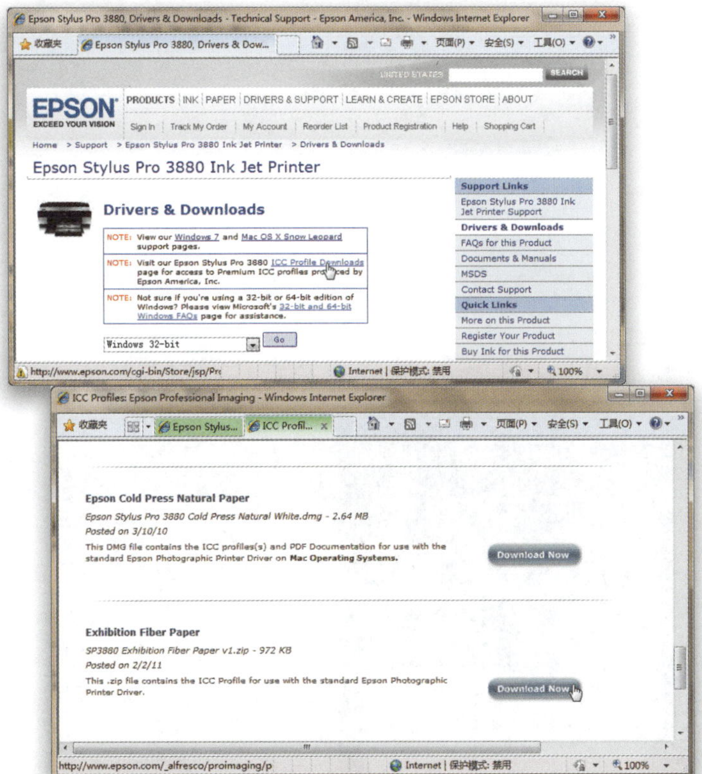

图 11-74

第 7 步：

现在，该设置色彩管理选项了，以便使您在屏幕上所看到与打印机输出的效果相同（顺便提一下，如果希望执行这种锐化，首先要使用显示器校准硬件设备校准显示器。显示器没有校准，后果将不可料。我使用 X-Rite i1Display 2 校准显示器）。这里只有两个选项需要设置：(1) 必须选择打印机配置文件，(2) 必须选择渲染意图。对于配置文件，默认设置是由打印机管理（如图 11-73 所示），这意味着打印机将管理打印作业的色彩。该选项过去常常有问题，但当今的打印机已经大大改善，保留设置为由打印机管理可以得到相当好的效果。

第 8 步：

指定自定打印机 / 纸张配置文件可以获得更好的打印效果。要指定它，请首先转到打印纸制造商的 Web 网站。在他们的网站上，找出他们提供用于免费下载的 ICC 颜色配置文件，该文件要与将要使用的打印纸，以及打印所使用的打印机严格匹配。在这个例子中，我将用 Epson Stylus Pro 3880 打印机打印，使用的打印纸是 Epson 的 Exhibition Fiber Paper。因此，我进入 Epson 的网站，从 Printers & All in Ones（打印机和一体机）的 Drivers & Support（驱动与支持）下找到 3880 的 Windows 版本下载。在该页面顶部，我单击 ICC Profile Downloads（ICC 配置文件下载），之后单击 Stylus Pro 3880 下 Exhibition Fiber Paper 的 Download Now（现在下载），并为我的打印机安装这个免费的色彩配置文件。在 Mac 上，解压文件应该放置在 Library/ColorSync/Profiles 文件夹内。而在 Windows Vista 或 Windows 7 下，请右击解压文件，选择安装配置文件。

第 9 步：

色彩配置文件安装后，请单击配置文件下拉列表并保持（它目前显示由打印机管理），选择其它。这将打开一个对话框（如图所示），列出计算机上安装的所有色彩配置文件。请翻阅该列表，找出打印机的纸张配置文件，之后找出通常打印所使用纸张的配置文件（在这个例子中，我查找 Epson Exhibition Fiber Paper，或者简写为 EFP），之后打开该纸张旁边的复选框（如图所示）。一旦找到配置文件，请单击确定，把它添加到该下拉列表内。

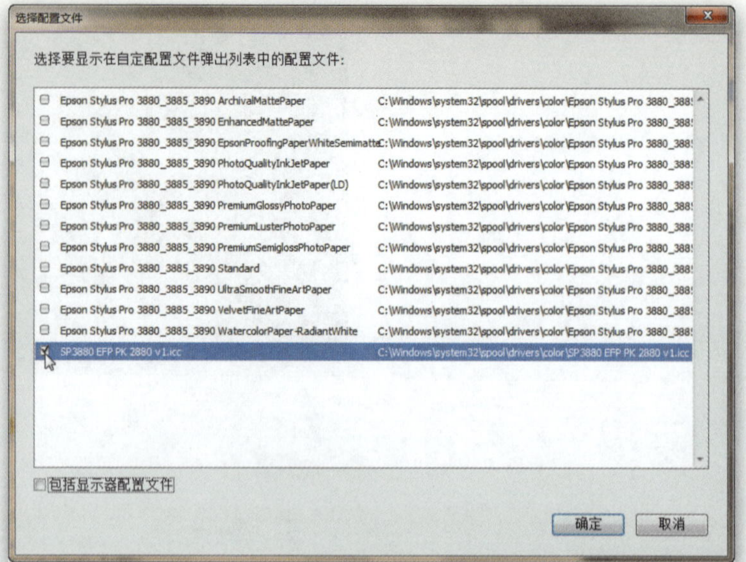

图 11-75

第 10 步：

回到打印作业面板内的配置文件下拉列表，就会看到打印机的色彩配置文件现在已经作为该列表中的一个选项可以使用了（如图 11-76 所示）。请从这个下拉列表内选择您的色彩配置文件（如果它还没有被选中的话；在这个例子中，我选择 SP3880 EFP PK 2880v1.icc，如图所示，这是 Epson 为 Stylus Pro 3880，Exhibition Fiber Paper，PK，2880 dpi 提供的密码）。现在已经配置好 Lightroom，它准确知道针对该打印机以及某种纸张怎样处理色彩。该配置是获得打印目标效果的关键所在。

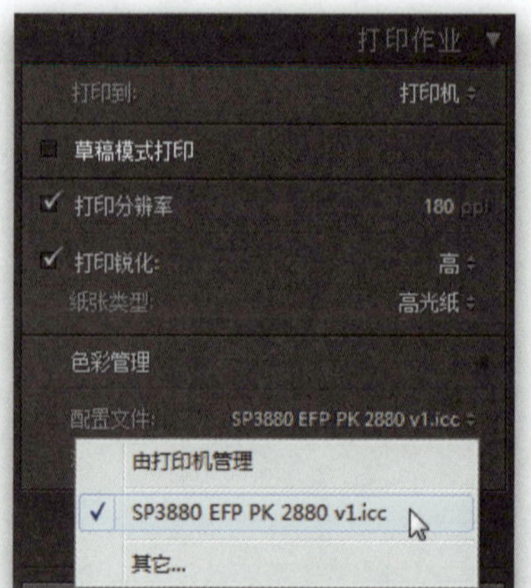

图 11-76

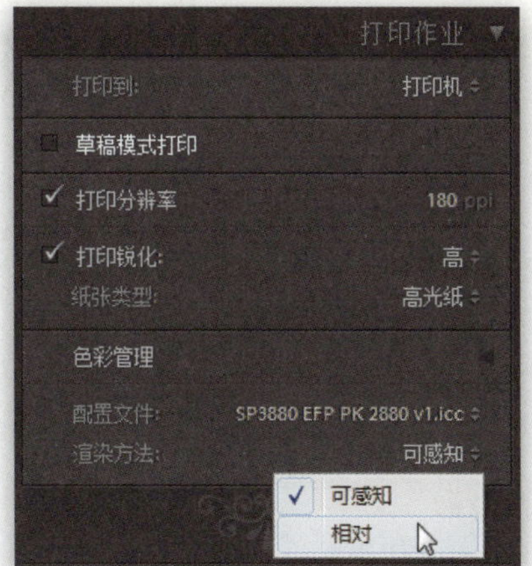

图 11-77

第 11 步：

渲染方法下有两个选项：(a) 可感知，(b) 相对 (比色)。从理论上来说，选择可感知能产生更悦目的效果，因为它尽量保持颜色的相对关系，但其色调不一定像在屏幕上所看到的那样准确。选择相对可以为照片的色调提供更精确的解释，但您可能会不太喜欢最终的颜色。那么，究竟哪个是正确的？您自己打印机上效果最好那个是正确的。相对很可能是最受欢迎的选项，但这因人而异，我通常使用可感知，因为我的风格是使用非常丰富、饱和的颜色，在我的打印机上，可感知给出的颜色似乎更好。那您应该选择哪个选项？了解哪个选项最适合您打印机的最佳方法是为每幅照片打印几份测试样张——可感知和相对各试一张——打印结果出来之后，就知道哪个选项最适合您的打印机。

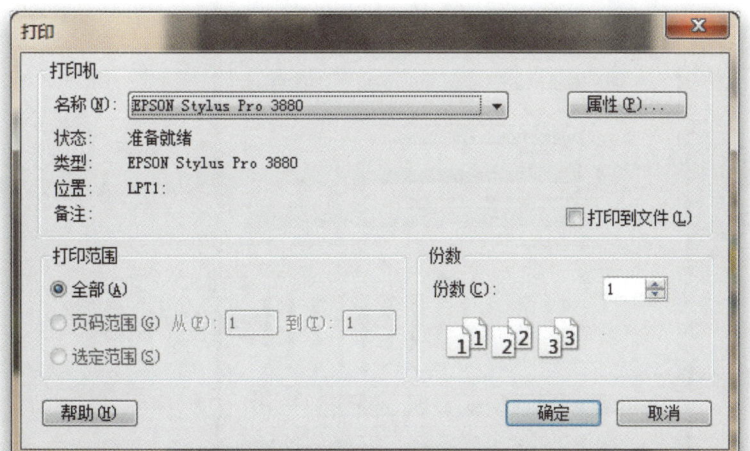

图 11-78

第 12 步：

现在该单击右侧面板区域底部的打印按钮了，这将打开打印对话框（如图 11-78 所示。如果您使用 Mac，则将看到只有两个下拉列表的小对话框，单击打印机下拉列表右边的小箭头按钮，即可把该对话框展开到其完整的尺寸）。

第 13 步：

单击打印机名称下拉列表边上的属性按钮，打开打印机属性对话框。顺便提一下，该对话框中的选项可能随着打印机的不同而不同，因此，如果您的图像看起来与此图不同，也别担心。

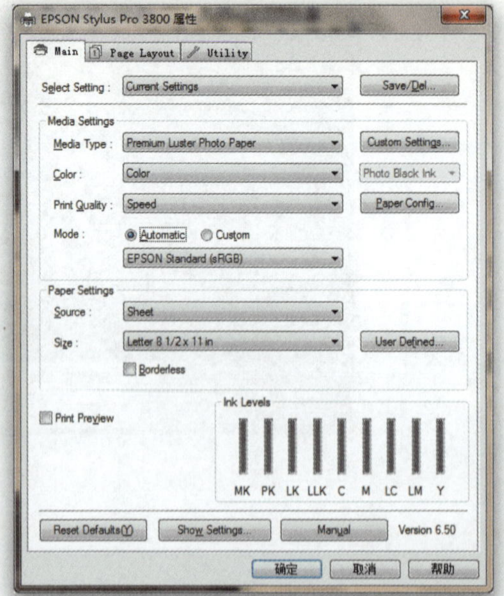

图 11-79

第 14 步：

在打印机属性对话框的 Main（主）选项卡内，在 Media Settings（纸张设置）部分的 Mode（模式）下，单击 Custom（自定）单选按钮，从下方的下拉列表内选择 No Color Adjustment（不做颜色调整）。

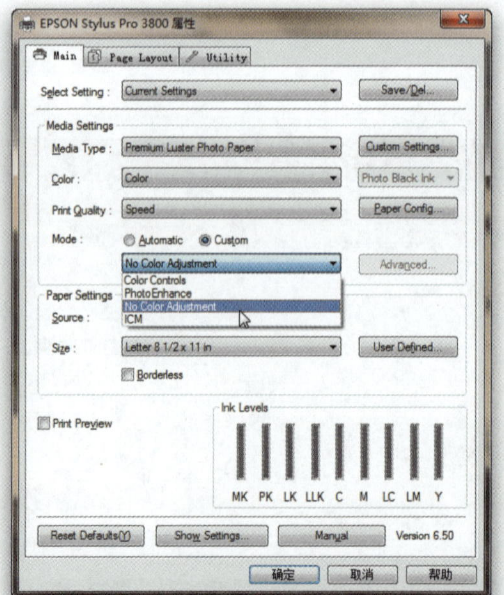

图 11-80

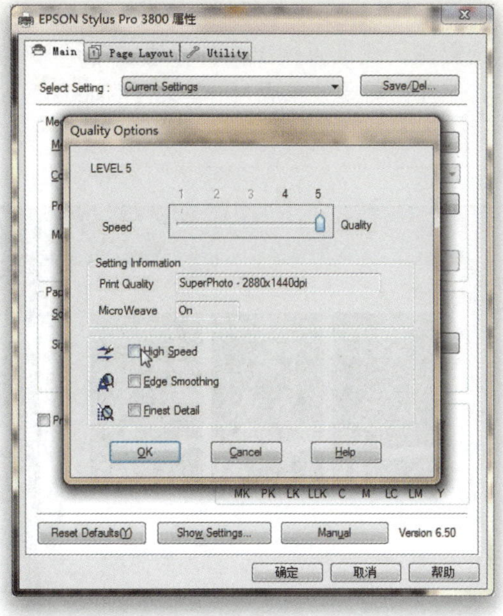

图 11-81

图 11-82

第 15 步：

在 Media Type（纸张类型）下拉列表内准确选择打印所使用的纸张（我选择 Premium Luster Photo Paper，这是在 Exhibition Fiber Paper 上打印时 Epson 所推荐使用的纸张类型）。

第 16 步：

从 Print Quality（打印品质）下拉列表内选择 Quality Options（品质选项），打开 Quality Options 对话框，关闭 High Speed（高速打印）复选框，把 Speed/Quality（速度 / 品质）滑块移动到 5 级，选择高品质打印。现在请坐下来，观察打印机慢慢打印出来的照片。

11.10 把页面布局保存为 JPEG

我们可以把这些打印布局存储为 JPEG 文件，因此可以把它们发送给影室，让他人输出文件，通过电子邮件把它们发送给客户，或者其他任何需要该布局 JPEG 文件的地方。下面介绍其实现方法。

第 1 步：

布局一旦设置好，请转到打印作业面板（位于右侧面板区域内），从打印到下拉列表（位于该面板的右上角）内选择 JPEG 文件（如图 11-83 所示）。

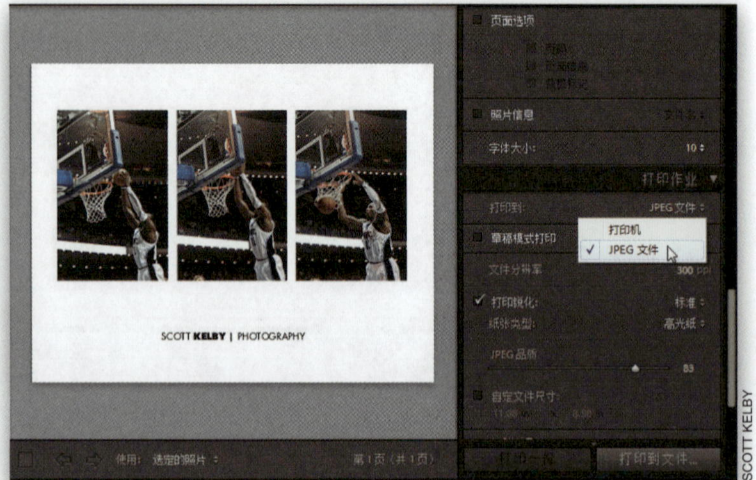

图 11-83

第 2 步：

选择打印到 JPEG 后，会显示出一套新的功能。首先，请忽略草稿模式打印复选框（这只有在打印小缩览图的照片小样时才使用）。至于文件分辨率，默认是 300 ppi，但是，如果您想修改它，请把光标直接移动到文件分辨率字段（300）上，光标会变为“可刮擦滑块”（带有两个箭头的手型光标，如图 11-84 所示）。现在可以单击并向左拖动，降低分辨率值，或者单击并向右拖动，增加其值。

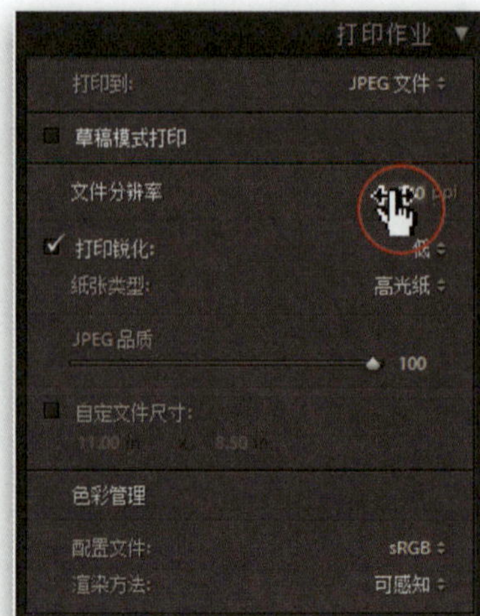

图 11-84

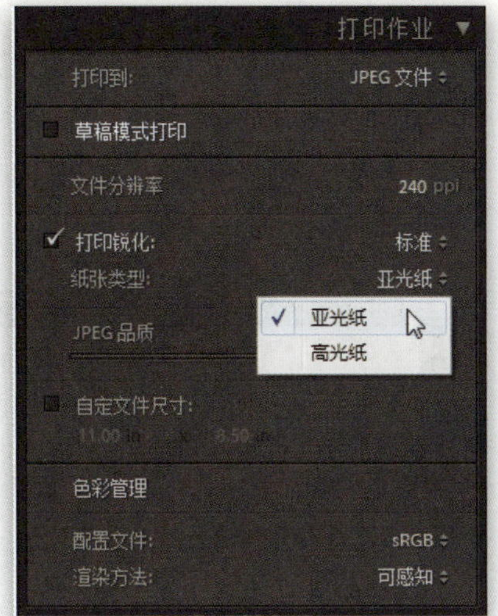

图 11-85

第 3 步：

下一个是打印锐化下拉列表，这里所要做的是告诉 Lightroom 要在哪种类型的纸张（亚光纸还是高光纸）上打印，以及想要应用的锐化级别（低、标准或高）。Lightroom 查看您的选择（包括分辨率），提出与选择相匹配的最佳锐化量和锐化类型。因此，这里一定要做出选择（我几乎对打印或者存储为 JPEG 的每一幅照片均应用这种打印锐化）。如果不想把这种输出锐化应用到导出的 JPEG，则请关闭打印锐化复选框。

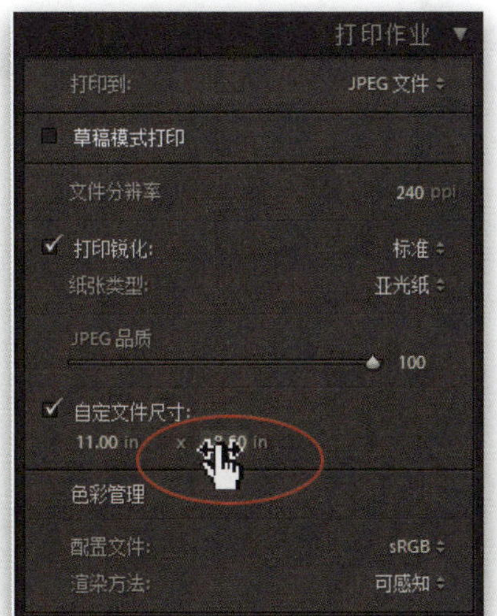

图 11-86

第 4 步：

还剩两个选项就可以完成了。接下来的是 JPEG 品质（我通常使用 80，因为我认为它能在品质和文件大小压缩之间取得平衡，但您可以选择您想要的任何值，最大到 100）。位于其下方的是自定文件尺寸部分。如果保留该复选框关闭状态不变，它就会使用页面设置对话框内选择的页面大小（这个例子中的是 11×8.5 英寸信封大小的页面）。如果想改变 JPEG 的大小，请打开自定文件尺寸复选框，之后把光标移动到尺寸字段上，使用滑块（如图 11-86 所示）改变尺寸。最后，设置色彩管理配置文件（很多影室要求使用 sRGB 配置文件，因此您要询问影室）。如果想要一个自定颜色配置文件，则请转回到上一节，了解怎样查找配置文件，也可以找到关于渲染方法设置方面的内容。现在单击右侧面板区域底部的打印到文件按钮，保存文件。

11.11 为打印照片添加自定边框

我希望 Lightroom 的内置功能能够在照片周围添加自定边框、边缘和框架，但遗憾的是，它没有这些功能。然而，您可以使用身份标识以及身份标识部分的特殊选项在 Lightroom 内获得同样的效果。

第 1 步：

就像在第十章添加幻灯片放映边框一样，我们先在 Photoshop 处理边缘边框，这个边框是我从 iStockphoto.com 下载的。边缘拼合在背景上，因此，请选择整个黑色区域，之后按 Command-Shift-J (PC: Ctrl-Shift-J)，把它放置到到其自己独立的图层上。请用矩形选框工具（M），之后按 Delete（PC：Backspace）键从这个纯黑色边缘图形中切出一个矩形孔。我们的文件不能有纯白色背景，否则它在 Lightroom 内会遮盖照片，因此背景必须是透明的。为此，请转到图层面板，单击背景图层，把它拖放到回收站图标上（位于该面板的底部），删除它。现在把该文件保存为 PNG 格式。

图 11-87

第 2 步：

这样，在 Photoshop 内的所有准备工作已经完成，现在请回到 Lightroom。单击我们想添加边缘画框的照片，之后跳转到打印模块。在页面面板内，打开身份标识复选框。再从身份标识下拉列表中选择编辑，打开图中所示的身份标识编辑器。在该对话框内，请单击使用图形身份标识单选按钮（因为我们将导入图形，而不是使用文本），之后单击查找文件按钮，找到我们保存的 PNG 边框文件，单击选择按钮，把它载入到身份标识编辑器（我们在图 11-88 中所示的小预览窗口内可以看到边框的顶部）。

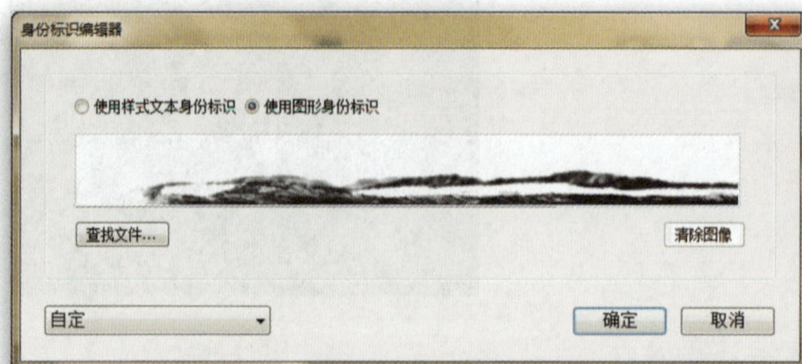

图 11-88

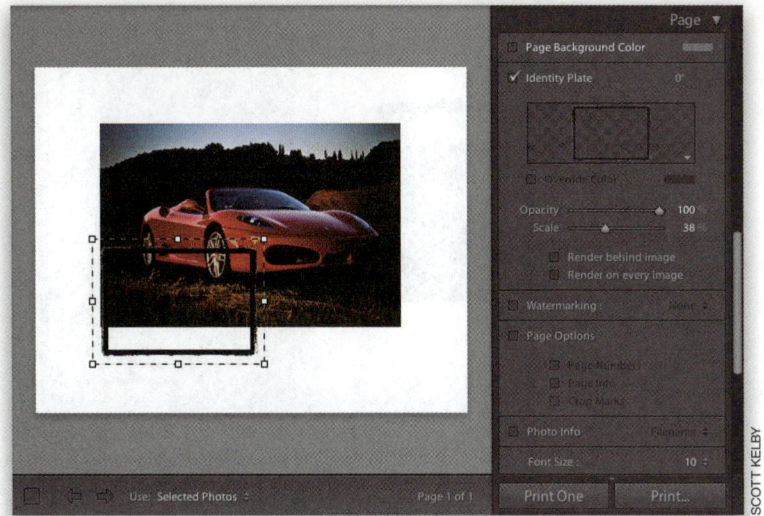

图 11-89

第 3 步：

单击确定后，我们的边缘框会显示出来，它悬停在照片上方（就像位于其自己的图层上一样）。其大小和位置还不合适，因此，这是我们要首先解决的问题（我们将在下一步中解决它，但在这里，请注意边框的中央是透明的，透过它可以看到其下方的照片。这就是为什么我们在保存这个文件时不带背景图层，把它保存为 PNG 格式的原因——保持透明度不变）。

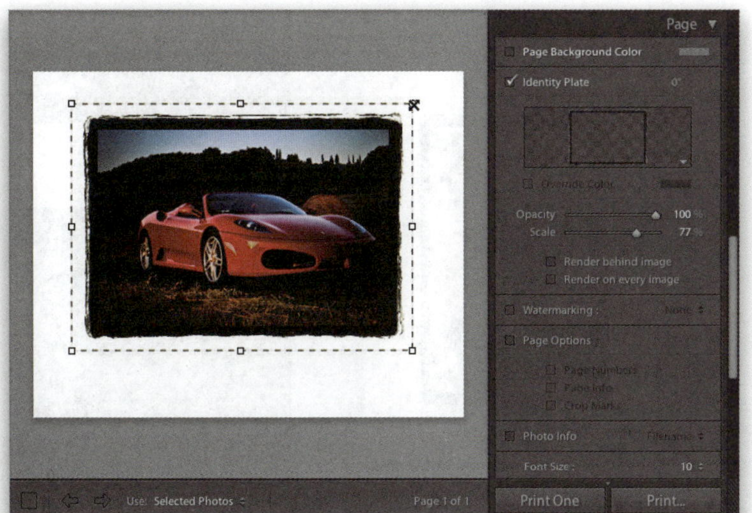

图 11-90

第 4 步：

要调整边框的大小，我们可以单击角点并向外拖动（如图 11-90 所示），或者使用页面面板内的比例滑块。大小调整合适后，在边框内单击并拖动可以重新定位边框。我们可能还需要使用布局面板内的边距滑块调整图像的大小。

第 5 步：

边框定位到我们想要的位置后，只要在框外单击，就会取消选择它。带有边缘画框的最终照片如图 11-91 所示。现在，如果我们决定要保存这个框供将来使用，请回到身份标识编辑器，从该对话框左下角的自定下拉列表中选择另存为，把该画框保存为身份标识，我们以后想添加边框效果时，随时都可以使用它。

图 11-91

第 6 步：

我们创建了水平画框，但是，怎样把这个画框边缘添加到像图中所示的纵向照片？如果把页面设置修改为纵向（单击左侧面板区域底部的页面设置按钮来实现），身份标识就会自动旋转。如果我们以横向设置打印纵向照片，则可以单击页面面板内身份标识复选框右侧的度数字段，选择旋转角度（如图 11-92 所示），以旋转身份标识。很可能还需要调整画框的大小和位置（像我这里做的那样）才能使它刚好适合，但是，现在单个画框边缘具有双重用途。

图 11-92

11.12 为您提供一些我自己的打印布局

我要与您分享一些我自己最常用的多照片打印布局（客户喜欢这些类型的布局），我演示这些布局所需的面板，以及每种布局创建的一个例子。这些布局均使用 13×19 英寸的最终页面尺寸，把页面边距设置为 0.00in。

SCOTT KELBY

图 11-93

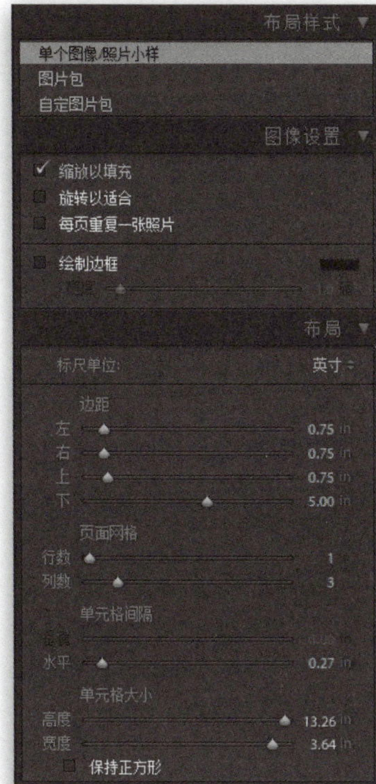

图 11-94

图 11-95

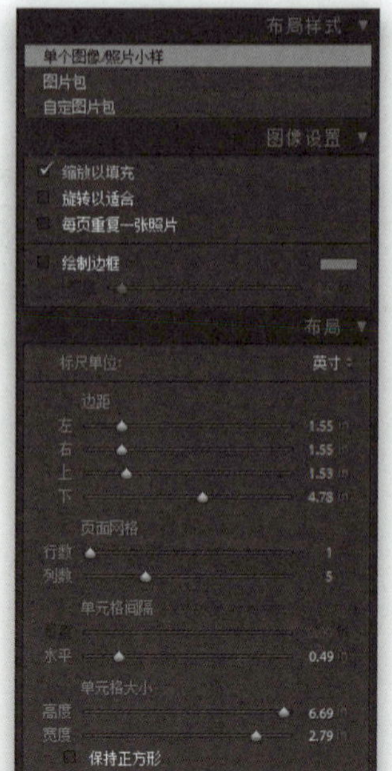

图 11-96

图 11-97

图 11-98　在页面面板内把页面背景色修改为黑色，之后打开身份标识的覆盖颜色复选框，并把其颜色设置为白色

图 11-99

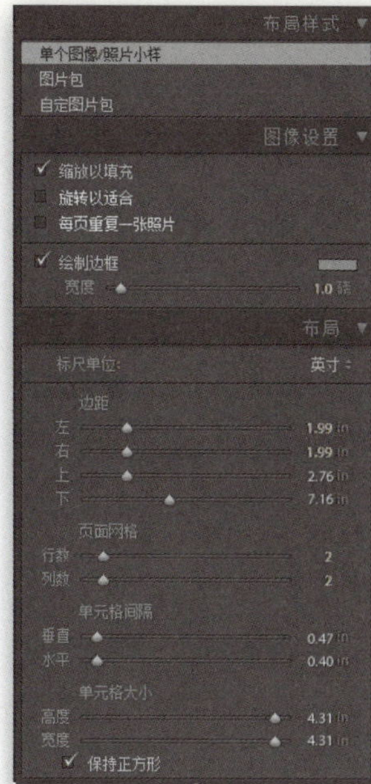

图 11-100

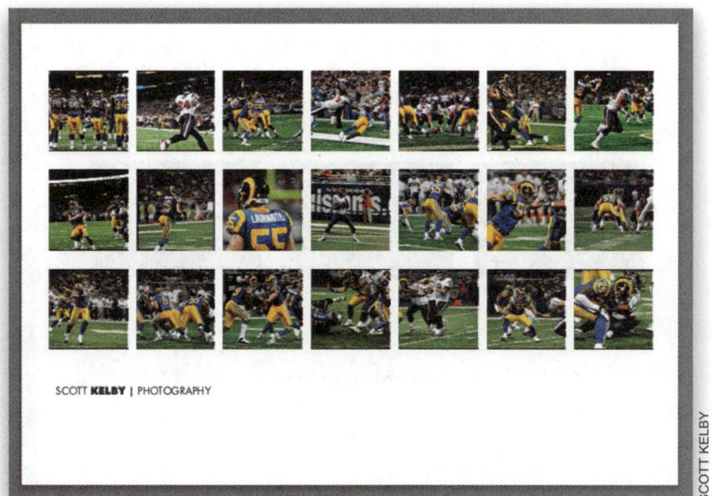

图 11-101

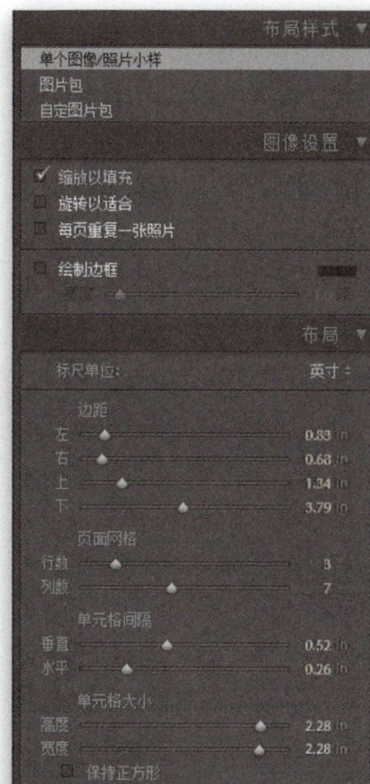

图 11-102

图 11-103

图 11-104

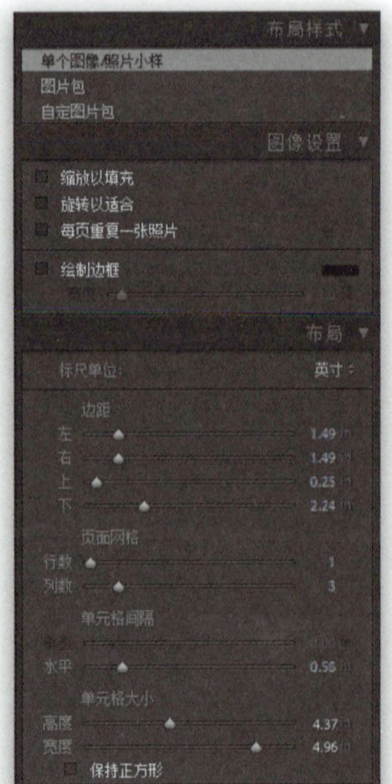

图 11-105

图 11-106

图 11-107

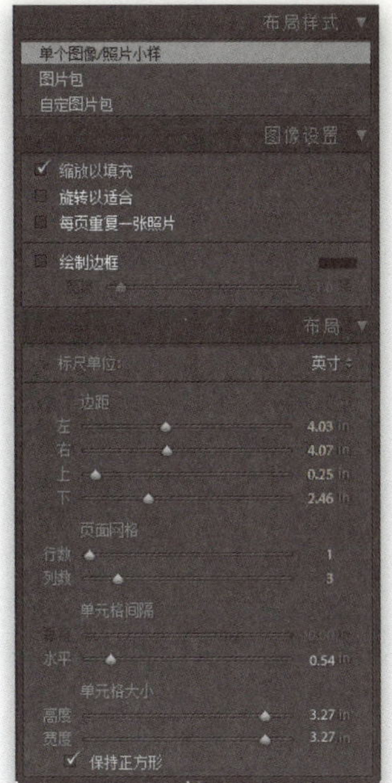

图 11-108

图 11-109　单击页面设置按钮，把各个方向上的页边距均设置为 0.00in，创建出这种满页面效果

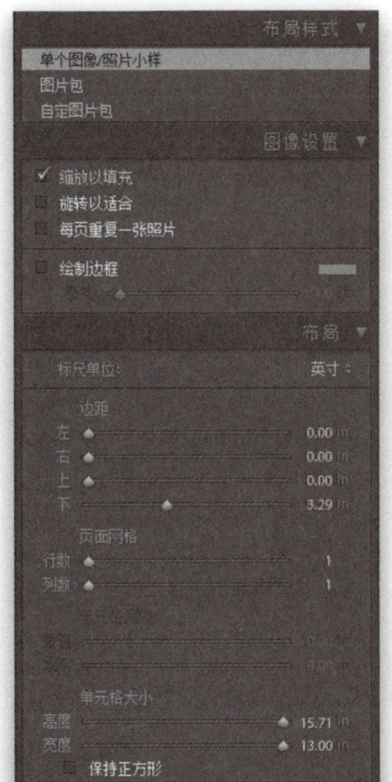

图 11-110

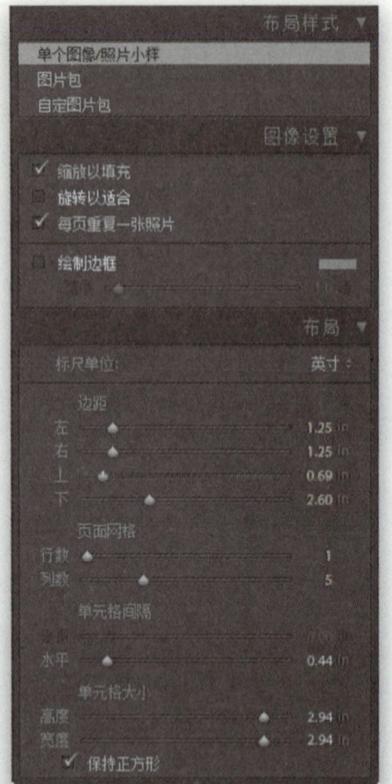

图 11-111

图 11-112

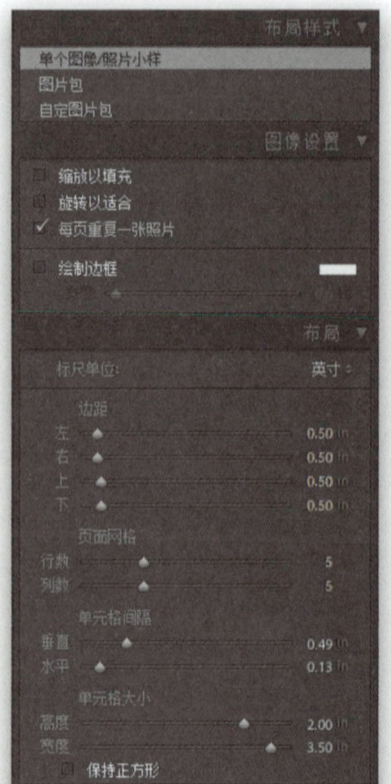

图 11-113

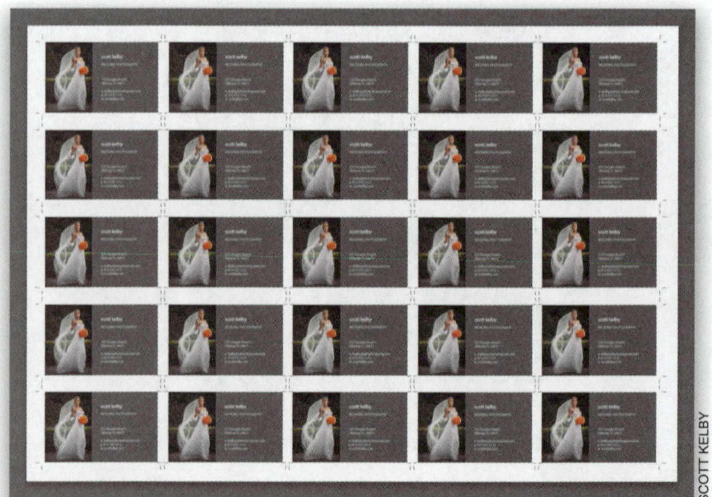

图 11-114　这是在 Photoshop 内设计的单业务卡，存储为 JPEG 格式，导入到 Lightroom，配置为照片小样（请注意页面面板内添加的裁剪标记）

图 11-115

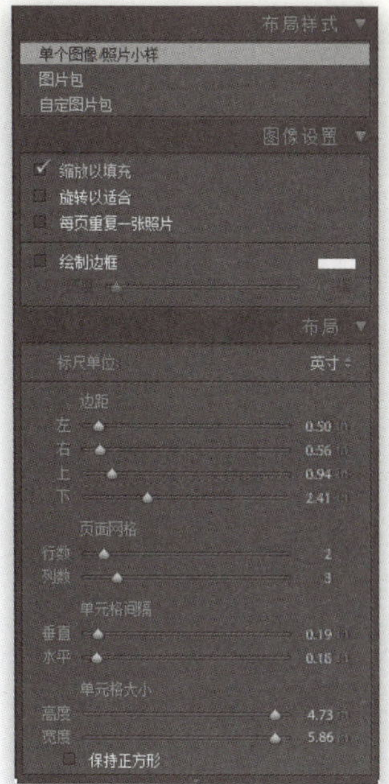

图 11-116

图 11-117

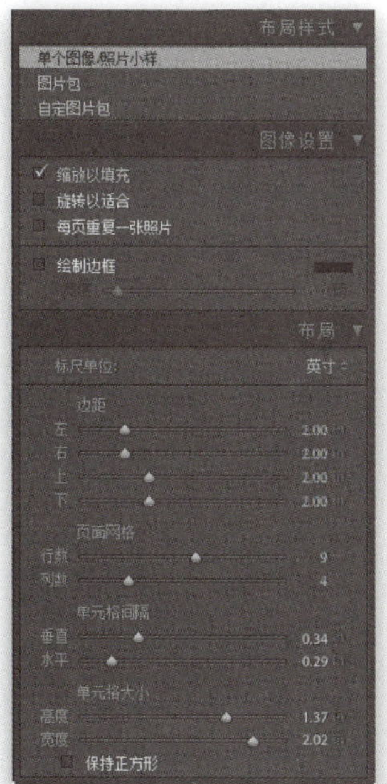

图 11-118

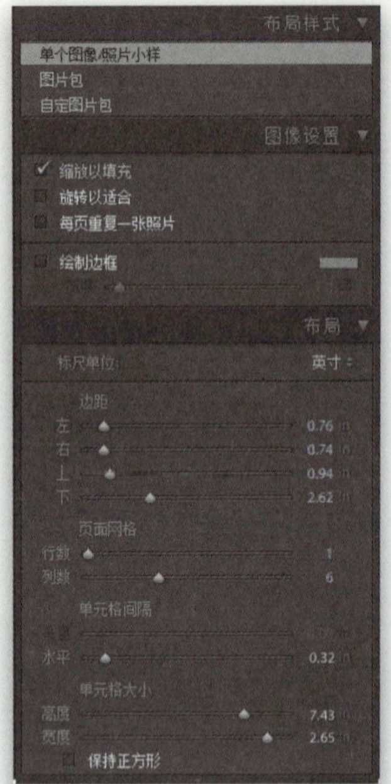

图 11-119

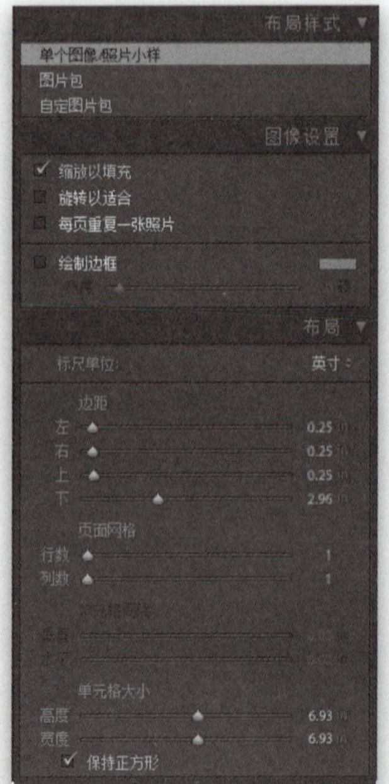

图 11-120

图 11-121

图 11-122

图 11-123

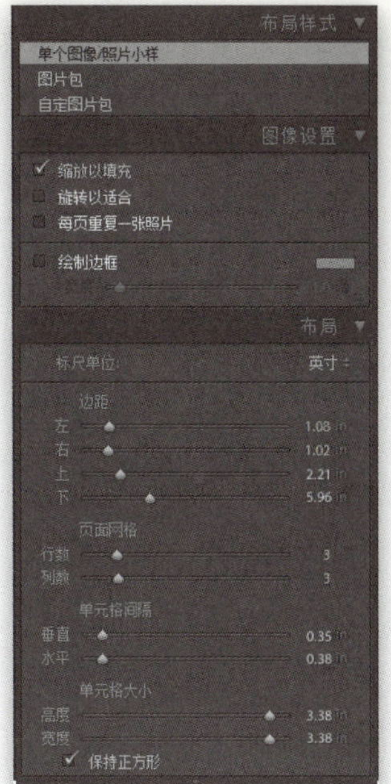

图 11-124

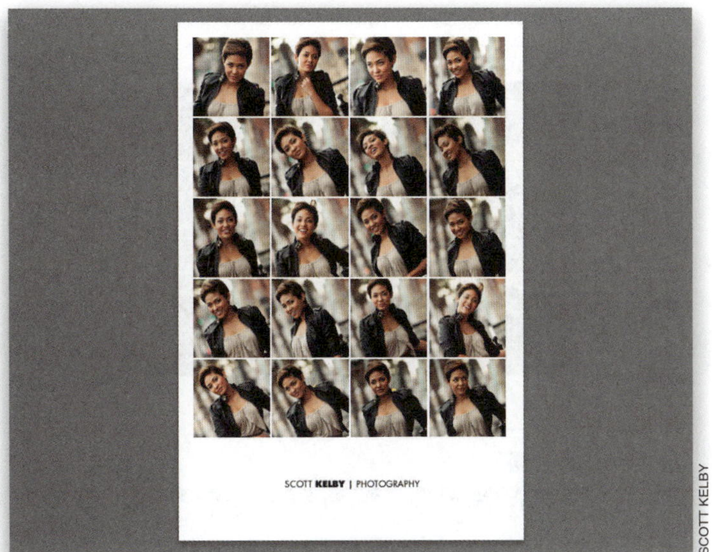

图 11-125

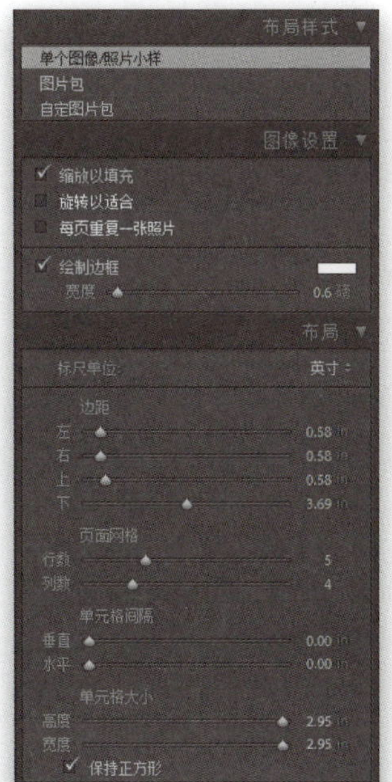

图 11-126

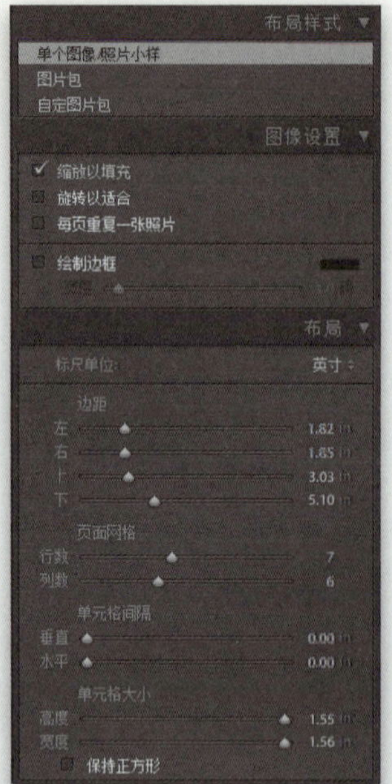

图 11-127

图 11-128

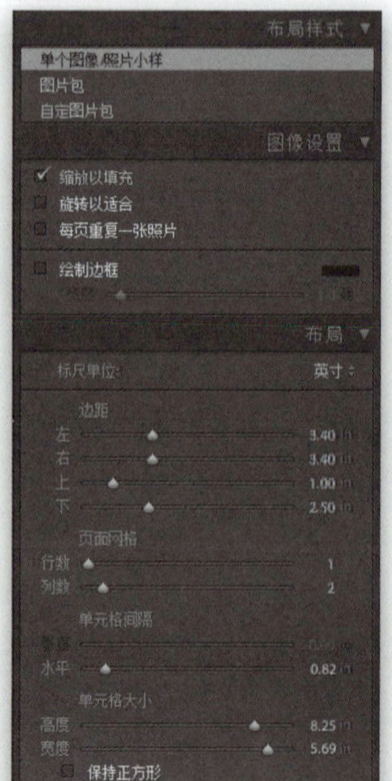

图 11-129

图 11-130

Lightroom 快速提示

▼ 看不到标尺吗

如果按 Command-R (PC: Ctrl-R)，仍看不到打印标尺（显示在照片上方以及左侧的标尺），这是因为首先必须使参考线可见。 请 按 Command-Shift- H (PC: Ctrl-Shift-H) 或者从视图菜单中选择显示参考线。现在在使用 Ctrl-R 快捷键时，就会切换标尺显示的开 / 关状态。

▼ 修改标尺单位

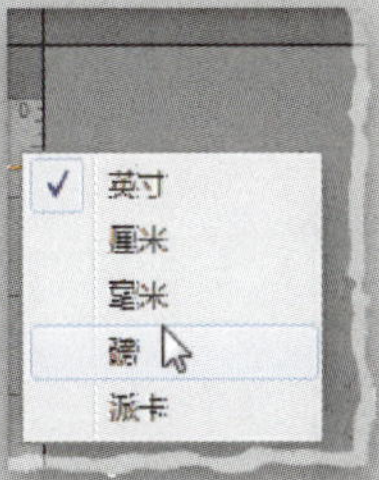

要修改标尺的度量单位，只需 Control-单击 (PC: 右击) 任一个标尺，打开度量单位弹出菜单（英寸、厘米、毫米、磅和派卡），就可以选择您喜欢的单位了。

▼ 改变预览区域的背景颜色

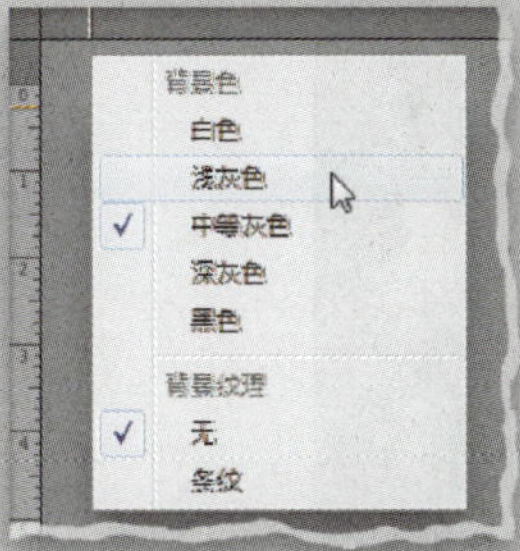

我们可以修改打印页面周围的灰色画布区域的颜色。只要在该灰色背景区域上的任意地方 Control- 单击 (PC: 右击)，从弹出菜单中即可选择不同的颜色。

▼ 向打印队列添加照片

向打印添加更多照片不能再简单了：转到胶片显示窗格，在想要添加到打印队列的任何照片上 Command- 单击 (PC: Ctrl-单击)，Lightroom 立即在队列中为该照片创建另一个页面。要把照片从打印队列中删除，同样也很简单：转到胶片显示窗格，Command- 单击 (PC: Ctrl- 单击) 已经选中的照片，取消选择它（Lightroom 自动从队列中删除页面，这样就不会打印出空白页）。

▼ 比使用边距滑块更快的页边距精确调整方法

如果需要重新定位页面上的图像，可以调整边距或单元格大小滑块。但是，如果可以看到参考线，采用单击并拖动边距参考线方法更容易，因为一旦开始拖动，参考线的位置（以英寸为单位）就显示在参考线的上方，因此很容易把两侧或者上、下页边距快速设置为完全相同的数量。

▼ 要把照片发送给影室吗

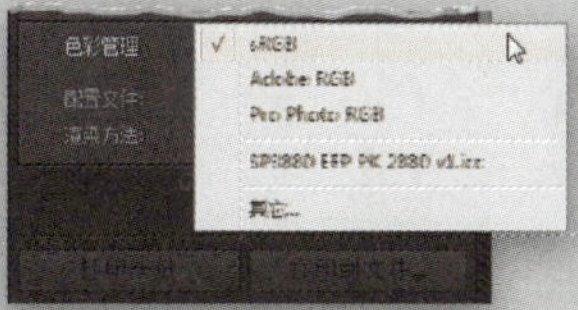

如果使用 Lightroom 的功能把页面布局保存到 JPEG，则可以把要打印的照片发送给影室做最终打印，这里要给出的一点提示是：为通常所用的页面大小、布局等创建新模板，但一定要把颜色配置文件设置为影室喜欢的颜色空间（通常是 sRGB）。这样，在把它保存为 JPEG 时，别忘了嵌入正确的颜色空间。

▼ 启用 16 位打印

如果您的喷墨打印机是近几年生产的，则很可能支持 16 位打印，但要使用它，一定要有最新的打印机驱动程序（可以从打印机制造商网站免费下载）。请注意：16 位打印目前只适用于 Mac 用户，只有那些使用 Mac OS X Leopard 或更高版本的用户。

▼ 选择怎样打印身份标识

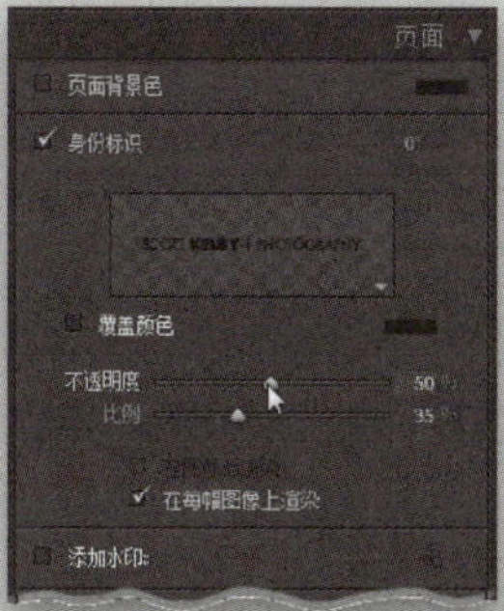

在多照片布局中怎样使用身份标识还有另外两个选项。如果选择在每幅图像上渲染，它会在每个单元格内每幅照片的中间渲染身份标识（因此，如果想使用徽标作水印，则可以降低身份标识的不透明度来实现）。如果选择在图像后渲染，它会打印在背景上，就像是纸张水印一样（请放大它，使它比图像稍大一点）。

▼ 微移身份标识

在打印模块内，使用键盘上的箭头键可以稍微移动身份标识图形（或文本）的位置。

摄影师：Scott Kelby | 曝光时间：1/640s | 焦距：160mm | 光圈：f/2.8

Web 画廊

作为严肃的摄影师，我们在旅行期间会拍摄出大量的照片。拍摄出这些照片之后，我们想要做的第一件事情就是与他人分享，因此把它发送给所有家庭成员，或者把它张贴在网页中，但这还不够，这么好的图像应该让更多的观众能够看到，图像需要出版。在杂志上发表，让所有人看到和分享自己创建的照片是每个摄影师的梦想。这里存在的惟一问题是：我们的梦想能否实现由他人掌管。无论我们（以及朋友和家人）认为照片有多好，最终仍由照片编辑来决定否值得在他们的杂志里发表。这时，我们的梦想能否实现完全掌握在他们的手里。但是，我们现在可以掌管自己的命运，我们可以创建 Web 画廊，立即让全球的观众看到我们的图像。

12.1 快速构建简单的联机照片画廊

想快速把度假照片放到联机照片画廊或者把校样照片联机供客户审查吗？其实现要比我们想象得简单。首先使用内置模板，之后进行一些调整，按照自己的方式进行定制。好的一点是大多数编辑都是在页面上完成的，因此可以立即看到修改的效果。这种实时屏幕编辑使处理更容易，即使您没有任何 Web 设计经验，也能够在 5 分钟左右的时间里创建出效果良好的画廊。

第 1 步：

首先转到 Web 模块，在左侧面板区域内的收藏夹面板内，单击想要显示在联机画廊内的照片收藏夹。Lightroom 立即把它们放到 Web 画廊内（如图中中央的预览区域所示）。默认的 Web 画廊模板是带有缩览图的灰色 HTML 画廊（如图 12-1 所示），单击缩览图将显示出照片更大的版本。照片在画廊内的显示顺序与它们在下方胶片显示窗格内的显示顺序相同，因此，要改变它们的顺序，只要在胶片显示窗格内单击，并把它们拖动到您想要的顺序即可。

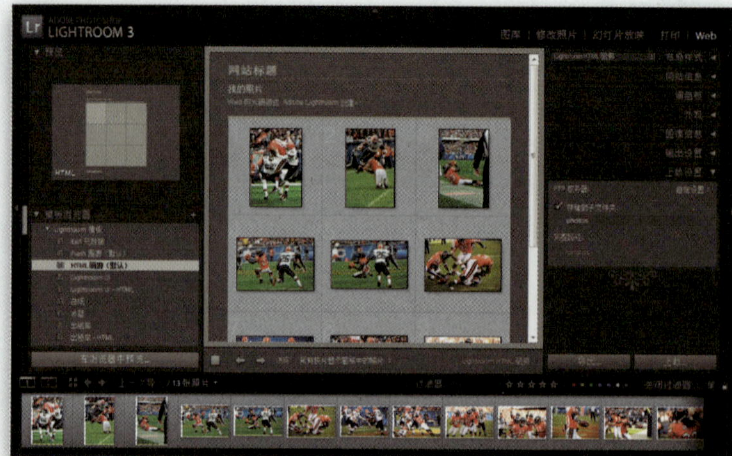

图 12-1

第 2 步：

默认时，这个模板以三行三列方式显示缩览图（如图 12-1 所示），但我们可以很容易地改变它。转到外观面板（位于右侧面板区域内）的网格页面部分，其中有一个很小的缩览图网格预览，它不只是预览——它是实时的！只要把光标移动到网格上，单击并拖出您想要的行数和列数（我这里拖出 4 列、Web 画廊立即调整，如图 12-2 所示）。这种方式选择行、列非常直观，实时更新也使它变得很有趣。

图 12-2

图 12-3

第 3 步：

这时，我们只是使用缩览图，但当您（或者客户）单击缩览图时，它会以更大的尺寸显示（如图 12-3 所示）。那么，它显示多大的尺寸？这由您决定。默认时，它显示 450 像素宽，但在外观面板内的图像页面部分，使用大小滑块可以选择想要的尺寸（注意：没有选项可用于改变 HTML 模板内缩览图的大小）。该滑块正下方的复选框用于切换大图像周围边框的开 / 关状态，从这里也可以选择边框的宽度和颜色。位于该面板顶部的复选框切换照片后方投影的开 / 关状态。分段线复选框切换显示在页面顶部网站标题及其下方文字之间，以及页面底部照片和联系信息之间细线显示的开 / 关状态（也可以选择分段线的颜色）。该面板内还有一部分（网格页面），但它用于缩览图，而不是大尺寸预览。

图 12-4

第 4 步：

我们在该页面上编辑 Web 页面上的文字，这使该编辑操作变得快捷而又简单。只要单击那里的占位符文本，之后按 Return（PC: Enter）键锁定修改即可。这里，我修改了网站标题。

第 5 步：

这基本上来说是规划图——单击页面自身上的占位符文本，输入自己的自定文本即可。请继续用以下方法在 Web 页面上输入您想要的信息：单击占位符文本，输入新的文本，之后按键盘上的 Return (PC: Enter) 键锁定修改。这里，我用通常在客户联机校样页面上所放置的信息更新该页面。我们输入了自己的文本，选择了所需的缩览图的行数和列数，以及页面上将要显示的大图像的尺寸。我们可以使用这个默认的 HTML 页面，但 Lightroom 提供一些更好的内置模板——不只是 HTML 格式，还有大量模板是基于 Flash 的。

图 12-5

第 6 步：

要预览这些内置模板，请转到模板浏览器（位于左侧面板区域内），只要把光标悬停在模板上，该模板的预览就会显示在顶部的预览面板内（如图 12-6 所示）。如果模板是基于 Flash 的，在预览的左下角会显示出小“*f*”，否则会在那里显示“HTML”。要应用这些模板，只需在其上单击即可（这里，我单击白纸模板，它具有白色背景，缩览图显示在左侧的滚动列表内，在大图像下方的中央位置有一些幻灯片放映控件）。注意：这些基于 Flash 的模板的优点之一是：它们具有内置的幻灯片放映功能，每幅图像之间平滑过渡。此外，查看页面的人在他们的计算机上不用像观察基于 HTML 的页面那样单击拖动照片。

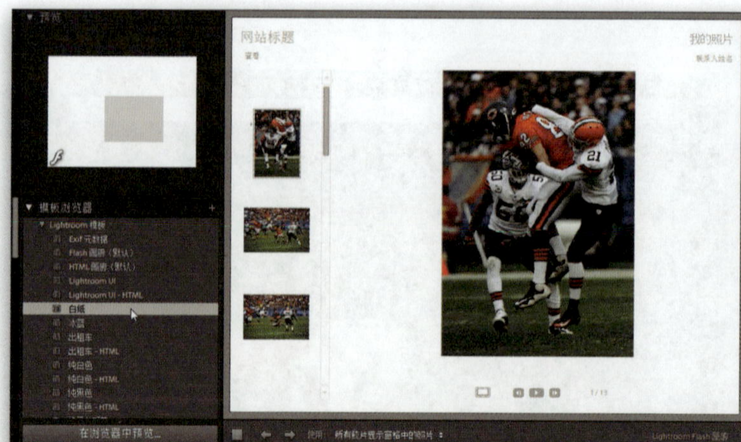

图 12-6

图 12-7

第 7 步：

虽然使用这些基于 Flash 的模板时不能控制行数或列数，但我们可以选择不同的布局。请转到外观面板（位于右侧面板区域内），在该面板顶部的布局部分，单击位于右侧的下拉列表并保持（如图 12-7 所示），选择滚动，它立即重新配置页面，把缩览图滚动列表放置到底部。外观面板内还有其他几个控件，包括选择大图像尺寸和缩览图图像尺寸的下拉列表。

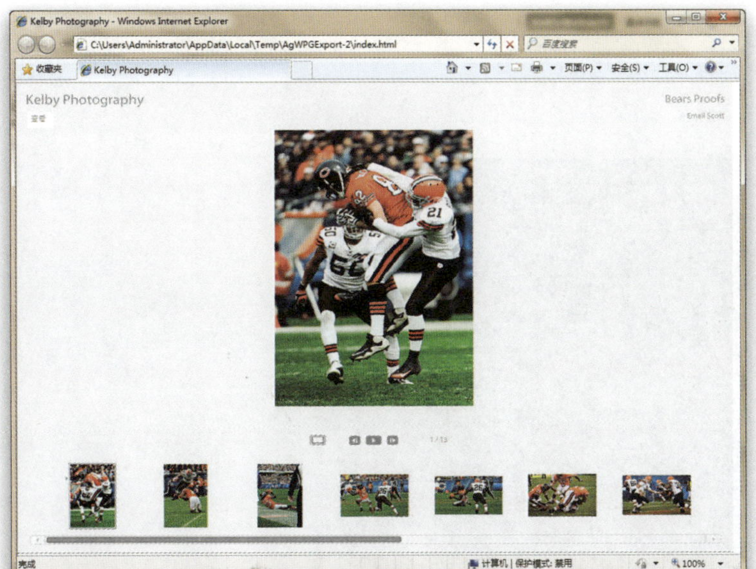

图 12-8

第 8 步：

一旦选择了最终模板，各个图像的尺寸、布局，添加了自定文本之后，一定要单击左侧面板区域底部的在浏览器中预览按钮，以测试最终的 Web 页面。这将启动 Web 浏览器，显示出画廊在 Web 上时的效果（如图 12-8 所示），这时请单击几个缩览图，确保它们能够按我们要求的那样显示。如果准备把画廊上传到 Web，请转到 12.6 节，但在此之前，还可以执行大量的操作来定制页面的外观效果，还有一些值得一试的基于 Flash 的模板在模板浏览器内没有显示出来（要用一种完全不同的方法访问它们），本章稍后将介绍这些内容。

12.2 添加电子邮件和网站链接

如果打算使用 Lightroom 的 Web 画廊让用户进行联机校样，则很可能想让客户能够从页面向您发送电子邮件，或者可能想在页面上放置到主页或者影室网站的链接。下面介绍怎样实现它们。

第 1 步：

虽然我们编辑过 Web 页面自身上的文本，但向页面添加电子邮件链接却是另一回事，必须转到右侧面板区域内来实现。因此，请转到网站信息面板（如图 12-9 所示），该面板的顶部显示出所有可定制文本字段，这些文本可以直接添加到页面自身上（技术上来说，可以在这里添加文本，但在页面上添加更容易）。然而。这里还有另一项额外功能：Lightroom 记住上次在这些字段内添加的信息，并把它们添加到下拉列表内，因此将来可以快速选择相同的信息（单击每个文本字段右上角的小三角形访问它们）。

图 12-9

第 2 步：

默认时，位于 Web 或 Email 链接正下方的是"mailto:user@domain。要添加电子邮件链接，必须把"user@domain"修改为自己的电子邮件地址（在这个例子中，我把它修改为"mailto:skelby@photoshopuser.com"，如图 12-10 所示，所有字母之间没有任何空格），之后按 Return (PC: Enter) 键锁定修改。注意：如果想添加的不是电子邮件链接，而是与其他 Web 页面的链接，则请在该字段内输入完整的 URL（如 http://www.scottkelby.com）。

图 12-10

图 12-11

第 3 步：

Web 画廊上这个 Web 页面或电子邮件链接的默认文本是“联系人姓名”，但可以在联系信息字段（位于 Web 或 Email 链接字段的正上方）内把它修改为我们想要的任何文字。只要单击它，输入我们想要的 Web 页面或电子邮件链接即可（我这里只是把它修改为“联系 Scott”），或者“给 Scott 发电子邮件”，但您可以选择最适合您的任何内容）。

图 12-12

第 4 步：

图 12-12 中所示的是该页面在 Web 浏览器内的效果（我使用默认的基于 Flash 的模板，Flash 画廊，之后单击左侧面板区域底部的在浏览器中预览按钮），右上角显示的是 Contact Scott 链接。如果客户单击该链接，将启动他们的电子邮件应用程序，打开新的电子邮件消息，其中已经把您的电子邮件地址填写其中。他们所要做的只是输入主题，以及发送给您的内容，之后单击发送。

12.3 自定画廊布局

到目前为止，我们实现的是些基本操作；我们以内置模板为起点，修改了文本，选择了缩览图和大图像的尺寸和数量，添加了联系信息链接。然而，我们可以使用右侧面板区域内的控件做进一步定制。

第 1 步：

还可以执行的一种定制页面操作是用身份标识替代显示在左上角的网站标题文字。我们以前只能输入影室名称，但现在我们可以添加徽标图形来取代它（这里，我从左侧面板区域内的模板浏览器中选择象牙模板）。

图 12-13

第 2 步：

转到右侧面板区域内的网站信息面板，打开身份标识复选框，之后单击身份标识预览右下角朝下的三角形，从下拉列表内选择编辑，打开身份标识编辑器（如图 12-14 所示）。单击位于该对话框顶部的使用图形身份标识单选按钮。之后单击查找文件按钮，找出要用做身份标识的徽标。选择图形之后，单击确定按钮。

图 12-14

图 12-15

第 3 步：

图 12-15 中所示的是选择身份标识图形之后的页面。请注意：不能在 Web 模块内调整身份标识的大小，因此，在把该图形放入 Lightroom 之前，一定要把它调整到合适的尺寸。

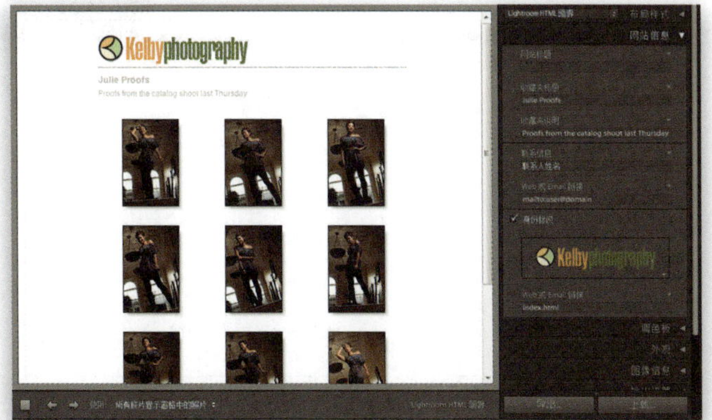

图 12-16

第 4 步：

观察下页面就会发现问题：尽管我们用这个身份标识替换网站标题，但旧的网站标题文字仍然还在。因为身份标识图形的内容与我为网站标题输入的内容相同，所以需要删除旧的网站标题文字。因此，只要在网站信息面板内删除网站标题字段的文字即可（将图 12-16 与图 12-15 相比，即可看到页面效果的变化）。为了完成此修改，我单击其他两个文本字段，输入自定文字，完成对它们的修改。

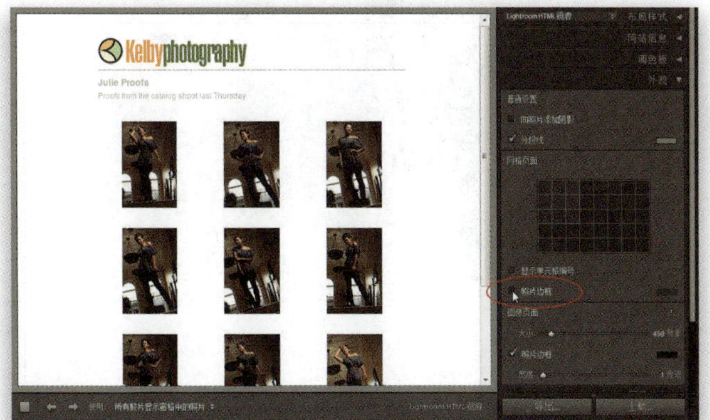

图 12-17

第 5 步：

也可以自定缩览图效果。在外观面板内，可以关闭网格页面部分照片边框复选框（如图 12-17 中红色圆圈所示），即可关闭照片周围的边框。顺便提一下，如果您喜欢该边框，则可以单击照片边框复选框右侧的色板，选择喜欢的颜色。该面板顶部的复选框用于切换显示在缩览图之后的投影的开 / 关状态（图中所示的是没有照片周围的细黑边框，以及关闭投影以后的效果）。

第 6 步：

如在打印模块内一样，我们可以向 Web 图像添加可见水印（因为这些图像要发布在 Web 上，这可能是需要添加水平最重要的地方）。如果还没有配置水平，则请转回到第 7 章，学习怎样配置和保存自己的自定水印。之后转到输出设置面板，打开添加水印复选框，并从其右边的下拉列表内选择水印，即可应用可见水印。

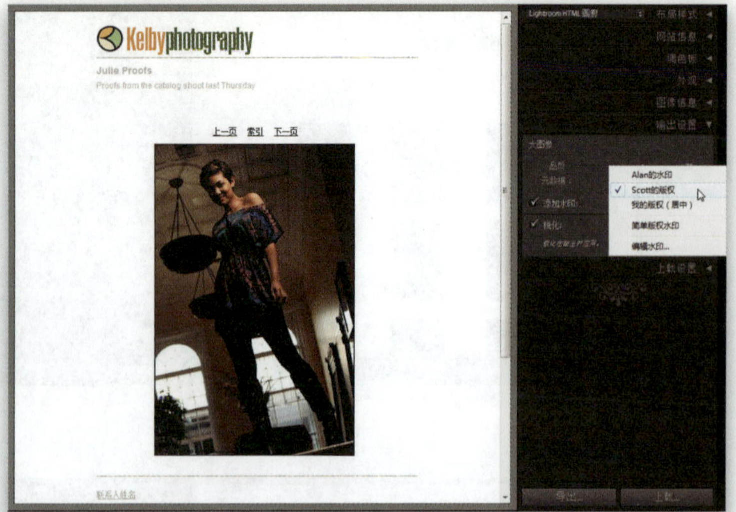

图 12-18

如果对于 Web 尺寸的图像而言水印显得太大，或者是我们想要编辑水印，则请选择编辑水印，打开水印编辑器，在其中可以修改文本、大小和颜色，之后把修改存储为新的水印预设（如图 12-19 所示。注意：我按 T 隐藏了预览区域下方的工具栏，以便用更大的视图显示页面）。

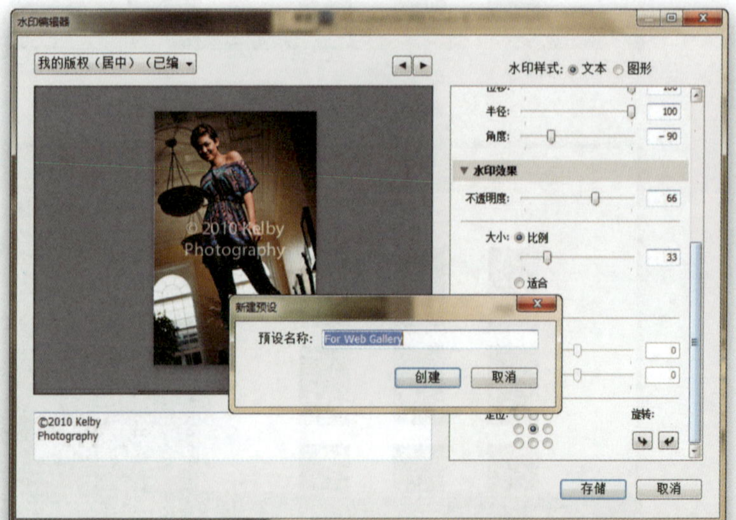

图 12-19

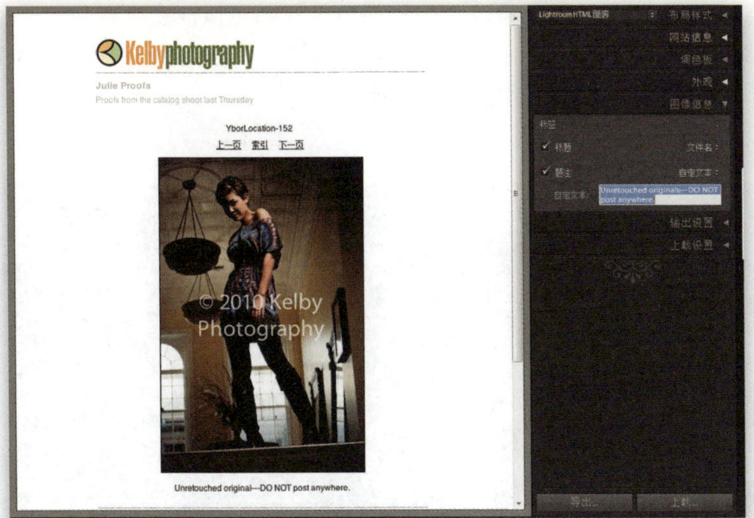

图 12-20

第 7 步：

如果打算把该画廊用于联机校样，下面两项功能可能很有用。可以让每幅照片的文件名显示在照片上（实际上可以选择文件名之外的其他选项），在照片下方添加标题（以及我们喜欢的任意内容）。要在图像信息面板内打开这些文本功能。标题复选框打开照片上方的文字，使用其右边的下拉列表选择在那里显示哪些信息（可以像我这里所做的那样选择把文件名显示在上方，或者是照片的拍摄日期、曝光度等）。题注复选框的使用方法与此相同，但该文字显示在照片下方。在这里所示的例子中，我从下拉列表内选择自定文本，这在其下方显示出一个文本字段（如图 12-20 中突出显示部分所示），我在其中输入我自己的自定文字，它们显示在每幅照片下方。

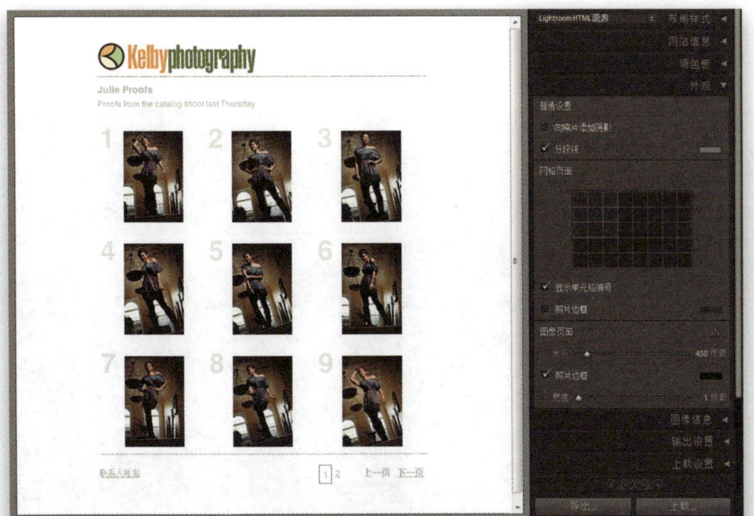

图 12-21

第 8 步：

这里还可以执行两个调整，在上方的外观面板内，如果需要可以关闭分段线复选框，以关闭用于分隔身份标识与其下方文字，以及页面底部所显示文字的水平分隔线（如图 12-21 所示）。此外，网格页面部分的显示单元格编号复选框在每个单元格内显示一个大序号（这样更便于用户告诉您，“我喜欢第 5、8、14、22 和 23 号照片”。注意：我这时关闭了该画廊中的水印）。完成对 Web 画廊的调整之后，您可能想把它存储为模板（我肯定您会这样），以便随时只要单击一次就可以再次应用它。请转到模板浏览器，单击 +（加号）按钮，把当前效果添加为模板。

12.4 改变画廊颜色

如果 Web 画廊上显示出一种颜色，我们可以改变它。从背景色到单元格、文字、边框的颜色等都可以改变，这适用于基于 HTML 和 Flash 的两种模板，下面介绍怎样操作。

第 1 步：

如果向下滚动到右侧面板区域内的调色板面板，就会看到那里有各种颜色控件。图中所示的是默认的基于 Flash 的模板之一（叫做 Flash 画廊），其特点是中等深灰色背景、黑色顶栏、深灰色幻灯片放映控件和浅灰色文字。

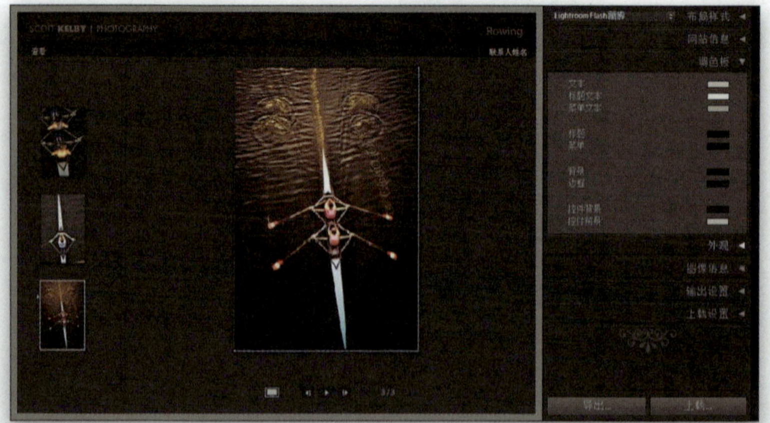

图 12-22

第 2 步：

我们先修改页面顶部标题的颜色。在调色板面板内，单击标题右侧的色板。拾色器打开后，单击浅灰色颜色（或者该拾色器顶部的浅灰色色板之一），把顶部标题修改为浅灰色（如图 12-23 所示）。

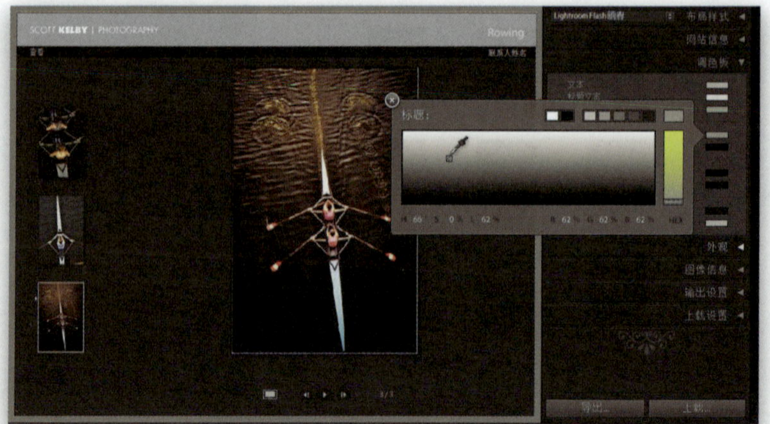

图 12-23

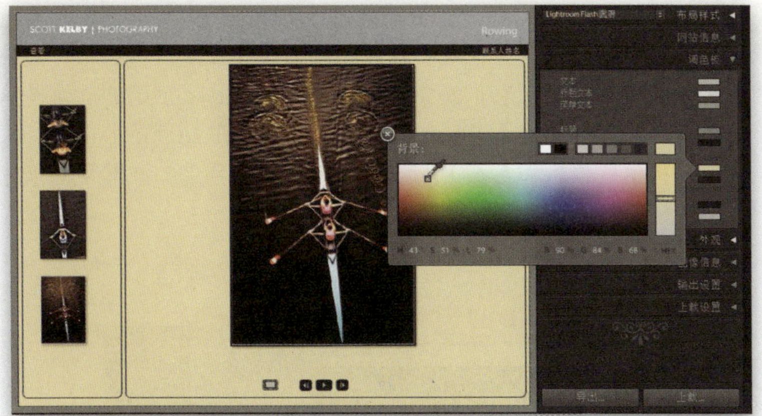

图 12-24

第 3 步：

修改背景颜色是一件非常简单的事情。单击背景右边的色板，拾色器对话框打开后，选择您喜欢的背景颜色（我这里选择浅棕色 / 米色效果）。顺便提一下，如果拾色器弹出后，中央的大块渐变只显示黑色、白色和灰色，这是因为色条（拾色器的最右端）被设置在最底部。要显示全彩渐变，请在小矩形按钮（我知道它不是按钮，但我不知道怎么来称呼它）上单击，把它直接向上拖，就会显示出彩色。该滑块向上拖得越多，颜色看起来就越饱和、越鲜艳。

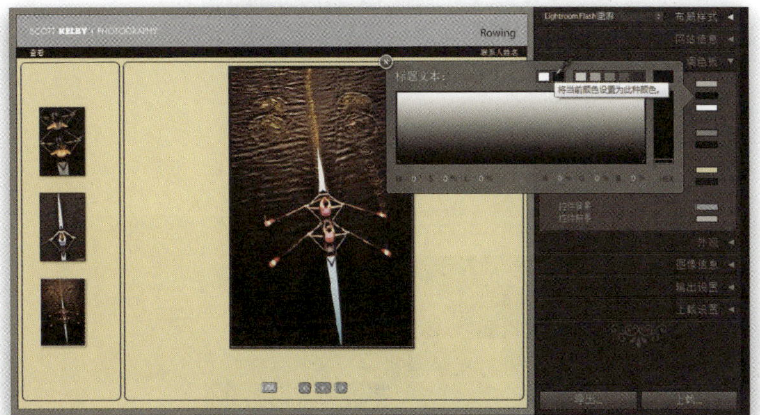

图 12-25

第 4 步：

我们这里要做的最后一项颜色调整是标题及其下方菜单栏内的文字。位于标题右端的文字 Rowing 太亮，因此转到调色板面板，单击标题文本右边的色板，在拾色器内，单击拾色器顶部的黑色色板（如图 12-25 所示）。之后对菜单文本执行同样的操作（我为菜单文字选择浅灰色，使它在黑色菜单栏中更容易辨认）。也可以为幻灯片放映控件的背景，以及这些控件按钮内部的小图标选择颜色。我这里为按钮背景选择浅灰色（从控件背景拾色器中选择），为图标选择更浅的灰色（从控件前景拾色器中选择）。因此，其处理方法很简单：转到调色板面板，单击您要调整区域旁边的色板，打开拾色器，选择新的颜色，非常简单而快捷。

12.5 使用更酷的 Flash 模板

还记得我前面提到有一些很酷的基于 Flash 的内置模板，但我们无法从模板浏览器访问它们吗？这三个模板位于布局样式面板（右侧面板区域的顶部）内，它们是由 Airtight Interactive 创建的。这些人开发了大量非常酷、基于 Flash 的免费模板，早在 Lightroom 1.3 时，Adobe 就把这些模板包含在 Lightroom 内提供给我们，我非常喜欢它们！下面介绍怎样使用它们。

第 1 步：

要访问其他这些基于 Flash 的模板，请转到右侧面板区域顶部的布局样式面板（如图 12-26 所示），首先单击 Airtight AutoViewer。这将创建幻灯片放映画廊，当前图像被突出显示，前一幅和下一幅图像部分可见，但变暗了（如图所示，在浏览器中预览视图内）。在调色板面板内可以选择背景和边框颜色。在外观面板内能够控制每幅照片周围边框的宽度，照片间隔滑块用于选择每两幅照片之间的间距。可以使用显示在页面左侧和右侧的导航箭头在照片之间向前或向后移动，要播放幻灯片放映，只要单击播放按钮（在页面上移动鼠标时该按钮显示在页面的底部）即可。

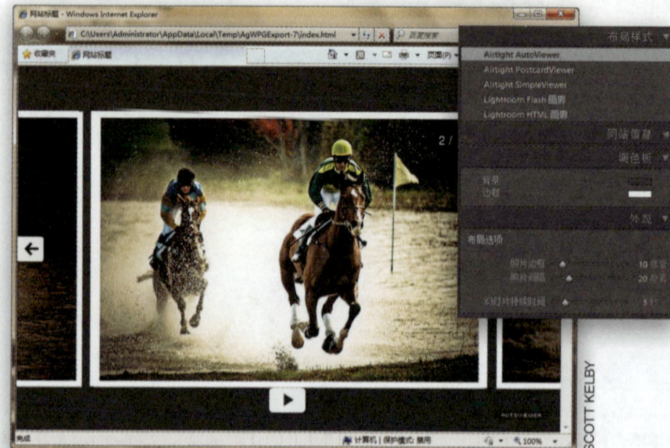

图 12-26

第 2 步：

现在单击布局样式面板内的 Airtight PostcardViewer，图像在页面上显示为小明信片。在外观面板的明信片部分，可以选择列数、边框的宽度、照片之间的间距。

图 12-27

图 12-28

第 3 步：

单击这些小明信片时，明信片放大到较大的尺寸，它显示到“前排中央”（如图 12-28 所示）。在外观面板的缩放系数部分，远景滑块控制小缩览图明信片的大小（默认设置 15% 意味着它们将以实际尺寸的 15% 显示）。近景滑块控制在单击这些小明信片后照片的显示尺寸。默认 100% 设置意味着它们将以尽可能大的尺寸显示，以充满 Web 页面窗口。因此，如果把它设置为较小的尺寸，如 75%，它将缩小到当前窗口的 75%。如果单击大视图图像，它会返回到较小的明信片缩览图视图。此外，页面创建之后，画廊观众可以使用键盘上的箭头键来导航。

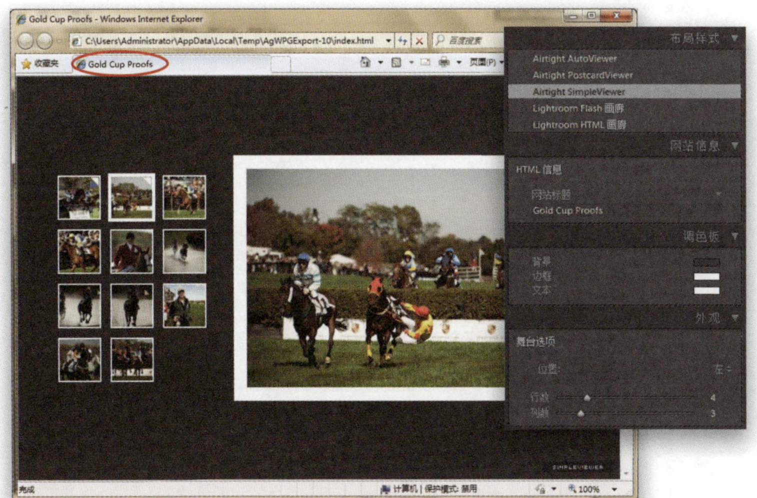

图 12-29

第 4 步：

Airtight Flash 画廊中的最后一个选项是 Airtight SimpleViewer（可能是我使用最多的一个）。它在页面左侧创建简单的缩览图网格，单击缩览图时，在右侧显示较大的版本。在调色板和外观面板内可以调整页面的颜色和网格的行数和列数，及其位置。在网站信息面板（适用于这三种 Airtight 画廊）内可以输入画廊的标题，它将显示在 Web 浏览器窗口顶部的选项卡内（取代默认的“网站标题”，如图中红色圆圈所示）。隐藏在布局样式面板内基于 Flash 的其他三个非常酷的模板就介绍到此。

12.6　把新画廊放置到 Web 上

该处理的最后一部分实际上是把我们的新画廊放置到 Web 上。我们可以把画廊导出到文件夹，之后我们自己上载它，或者也可以使用 Web 模块内置的 FTP 功能，把画廊上传到 Web 服务器。如果公司的服务器上还没有设置 Web 网站，则首先要订购该业务。

第 1 步：

现在 Web 画廊已经创建完成了，我们有两种选择把画廊上传到 Web：(1) 把文件导出到文件夹，之后把该文件夹的内容上传到 Web 网站（很多提供 Web 主机服务的公司以及几乎所有免费主机服务都要求使用这种方法，他们要求直接从 Web 浏览器上传）；(2) 如果您具有一定的 Web 知识的话，则可以使用 Lightroom 内置的 FTP 上传功能。把画廊直接从 Lightroom 上传到 Web 服务器（如果您不知道 FTP 是什么意思，肯定要使用第一种方法）。现在，我们认为您使用第一种方法（导出到文件夹），因此请单击右侧面板区域内的导出按钮（如图 12-30 所示）。

图 12-30

第 2 步：

这将打开存储 Web 画廊对话框（如图 12-31 所示），在其中命名导出画廊的文件夹，选择保存位置。因此，请给文件夹一个名称，之后单击保存按钮。

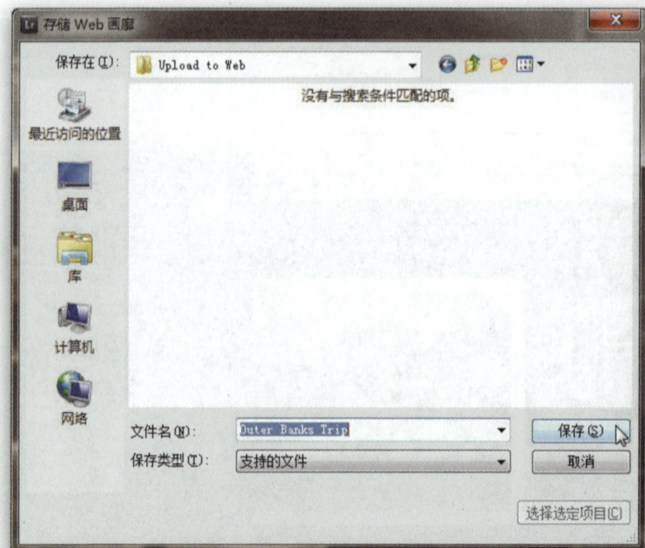

图 12-31

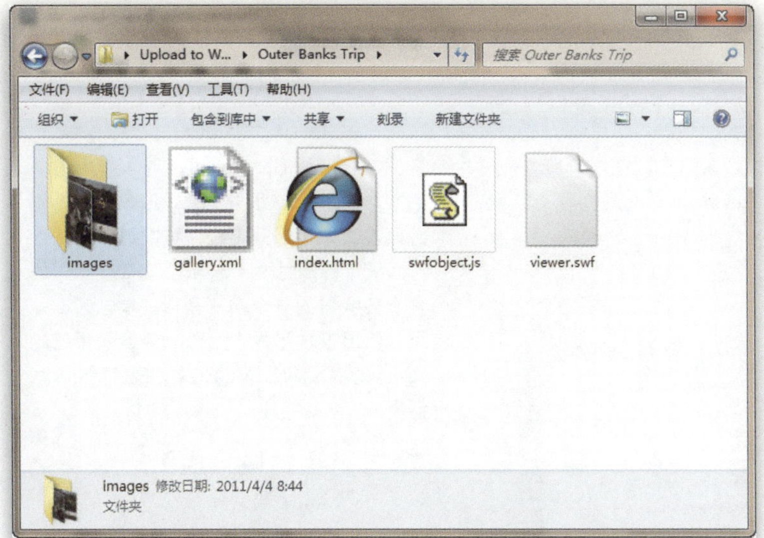

图 12-32

第 3 步：

单击存储按钮之后，Lightroom 生成 Web 页面，并针对 Web 优化照片（从 Lightroom 左上角的任务栏中可以看到其进度）。完成之后，观察下您选择的存储文件夹，就会看到 Web 页面所需的文件和文件夹。名为 index.html 的文件是主页，其他文件夹和文件包含网站所需的针对 Web 的优化照片、其他页面和资源。需要把该文件夹内的所有内容上传到画廊的 Web 网站。现在，如果您选择的是第二个选项（您了解 Web 服务器方面的知识，熟悉 FTP 上传操作和服务器协议），则需要首先配置 FTP 上传。因此，请向下滚动到右侧面板区域内的上载设置面板，从 FTP 服务器下拉列表内选择编辑。

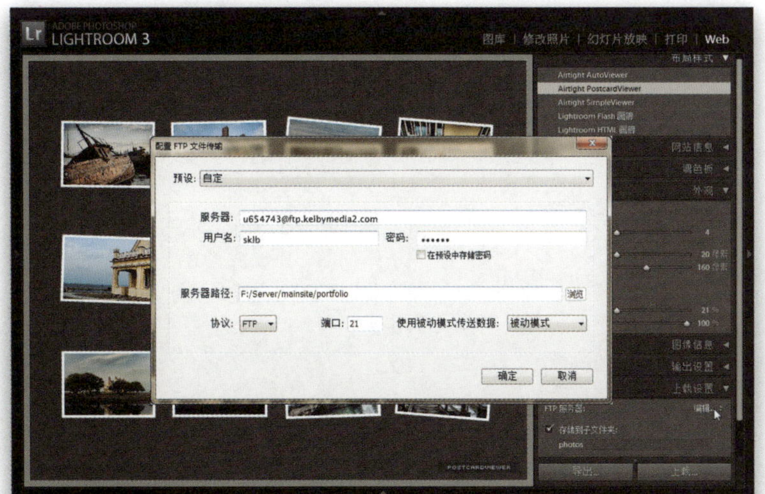

图 12-33

第 4 步：

这将打开配置 FTP 文件传输对话框（如图 12-33 所示），在其中输入服务器名称、口令和 Web 上主页文件夹的路径。输入这些信息之后，我建议执行以下操作把此保存为预设（使得以后不必再输入它们）：转到顶部的预设下拉列表，选择将当前设置存储为新预设。顺便提一下，如果您没有选择在预设内存储密码选项，则当上传时，它会要求您再次输入口令。输入 FTP 信息之后，单击确定，之后单击上载按钮（位于右侧面板区域的底部），Lightroom 会生成 Web 页面，针对 Web 优化照片，把所有内容上传到 Web 服务器，这样就可以从 Web 浏览新的画廊。

Lightroom 快速提示

▼ 隐藏每个单元格周围的边框

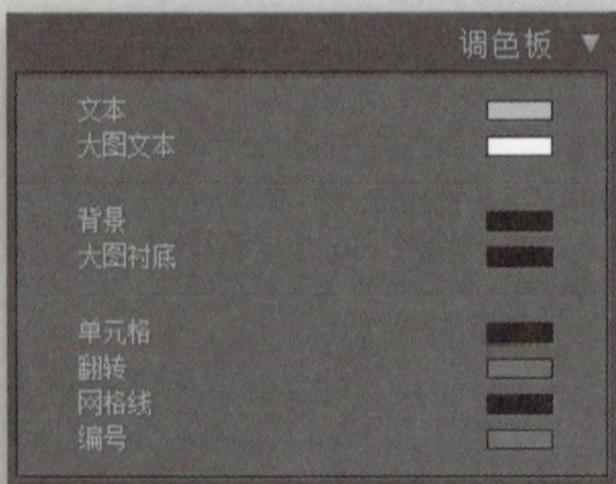

Lightroom 所带的很多 HTML 模板在每个单元格周围都绘制边框。然而，如果想要自定任何其他 HTML 模板，则没有任何复选框可以打开 / 关闭单元格边框。这里的技巧是转到调色板面板，单击网格线色板，选择与单元格背景色完全相同的颜色作为网格线的颜色，这样网格线就消失了。想进一步了解它吗？您可以对单元格的颜色做相同处理。单击调色板面板内的单元格色板，使单元格的颜色与页面的背景色相同，现在照片就没有任何网格线，也没有任何单元格，它们现在显示在背景上，产生出整洁的效果。

▼ 从其他 Web 页面取样颜色

如果发现 Web 上页面具有您喜欢的配色方案，很容易就可以在自己的页面上使用完全相同的配色。只需转到调色板面板，单击想要修改的任意一个色板。例如，假如想要修改背景色，则请单击背景色板，当拾色器弹出后，光标变为一个大吸管。通常，我们在拾色器内的颜色上单击，但如果单击后并保持，实际上可以离开 Lightroom（保持鼠标按钮按下），把光标移动到 Web 页面上，移动时，它取样其下方位置处的颜色。得到您喜欢的新的背景色之后，释放鼠标按钮即可。当然，要这样取样，必须组织窗口，以便在屏幕上能够同时看到 Lightroom 和 Web 浏览器。

▼ 保存指定的画廊设计及其内照片

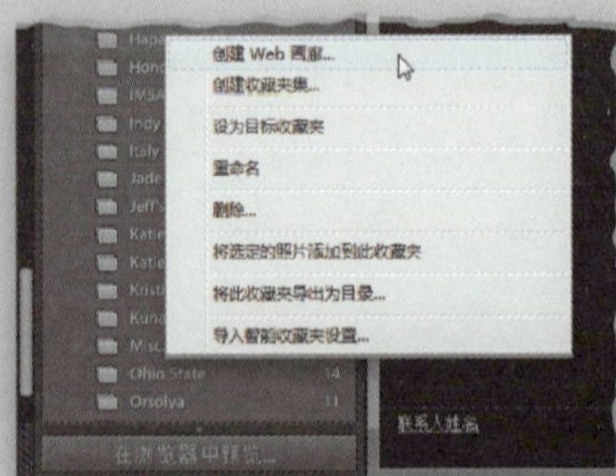

就像在打印和幻灯片放映模块内一样，Web 模块内的收藏夹面板允许存储 Web 画廊收藏夹，包括布局和具体的照片，这些照片的顺序与创建当前画廊所使用的顺序相同。这样，如果需要相同的画廊，以及相同的布局和照片及其顺序，您就能够得到。要实现这一点，请 Control- 单击（PC：右击）收藏夹，从弹出菜单中选择创建 Web 画廊。

▼ 使用网站信息面板的下拉列表节省时间

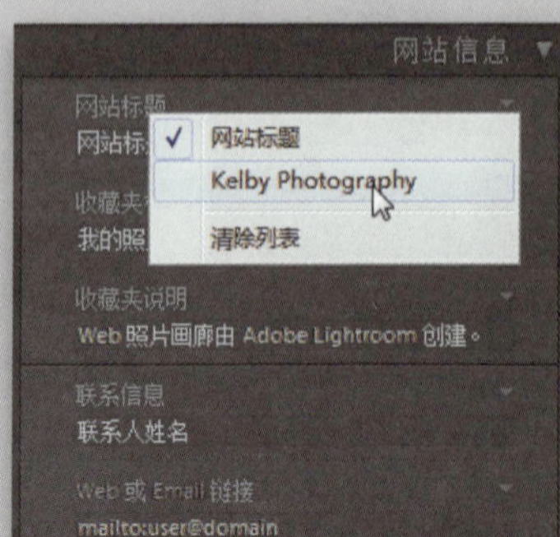

Lightroom 记录在网站标题、联系信息、Web 或 Email 链接和说明字段内输入的文本，因此，每次创建 Web 画廊时，不必再次输入相同的内容，可以转到网站信息面板（右侧面板区域内），在每个字段的右上角会看到一个小三角形。单击它，即可显示出在该字段内输入的最近使用过的文字列表。选择想要的文字，Lightroom 就会代为输入。

▼ 如果在图像页面大小滑块上方看到警告图标该怎么办

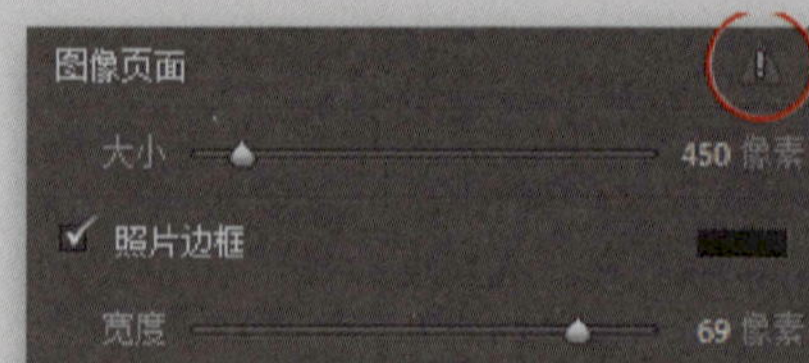

图像页面滑块（位于外观面板的中部）让我们选择在人们单击缩览图时他们所看到的预览（较大）图像的尺寸。然而，当在缩览图视图内时，观看下图像页面滑块的右上角，总会看到一个小警告图标。这告诉我们在尝试使用该滑块之前，应该先单击缩览图，以便能够看到更大的预览图像（就是该滑块调整的图像），因为没有看到更大尺寸，所以目前是在盲目地拖动该滑块。

▼ 隐藏上载设置面板，以节省空间

如果不使用 Lightroom 的内置 FTP 功能把 Web 画廊直接上传到服务器，那就可以隐藏上载设置面板，使右侧面板区域变得更短，节省滚动时所花的时间。要隐藏它，请 Control- 单击（PC：右击）该面板标

Lightroom 快速提示

题，在弹出菜单中可以看到每个可见面板旁边都有一个选取标记。要隐藏上载设置面板，只需从该菜单中选择它。如果需要显示它，再次选择它即可。

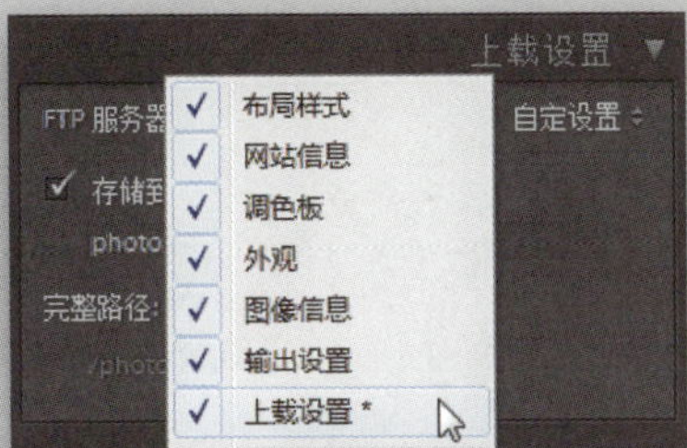

▼ 不能修改缩览图的大小

虽然我们可以选择在人们单击缩览图时他们所看到的预览（较大）图像的尺寸，但 HTML 模板内没有选项可改变缩览图自身的大小（我这样告诉您，以免您再费尽心思去找它），而基于 Flash 的模板则提供该选项（使用外观面板内缩览图部分的大小滑块）。

▼ 删除照片

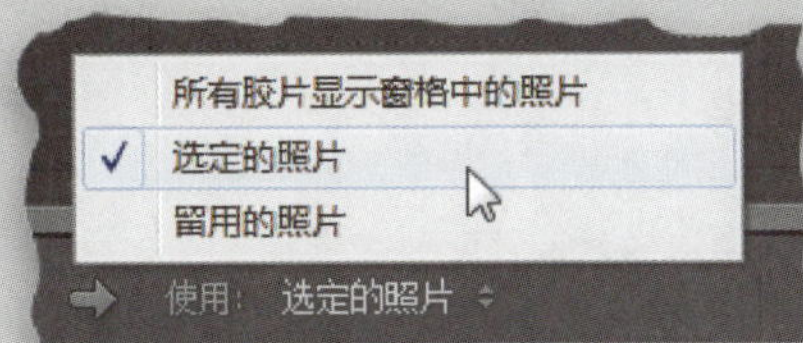

默认时，Web 画廊将包括收藏夹内选中的所有照片。要删除画廊中的照片，则必须从收藏夹中删除，或者从中央预览区域下方工具栏左侧使用下拉列表中选择选定的照片，这样只有被选定的照片才会显示在画廊内。

▼ Web 链接

如果使用画廊让客户校样，问题是这将只是当前 Web 网站内的一个页面，而不是整个网站自身。这就是为什么可能要考虑让 Web 链接到主页的原因。例如，假如我把校样页面发布在 www.scottkelby.com/hapa。那么，在网站信息面板内，我添加一个到 www.scottkelby.com 的 Web 链接，并把联系信息文本修改为“主页”。

摄影师：Scott Kelby | 曝光时间：1/50s | 焦距：70mm | 光圈：$f/3.5$

人像处理工作流

到目前为止，本书一章介绍这个主题，另一章又介绍那个主题——一章介绍导入，另一章介绍编辑；一章介绍组织，另一章又介绍打印。但我认为用一章集中介绍所有内容很有益处——可以从头至尾看到整个过程，我认为甚至应该包括照片拍摄的细节。本章将用一步步的工作流从头至尾演示从拍摄开始，一直到最终打印的整个过程，您可以基于此创建自己的工作流。

13.1 工作流第 1 步：一切从拍摄开始

我将这个工作流用于拍摄人像。在这个例子中，我拍摄女性头部特写（使用两盏影室闪光灯），因此，我们这里先从拍摄开始介绍，只要有可能，我就采用联机拍摄方式（把相机连接到笔记本计算机，直接拍摄到 Lightroom 内），因为这样可以以全屏尺寸观看图像，而不是在相机后背微小的 3 英寸液晶屏上观看。

第 1 步：

在布置灯光之前，我使用相机所带的 USB 电缆把我的 Nikon DSLR 连接到笔记本电脑。连接之后，我启动 Lightroom 3，转到文件菜单，从联机拍摄子菜单中选择开始联机拍摄。在联机拍摄设置对话框内输入我需要的内容（如图像在笔记本电脑上的存储位置），单击确定，它打开一个浮动窗口。现在，我准备好了（有关设置 Lightroom 联机拍摄的详细内容，请参阅第 1 章和第 4 章）。

图 13-1

第 2 步：

我这次拍摄使用两盏灯光照明。主灯安装在吊杆架上一在模特头部上方，以 45° 角度朝她背后照去（如图 13-2 所示）。在主灯的前面，我安装了美人碟附件，它看起来像一个非常大的反射镜。这种配件最适合这种拍摄，因为其光线比柔光箱稍强一点，不会创建出强光效果（在碟内，闪光灯前有一个圆形金属反光板。光线照射到这个金属反光板上，反光板把光线反射到碟内后再照射出去，光线到达模特时会变得柔和）。

注意：拍摄女性头部特写时需要模特做两点准备：（1）穿的上衣要在肩部以下，（2）把头发在后方扎成一个马尾束，如图 13-2 所示。

图 13-2

图 13-3

第 3 步：

辅灯只应该填充阴影（这样模特眼睛和下巴下方不会有暗圈），因此我把它定位在下方，以 45° 角度朝上对准模特的面部。我希望这一填充光比主光更柔和，因此不用另一个美人碟附件，而是使用一个小柔光箱（这个柔光箱是 24 平方英寸）。如果观察下上一步中的现场照片，就会看到一个灯光位于上方，以 45° 角朝下照射，另一个灯光位于下方，以 45° 角向下照射。之后，我们要确定自己的位置，使我们能够在这两个灯光之间进行拍摄（如图 13-3 所示。这种灯光布置有时被称作“蛤壳”，因为它看起来有点像蛤壳，或“立式”灯光布置）。

图 13-4

第 4 步：

这次拍摄我使用的是 Nikon D3 全幅相机，70–200mm f/2.8 镜头，我通常用 200mm 端拍摄。在使用影室闪光灯时，我总是用手动模式拍摄，这次拍摄我使用的是 f/5.6、1/160 秒，为了尽可能保持图像干净，我使用相机的最低 ISO 设置，D3 的最低 ISO 设置是 200 ISO。我用无线方式触发闪光灯，使用 Elinchrom Skyport 无线触发器。

13.2 工作流第 2 步：拍摄之后立即执行该操作

拍摄结束之后，在 Lightroom 和 Photoshop 内开始排序 / 编辑处理之前，我们有一些“重中之重”的事情要做，这就是在执行任何其他操作之前应立即备份照片。我实际上还在现场的时候就备份了（我使用两个 OWC Mercury On-The-Go High-Speed 80-GB 便携式硬盘备份）。

第 1 步：

联机拍摄（直接从相机传送到笔记本计算机，像我在这次拍摄中做的那样）时，照片已经位于计算机上，它们已经在 Lightroom 内，但是还没有备份。这些照片惟一的副本是在这台计算机上。如果笔记本计算机出现问题，这些照片就永远丢失了。因此，在拍摄之后要立即备份这些照片。尽管在 Lightroom 内可以看到照片，但还需要备份这些照片文件自身。一种快速查找其文件夹的方法是转到 Lightroom，Control- 单击 (PC: 右击) 这次拍摄的照片，从弹出菜单中选择 Show in Finder (PC: Show in Explorer，在资源管理器中显示)，如图 13-5 所示。

图 13-5

第 2 步：

这将打开 Finder (PC: Windows 资源管理器) 的文件夹窗口，实际照片文件显示在其中，因此请单击该文件夹，把这个文件夹拖放到备份硬盘上（这必须是一个独立的外置硬盘，而不只是同一台计算机上硬盘的另一个分区）。如果您没有外置硬盘，则至少要把该文件夹刻录到 CD 或 DVD。

图 13-6

13.3　工作流第 3 步：找出“留用”照片并建立收藏夹

现在照片已经处于 Lightroom 中，并且被备份到独立的硬盘（或者 CD/DVD），因此，现在该为这次拍摄的照片创建“保留”收藏夹，以删除那些虚焦、闪光灯没有触发或者混乱的照片（排除旗标的照片）。我们将通过创建收藏夹简化后面的工作，之后在该收藏夹集中为留用和选择图像（要展示给客户的最终图像）创建另一个收藏夹。

图 13-7

图 13-8

第 1 步：

在图库模块内，请转到收藏夹面板（位于左侧面板区域内），单击该面板标题右侧的 +（加号）按钮，从弹出菜单中选择创建收藏夹集。当创建收藏夹集对话框弹出后，把新的收藏夹命名为“Beauty Headshot”，之后单击创建按钮。现在我们得到了收藏夹集，可以在其中保存我们的留用图像以及要展示给客户的最终图像。在像这样联机拍摄时，我的工作流稍有不同，因为我这时无法像从存储卡导入照片时那样可以单击上一次导入（位于目录面板的顶部），查看刚导入的所有照片。因此，我要再执行一步操作，回到保存这些照片的文件夹，但别担心，我们很快就会转到那里。

第 2 步：

转到文件夹面板内（位于左侧面板区域内），单击在影室拍摄的照片文件夹名称。按 Command-A（PC: Ctrl-A）选择这次拍摄的所有照片，之后按 Command-N（PC: Ctrl-N）为这次拍摄创建收藏夹。当创建收藏夹对话框打开后，把该收藏夹命名为“Full Shoot”，从集下拉列表内选择 Beauty Headshot（这样，该收藏夹将存储在主 Beauty Headshot 收藏夹集下，我们可以把所有女性头部特写保存在一个大收藏夹内。稍后就会看到这样做的意义所在）。

第 3 步：

我现在要查找这次拍摄中的留用照片。请转到收藏夹面板，展开 Beauty Headshot 收藏夹集，从中可以看到 Full Shoot 收藏夹。单击它，之后在网格视图内，实际第一幅照片（这样它放大在放大视图内），开始标记处理：每当看到一幅可留用照片时，按键盘上的字母 P，每当看到需要排除的照片（虚焦、构图失败、杂乱等）时，按字母 X。使用键盘上的箭头键在所有图像之间移动（请记住：只有留用和排除一而没有星级等），关于留用和排除方面的内容，请参阅第 2.2 节）。

图 13-9

第 4 步：

选出留用照片（并从照片菜单选择删除排除的照片，删除排除照片）之后，请转到预览区域上方的图库过滤器，单击属性，之后单击白色留用旗标过滤图像，以便只显示出留用照片。现在按 Command-A (PC: Ctrl-A) 选择所有留用照片，之后按 Command-N (PC: Ctrl-N) 创建新的集合。该对话框弹出后，把这个收藏夹命名为"Picks"，从集下拉列表内选择 Beauty Headshot 集，一定要打开包括选定的照片复选框，单击创建按钮。这将把这些留用照片保存在 Beauty Headshot 集下它们自己的收藏夹内（如图 13-10 中红色圆圈所示）关于收藏夹方面的内容，请参阅第 2.2 节）。

图 13-10

图 13-11

图 13-12

第 5 步：

这些是这次拍摄中的留用照片，但是，我喜欢把它们进一步精简到只有那些我想展示给客户的照片。要精简到“优中之优”，我选择某个姿势的所有图像，之后从中找出那个姿势的最佳照片。我的 Picks 收藏夹内共有 17 幅照片（取自这次拍摄的 67 幅照片），但我想把它精简到八九幅最佳照片。这里，我选择具有类似姿势的 9 幅照片，之后按字母 N 进入筛选模式，在这种模式下更容易筛选。我通常这时进行精简，首先从左上角开始，我观察这幅照片，问自己“这幅最佳吗？”如果不是，则把光标移动到该照片上，在其右下角显示出 X。单击该 X，该照片就退出竞争（它没有被删除，只是从该屏幕中移去，以方便我们筛选）。

第 6 步：

我这里从这 9 幅照片中筛选出 4 幅最佳照片，现在单击每幅照片，之后按 P 键把它们标记为留用（在前面创建 Picks 收藏夹时，它们会自动移去留用标记，因此现在可以再次使用它们）。完成之后，按 G 回到常规网格视图，选择一组下一个姿势照片，执行相同的操作，直到对整个 Picks 收藏夹处理完成为止。现在，打开留用旗标滤镜（像我在第 4 步中所做的那样），屏幕上显示出来的就是最佳照片。请选择所有这些照片，再创建另一个新的收藏夹，把它命名为“Selects”，并保存在 Beauty Headshot 收藏夹集内。现在，这些是客户将实际看到的照片（从现在开始，我们将只处理这些照片）。

13.4 工作流第 4 步：编辑选中的照片

现在已经把图像精简为将要演示给客户的这一部分，需要做出决定的时间到了：是想让客户以“原样”查看校样照片，还是想先在 Lightroom 的修改照片模块内调整它们？如果您想“原样”展示，则请跳到下一节。但是，如果您愿意花几分钟时间调整白平衡、曝光以及其他简单的调整，那就在这里跟着我操作。顺便提一下，这是一些快速调整，我们现在不想花费大量的编辑时间，因为客户很可能只想找出两幅最终图像。

第 1 步：

这些照片需要调整白平衡，因此请转到修改照片模块的基本面板。我们在第 4.3 节校正过这次拍摄的另一幅照片，因此可以转到那里了解更多细节，但我是在偏褐色的灰色背景下拍摄模特（她的皮肤色调看起来偏黄）。因为它们都存在类似的白平衡，因此请按 Command-A (PC: Ctrl-A) 选择所有图像。选择白平衡选择器工具 (W)，在其中一幅照片的背景上单击，现在它们全得到正确的白平衡。实际上，对于这样的女性照片，我喜欢白平衡稍微冷色调一点，因此我把色温滑块向左拖一点。顺便提一下，如果选择偶来所有照片，设置一幅照片的白平衡时，其他照片不会改变，因为我们还没有打开自动同步按钮。

图 13-13

第 2 步：

这些照片中大多数的曝光度正确（但其中有一幅的曝光度必须增加一点），但我通常在发送照片之前要加亮白眼球。这里介绍另一种加亮白眼球的方法：选择调整画笔 (K)，只在白眼球上绘制，把曝光度提高一点（如图所示）。根据照片不同，之后可能要单击新建按钮，从效果下拉列表中选择对比度，增加对比度量，在虹膜和瞳孔上绘图（在这个例子中，我觉得这幅照片作为校样已经足够了）。现在对其他 8 幅图像做同样的变白处理。

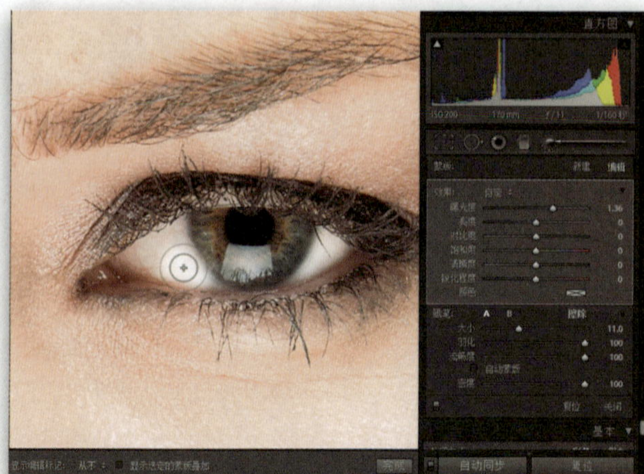

图 13-14

图 13-15

第 3 步：

最后可能要添加轻微的暗角效果，使照片的边缘区域变暗，把注意力真正集中在她的面部。请转到镜头校正面板，单击其顶部的手动。之后，在镜头暗角部分，把数量设置为 –33，中点（变暗向图像内的延伸程度）设置为 0（最大量），以获得图中所示的精细效果。我这时所做的调整只有这些，但是，当客户做出最终决定后，我当然会回来真正处理眼睛，消除所有黑痣（使用污点去除工具），田间一些减淡和加深效果，以增强她面部的阴影和高光（使用调整画笔），等等，但目前我在 Lightroom 内只做这些调整。

13.5　工作流第 5 步：让客户在 Web 上校样

我们已经调整好想演示给客户的照片（或者“原样”演示给他们），该把这些校样放到 Web 上，让客户做出决定了。我们将使用 Lightroom 创建简单的校样 Web 页面——与我用于客户校样的页面相同——我只用两分钟时间就创建好页面，并让它投入运行，因为我们将定制 Lightroom 3 所提供的一个内置面板。

第 1 步：

转到 Web 模块，在左侧面板区域内的收藏夹面板中，单击我们的 Selects 收藏夹，这将把照片装载到 Web 模块内上一次使用过的 Web 模板内。此外，在工具栏内，一定要从使用下拉列表内选择所有胶片显示窗格中的照片。我们将定制其中的一个内置模板，因此请转到左侧面板区域内的模板浏览器面板，单击 HTML 画廊（默认）。在让客户校样时我喜欢使用这个模板的主要原因之一是：它在每个单元格的左上角放置一个大编号，这使客户更容易告诉您他们认可哪些照片。

SCOTT KELBY

图 13-16

第 2 步：

让我们花两分钟时间来定制该模板的外观和文本。首先，如果拥有带影室名称的身份标识，则请在这里打开它（如图 13-17 所示，在右侧面板区域内的网站信息面板中）。如果没有，则请直接单击文字“网站标题”（Web 页面自身上），输入影室名称。之后单击占位符文字，输入文本，添加您喜欢的其他任意文字行。此外，请在网站信息面板内联系信息字段下方的 Web 或 Email 链接字段内添加您的电子邮件地址（所有这方面内容在第十二章详细解释过）。此外，您可能还需要把“我的照片”修改为其他更有意义的内容，对吗？

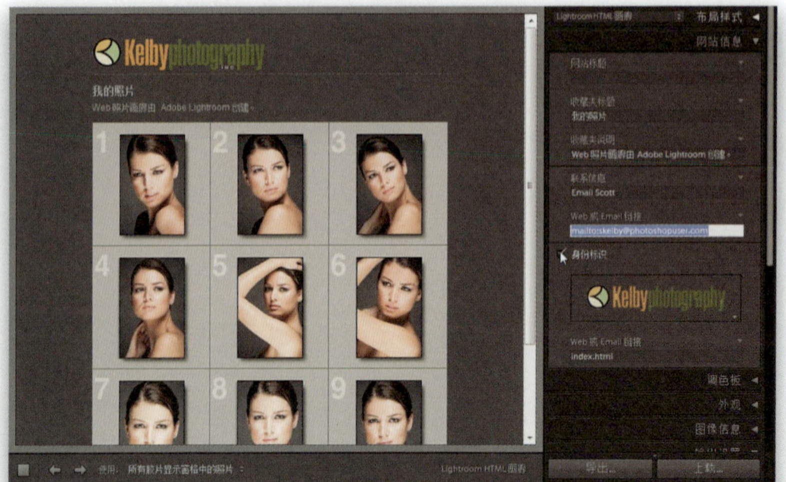

图 13-17

图 13-18

第 3 步：

在这个默认模板内，我始终修改的一项内容是编号的颜色（暗度），我的客户提到他们一开始确实没注意到这些编号，因此我总是使它们变暗一点。请向下滚动到调色板面板（右侧面板区域内），就会看到编号色板。在其上单击，打开编号拾色器，单击顶部的深灰色色板（如图 13-18 所示）。选择不同层次的灰色时，可以实时看到预览，因此，要选择与背景反差够大的颜色，使客户能够很容易地辨认出编号，之后单击拾色器左上角的小 ×，关闭它。

图 13-19

第 4 步：

现在已经准备好了，但我这时总是要预览下 Web 页面，以观看最终的效果（并测试一切是否正常，包括我的电子邮件链接）。因此，请单击左侧面板区域底部的在浏览器中预览按钮，这将启动 Web 浏览器，打开校样页面，因此可以看到最终所用 Web 页面的实时预览（如图 13-19 所示）。我单击缩览图，查看大尺寸预览效果（如果大尺寸预览显得太小，则可以在外观面板内修改其尺寸），我总是要检查电子邮件链接，查看它是否能启动我的电子邮件程序，并填入正确的电子邮件地址。如果一切正常，单击右侧面板区域底部的导出按钮，保存 HTML Web 页面，准备把它上传到 Web。如果在服务器上为自己的 Web 网站租用了主机，则可以单击上载按钮（导出按钮的旁边。重申一遍，关于这方面更详细的内容，请参阅第十二章），直接让 Lightroom 把网站内容上传到 FTP 站点。

13.6 工作流第 6 步：在 Photoshop 内做最终的调整和处理

客户把他们选取结果告诉我之后，我就开始处理最终图像——首先在 Lightroom 内，之后，如果需要，就转到 Photoshop。在这个例子中，因为我要做一些更复杂的人像修饰，所以需要转到 Photoshop 来完成，但这一处理总是从 Lightroom 开始。使用 Lightroom 界面的提示，使您能够更容易地使用它。

第 1 步：

客户通过电子邮件把他们的选取结果发送给我之后，我转到图库模块内的 Selects 收藏夹，我要么把这些图像标记为留用，要么按键盘上的数字 6 把它们打上红色标签（我通常不这样做，但我们甚至还可以为客户最终选择的留用图像创建一个独立的收藏夹，并把它命名为“Client Selects”，但是否这样做完全由您决定）。在这个例子中，客户只选中两幅照片（我用红色标签标记它们），我将对它们所做的修饰非常类似。在转到 Photoshop 之前，我这里打算在 Lightroom 内对它们做两点小调整：第一点是把曝光度稍增加一点儿，这样图像看起来更明亮（女性头部特写的典型效果），因此请转到修改照片模块内的基本面板，把曝光度滑块向右稍拖一点儿（我这里把它增加到 +0.40）。

图 13-20

第 2 步：

我要做的第二项调整是变暗她的肩部和颈后部。她面部是图像的焦点，注意力自然先被吸引到照片中最亮的部分，我们不想让她的肩部成为焦点，对吗？因此，请选择调整画笔（K），从效果下拉列表内选择曝光度（以把所有画笔滑块全部复位到 0），把曝光度滑块向左拖动一点，这样它使图像变暗，之后在她肩部和颈后部绘图（如图 13-21 所示），使这些区域变暗。请记住：绘图之后，始终可以再回来修改曝光度数量，使其效果达到最佳。

图 13-21

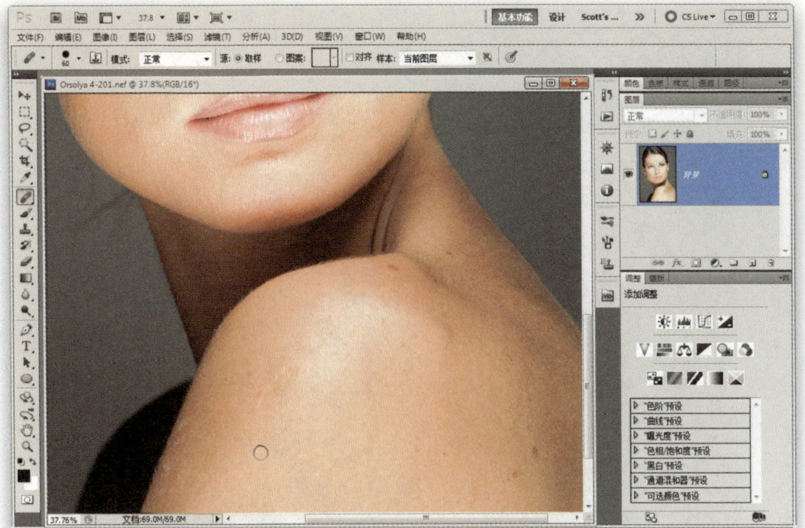

图 13-22

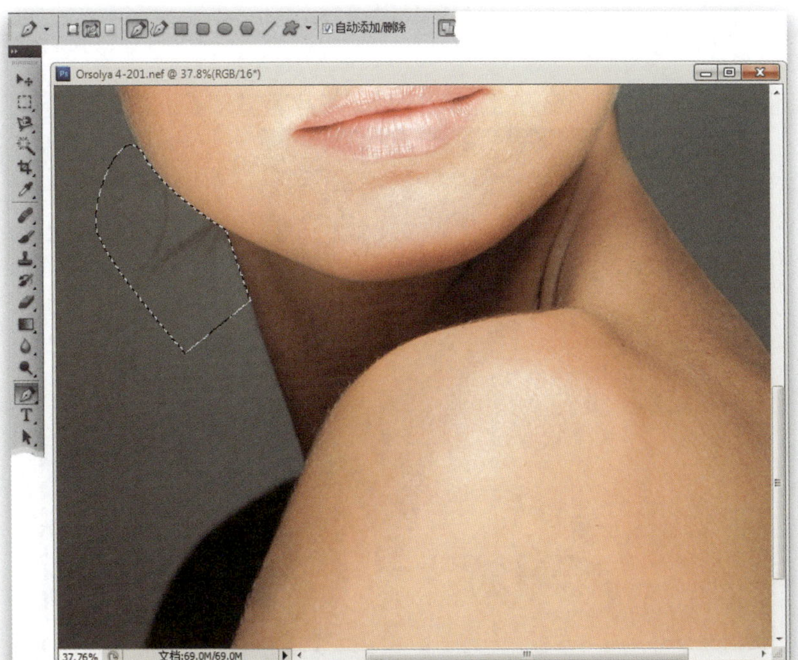

图 13-23

第 3 步：

现在，我们转到 Photoshop。按 Command-E (PC: Ctrl-E)，稍等片刻，图像就显示在 Photoshop 内（如图 13-22 所示）。当然，这样做是假设您已经有 Photoshop。我在修饰照片时总是先消除黑痣。从技术上来说，使用 Lightroom 内的污点去除工具可以消除黑痣，但使用 Photoshop 的修复画笔工具更快，对于大块黑痣，我喜欢使用 Photoshop 的修补工具。因此，我这里将转到 Photoshop 消除黑痣。请选择修复画笔工具（按 Shift-J，直到选择到它为止），使画笔比要消除的黑痣稍大一点，之后把画笔光标放置到黑痣周围的干净点上。在这一干净点上 Option- 单击 (PC: Alt- 单击)，之后把光标移动到黑痣上，单击一次即可消除它。别绘图，只是单击而已。

第 4 步：

如果要删除伤疤或者较大的黑痣（或者一组黑痣），请切换到修补工具（按 Shift-J 直到选中它为止），在黑痣周围绘制一个宽松的选区。在选区内单击，把它拖放到干净点皮肤区域，释放鼠标按钮。它就会快速返回到位，黑痣就消失了。这里所看到的图像是用修复画笔和修补工具处理 60 秒左右后的效果。让我们进入下一个要处理的问题：她马尾辫头发中一些伸出的部分。这要使用仿制图章工具来消除（很容易修饰），但为了不要意外擦除到她的面颊或颈部，因此我总是先在要仿制掉的区域周围放置一个选区。之后，只能在选中的区域内仿制，这要就不会意外仿制到它的外部，破坏她的面颊或颈部（但您可以使用自己喜欢的任意选区工具）。

第 5 步：

绘制选区后，选择仿制图章工具 (S)，在干净的背景区域上 Option- 单击 (PC: Alt- 单击)。之后只在选区内散飘的头发上绘图 (如图 13-24 所示)。重申一遍，建立选区后，不会意外仿制到选区外部她的面颊或颈部。处理完成后，按 Command-D(PC: Ctrl-D) 取消选择。

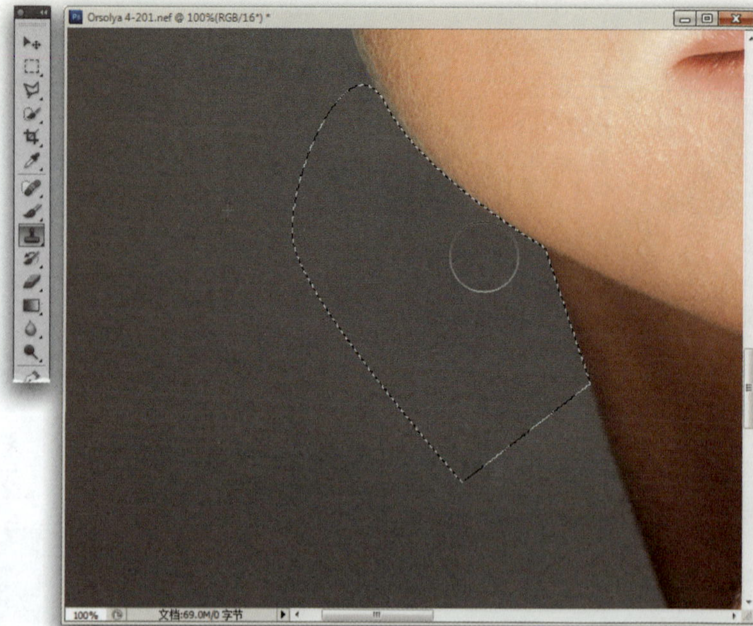

图 13-24

第 6 步：

在处理这要的女性头部特写时，最后总是要对头发做修饰。在这个例子中，头发存在小缺口 (从她耳朵上方可以看到)，但我们要对此进行处理，使它不那么明显。请转到滤镜菜单，选择液化 (修饰人员的秘密武器)。这将打开液化对话框，它有自己的一套工具和控件 (别担心——我们将只使用其中的一个工具，不会用到该对话框右边的控件)。

图 13-25

图 13-26

第 7 步：

单击向前变形工具（对话框左上角工具箱内的第一个工具），使画笔比我们要移动（是的，我们将把她的头发移动到位）的区域稍大一点（使用键盘上的左、右括号键改变画笔尺寸）。之后，用画笔在她头发缺口中“凹”的底部单击，并把它拉起（如图 13-26 所示），使它与其头发其余部分平齐。要得到这样平齐的效果可能要推拉多次，但是，该工具用上一两分钟之后，您就会完全感觉到它的作用。基本上来说，它我们移动对象，就像它们是液体一样（而不是水，它更像糖浆，但这是我们想要的效果）。处理好这侧头发之后，可以看到她另一侧头发也有缺口，请加以校正（使用同样的工具），之后单击确定按钮。

图 13-27

第 8 步：

从图中可以看到她的头发现在看起来整齐多了。请再次切换到修复画笔，让我们消除她眼睛下方那些微笑的皱纹（非常微小，但这真是修饰通常要处理的——校正大量微不足道的事情）。请把修复画笔移动到她皱纹左侧附近光滑的区域，Option-单击（PC: Alt-单击）以选择该点作为取样点，之后在皱纹上绘图，它就消失了。每只眼睛下方有两道皱纹，因此请细心修复它们。

第 9 步：

让我们向她的头发添加一些高光。请按 Command-J (PC: Ctrl-J) 复制背景图层，之后把该图层的混合模式从正常修改为滤色，这使照片变亮。现在按住 Option (PC: Alt) 键并保持，单击图层面板底部的添加图层蒙版图标（如图 13-28 中红色圆圈所示），以便把这个较亮的图层隐藏到纯黑色蒙版之后。现在选择画笔工具，选择一支柔角画笔（从选项栏内的画笔选择器选择），把前景色设置为白色（按字母 D），之后在她头发上已经有高光的区域上绘图。初看起来它显得太亮，但我们可以用该图层的不透明度滑块控制其亮度。请把它设置到 60% 左右（如图所示），使高光看起来更自然。

图 13-28

第 10 步：

接下来，我们有点吹毛求疵了。她的颈部有两道褶皱，因为她把头扭向相机。请放大这部分图像，以便能更清晰地看到它们。之后按 Command-Option-Shift-E (PC: Ctrl-Alt-Shift- E) 为该图像的拼合版本创建一个新图层（这保持其他图层不变，以防以后需要回头处理它们。我们不会这样，但您知道，这是以防万一）。现在，选择修补工具，在第一道褶皱周围绘制选区。在选定的区域内单击，把它拖到右边没有褶皱的区域，之后释放鼠标按钮，褶皱就消失了！请处理这两道褶皱，如果留下任何痕迹，则请切换到修复画笔，消除它。

图 13-29

图 13-30

第 11 步：

吹毛求疵，第 2 部分：图像右侧的眼睑部分有点下垂，因此请回到液化滤镜，选择向前变形工具，把光标放到她的眼睑上，单击并向上拖动（一定要要小心，不要拖动她的虹膜，不然的话，她的眼睛看起来就像椭圆了）。可能要轻移几次才能得到合适的效果，但只要记住每次要轻移，就会得到满意的效果。完成之后，单击确定，把我们所做的修饰应用到眼睑。

图 13-31

第 12 步：

在 Photoshop 内完成所有编辑后，还剩下两个重要步骤。（1）按 Command-S（PC: Ctrl-S）保存图像。不要重命名它，不要选择不同的地方存储它，不要执行存储为命令。只是按简单 Ctrl-S 保存它。（2）关闭图像。只做这两步，编辑后的图像在 Lightroom 内就显示在原来未编辑图像的旁边，但文件名之后添加了“- 编辑”（我把这两幅图像并排显示，这样可以看到它们之间的差别，其中包括散飘的头发得到校正，面部变得更亮，黑痣消除了，眼睛变得更亮、反差更大，肩部和颈部变暗，使她的面部显得更突出）。接下来，我们将介绍怎样把完成后的文件发送给客户。

13.7 工作流第 7 步：传递最终图像

两幅图像都得到修饰之后，就该把最终图象传送给客户了，以下是最常采用的三种传送方式：(1) 为客户打印出最终照片，(2) 用电子邮件把最终图像的高、低分辨率版本发送给客户，(3) 把最终图像刻录到 CD/DVD，再把它们以传统方式传递给客户。下面简要介绍这三种方式，当然，自己打印是最难的一种方式，因此我们先从两种比较简单的方式开始介绍。

第 1 步：

为了把图像保存到 CD/DVD 上，首先按 Command-Shift-E (PC: Ctrl-Shift-E)，打开导出对话框（如图 13-32 所示）。在左侧的 Lightroom 预设列表内，单击刻录全尺寸 JPEG。在文件命名下方，选择并输入自定名称，之后，之后在文件设置部分，对于 JPEG 品质，选择 80。在输出锐化部分，一定要打开锐化对象复选框（我选择高光纸和标准锐化量），之后打开元数据部分的嵌入最少元数据复选框，以删除个人相机信息（但不删除版权信息）。此外，还要选择是否在图像内嵌入包含水印，之后单击导出，把一张空白光盘插入到您的 CD/DVD 驱动器内。

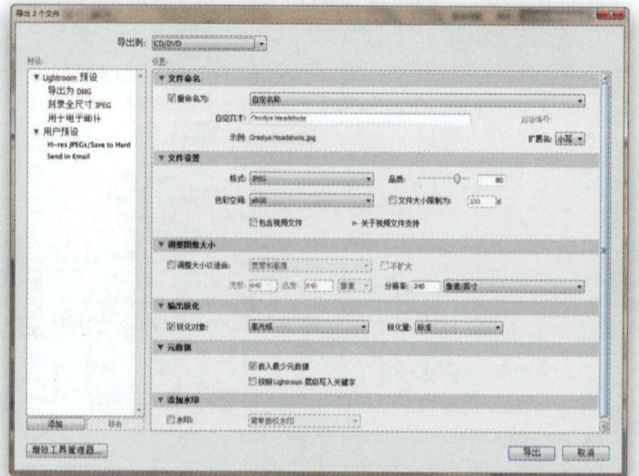

图 13-32

第 2 步：

如果要通过电子邮件发送图像，则请单击用于电子邮件预设（位于导出对话框左侧的 Lightroom 预设列表内），之后，在该对话框的顶部会看到，导出到下拉列表现在设置为硬盘，因此它只是把文件保存到计算机上，而不是把它们自动刻录到光盘。我通常把文件设置中的品质增加到 80，但是，如果文件大小是主要考虑的问题，则可以保持其设置为 50 不变。默认时，该预设使照片的物理尺寸减小，以适合于电子邮件发送，因此，如果想让图像保持它们的全尺寸，则请关闭调整图像大小部分的调整大小以适合复选框。

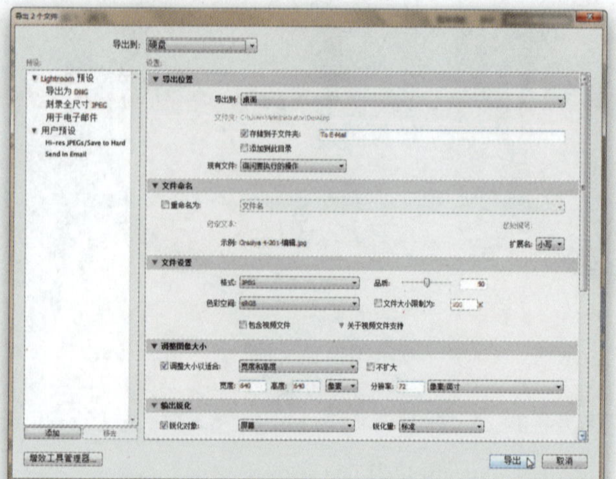

图 13-33

图 13-34

第 3 步：

相反，如果准备自己输出打印照片，则请先跳转到打印模块，在左侧面板区域内的模板浏览器中，单击想要使用的模板（我为这里的图像选择艺术边框模板）。该模板的默认页面设置是美国信封 (8½ × 11 英寸)，因此，如果需要不同的尺寸，则请单击页面设置按钮（位于左侧面板区域的底部），从中选择自己的尺寸。该对话框打开后，选择打印机、纸张尺寸和方向，单击确定应用这些设置。选择新的页面尺寸后可能需要调整页边距，因为它不会自动调整，使布局看起来完全相同。

图 13-35

第 4 步：

现在该打印图像了（第 11.9 节深入介绍过该内容）。请向下滚动到打印作业面板（在右侧面板区域内），从顶部的打印到下拉列表内选择打印机。之后，对于打印分辨率，因为我是用彩色喷墨打印机打印，所以可以保持它为 240 ppi 不变。一定要打开打印锐化复选框，从右边的下拉列表内选择锐化量（对于高光打印纸，我通常选择高锐化），之后从纸张类型下拉列表内选择打印所用的纸张类型（我这里选择高光纸）。如果您的打印机支持 16 位打印，则可以打开 16 Bit Output（16 位输出）复选框（目前，只有运行 OS X Leopard 及其更高版本的 Macs 计算机才支持 16 位打印），之后，在色彩管理部分，选择配置文件和渲染方法（这也在第十一章中介绍过），我这里选择相对。

第 5 步：

现在单击位于右侧面板区域底部的打印按钮，打开打印对话框（图 13-36 中所示的是运行 Windows 计算机的画面，但运行 OS X Leopard 的 Mac 打印对话框具有相同的基本功能，只是布局稍有不同罢了）。单击打印机名称右边的属性按钮，打开打印机属性对话框。单击该对话框中间 Mode（模式）部分的 Custom（自定），接下来从其下方的下拉列表内选择 No Color Adjustment（不做色彩调整），关闭打印机的色彩管理（我们最后要确定的是两种色彩管理方案，Lightroom 和打印机都试图确定正确的颜色）。从 Media Type（纸张类型）下拉列表内选择打印所使用的纸张，之后从 Print Quality（打印品质）下拉列表内选择 Quality Options（品质选项），从打开的对话框内选择打印品质和速度（我选择 Superphoto– 2880 × 1440 dpi，并打开 High Speed（高速）复选框。

第 6 步：

现在单击打印按钮后，请坐回去等待打印结果。如果打印出的图像太偏灰色，我则转到修改照片模块，在基本面板内增加亮度，再做一次打印测试—我不断调整亮度，直到它看起来满意为止。如果图像效果太红或者太蓝等，则降低相应颜色的饱和度数量，之后再做打印测试（得到好的打印作品的关键是先做打印测试，评价图像效果，而不是观看它们在屏幕上的效果，之后调整图像，再进行打印测试）。这就是我对人像从头到尾的处理工作流。请记住：之所以把这一工作流内容放在本书的结束位置，这是因为只有在您阅读本书其余章节之后它才有意义。因此，如果没有理解它的意义，则一定要回头参考我这里给出的章节，这样可以学到本书前面您已经跳过或者自认为不需要的内容。

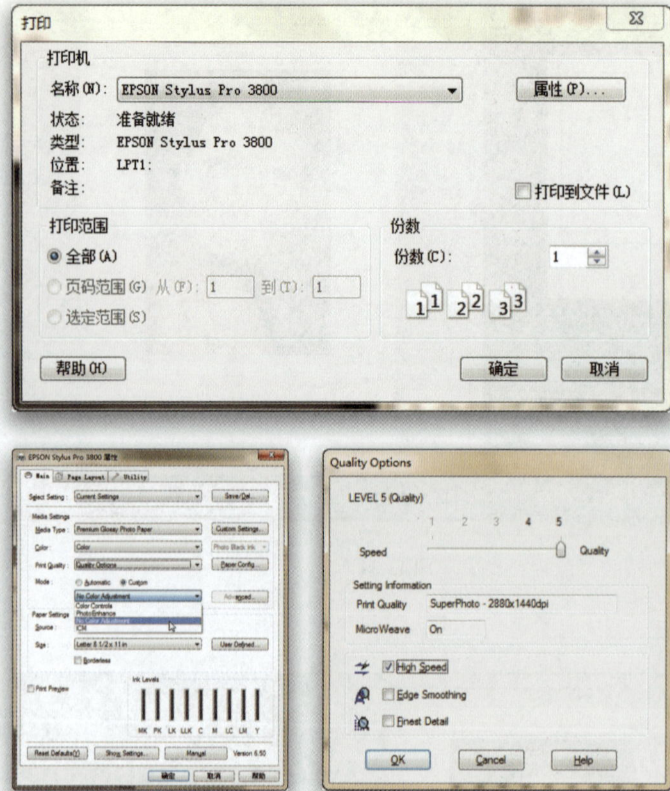

图 13-36

图 13-37

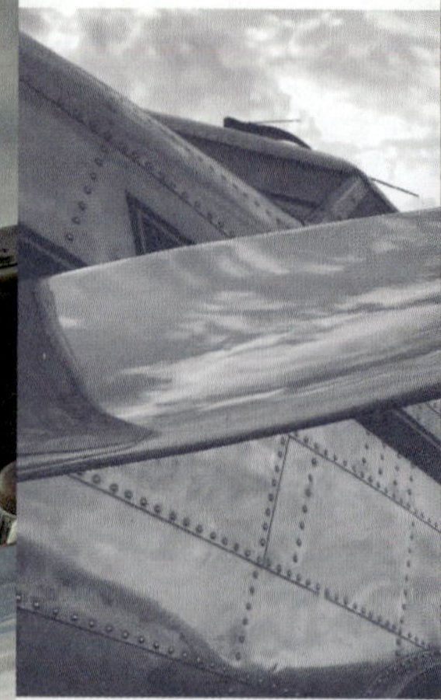

摄影师：Scott Kelby | 曝光时间：1/320s | 焦距：17mm | 光圈：$f/8$

Lightroom 七大核心技术

我编写的最成功的图书之一是《Photoshop 七大核心技术》。但这本书的名称本不打算这样叫。最初的想法来自我的哥哥 Jeff，他说希望看到我写一本书，在书中直接把从相机拍摄出的糟糕图像一步步详细处理，使它成为值得打印装框的图像。我喜欢他的想法，所以开始把问题图像——构图良好但存在其他问题的图像，如白平衡或者曝光问题，或者我认为不校正就要丢弃的任何图像——搜集到一个文件夹中。不久就搜集到大量的图像，这样我开始编写那本书。每章从头到尾都处理问题图像。大约编写八九章之后，我突然意识到，虽然这些图像的问题各不相同，但我校正它们时使用的是 Photoshop 内几个完全相同的工具。我意识到如果只教人们这七大核心技术，他们实际上就能够处理所有问题，因此我改写了那本书，集中介绍这七大核心技术，幸运的是，那本书得到了读者的认同。它是针对 Photoshop CS3 编写的，从那时开始之后的数年中，我把我的七大核心技术应用于 Lightroom 的照片修改模块，只使用其中的七个工具。因此，我这里想与您分享的是我针对 Lightroom 更新的七大核心技术，因此您可以集中研究这 7 点（请回头更详细地阅读本书前面照片修改章节）。

14.1 七大核心技术：项目一

使用 Lightroom 几年了（这是我针对该应用程序编写的第三本书），我意识到虽然在 Lightroom 内可以对照片做大量的编辑调整，但几乎在每幅照片上所做的调整最终可归纳为 7 点。因此，如果您真正掌握这 7 点内容，在遇到任何照片时就不会不知道应该先做什么，后做什么了。我们在介绍这 7 大核心技术时所使用的第一幅图像是旅游照片。

第 1 点：选择相机配置文件

这是直接取自相机的 RAW 照片。七大核心技术的第一点是转到修改照片模块，选择较好的图像编辑起点（首先处理的照片看起来更像已经处理过的 JPEG 图像——更多内容请参阅第 4.2 节）。请转到相机校准面板，尝试下该面板顶部配置文件下拉列表内的一些相机配置文件（顺便提一下，只需对以 RAW 模式拍摄的图像选择相机配置文件，因为 JPEG 已经嵌入了相机配置文件，而 RAW 照片则没有嵌入）。我通常使用使用以下配置文件：Camera Landscape、Camera Vivid 或者 Camera Standard。

选择 Camera Vivid 的图像效果如图 14-2 所示。从中难以观察出差别，因为到目前为止这幅照片上的白平衡偏差太多。但观察钟的侧面就可以看到其对比度更大，看起来更锐化，颜色更鲜艳（换句话说，其效果更接近我们在相机后背所看到的）。这种调整常常可以使图像效果产生巨大的变化，但具体在这幅照片上，白平衡偏差太多，所以其效果很细微，但通常这样的修改效果会显得更大，这就是在编辑图像时我先执行该调整的原因。

SCOTT KELBY

图 14-1

图 14-2

图 14-3

第 2 点：
调整白平衡

我拍摄这幅照片时是个大阴天，因此我把相机的白平衡设置为阴天。后来开始下雨，所以我们躲进附近的咖啡店，在等待咖啡的期间，我看天花板时看到这个钟，觉得它有点不合时宜，就抓拍了它。我的白平衡设置仍然是阴天，这就是这幅照片看起来这么偏向橙黄色的原因，但这很容易校正，在基本面板内可以采用三种方法校正它（见第 4.3 节介绍）:（1）尝试内置白平衡预设（这幅照片中使用白炽灯似乎最佳），（2）朝蓝色方向拖动色温滑块，直到黄色消失为止，（3）像我这里所做的，抓住白平衡选择器工具，在照片内应该是浅灰色的区域单击一次（我单击时钟右边的墙壁），白平衡就得到校正。

图 14-4

第 3 点：
调整总体曝光度

七大核心技术的第三点是使用基本面板内的曝光度、高光校正、亮度、补光效果和黑色色阶（阴影）滑块调整总体曝光度。这幅照片有点暗，因此我们先向右拖动曝光度滑块，使整幅图像变亮。从直方图的右上角可以看到已经出现修剪（见 4.7 节），单击它就会看到时钟后方天花板内的亮光出现修剪。背景虚焦，这不是重要的细节区域，因此我不会费力校正它（您可以向右拖动高光修正滑块，但这部分过曝严重，无法校正。幸运的是，就像我刚说的，这部分不是重要的细节区域）。

因为主体（时钟）后方存在明亮的亮光，因此可能要提高一点补光效果，以加亮时钟。但要记住：如果把该滑块向右拖动太多，就必须把黑色色阶滑块向右拖动一点，以免过曝（照片看起来有点过曝，我们不想使它变得更糟糕）。

可以用下面方法校正这种总体过曝效果：恢复颜色的饱和度，以及阴影区域的深度。只要只需向右拖动黑色色阶滑块，使颜色看起来比较饱和，照片不再过曝为止（如图 14-6 所示，我这里把黑色色阶滑块拖到 30）。

图 14-5

图 14-6

第 4 点：
增强对比度

接下来的一点是增强照片的对比度，因为大多数 RAW 照片看起来有点单调（这就是在处理所有 RAW 图像时 Adobe 把中对比度作为点曲线默认设置的原因。对于 JPEG 图像，根本不需要增强对比度，点曲线设置为线性）。请转到色调曲线面板，从点曲线下拉列表内选择强对比度。如果对比度强度足够，这样就设置完成了。如果不够，使曲线变得更陡一点就可以进一步增强对比度（单击上数第二个点，然后使用上箭头键把它移高一点，以增强照片高光区域。之后单击曲线下数第二个点，按键盘上的下箭头键两次，以增强黑色区域。我认为对这幅照片不需要这样做，但您了解这种方法可以在必要时使用，关于这部分内容请参阅第 4.10 节）。

图 14-7

图 14-8

第 5 点：
局部调整

局部调整只影响照片的一部分，局部调整工具位于直方图下方（关于这些内容的更详细介绍请参阅第 5 章）。例如，为了只使时钟面板部分变得更亮（而不影响其他任何区域），请单击调整画笔，之后从调整画笔选项面板（单击之后它显示在画笔的下方）的效果下拉列表内选择曝光度。把曝光度滑块向右拖动一点儿，之后用该画笔在时钟上绘图（如图 14-8 所示）。如果绘图错误，则请按 Command-Z(PC: Ctrl-Z) 撤销绘图，之后重新开始。此外，一定要打开自动蒙版复选框——有助于避免意外绘制到时钟面板外的区域。在其面板上绘图之后，可以拖动曝光度滑块，调整曝光。

图 14-9

现在让我们使用同一个工具变暗背景部分，从而使时钟显得非常突出（在最后一步后，我们将“变淡”，使图像的某些区域变得更亮，现在要使它们“加深”，使部分变暗）。请单击该选项面板顶部的新建，把曝光度滑块向左拖到 – 75，之后开始在时钟后方的斜杆上绘图（如图 14-9 所示）。如果绘图之后觉得它太暗，则请提高曝光度数量，像我这里所做的那样，把它提高到 – 61。

第 6 点：
提高清晰度和增强颜色

这时，我们完成了大部分主要编辑，现在将精细调整图像，增强图像的清晰度（使用清晰度滑块），我们还要增强颜色（使用鲜艳度滑块）。因为这幅图像具有大量的精细边缘和细节（毕竟它是一个时钟），因此请把清晰度滑块拖到 +70 左右，以增加中间调对比度和清晰度（关于清晰度滑块更详细的介绍，请参阅 4.8 节）。为了使颜色显得更突出，请把鲜艳度滑块向右拖到 +10（关于鲜艳度滑块的介绍，请参阅 4.9 节）。

第 7 点：
最终效果

所用的最终效果取决于所处理的图像类型。我为这幅图像所选择的效果是暗角效果，这将故意使图像的边缘变暗，把注意力吸引到主体上（关于这方面内容请参阅 4.12 节）。请转到镜头校正面板，单击顶部的手动，之后把镜头暗角数量滑块拖放到 –56，中点滑块拖到最左端（这样，变暗将尽可能向中央延伸），创建出图 14-13 中所示的最终效果。使用这七大核心技术调整前 / 后的图像效果如图 14-12 和图 14-13 所示。现在，我们转到另一个项目（重复执行这 7 大核心技术）。

图 14-10

图 14-11

处理前
图 14-12

处理后
图 14-13

这是一次时装拍摄，我们将以完全相同的方式使用完全相同的七大核心技术。之所以在每个项目中给出完全不同的图像，是因为：（1）使您看到这实际上是完全相同的七大核心技术，（2）练习得越多，对它们的理解就越好，很快就会成为下意识的操作。当您达到不必看书就知道下一步要做什么时，您就知道完全掌握了它！

14.2 七大核心技术：项目二

第 1 点：
选择相机配置文件

直接取自相机的原始 RAW 照片如图所示，它看起来实际上并不太糟糕（除了有点暗和白平衡太暖之外）。第一步是选择较好的起点，因此请转到修改照片模块的相机校准面板，尝试一些不同的配置文件。

SCOTT KELBY

图 14-14

我先试了两个配置文件：Camera Landscape 和 Camera Vivid，二者的效果都不好，但 Camera Standard 产生的皮肤色调效果似乎更好，因此我选择它。

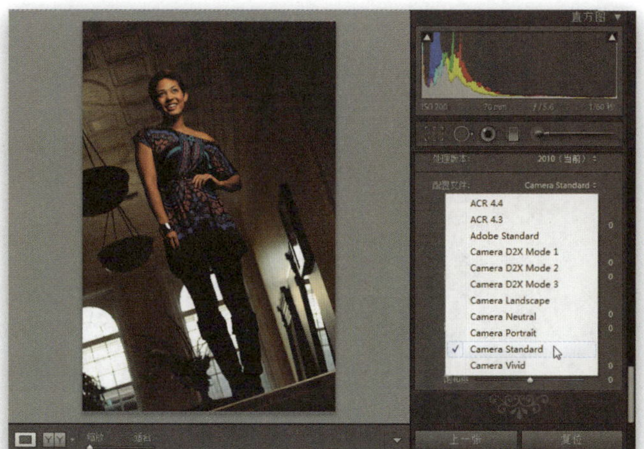

图 14-15

第 2 点：
调整白平衡

现在转到基本面板，选择白平衡预设，看能否找到合适的预设。在这个例子中，我选择自动，其效果看起来很好，因此我不再查看其他预设。如果我认为能调整得更好，则会使用自动作为起点，之后调整色温和色调滑块，或者采用一种更好的方法，单击白平衡选择器工具 (W)，在天花板的某个地方单击，但我认为自动效果很好了，因此这点很容易校正。

图 14-16

第 3 点：
调整总体曝光度

这幅照片总体偏暗，因此请单击曝光度滑块并向右拖到 +0.75 左右，以加亮图像。在直方图内可以看到高光修剪警告打开了，但是，如果单击它，就会看到修剪部分位于背景内的窗户外面，因此可以选择降低一点这部分过曝区域，或者完全不做处理。不管怎样，这些区域没有重要细节，所以我让它保持原样。

图 14-17

我定位这幅照片内的光线，使它大大变暗（也就是她的头部和肩部被很好地照亮，而光线从这里开始减弱，随着向她靴子的移动而逐渐变暗），但我还一定要在她全套服装内保持大量的细节，因此，请增加增加一点儿补光效果（把它向右拖到 17）。如果拖动太多，则必须打开一点黑色色阶，以免图像过曝，但目前图像看起来很好，因此补光效果调整获得成功。

图 14-18

图 14-19

第 4 点：增强对比度

为了增强一点对比度，请转到色调曲线面板，从点曲线下拉列表内选择强对比度。如果进一步增强对比度，阴影则可能变得太暗，因此这是我们现在对对比度的最大调整量，但是，如果您觉得需要进一步增强，您知道该怎样做（我们在第一个项目内处理时钟照片时介绍过）。

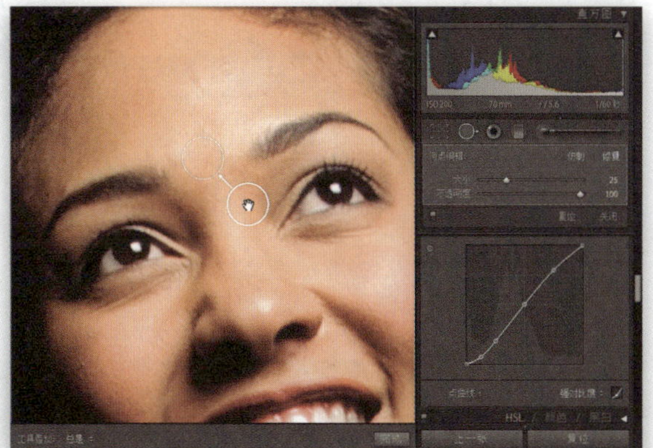

图 14-20

第 5 点：局部调整

这次局部调整中不做减淡和加深处理，而是做一些肖像修饰。我们先消除所有皮肤瑕疵，因此请在她的面部单击一次，加以放大（如果需要进一步放大，则请转到左侧面板区域内导航面板的顶部，单击 2:1，像我这里所做的那样），之后从直方图下方的工具箱内选择污点去除工具 (Q)。调整画笔笔尖的尺寸（使用键盘上的左、右括号键），使它只比我们要消除的皮肤瑕疵稍大一点，把它定位到瑕疵的正下方，单击一次即可消除它。每看到一个瑕疵，就把光标移到其上单击一次，直到所有瑕疵都消除为止。如果单击后结果看起来很糟糕，则可以在新区域上单击并拖动，就可以重新定位取样圆圈。

图 14-21

在调整画笔选项内，单击新建按钮，这样我们可以调整不同的区域，而不会干扰到我们已经调整过的内容。从效果下拉列表内选择曝光度，把曝光度滑块拖放到+1.18 左右，缩小画笔尺寸（使用左括号键），之后在她的白眼球上绘图（不要绘制到虹膜，只在白眼球上绘图，如图 14-22 中所示的那样）。现在回到适合视图，查看眼睛是否会太亮。如果太亮，则请把该调整的曝光度数量降低到 +0.50 左右，观察其效果。

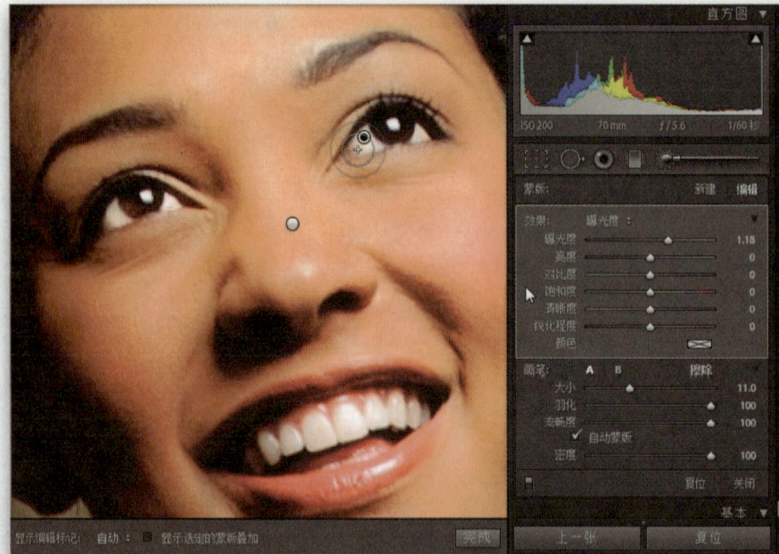

图 14-22

虽然通常在处理每幅图像时我把清晰度数量增加到 +25 左右，但刚才平滑了皮肤，不想让她的皮肤显示出太多纹理和细节，因此我们这里执行以下操作：使用调整画笔只把清晰度应用到她的上衣、靴子和头发。再次单击新建按钮，从下拉列表内选择清晰度，之后把清晰度数量设置为+50，开始在其上衣、裤子、靴子和头发上绘图，使它们变得更突出。

图 14-23

图 14-24

第 6 点：提高清晰度和增强颜色

我们已经使用调整画笔的清晰度控制提升了清晰度，因此这里也要把颜色提升一点：在基本面板内把鲜艳度数量增加到+19，使背景中的颜色变得更突出（她的上半身已经很鲜艳，因此对其影响要比对背景色的影响小）。请比较这幅图像与前一幅图像中右边的黄色墙壁。

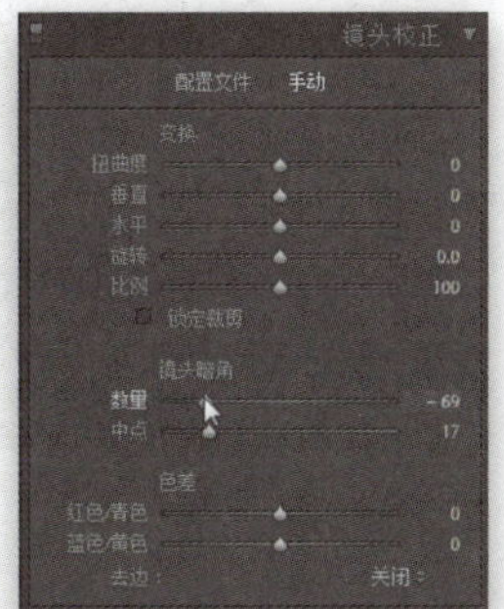

图 14-25

第 7 点：最终效果

因为我们把这幅图像加亮太多，所以原来图像中存在的自然暗角效果消失殆尽，因此要加回暗角效果，请转到镜头校正面板，单击顶部的手动，之后单击镜头暗角数量滑块，并把它向右拖动到 –69，中点滑块拖动到 17。采用这七大核心技术处理前 / 后的图像效果如图 14-26 和图 14-27 所示（在这样小的图像内几乎看不出对该图像的修饰效果，但您自己亲自试试就能明显看到其效果）。这幅图像的改变不像时钟图像（第一个项目）那么大，但大多数校正通常更是这样——不是巨大的校正，而是更细微的校正和调整。

处理前
图 14-26

处理后
图 14-27

14.3 七大核心技术：项目三

我们这里将以一种不同的方式来使用这七大核心技术，把它应用到一幅暗到几乎无法处理的风景照片上。太阳效果良好，但其他所有内容很糟糕，因此我们将使用这种方法显示出沙地和沙丘中的一些细节，我们将增强颜色，使它变得更清晰、对比度更强，创建出一幅更好的最终图象。

第 1 点：选择相机配置文件

直接取自相机的原始 RAW 照片如图 14-28 所示（这幅照片有潜力，但这时还只是一幅废图像）。让我们为这幅图像获取一个较好的调整起点，请转到修改照片模块的相机校准面板，尝试一些不同的配置文件。

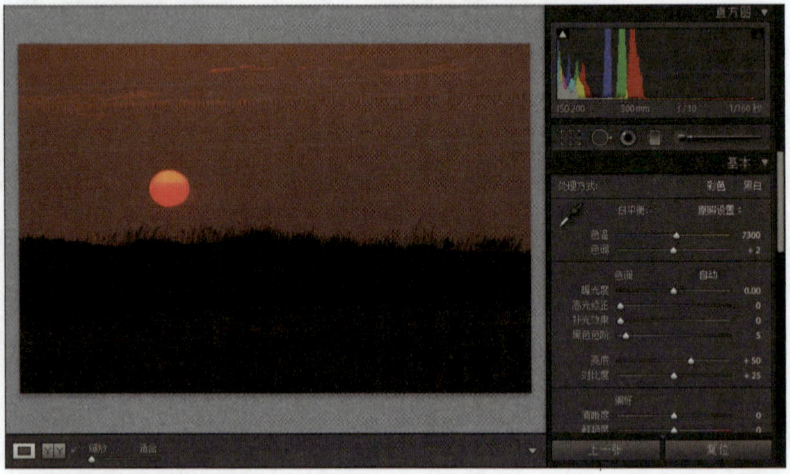

图 14-28

我这里选择 Camera Landscape 配置文件，图像看上去稍好一点（请记住，这只是给我们一个较好的起点）。

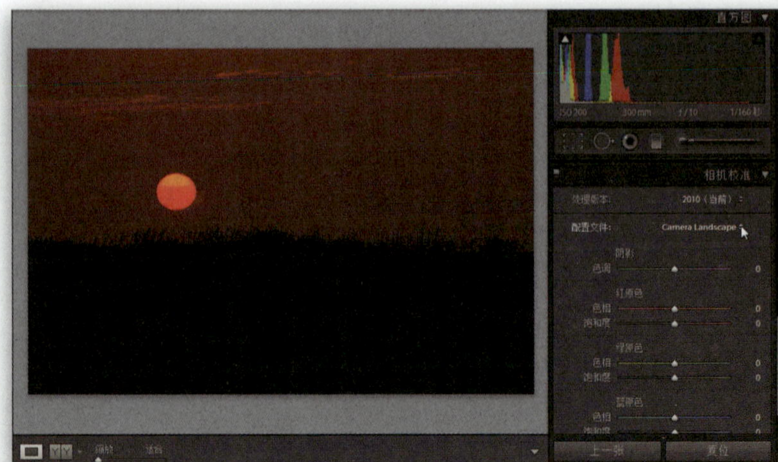

图 14-29

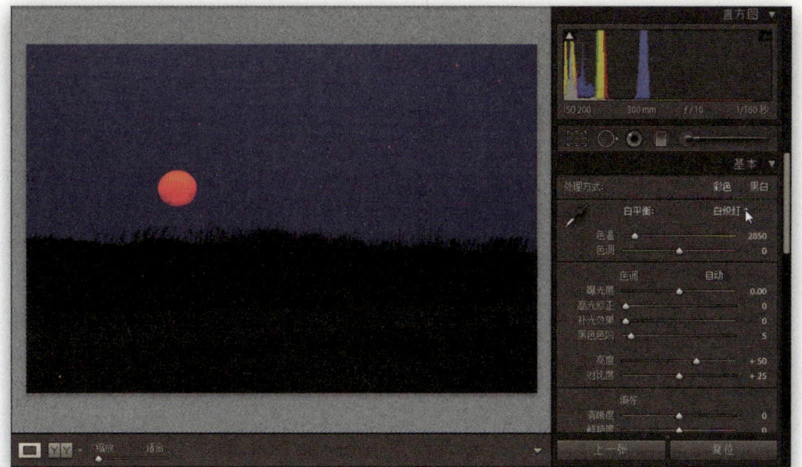

图 14-30

第 2 点：
调整白平衡

我认为白平衡实际上看起来已经很好（已经这是日落照片），但为了有趣之间，请转到基本面板，试试其他白平衡预设——不是为了得到精确的白平衡，而是试试创意性的白平衡设置。例如，试试白炽灯，得到图 14-30 中所示的蓝色图像，我必须要告诉您的是，在我看来这种效果很好，但对于这个项目而言，我们要保持其白平衡为原照设置不变，不要修改它。

图 14-31

第 3 点：
调整总体曝光度

现在白平衡重新设置为原来的原照设置，我们可以调整曝光度了。我希望这幅照片（第一步中所示的照片）发生两点改变：（1）海滩区域更亮一点，我这里通过把曝光度增加到 +2.10 来实现；（2）希望天空更暗一点（这有两种方法可以实现，我们稍后将介绍它们，但现在，只把曝光度增加到 +2.10，加亮整幅图像，因此现在可以清楚地看到海滩）。

第 4 点：
增强对比度

我们通常这时增强对比度，但这里要转到色调曲线面板，这次我试试点曲线的所有三种预设。具体对这幅图像而言，最佳预设是线性（虽然它很少是最佳预设），它意味着“不增加任何对比度”（这就是为什么曲线自身是一条对角直线的原因）。我必须要承认的是，几乎没有图像像这样在关闭对比度后效果更好，但一切都取决于图像。

注意：虽然七大核心技术有 7 点，但我们使用的越少，效果就越好，因此执行到某一点时，如果不需要调整，也不要感到反常。例如，并不是每一幅图像都需要局部调整或者做最终的调整，了解了这一点，在遇到照片不需要某点调整时，跳过它就是了。事实上，调整以稀为贵！

图 14-32

第 5 点：
局部调整

我们要使用一种不同的局部调整使天空变暗——渐变滤镜。请单击正方体面板下方的工具箱（位于调整画笔的左侧），把曝光度降低到 – 2.31 左右，亮度降低到 – 92，之后按住 Shift 键并保持（以保持渐变为直线），开始在图像的顶部中央位置单击并向下拖动到海滩位置（如图所示。关于该路径，请参阅第 5.5 节）。之后切换到调整画笔 (K)，以便能够加亮草地。从效果下拉列表内选择亮度，把亮度滑块设置为 +78，之后在岩石和草地上绘图（下一步图像中将看到其效果）。此外，如果要消除海滩上的石墩，则可以用污点去除工具，但我这里没有这样做。完成之后，请单击工具选项右下角的关闭。

图 14-33

图 14-34

第 6 点：

提高清晰度和增强颜色

现在其他一切都调整好了，让我们用基本面板内的清晰度滑块增加岩石和海滩的清晰度。请单击清晰度滑块，并把它向右拖到 +58 左右，之后为了使颜色变得更鲜艳一点，请把鲜艳度数量增加到 +33（如图 14-34 所示）。

第 7 点：

最终效果

图像效果基本完成了，不需要再做调整了，但我想让您试试以下两点有趣的操作：(1) 把白平衡修改为荧光灯（自己试试其效果），(2) 按字母 V 以黑白方式查看图像效果。完成之后，按 Command-Z (PC: Ctrl-Z) 回到调整后的图像效果（修改前 / 后的效果如图 14-36 和图 14-37 所示）。

处理前

图 14-35

处理后

图 14-36

14.4 七大核心技术：项目四

在最后一个项目内，我们将从头至尾处理运动项目照片。这是最精细的一个项目，它更像我们日常生活中每天遇到的问题——将使用七大核心技术对图像做细微的改进和调整，而不是挽救一幅非常糟糕的图像。

第 1 点：
选择相机配置文件

直接取自相机的原始 JPEG 照片如图所示。最右侧的运动员被切了一半，因此，在我们应用七大核心技术之前，首先要进一步裁剪图像。请单击直方图下方工具箱内的裁剪工具，抓住角向内拖，把图像裁剪到像图中所示的那样，按 Return（PC: Enter）键锁定裁剪。因为这是一幅 JPEG 图像，它已经嵌入了相机配置文件，所以 Lightroom 不允许再应用配置文件，因此我们在处理 JPEG 图像时要跳过第一点。

SCOTT KELBY

图 14-37

第 2 点：
调整白平衡

处理 JPEG 另一个不同之处是下拉列表内只有一个白平衡预设，那就是自动。这就是为什么遇到 JPEG 图像时，我通常只用白平衡选择器工具设置它的原因。请选择该工具（在基本面板内，或者按 W），直接在运动员运动服的浅灰色区域上单击（如图 14-38 所示），如您所看到的，它使图像的色调变暖一点，消除了原照设置白平衡下图像略微存在的蓝色色板。

图 14-38

图 14-39

第 3 点：
调整总体曝光度

图像总体有点暗，因此（仍在基本面板内）让我们把曝光度增加到 +0.35 左右。做此调整时，会看到出现修剪警告（前面运动员的服装是白色，他要出现修剪），因此，一旦出现修剪，请增加高光修正量，使直方图内的白色三角形再次变为黑色（我把它增加到 17），这说明修剪得到校正。也可以提升一点黑色色阶，使阴影区域内的颜色显得更丰富（我把它提升到 6）。

图 14-40

第 4 点：
增强对比度

编辑 JPEG 图像时，Lightroom 不会自动应用对比度，因为相机在处理图像时已经应用了。如果想要进一步增强对比度（我认为肯定会），请转到色调曲线面板，把该面板底部的点曲线下拉列表从线性（无对比度）修改为中对比度，如图 14-40 所示。

第 5 点：
局部调整

我们这里将大大突出他们运动服内的细节和对比度，使每个皱纹和折痕显得很突出。其实现方法是：选择调整画笔 (K)，从效果下拉列表内选择清晰度，之后把清晰度设置为 100，在他们的运动服、袜子和鞋上绘图。要避免绘制到他们的皮肤上，因为这会增强存在的任何瑕疵或污点。完成之后，单击该高级选项右下角的关闭。

图 14-41

第 6 点：
提高清晰度和增强颜色

我们现在用基本面板内的清晰度滑块增强一点儿清晰度。请单击该滑块，并把它向右拖到 +31，之后为了使颜色变得更鲜艳，请把鲜艳度增加到 +29，如图 14-42 所示。

图 14-42

图 14-43

第 7 点：
最终效果

为了得到最终效果，让我们添加边缘暗角，以便把观众的注意力吸引到踢球的运动员身上。我们已经裁剪了这幅图像，因此需要使用裁剪后暗角而不是镜头暗角。因此，请转到效果面板，从样式下拉列表内选择高光优先（关于暗角的内容，请参阅 4.12 节），把数量滑块向左拖动到 – 38，并保持中点滑块 50 不变。修改前 / 后的效果如图 14-44 和图 14-45 所示。当然，介绍所有这些内容的目的是为了让您能够把这种方法应用到自己的照片上，虽然偶尔必须使用到修改照片模块的其他部分（如 HSL/ 颜色 / 黑白面板），但我认为日常要做的主要调整包含在这七大核心技术中。

处理前
图 14-44

处理后
图 14-45

内容提要

本书作者 Scott Kelby 撰写过多本计算机、摄影方面的畅销书。书中内容组织独具匠心，没有介绍大套的理论，而是一些具体的方法和技巧，并针对每个问题详细地列出所有处理步骤和具体的设置。读者在阅读之后，就可以了解在 Photoshop Lightroom 中怎样导入照片、分类和组织照片、编辑照片、局部调整、校正数码照片问题、导出图像、转到 Photoshop 进行编辑、黑白转换、制作幻灯片放映、打印照片、创建针对 Web 使用的照片等方面的技巧与方法，了解专业人士所采用的照片处理工作流。

本书适合数码摄影、广告摄影、平面设计、照片修饰等领域各层次的用户阅读。无论是专业人员，还是普通爱好者，都可以通过本书迅速提高数码照片处理水平。

白平衡卡

《Photoshop Lightroom 3 摄影师专业技法》赠